JN411672

SI단위

건축구조역학

김낙원 이광열 이석하
이수권 정동균 황민영 공저

머리말

건축을 공부하는 데에는 많은 학과목이 있지만 구조역학은 건축을 전공하는데 있어서 가장 기본이 되는 과목입니다. 건축물은 순수 예술작품과는 달리 중력, 지진 및 태풍과 같은 자연현상으로부터의 생기는 외력에 대해 안전하게 지지되어야 합니다.

구조역학은 건축구조물에 대한 역학적 기본원리를 배우는 건축구조 분야에서 가장 기본적인 과목이나 구조역학을 처음 배우거나 가르치는 사람 모두 어렵고 힘든 과목으로 인식되어 있습니다. 본 서에서는 기존의 구조역학이 어렵고 지루한 과목이라는 인식을 불식시키고자 어려운 이론전개보다는 기본적인 원리를 이해하고, 이에 대한 반복적인 문제풀이에 의한 학습이 가능하도록 하였습니다.

이번 개정에 있어서는 국내의 실정에 맞도록 SI(International System of Units)로 단위를 수정하였으며, 특히 부정정구조물의 경우는 최근에 구조해석 프로그램 사용의 보편화로 인해 복잡한 수계산 과정의 문제보다는 구조해석의 원리를 이해하고 복잡한 구조물은 프로그램을 사용하여 검증하는 방향으로 대폭 수정하였습니다.

개정판을 발간하면서도 집필자들이 여러 차례 협의를 걸쳐 수정 · 보완하였지만 아직 미흡한 점이 많이 있으리라 사료됩니다. 향후 보다 더 나은 책이 될 수 있도록 노력하겠으니 독자 여러분의 많은 지도편달을 바랍니다.

본 서를 통해 구조역학을 이해하는데 조금이라도 도움이 되었으면 하는 바람이며, 개정판이 나오기까지 노력해 주신 출판사에 감사드립니다.

2007. 8

집필자 일동

Contents

Chapter 3 정정 구조물

Chapter 4 재료의 역학적 성질

건축구조역학

1 Chapter

힘과 모멘트

1-1 힘

물체에 외력을 작용하여 그 속도를 바꾸는 일을 힘이라 한다. 즉 정지하였던 물체에 힘을 작용하면 그 물체는 움직여지며, 운동하던 물체에 힘이 작용하면 그 물체는 정지하거나 속도가 변한다. 힘은 물체의 속도에 변화를 주는데, 이것을 가속도라 하며, 힘의 크기에 비례한다. 한편 같은 힘이 작용해도 가속도의 크기는 그 물체의 질량에 반비례한다.

질량을 m, 가속도를 a, 힘을 F로 표시하면 다음과 같다.

$$F = ma \qquad (1 \cdot 1)$$

단위인 1 뉴턴(Newton)은 1kg의 물체에 1 m/sec^{2}의 가속도가 생기게 하는 힘이며, 1 dyne은 1 g의 물체에 1 cm/sec^{2}의 가속도가 생기게 하는 힘이다.

1-2 힘의 3요소

힘은 벡터(vector)로 힘의 크기, 방향, 작용점의 3가지로 분류되며 이를 힘의 3요소라 한다. 이를 그림으로 표시하면 작용점에서 힘의 방향으로 힘의 크기에 비례하는 화살표를 그려서 나타내며 이때 화살표와 일치하는 직선을 힘의 작용선이라 하며 작용점을 작용선상의 임의의 위치로 변화시켜도 힘의 크기에는 변화가 없다.

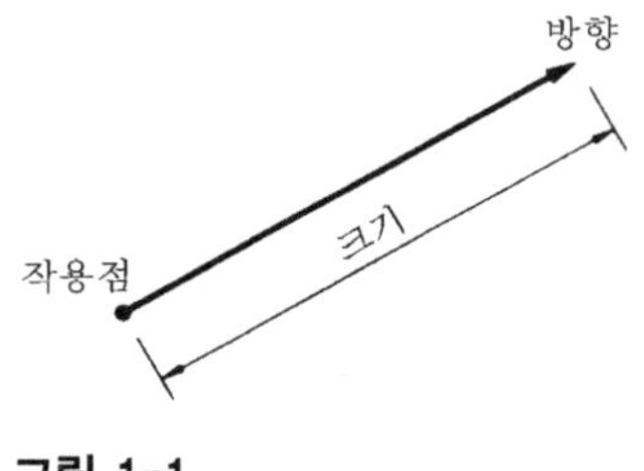

그림 1-1

1-2-1 힘의 모멘트(moment)

그림 1-2와 같이 힘의 작용선에 일치하지 않는 임의의 점에서 힘 P의 작용선에 수직선을 그어 이를 r이라 할 때 힘 P와 O점에서 힘까지의 수직거리 r의 곱을 O점에 대한 힘의 모멘트라 한다.

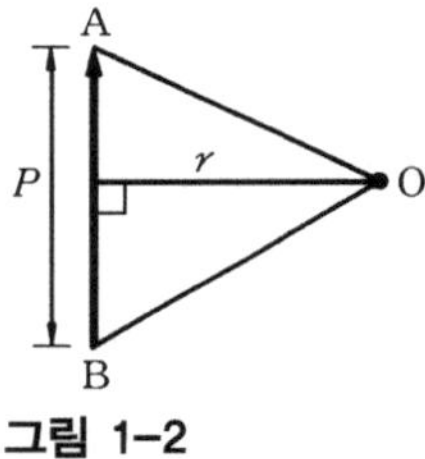

그림 1-2

모멘트＝힘×거리

$$M = P \times r \quad (1 \cdot 2)$$

• 단위 : kN · m, N · m, kN · mm, N · mm

• 부호 : 시계방향 정(+), 반시계방향 부(−)

그림 1-3에서 모멘트는 힘 P를 밑변으로 하고, 모멘트의 중심 O를 꼭짓점으로 하는 삼각형 면적의 2배가 된다.

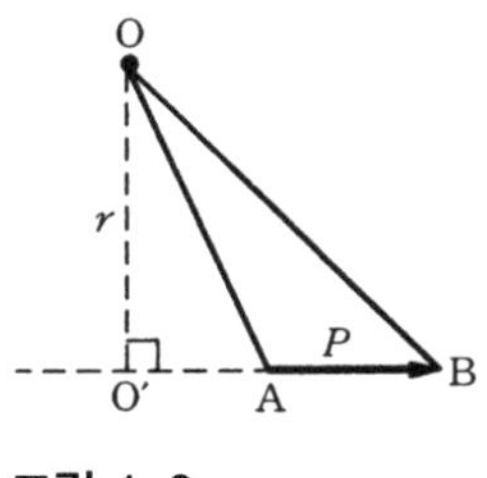

그림 1-3

$$M = Pr = 2 \cdot \triangle OAB$$

예제 1-1

다음 그림에서 O점에 대한 모멘트를 구하시오.

①

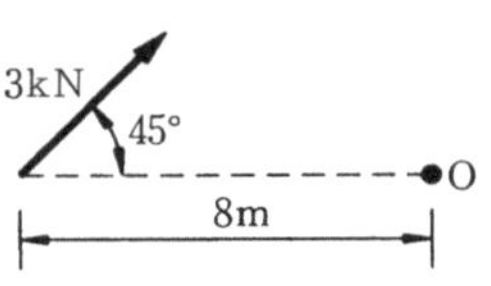

②

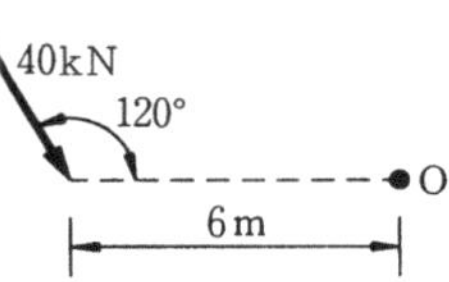

③

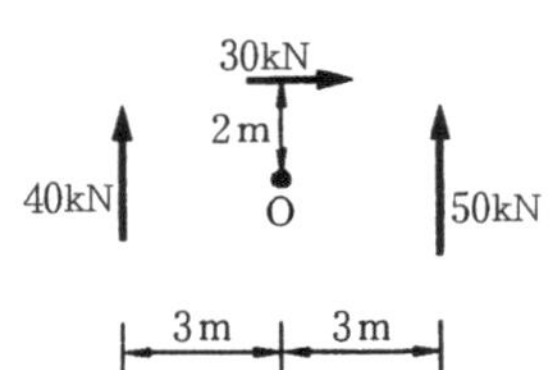

④

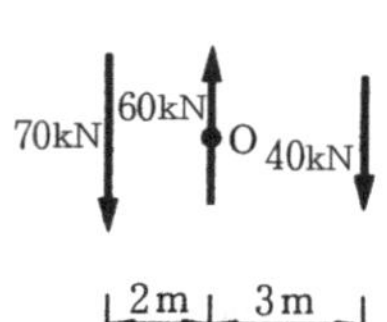

그림 예제 1-1

① $M = 3 \times 8 \times \sin 45°$

$$= \frac{24}{\sqrt{2}} = 16.97\text{kN} \cdot \text{m}$$

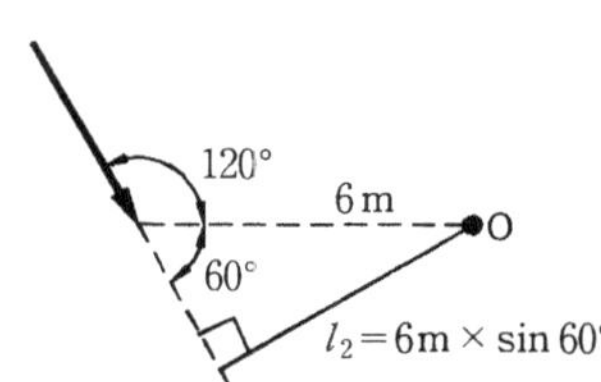

② $M = -40 \times 6 \times \sin 60°$

$$= -240 \times \frac{\sqrt{3}}{2} \fallingdotseq -207.8\text{kN} \cdot \text{m}$$

③ $M = 40 \times 3 + 30 \times 2 - 50 \times 3$

$$= 30\text{kN} \cdot \text{m}$$

④ $M = -70 \times 2 + 60 \times 0 + 40 \times 3$

$$= -20\text{kN} \cdot \text{m}$$

1-2-2 바리뇽의 정리(Varignon's theorem)

분력의 임의의 점에 대한 모멘트의 대수합은 합력의 그 점에 대한 모멘트와 같다.

1-2-3 우력(偶力 : couple of forces)

서로 평행한 작용선을 갖고 있으며 방향이 반대이고, 크기가 서로 같을 때 두 힘을 우력이라 하고, 우력은 물체를 회전시키려 하는 성질이 있다.

부호는 모멘트와 같이 정시계 방향을 (+), 반시계방향을 (-)로 정한다.

모멘트와 우력모멘트의 차이점은, 우력모멘트는 동일 평면 내에서는 어떤 임의의 점에서든 모멘트 값이 일정하다는 것이다.

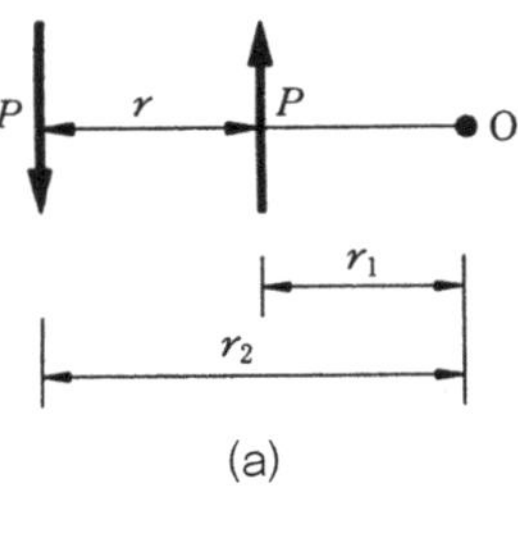

(a)

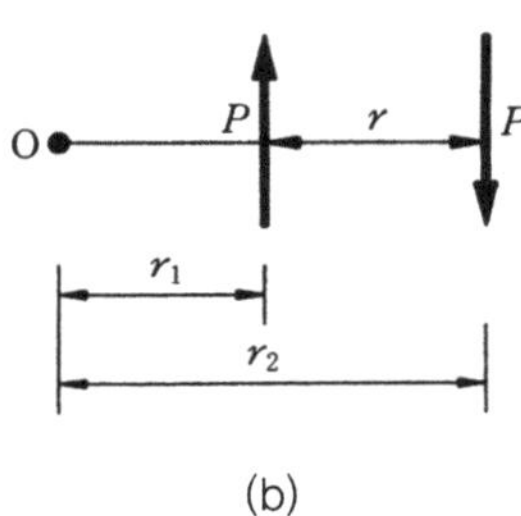

(b)

그림 1-4

(a) $M = -Pr_2 + Pr_1 = -P(r_2 - r_1) = -Pr$ (1 · 3)

(b) $M = +Pr_2 - \mathrm{P}\mathrm{r}_1 = +P(r_2 - r_1) = +Pr$

1-2-4 힘의 이동성

힘이 강체(rigid body)에 작용할 때 힘을 그 작용선 위에서 이동해도 그 효과는 같다.

1-3 힘의 합성과 분해

물체에 작용하는 여러 개의 힘을 하나의 힘으로 나타낼 수 있는데, 이를 힘의 합성(composition)이라 하고 똑같은 효과를 가지는 하나의 힘을 합력(resultant)이라 부른다.

분해(resolution)는 하나의 힘을 여러 개의 힘으로 나누는 것으로 분해되는 힘을 분력(component)이라 한다.

1-3-1 한 점에 작용하는 두 힘의 합성

(1) 도해법

그림 1-5에서 P_1과 P_2가 A점과 B점에서 P_1과 P_2에 평행으로 직선을 그어 교점 C를 구하여 작용점 O와 교점 C가 만나는 평행사변형의 대각선 R은 P_1과 P_2의 합력이 되며 □OACB를 힘의 평행사변형이라 한다.

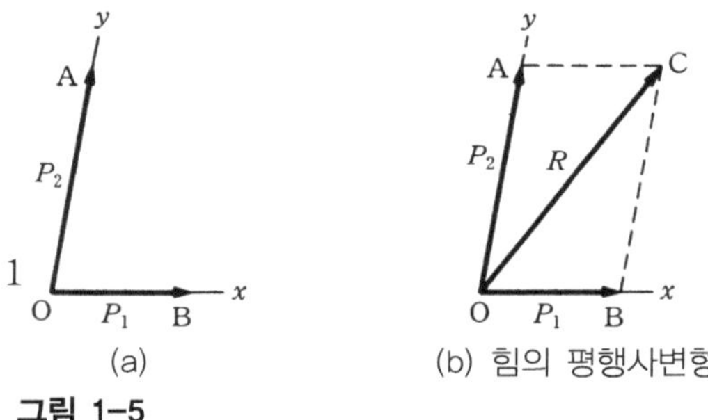

(a)
(b) 힘의 평행사변형

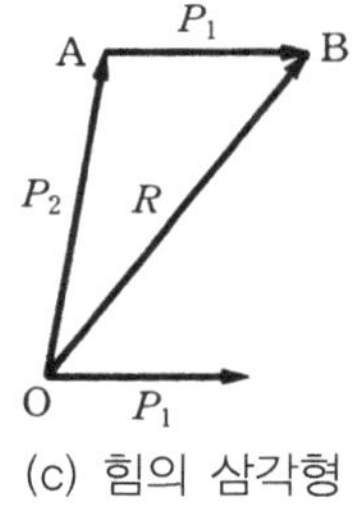

(c) 힘의 삼각형

그림 1-5

(2) 수식해법

그림 1-6에서 작용점에 같은 2개의 힘 P_1과 P_2가 이루는 각을 α라 하고, P_1과 P_2의 합력 R이 힘 P_1과 이루는 각을 θ라 할 때 이 때의 합력 R은 다음과 같다.

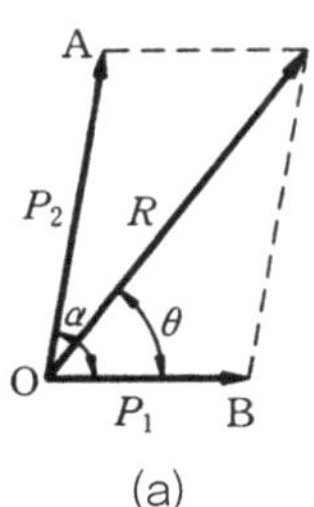

(a)

① 두 힘이 임의의 각을 이루는 경우

합력 :

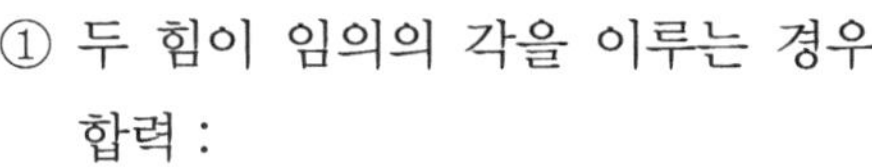

$$R = \sqrt{(P_1 + P_2\cos\alpha)^2 + (P_2\sin\alpha)^2}$$

$$= \sqrt{P_1^2 + 2P_1P_2\cos\alpha + P_2^2\cos^2\alpha + P_2^2\sin^2\alpha}$$

$$= \sqrt{P_1^2 + P_2^2 + 2P_1 P_2 \cos\alpha} \qquad (1 \cdot 4a)$$

$$방향 : \tan\theta = \frac{P_2 \sin\alpha}{P_1 + P_2 \cos\alpha} \qquad (1 \cdot 4b)$$

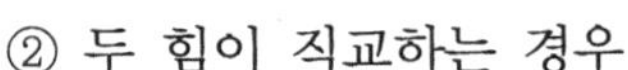
② 두 힘이 직교하는 경우

$$합력 : R = \sqrt{P_1^2 + P_2^2} \qquad (1 \cdot 5)$$

$$방향 : \tan\theta = \frac{P_2}{P_1}$$

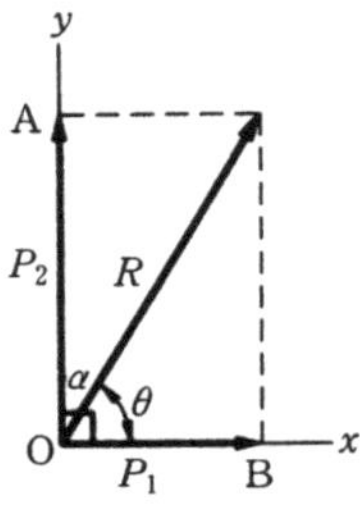

(b) 직교하는 경우

그림 1-6

예제 1-2

다음 그림에서 합력 (R)을 구하시오.

①

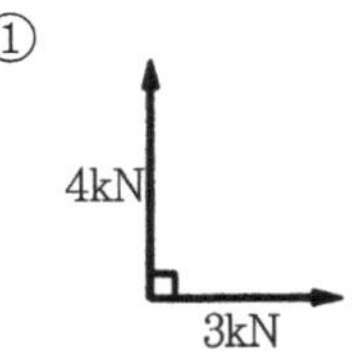

②

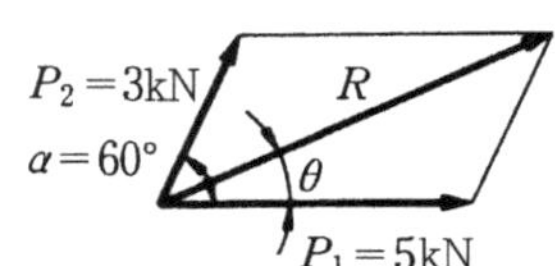

그림 예제 1-2

그림 예제 1-2에서

① $R = \sqrt{4^2 + 3^2} = \sqrt{25} = 5\,\text{kN}$

$\tan\theta = \dfrac{4}{3}$

② $R = \sqrt{P_1^2 + P_2^2 + 2P_1 \cdot P_2 \cdot \cos\alpha}$

$= \sqrt{5^2 + 3^2 + 2 \times 5 \times 3 \times \cos 60°}$

$= 7\text{kN}$

$$\tan\theta = \frac{P_2 \cdot \sin\alpha}{P_1 + P_2 \cdot \cos\alpha}$$

$$= \frac{3 \times \dfrac{\sqrt{3}}{2}}{5 + 3 \times 0.5} = 0.4$$

$\theta = \tan^{-1}\ 0.4 = 21.8°$

1-3-2 작용점이 같은 여러 개의 힘의 합성

(1) 도해법

그림 1-7에서 O점에 P_1, P_2, P_3, P_4 가 작용할 때 시력도에서와 같이 P_1과 P_2의 합력을 삼각형으로 구하면 R_1이 된다. R_1과 P_3와의 합력은 R_2가 되며, R_2는 P_1, P_2, P_3의 합력이 된다. 같은 방법으로 반복하면 합력 R이 구해진다.

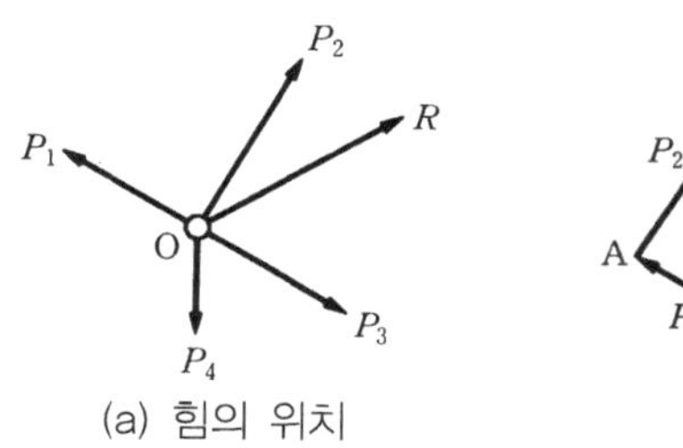

(a) 힘의 위치

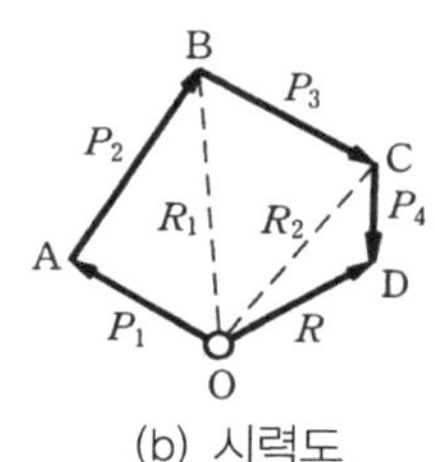

(b) 시력도

그림 1-7

(2) 수식해법

그림에서 힘들을 한 점 O에 작용한다면 점 O를 지나는 x, y축으로 나누어 각각의 힘을 분해하면 수평분력의 대수합 H와 수직분력의 대수합 V는 다음과 같다.

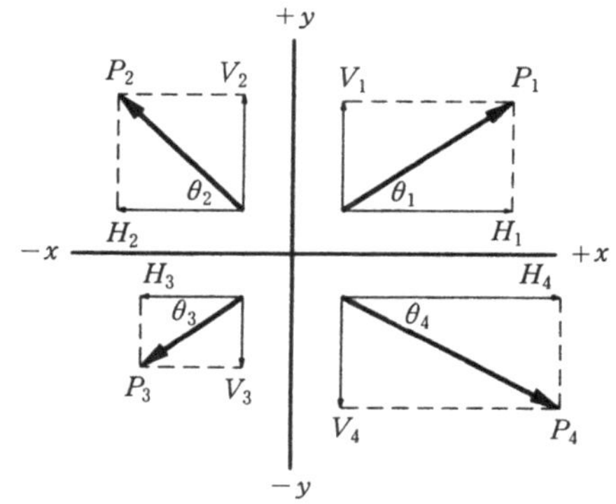

$$\Sigma X = \Sigma H_1 + \Sigma H_2 + \Sigma H_3 + \Sigma H_4$$
$$= P_1\cos\theta_1 + P_2\cos\theta_2 + P_3\cos\theta_3 + P_4\cos\theta_4$$
$$= P \cdot \sin\theta$$
$$\Sigma Y = \Sigma V_1 + \Sigma V_2 + \Sigma V_3 + \Sigma V_4$$
$$= P_1\sin\theta_1 + P_2\sin\theta_2 + P_3\sin\theta_3 + P_4\sin\theta_4$$
$$= P \cdot \sin\theta$$

이때 2개의 힘을 동일 점에 작용하는 2개의 힘의 합성으로 합력 R의 크기와 방향은 다음과 같다.

$$R = \sqrt{(\Sigma X)^2 + (\Sigma Y)^2} \qquad (1 \cdot 6)$$

$$\tan\theta = \frac{\Sigma Y}{\Sigma X} \qquad (1 \cdot 7)$$

예제 1-3

다음 그림에서 합력(R)을 구하시오.

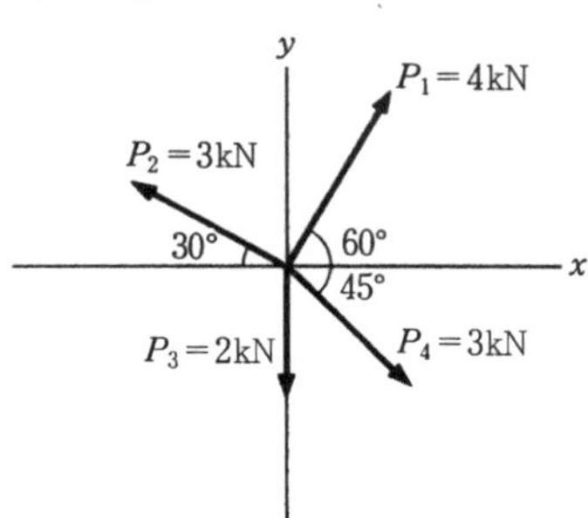

그림 예제 1-3

$$\Sigma X = 4\cos 60° - 3\cos 30° + 3\cos 45°$$

$$= 4 \times \frac{1}{2} - 3 \times \frac{\sqrt{3}}{2} + 3 \times \frac{1}{\sqrt{2}}$$

$$= 2 - 2.6 + 2.1 = 1.5\,\text{kN}$$

$$\Sigma Y = 4\sin 60° + 3\sin 30° - 2 - 3\sin 45°$$

$$= 4 \times \frac{\sqrt{3}}{2} + 3 \times \frac{1}{2} - 2 - 3 \times \frac{1}{\sqrt{2}}$$

$$= 3.5 + 1.5 - 2 - 2.1 = 0.9\,\text{kN}$$

$$R = \sqrt{(\Sigma X)^2 + (\Sigma Y)^2}$$

$$= \sqrt{1.5^2 + 0.9^2} \fallingdotseq 1.75\,\text{kN}$$

$$\tan\theta = \frac{\Sigma Y}{\Sigma X} = \frac{0.9}{1.5} = 0.6$$

$$\theta = \tan^{-1}(0.6) \fallingdotseq 31°$$

1-3-3 작용점이 다른 여러 개의 힘의 합성

그림에서 여러 개의 힘에 대한 합력 R을 구하면 다음과 같다.

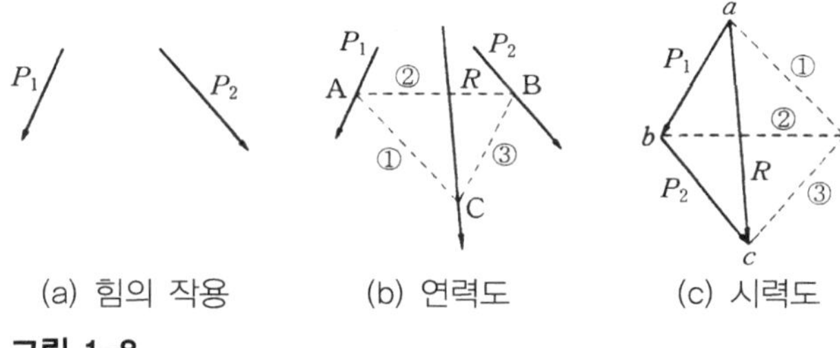

(a) 힘의 작용 (b) 연력도 (c) 시력도

그림 1-8

1-3-4 힘의 작용선이 평행으로 작용할 때

그림에서 P_1, P_2, P_3 의 합력 R의 크기는 $R = P_1 + P_2 + P_3$ 이며, 합력의 방향은 R과 동일하다. 작용점의 위치는 바리뇽의 정리를 이용하여 임의의 점 O를 정할 때 각 힘 P_1, P_2, P_3 중 어느 1개의 힘의 작용선상에 모멘트의 중심을 잡으면 이 1개의 힘에 대한 모멘트는 0이므로 이는 다음과 같이 구해진다.

$$Rx = P_1x_1 + P_2x_2 - P_3x_3$$

따라서 O점으로부터 합력의 작용점까지 거리 x 는

$$x = \frac{(P_1x_1 + P_2x_2 - P_3x_3)}{R} \qquad (1 \cdot 8)$$

예제 1-4

다음 그림에서 합력 R과 그 작용점 x를 구하시오.

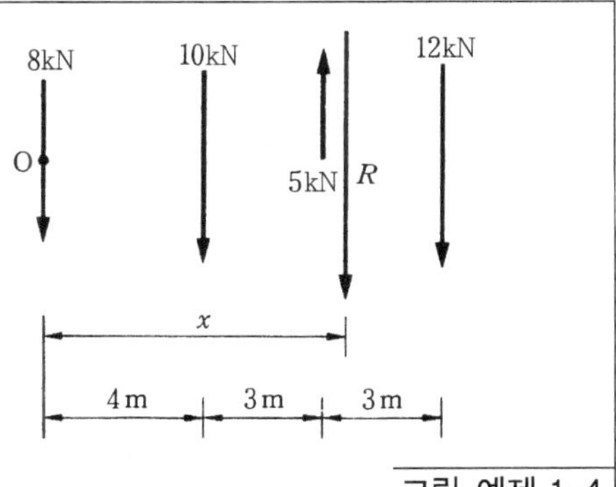

그림 예제 1-4

$$R = 8 + 10 - 5 + 12$$
$$= 25\,\text{kN}(\downarrow)$$
$$25x = 10 \times 4 - 5 \times 7 + 12 \times 10$$
$$x = \frac{125}{25}\text{m} = 5\,\text{m}$$

1-4 | 힘의 분해

1개의 힘을 2개 이상의 힘으로 나누는 것을 힘의 분해(decomposition of forces)라 하며, 이때 나누어진 힘을 분력(component)이라 한다.

1-4-1 1개의 힘을 작용점이 같은 2개의 힘으로 분해

(1) 도해법

그림 (a)에서 1개의 힘 R을 주어진 X, Y방향으로 분해할 때 힘R의 C점에서 X, Y방향으로 평행선을 그어 X, Y축과 만나는 점을 각각 A, B라 할 때 $\mathrm{OA} = P_x$, $\mathrm{OB} = P_y$ 가 힘 R의 분력이다.

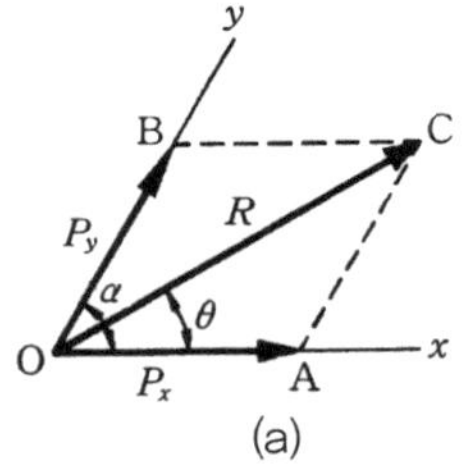

(a)

(2) 수식해법

그림 (b)에서 힘 R이 작용점에서 α와 θ로 분력의 방향이 주어져 있으므로 sin법칙을 적용하면

$$\frac{P_x}{\sin(\alpha - \theta)} = \frac{P_y}{\sin\theta} = \frac{R}{\sin(180° - \alpha)}$$

의 식이 되므로 $\sin(180° - \alpha) = \sin\alpha$ 로 하면

$$P_x = \frac{\sin(\alpha - \theta)}{\sin\alpha} R \qquad (1 \cdot 9\text{a})$$

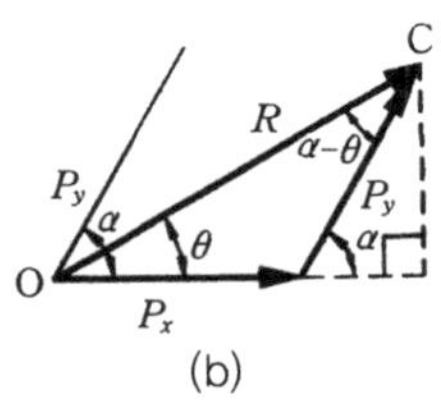

(b)

그림 1-9

$$P_y = \frac{\sin\theta}{\sin\alpha} R \qquad (1 \cdot 9b)$$

로 되어 각 분력의 크기가 된다.

$\alpha = 90°$ 일 때, 즉 P_x 와 P_y 가 직각으로 분해될 때는 $P_x = R\cos\theta$, $P_y = R\sin\theta$ 식이 된다.

1-4-2 1개의 힘을 평행한 2개의 힘으로 분해

(1) 도해법

그림에서 1개의 힘 P를 A, B 2점으로 통하는 2개의 힘으로 분해하려면 그림 (b)의 극사선 ① ③과 평행한 선 ①' ③'를 그려 A, B 선상에서 만나는 ②' 선을 구해서 그림 (b)에 평행이동하여 ②를 그리면 1개의 힘 P를 2개의 힘 P_1과 P_2로 분해하게 된다.

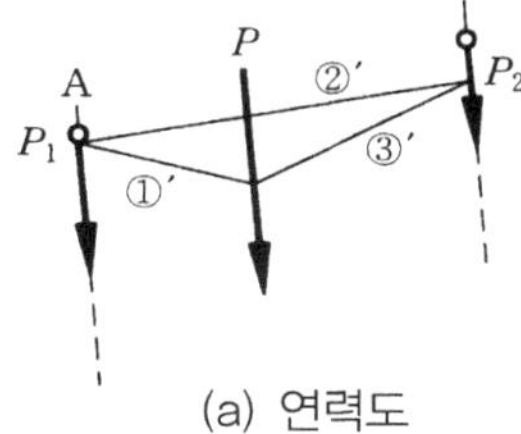

(a) 연력도

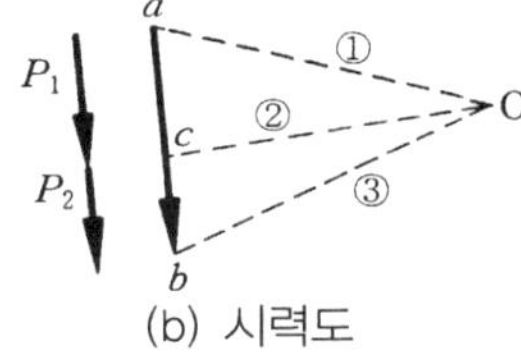

(b) 시력도

그림 1-10

(2) 수식해법

그림 1-11에서 바리뇽의 정리를 이용하여 힘 P_1을 구할 때는 힘 P_1의 다른 힘 P_2의 작용선상에 모멘트의 중심을 잡고, P_2를 구할 때는 P_1의 작용선상에 모멘트의 중심을 정하여 바리뇽의 정리를 이용하면 된다.

$$P_1(a+b) = Pb$$

$$\therefore\ P_1 = \frac{Pb}{(a+b)} \qquad (1 \cdot 10a)$$

$$P_2(a+b) = Pa$$

$$\therefore\ P_2 = \frac{Pa}{(a+b)} \qquad (1 \cdot 10b)$$

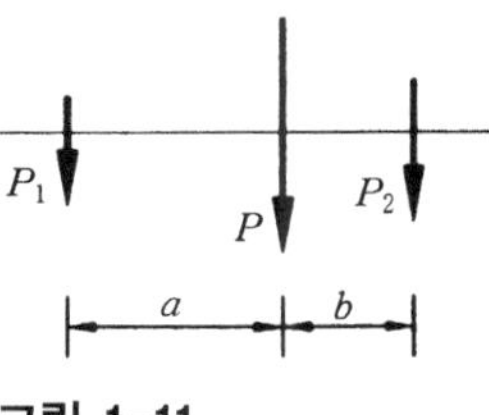

그림 1-11

1-5 | 힘의 평형

물체나 구조물에 2개 이상의 힘이 작용할 때 이동하거나 회전하지 않는 상태를 힘의 평형(equilibrium)이라 한다.

1-5-1 작용점이 같은 여러 개의 힘의 평형

(1) 도해법

그림에서 4개의 힘 $P_1 \sim P_4$ 가 O점에서 작용할 때 이들의 힘의 합력을 R 이라고 하면 그림에서와 같이 a 점에서 시작하여 P_1 에 평행으로 ab, P_2 에 평행으로 bc 순으로 작도하여 마지막의 P_4 를 그었을 때, 그 끝점이 시작점으로 돌아오면 이 상태를 힘의 다각형이 폐합되었다고 하며, 이를 힘의 평형이 되었다고 한다.

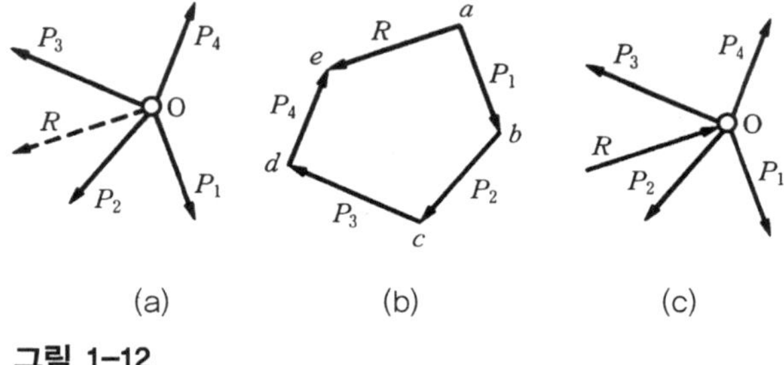

그림 1-12

(2) 수식해법

도해조건	수 식
① 시력도가 폐합되어야 한다.	①$\Sigma X = 0$ ②$\Sigma Y = 0$

1-5-2 여러 힘이 동일 점에 작용하지 않을 때

(1) 도해법

그림의 4개의 힘 $P_1 \sim P_4$가 있고 이들의 시력도가 그림과 같이 폐합되었다고 하면 합력이 0이므로 이러한 힘을 받는 물체는 움직이거나 회전하지 않을 것이다.

또한 연력도의 원리에 의하여 그림 (b)에서 1, 2, 3, 4와 같이 연력도의 끝이 서로 일치하는 것을 '폐합(閉合)되었다'라고 하며, 작용점이 다른 여러 개의 힘이 평형을 이루기 위해 필요, 충분한 조건은 동시에 시력도와 연력도가 폐합하여야 하는 것이다.

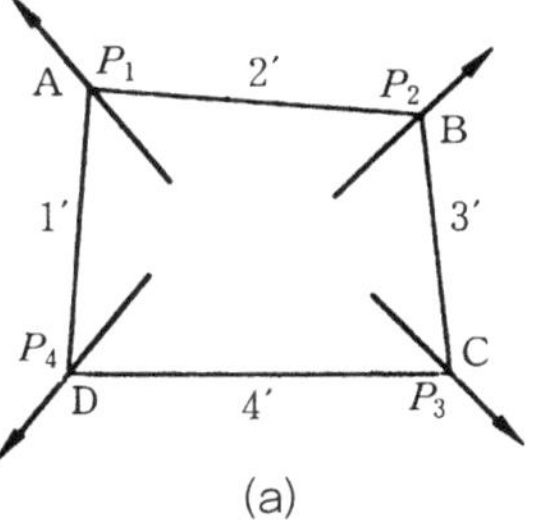

(a)

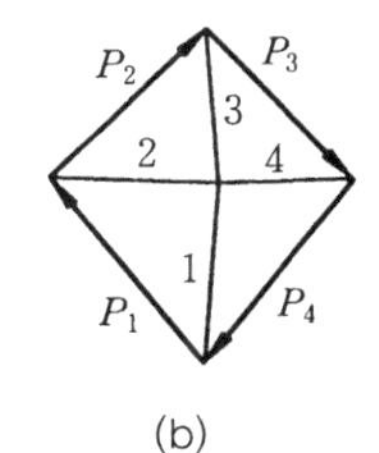

(b)

그림 1-13

(2) 수식해법

힘의 평형을 이루려면 어떤 힘을 받는 물체는 상하 좌우로 움직이지 말아야 하며, 회전하지도 말아야 한다. 즉

① 모든 힘의 수평 분력의 대수합이 0이 되어야 한다.

$$\Sigma X = 0 \tag{1 · 11a}$$

② 모든 힘의 수직 분력의 대수합이 0이 되어야 한다.

$$\Sigma Y = 0 \tag{1 · 11b}$$

③ 모든 힘의 임의 점에 대한 모멘트의 대수합이 0이 되어야 한다.

$$\Sigma M = 0 \tag{1 · 11c}$$

도해조건	수 식
① 시력도가 폐합되어야 한다.	① $\Sigma X = 0$
② 연력도가 폐합되어야 한다.	② $\Sigma Y = 0$
	③ $\Sigma M = 0$

1-5-3 입체력의 평형조건

동일 물체에 여러 개의 힘이 작용하여 이들이 같은 평면 내에 있지 않을 때, 그 물체가 정지하기 위해서는 다음과 같은 6개의 평형조건이 필요하며, 즉

$$\Sigma X=0 \quad \Sigma Y=0 \quad \Sigma Z=0 \tag{1 · 12a}$$

$$\Sigma M_x=0 \quad \Sigma M_y=0 \quad \Sigma M_z=0 \tag{1 · 12b}$$

식과 같다.

이때 그림의 x, y, z는 임의로 취한 X, Y, Z는 각각 힘의 x, y, z 방향의 분력 M_x, M_y, M_z 는 각 축에 대한 각 힘의 모멘트이다. 특히 힘의 작용선이 1점에 모일 때의 조건은 다음의 3조건과 같다.

$$\Sigma X=0$$

$$\Sigma Y=0 \tag{1 · 13}$$

$$\Sigma Z=0$$

1-5-4 라미(Ramy)의 정리

한 점에 작용하는 3개의 힘이 평형을 이루고 있을 때 이 3개의 힘이 같은 평면에 있으면 각각의 힘은 다른 2개의 힘 사이의 각의 사인(sine)에 정비례한다.

$$\frac{P_1}{\sin\theta_1}=\frac{P_2}{\sin\theta_2}=\frac{P_3}{\sin\theta_3} \tag{1 · 14}$$

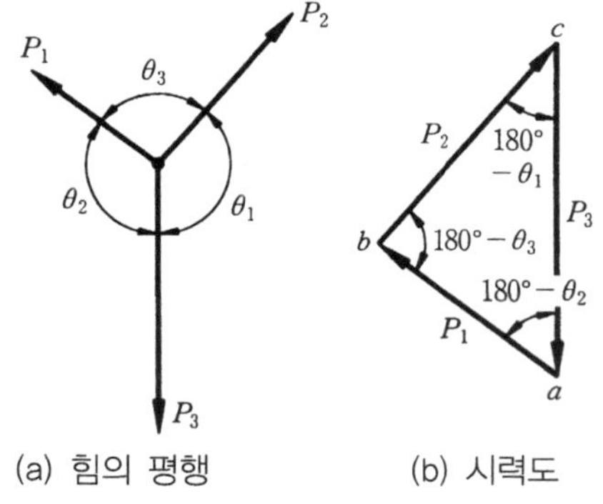

(a) 힘의 평행　(b) 시력도

그림 1-14

연습문제

1. 다음 그림에서 표시하는 두 힘 P_1, P_2의 합력을 수식해법과 도해법으로 구하시오.

	P_1(N)	P_2(N)	α
(1)	50	40	45°
(2)	600	1,000	90°
(3)	65	85	150°
(4)	18	8	70°
(5)	35	50	130°

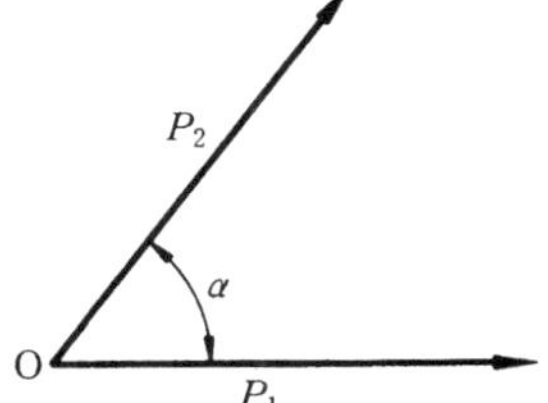

**2.** 다음 그림에서 나타내는 두 힘 P_1과 P_2의 합력을 도해법으로 구하시오.

①

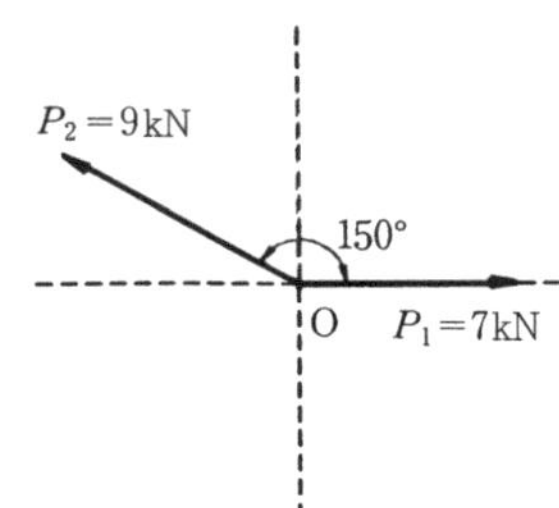

②

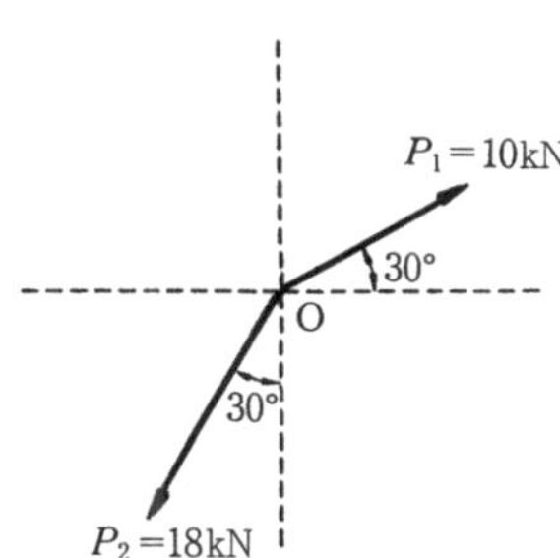

**3.** 다음 그림과 같은 5개의 힘의 합력을 수식해법과 도해법으로 구하시오.

①

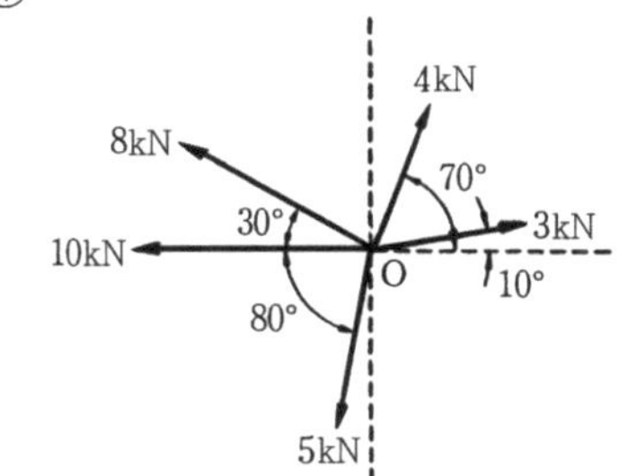

②

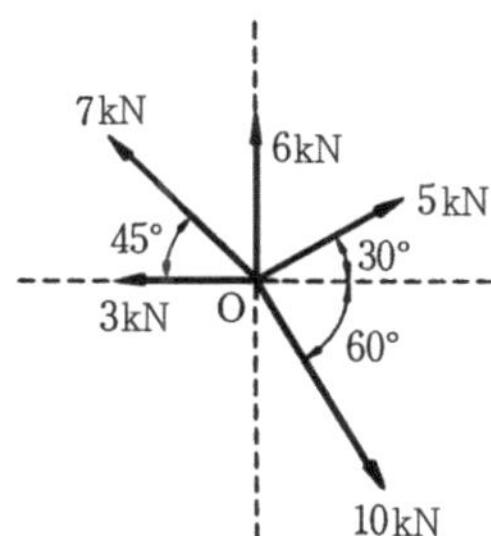

4. 그림과 같은 물체의 A점에 얼마의 힘과 모멘트가 작용하면 평형을 이루는가?

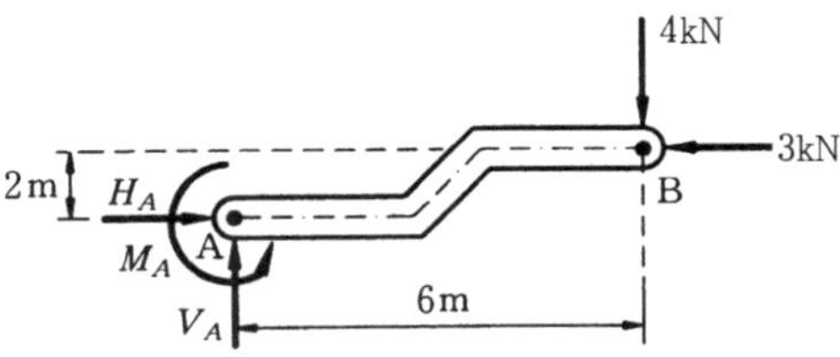

5. 그림에서 줄 $\overline{AB}$, $\overline{BC}$ 가 받는 힘의 크기를 구하시오.

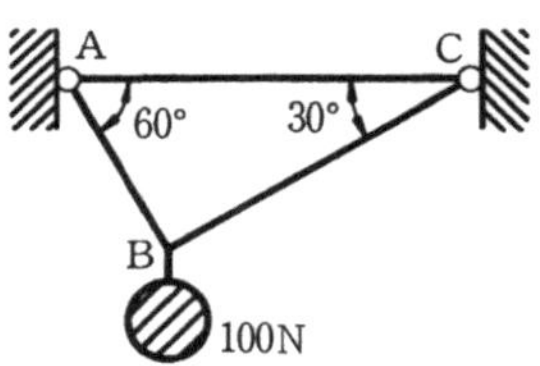

6. 그림과 같은 힘들의 O점에 대한 모멘트의 합을 구하시오.

①

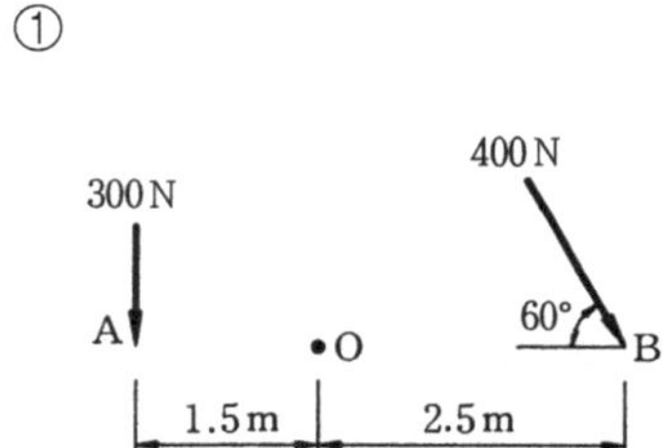

②

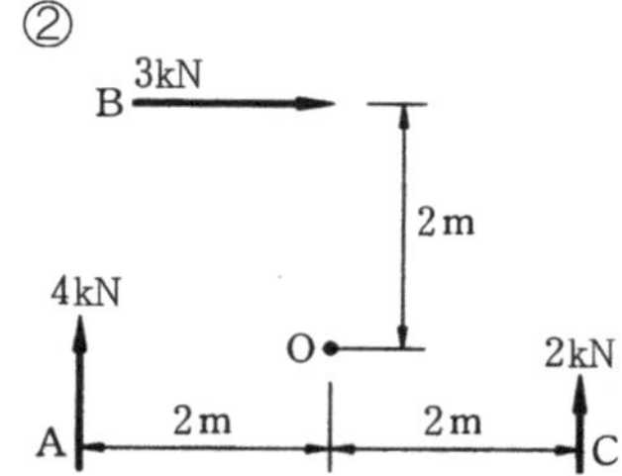

7. 그림과 같은 1m의 지름을 가진 차륜이 높이 0.2m의 장애물을 넘어가기 위해서 최소로 필요한 수평력을 구하시오(단, 차륜의 자중 $W = 1.5\,\text{kN}$).

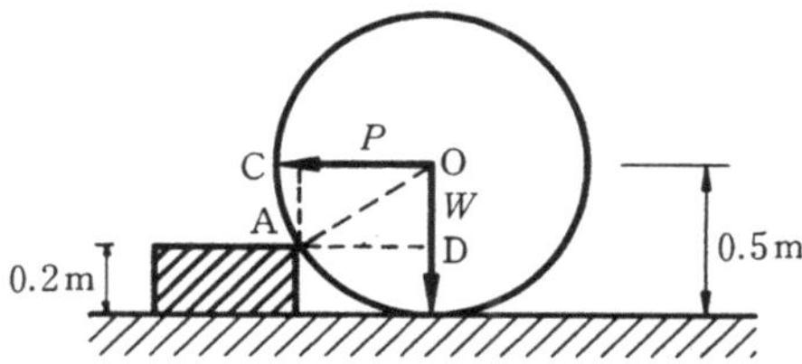

8. 그림과 같은 $100\,\text{kN}$ 의 콘크리트 덩어리를 움직이려면 A점에 최소 몇 톤의 힘을 주어야 하는가?

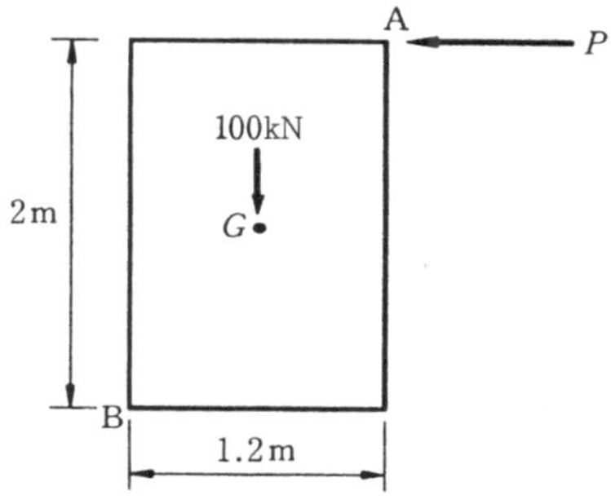

2 Chapter

구조물의 개요

2-1 지점과 절점

2-1-1 지 점

(1) 이동지점(roller support)

이동지점에서는 회전과 수평이동은 자유로우나 수직방향 이동은 불가능하다. 따라서 이동지점에서는 수직반력 1개만 존재한다.

(2) 회전지점(hinge, pin support)

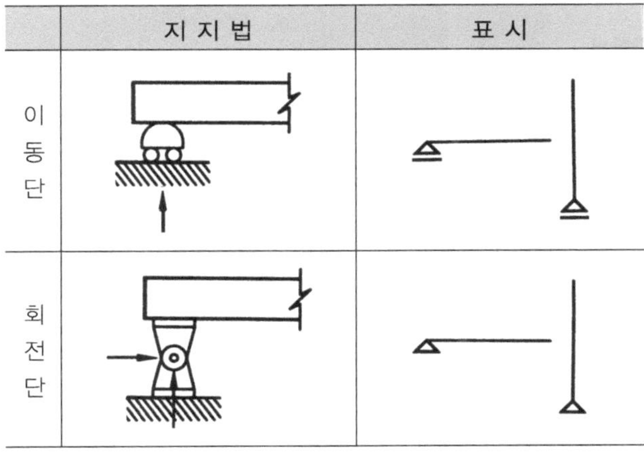

	지 지 법	표 시
이동단		
회전단		

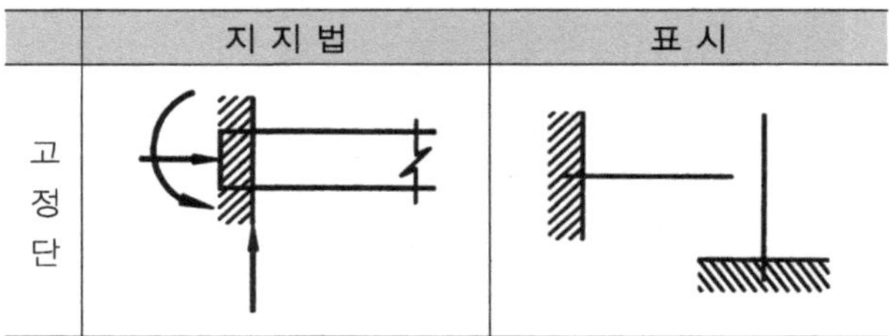

	지 지 법	표 시
고정단		

회전지점에서는 회전만은 자유로우나 어느 방향으로 이동은 할 수 없다. 따라서 회전지점은 수직반력과 수평반력의 2개의 반력이 존재한다.

(3) 고정지점(fixed support)

어느 방향으로도 이동이 불가능하고, 회전도 되지 않게 한 것이다. 따라서 수평반력, 수직반력과 모멘트반력의 3개의 반력이 존재한다.

2-1-2 절 점

골조를 구성하는 부재 사이의 접합점을 말하며, 다음과 같은 종류가 있다.

	표 시	응 력
활절점	활절점	2개 {축방향력, 전 단 력}
강절점	강절점	3개 {축방향력, 전 단 력, 휨모멘트}

2-2 정정과 부정정의 판별법

2-2-1 구조물의 안정 · 불안정

구조물이 어떠한 외력을 받더라도 이동과 회전을 하지 않고 원위치를 유지하며, 큰 변형이 생기지 않으며, 유한(有限)한 반력과 부재응력으로 힘의 평형을 이룰 때 그 구조물은 안정(stable)하다고 하며, 그렇지 못한 구조물은 불안정(unstable)하다고 한다.

(1) 안정 구조물

외적 안정은 지지(支持)의 안정으로 지점의 반력수가 3 이상으로 힘의 평형조건을 만족할 때이며, 이는 상하 이동하지 않으며, 좌우로 이동하지 않으며, 어떤 방향으로도 회전하지 아니할 때를 말하며, 내적 안정은 형태(形態)의 안정으로 어떠한 외력이 작용하여도 그 형상이 변하지 않는 것을 말한다.

(2) 불안정 구조물

외적 불안정은 지지의 불안정으로 지점의 반력수가 2 이하인 경우와 3 이상이라도 힘의 평형조건을 만족하지 못할 때인데, 이는 상하 또는 좌우로 이동하거나 어떤 방향으로 회전할 때를 말하며, 내적 불안정은 형태의 불안정으로 어떠한 외력이 작용하면 그 형상이 변하는 것을 말한다.

2-2-2 구조물의 정정(靜定) · 부정정(不靜定)

힘의 평형조건만으로 구조물의 반력, 응력이 구해지면 그 구조물은 정정(statically determinate)

이라 하고, 정정 구조물보다 과잉 구속된 구조물로서 힘의 평형조건뿐만 아니라 변형조건을 가하여 반력과 응력을 구할 필요가 있는 구조물을 부정정 구조물(statically indeterminate)이라 한다.

2-2-3 구조물의 판별식

(1) 구조물의 안정 · 불안정 판별

내적 형태의 안정을 판별한 뒤에 힘의 평형식, 즉 $\Sigma V=0$, $\Sigma H=0$, $\Sigma M=0$ 으로 지지의 안정을 검토해야 한다.

(2) 판별식

모든 구조물의 전체 부정정 차수는 다음 식으로 구하여진다.

$$m=(n+s+r)-2k \tag{2 · 1}$$

여기서, m : 부정정 차수

n : 반력수(이동단은 1, 회전단은 2, 고정단은 3)

s : 부재수

r : 강절접합부재수(절점에 모이는 부재 중에서 하나를 기준으로 해서 이것에 강절하고 있는 부재수)

k : 절점의 수(자유단도 절점으로 간주한다)

판별 : $m<0$ 불안정 구조물

$m=0$ 정정 구조물

$m>0$ 부정정 구조물

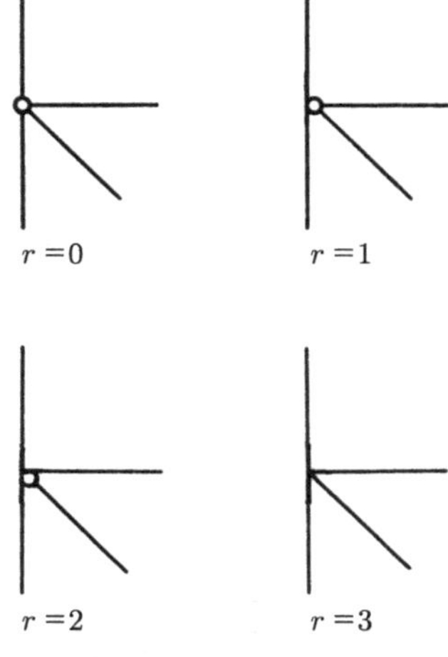

그림 2-1 강절접합 부재수

예제 2-1

그림과 같은 구조물의 정정 · 부정정을 판별하시오.

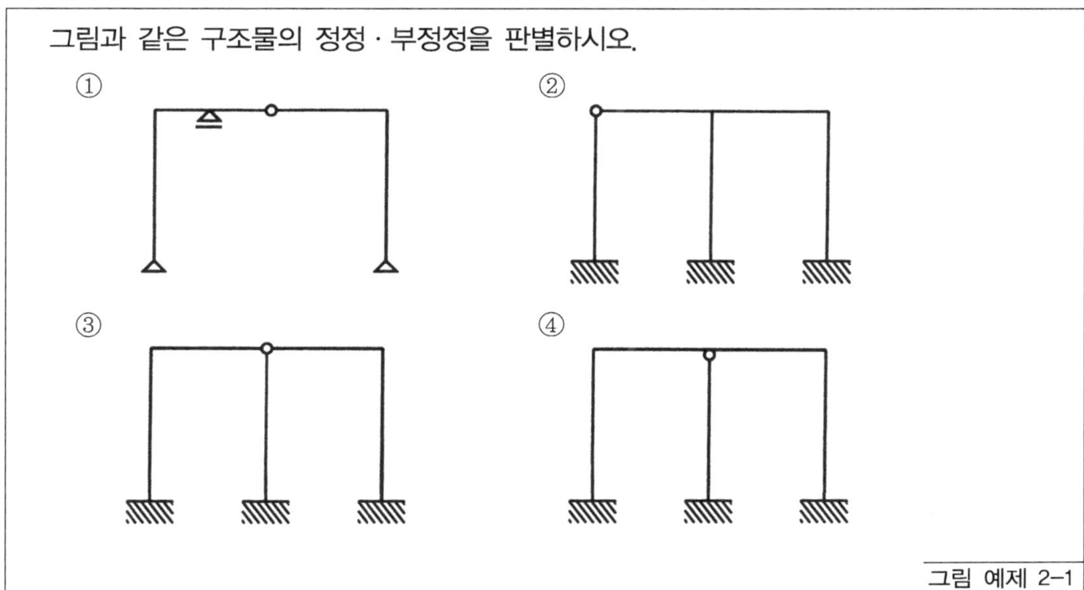

그림 예제 2-1

문항	반력수	부재수	강절수	절점수	힌지수	모든 구조물의 부정정 차수	단층 구조물의 부정정 차수	판 정
	n	s	r	k	h	$m=(n+s+r)-2k$	$m=(n-3)-h$	
①	5	5	3	6	1	$m=(5+5+3)-2\times 6=1$	$m=(5-3)-1=1$	1차 부정정
②	9	5	3	6	1	$m=(9+5+3)-2\times 6=5$	$m=(9-3)-1=5$	5차 부정정
③	9	5	2	6	2*	$m=(9+5+2)-2\times 6=4$	$m=(9-3)-2=4$	4차 부정정
④	9	5	3	6	1	$m=(9+5+3)-2\times 6=5$	$m=(9-3)-1=5$	5차 부정정

예제 2-2

그림과 같은 구조물의 정정 · 부정정을 판별하시오.

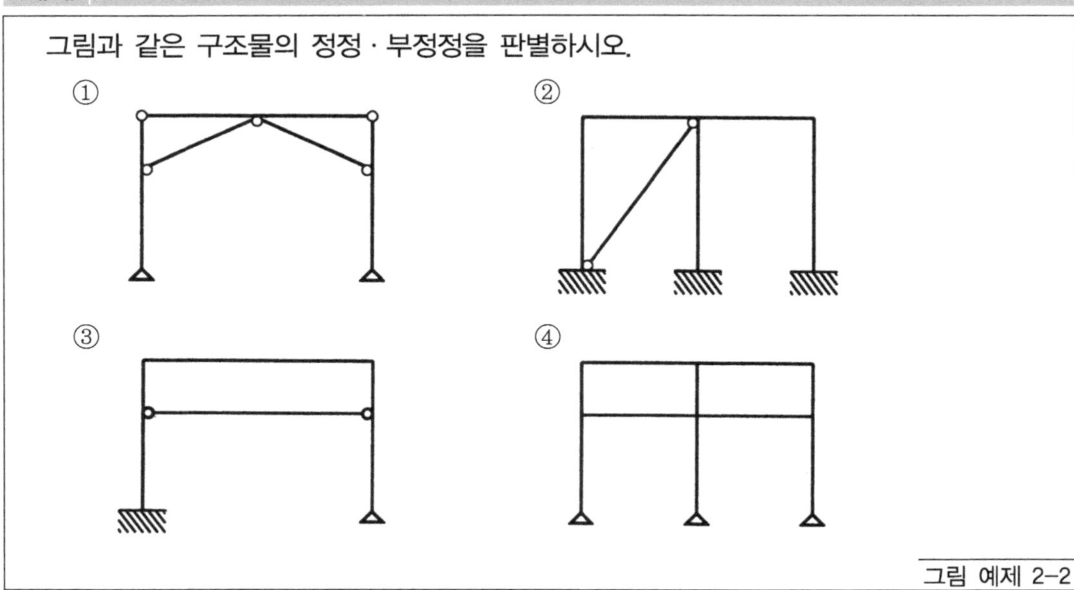

그림 예제 2-2

문항	반력수	부재수	강절수	절점수	전체 차수	외적 차수	내적 차수
	n	s	r	k	$m=(n+s+r)-2k$	$m_e=n-3$	$m_i=(3+s+r)-2k$
①	4	8	3	7	$m=(4+8+3)-2\times 7=1$	$m_e=4-3=1$	$m_i=(3+8+3)-2\times 7=0$
②	9	6	4	6	$m=(9+6+4)-2\times 6=7$	$m_e=9-3=6$	$m_i=(3+6+4)-2\times 6=1$
③	5	6	4	6	$m=(5+6+4)-2\times 6=3$	$m_e=5-3=2$	$m_i=(3+6+4)-2\times 6=1$
④	6	10	11	9	$m=(6+10+11)-2\times 9=9$	$m_e=6-3=3$	$m_i=(3+10+11)-2\times 9=6$

연습문제

1. 다음 중에서 평면 구조물의 정역학적 평형방정식을 옳게 표시한 것은?

가. $\Sigma F_x = 0$, $\Sigma F_y = 0$, $\Sigma \delta = 0$

나. $\Sigma \delta = 0$, $\Sigma F_y = 0$, $\Sigma M = 0$

다. $\Sigma F_x = 0$, $\Sigma F_y = 0$, $\Sigma \delta = 0$

라. $\Sigma F_x = 0$, $\Sigma F_y = 0$, $\Sigma M = 0$

2. 그림과 같은 연속보가 정정보로 되기 위해 필요한 힌지수를 구하시오.

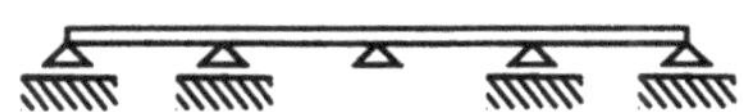

3. 그림과 같은 보의 부정정 차수를 구하시오.

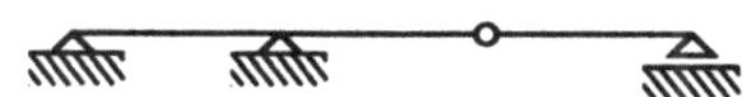

4. 그림과 같은 라멘의 부정정 차수를 구하시오.

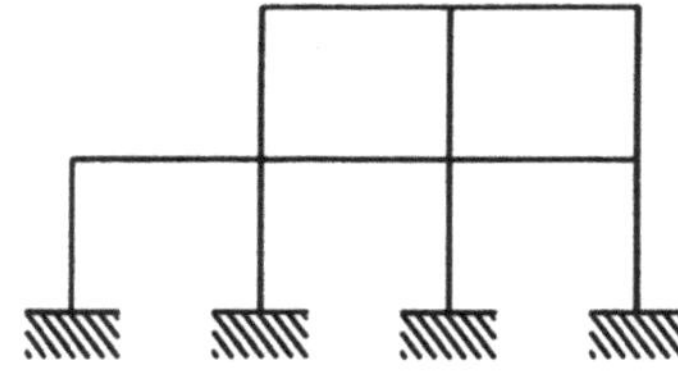

5. 그림과 같은 트러스의 부정정 차수를 구하시오.

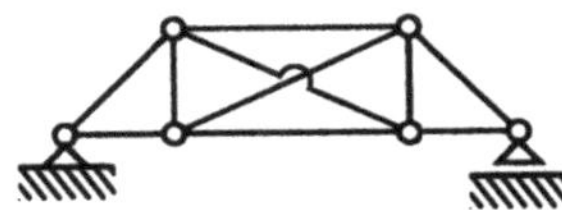

6. 그림과 같은 구조물의 부정정 차수를 구하시오.

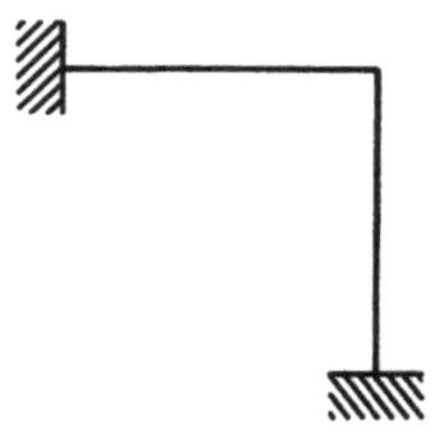

7. 그림과 같은 구조물의 부정정 차수를 구하시오.

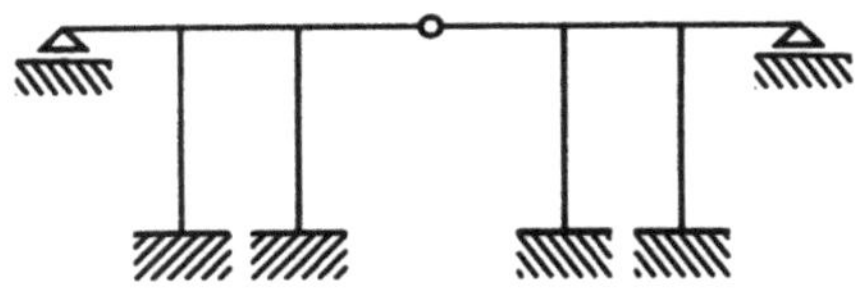

8. 그림과 같은 구조물의 반력수는?

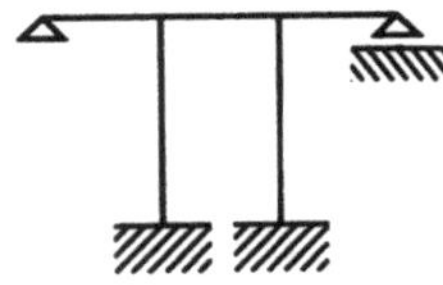

9. 그림과 같은 4개의 지점, 1개의 활절을 가진 보의 부정정 차수를 구하시오.

10. 그림과 같은 부정정 구조물 중 부정정 차수가 가장 높은 것은?

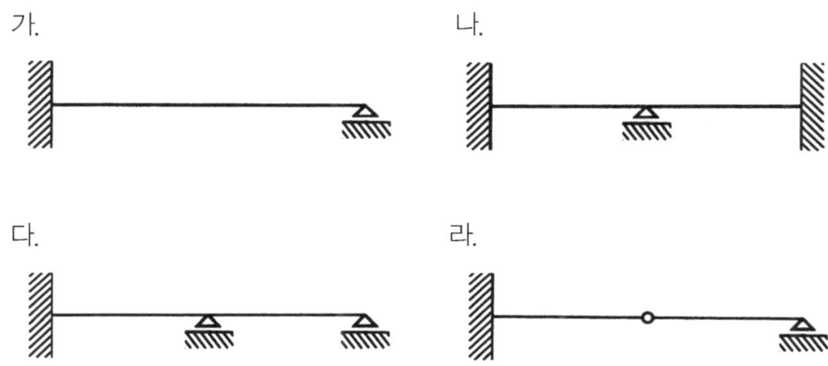

11. 그림과 같이 양 지점이 고정인 라멘은 몇 차 부정정인가?

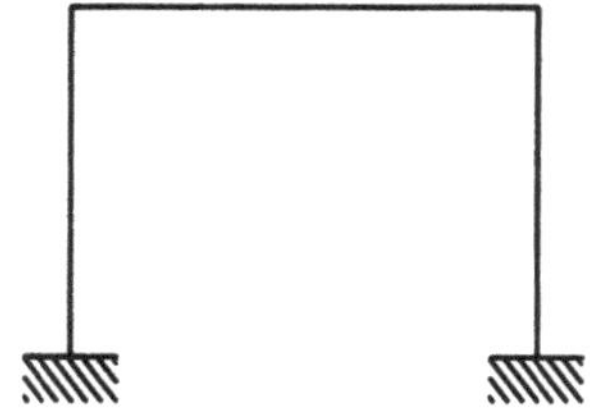

12. 구조물의 부정정 차수를 구하시오.

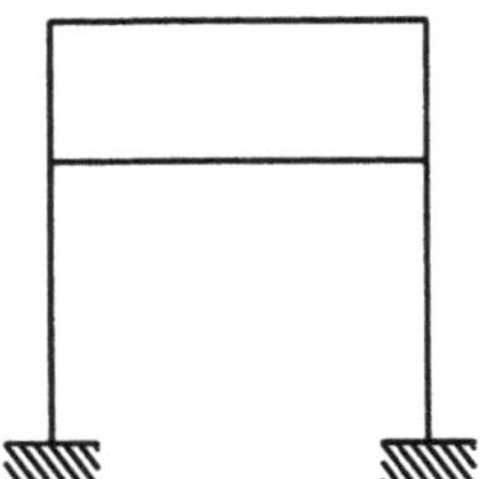

13. 그림과 같은 구조물의 부정정 차수를 구하시오.

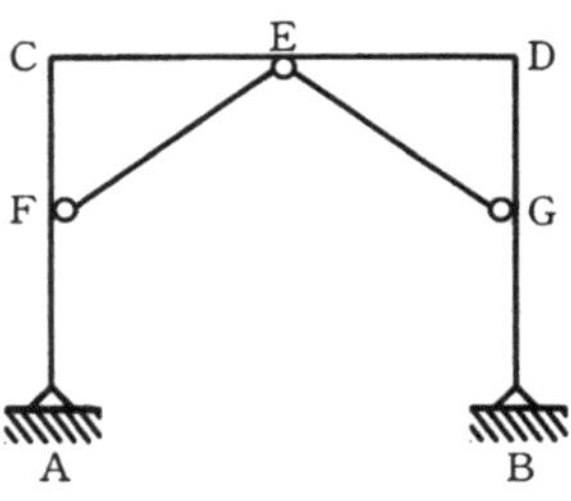

14. 학생들의 집 구조도를 그린 후 부정정 차수를 구하시오.

3 Chapter

정정 구조물

구조물에 외력이 작용할 때 지점반력과 부재력을 힘의 평형조건만으로 구할 수 있는 구조물을 정정구조물(Statically determinate structure)이라 한다.

3-1 구성적 분류

(1) 보(beam)

축에 수직한 분력을 가지는 힘의 작용을 받는 부재를 몇 개의 지점으로 지지한 구조물을 말한다.

(2) 트러스(truss)

부재가 인장 또는 압축재로서 모두 회전 절점으로 짜여진 구조물을 말한다.

(3) 라멘(rahmen)

인장재, 압축재 및 휨재가 모두 고정절점으로 짜

여진 구조물을 말한다.

(4) 벽판(wall, scheibe)

벽면과 같이 슬래브를 세워서 하중을 받도록 한 구조물을 말한다.

(5) 곡면판(shell, schalen)

슬래브가 곡면으로 되어 외력을 받도록 한 구조물을 말한다.

(6) 아치(arch)

부재축이 직선이 아닌 곡선으로 된 구조물을 말한다.

(7) 슬래브(slab)

평면판에 수직으로 외력이 작용하는 구조물을 말한다.

3-2 보의 종류

(1) 단순보(simple beam)

그림 3-1(a)와 같이 1개의 보의 일단이 보의 축 방향으로 이동할 수 있는 이동지점과 타단이 회전지점으로 된 보를 말한다.

(2) 캔틸레버보(cantilever beam)

그림 3-1(b)와 같이 일단이 고정지점이고, 타단은 자유단으로 된 것을 말한다.

(3) 내민보(over-hanging beam)

그림 3-1(c)와 같이 단순보의 일단 또는 양단이 지점 밖으로 내밀어 자유단을 가진 보를 말한다.

(4) 겔버보(Gerber's beam)

그림 3-1(d)와 같이 연속보의 지점 사이에 활절을 넣어 힘의 평형조건만으로 풀 수 있는 보를 말한다.

(5) 연속보(continuous beam)

그림 3-1(e)와 같이 1개의 보를 3개 이상의 지점으로 지지하고 있어서 보가 1개로 연속하고 있는 보를 말한다.

(6) 고정보(fixed beam)

그림 3-1(f)와 같이 보의 양단을 고정지점으로 한 부정정보를 말한다.

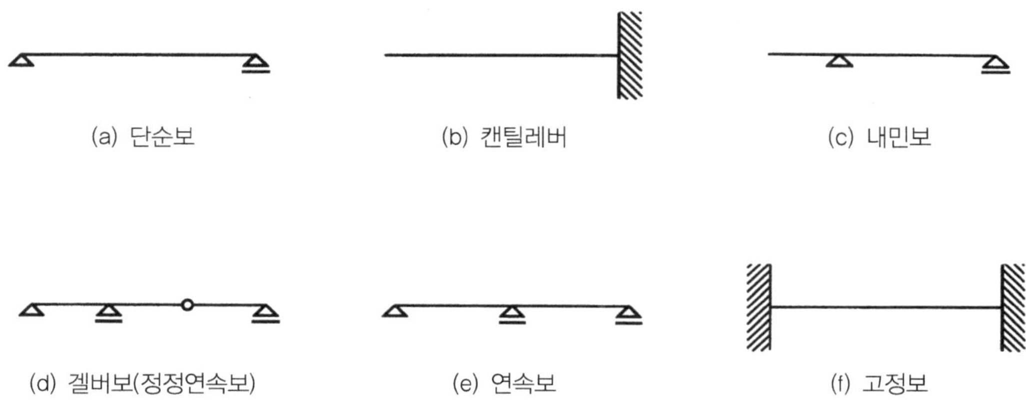

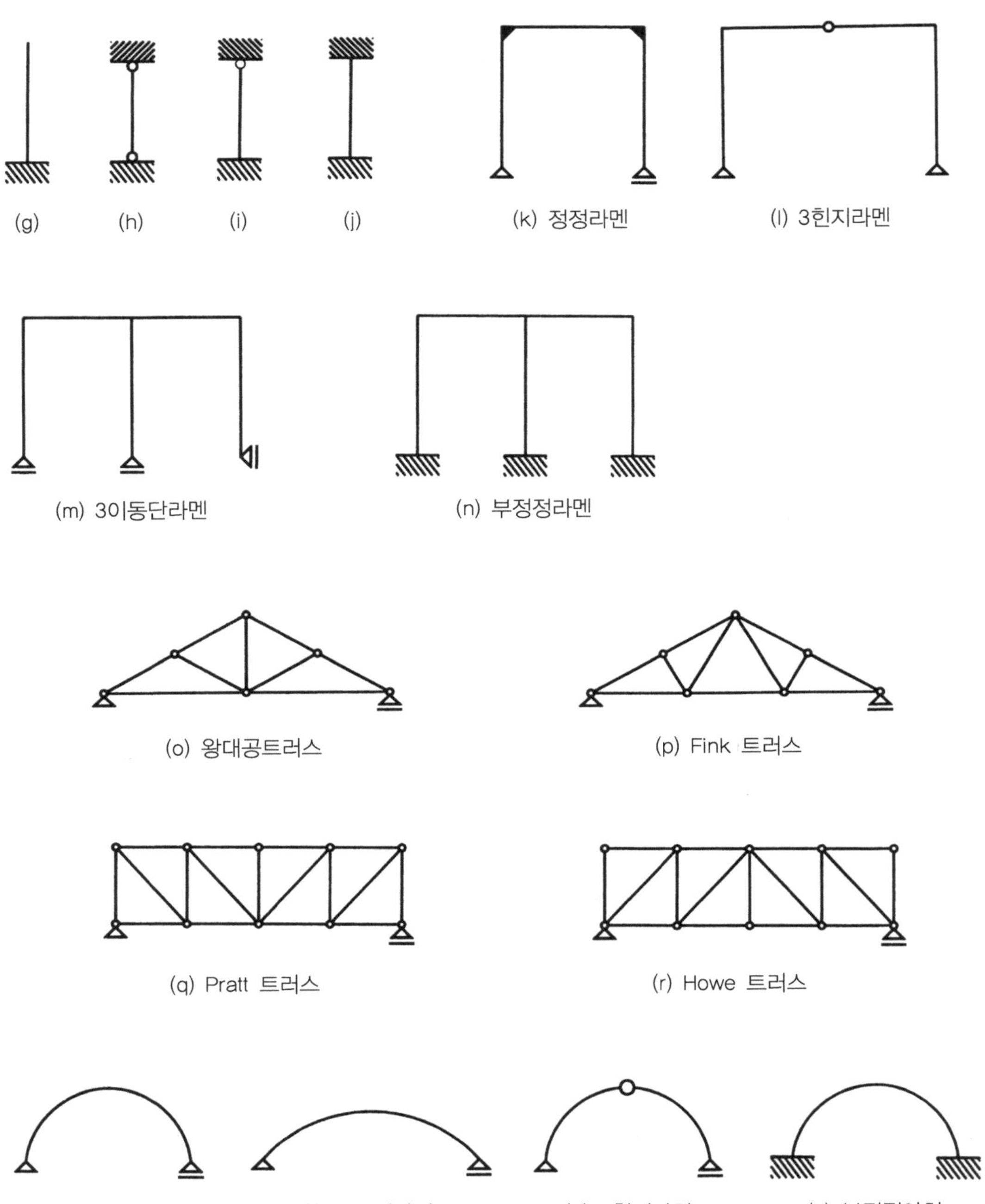
(g)
(h)
(i)
(j)
(k) 정정라멘
(l) 3힌지라멘
(m) 3이동단라멘
(n) 부정정라멘
(o) 왕대공트러스
(p) Fink 트러스
(q) Pratt 트러스
(r) Howe 트러스
(s) 정정반원아치
(t) 포물선아치
(u) 3힌지아치
(v) 부정정아치

그림 3-1

3-3 부재력

구조물에 외력이 작용할 때 부재 내부에 생기는 저항력을 내력, 단면력, 부재력 또는 응력(stress)이라고 한다. 평형상태에 있는 구조물의 부재는 임의의 단면을 가상으로 절단하여도 외력과 단면력은 평형을 이루고 있다. 이러한 단면력에는 축방향력, 전단력 및 휨모멘트가 있으며, 이에 대한 정의는 다음과 같다.

※ 참고로 부재의 단위면적당 응력을 응력도(stress intensity)라 하며, 간단히 응력이라고도 한다.

(1) 축방향력(axial force)

축방향력이란 부재의 축에 평행하게 작용하는 힘이며, 부재길이를 늘어나게 하는 인장력(tensile force)과 부재길이를 줄어들게 하는 압축력(compressive force)이 있다.

부호 : 인장력 : (+)

압축력 : (−)

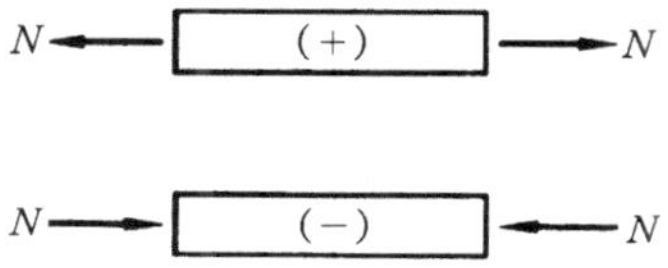

그림 3-2

(2) 전단력(shearing force)

전단력은 외력이 부재의 축에 직각으로 작용하여 부재를 절단하려고 하는 힘이다.

부호 : ↑ ↓ : (+)

↓ ↑ : (−)

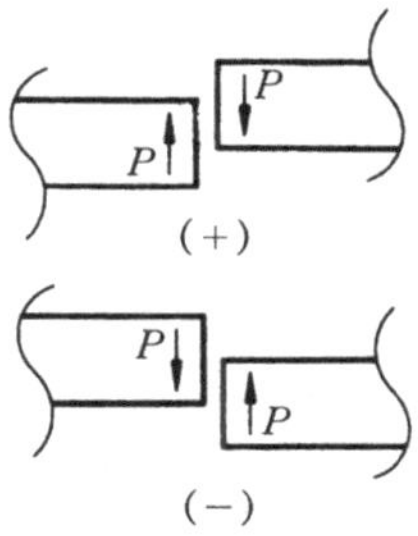

그림 3-3

(3) 휨모멘트(bending moment)

휨모멘트는 (힘×거리)로 부재를 휘게 하려고 하는 힘이다. 단면에 작용하는 모멘트의 부호를 정하려면 다음과 같다.

부호 : 보의 아래쪽이 인장응력을 발생하게 하는 모멘트 : (+)
보의 위쪽이 인장응력을 발생하게 하는 모멘트 : (−)

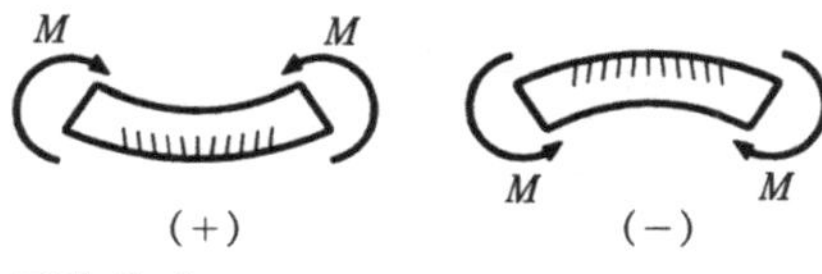

그림 3-4

3-4 | 응력산정 도시방법

(1) 전단력도(S.F.D. : Shearing Force Diagram)

전단력도의 (+)는 횡축의 상측에, 그리고 (−)는 횡축의 하측에 그린다.

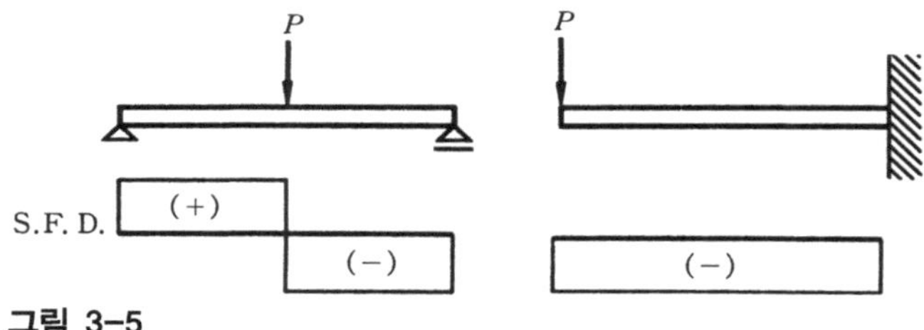

그림 3-5

(2) 휨모멘트도(B.M.D. : Bending Moment Diagram)

휨모멘트도의 (+)는 횡축의 하측에, 그리고 (−)는 횡축의 상측에 그린다.

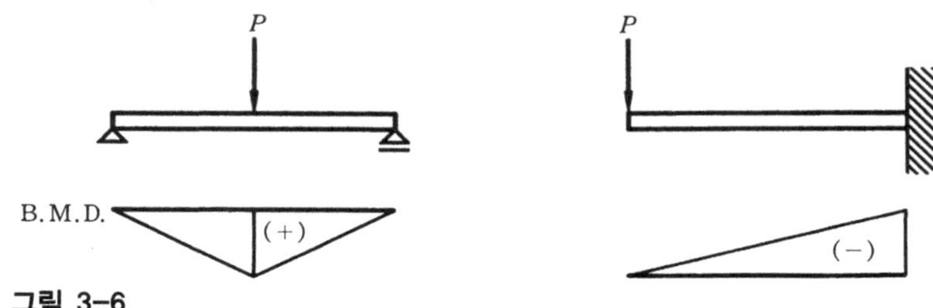

그림 3-6

(3) 축방향력도(A.F.D. : Axial Force Diagram)

축방향력도의 (+)는 횡축의 하측에, 그리고 (−)는 횡축의 상측에 그린다.

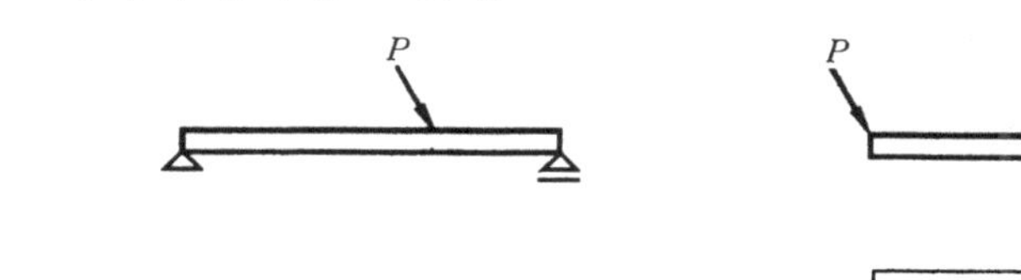

그림 3-7

3-5 | 보에 작용하는 하중 · 전단력 및 휨모멘트와의 관계

등분포하중을 받는 정정보가 평형상태에 있을 때 보의 임의 단면에 생기는 전단력, 휨모멘트 및 단위 길이당 하중 w사이에 생기는 관계는 다음과 같다.

그림 3-8(a)와 같이 보의 길이가 dx인 미소부분에 대해 좌 · 우 양 단면에 작용하는 전단력과 휨모멘트를 각각 V, $V+dV$, M, $M+dM$으로 한다. 부재가 정지하고 있을 때는 이 미소부분에도 힘의 평형조건이 성립하므로 y방향 힘의 평형과 우측 단면상의 1점에 대한 모멘트에 대해서 다음과 같은 관계를 얻게 된다.

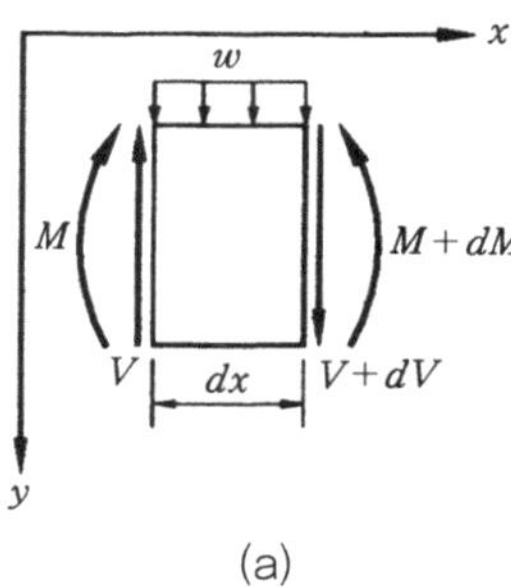

(a)

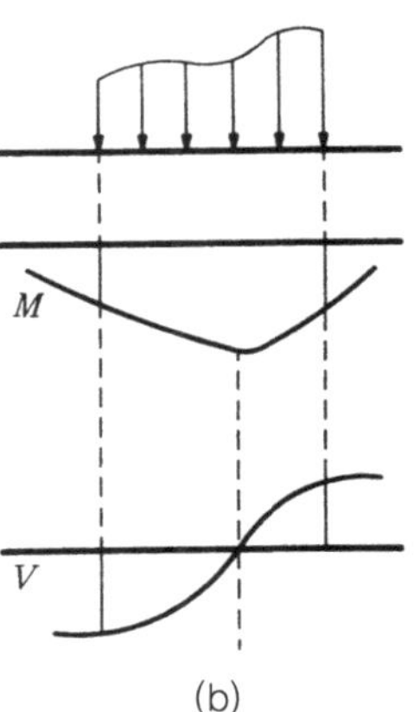

(b)

그림 3-8

$$\Sigma Y=0\ ;\ V-w\cdot dx-(V+dV)=0$$

$$\therefore \frac{dV}{dx}=-w \qquad ①$$

$$\Sigma M=0\ ;\ M-w\cdot dx\left(\frac{dx}{2}\right)+V\cdot dx-(M+dM)=0$$

$$\therefore \frac{dM}{dx}=V \qquad ②$$

①과 ②의 관계에 의하여

$$\frac{d^2M}{dx^2} = \frac{dV}{dx} = -w$$

그러므로 일반적인 직선보의 임의의 단면에서의 휨모멘트를 거리로 미분하면 그 단면에서의 전단력이 되고, 임의의 단면의 전단력을 거리로 미분하면 그 단면에서의 단위하중(−)이 된다는 것을 알 수 있다.

이상의 결과에서 그 특징을 보면

(1) 하중이 작용하지 않는 부분에는

① $M=0$, $V=0$ (캔틸레버보의 경우)

② $M=$ 일정, $V=0$ (모멘트가 작용하는 경우)

③ $M=$ 직선변화, $V=$ 일정(보에 집중하중이 작용하는 경우)

(2) 집중하중이 작용하는 점에서는 좌우의 M도는 절곡되고, V도는 단형으로 변한다.

(3) 등분포하중이 작용하는 부분에서의 M도는 2차 곡선이 되고, V도는 직선으로 변한다.

(4) 모멘트가 작용하는 점에서 M도는 단형으로 변하지만 기울기는 변하지 않고, V도는 변화가 없다.

(5) 분포하중이 작용하는 부분에서 M도 및 V도는 연속 곡선으로 표시된다.

(6) 모멘트의 최대 최소는 $V=0$ 인 점 또는 V의 부호가 바뀌는 점에서 생긴다.

3-6 정정보

3-6-1 단순보

(1) 보의 축에 경사진 하중이 작용할 때

반 력	전 단 력	휨모멘트
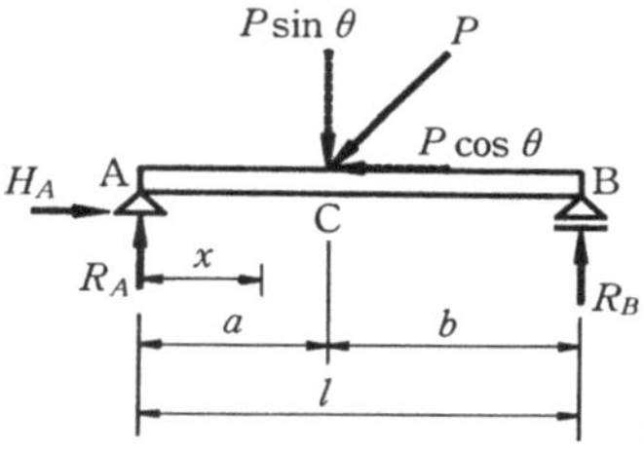	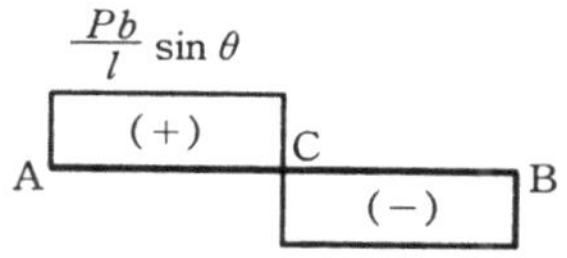	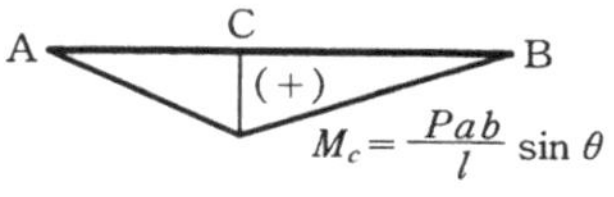
$R_A=\frac{Pb}{l}sin\theta\,(\uparrow)$ $R_B=\frac{Pa}{l}sin\theta\,(\uparrow)$ $H_A=P\cos\theta\,(\rightarrow)$	A~C 구간 : $V_x=\frac{Pb}{l}sin\theta$ C~B 구간 : $V_x=-\frac{Pb}{l}sin\theta$	A~C 구간 : $M_x=\frac{Pb}{l}x\sin\theta$ C~B 구간 : $M_x=\frac{Pb}{l}x\sin\theta$ $-P(x-a)\sin\theta$ $M_{\max}=M_C=\frac{Pab}{l}sin\theta$
	축방향력	
	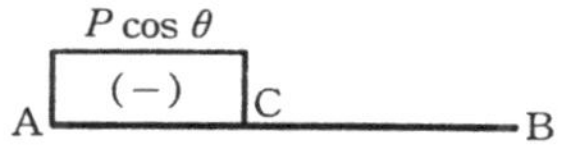 A~C 구간 : $N_x=-P\cos\theta$	

(2) 보의 중앙에 집중하중이 작용할 때

반 력	전 단 력	휨모멘트
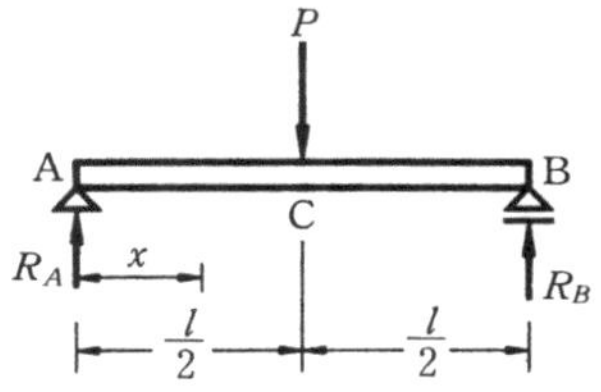	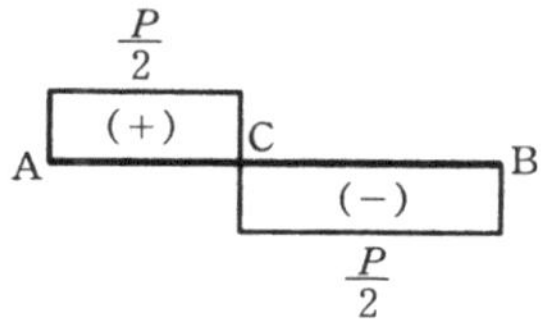	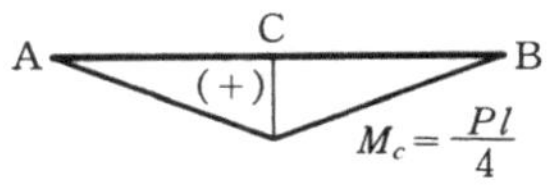
$R_A=\frac{P}{2}\,(\uparrow)$ $R_B=\frac{P}{2}\,(\uparrow)$	A~C 구간 : $V_x=\frac{P}{2}$ C~B 구간 : $V_x=-\frac{P}{2}$	A~C 구간 : $M_x=\frac{P}{2}x$ C~B 구간 : $M_x=\frac{P}{2}x-P\left(x-\frac{l}{2}\right)$ $M_{\max}=M_C=\frac{Pl}{4}$

(3) 보에 등분포하중이 작용할 때

반 력	전 단 력	휨모멘트
$R_A = \dfrac{wl}{2}(\uparrow)$ $R_B = \dfrac{wl}{2}(\uparrow)$	$V_x = \dfrac{wl}{2} - wx$	$M_x = \dfrac{wl}{2}x - \dfrac{w}{2}x^2$ $M_{\max} = M_C = \dfrac{wl^2}{8}$

(4) 보에 등변분포하중이 작용할 때

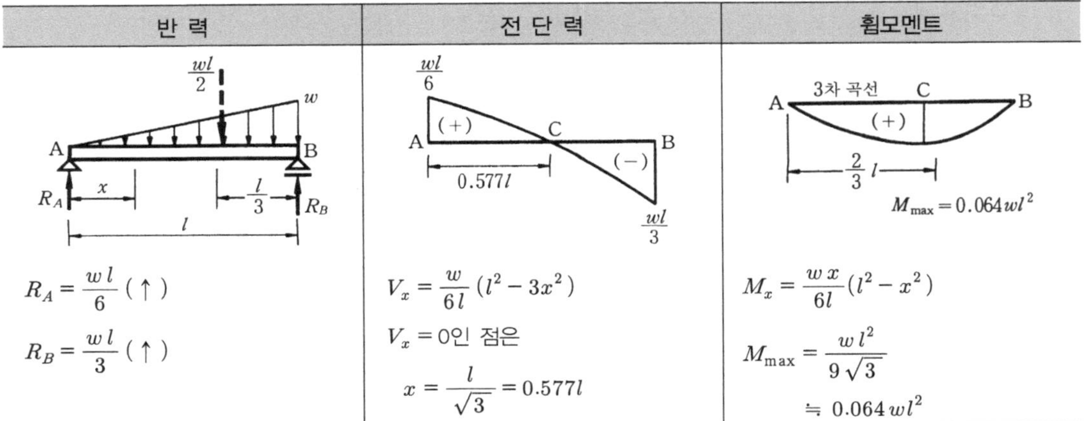

반 력	전 단 력	휨모멘트
$R_A = \dfrac{wl}{6}(\uparrow)$ $R_B = \dfrac{wl}{3}(\uparrow)$	$V_x = \dfrac{w}{6l}(l^2 - 3x^2)$ $V_x = 0$인 점은 $x = \dfrac{l}{\sqrt{3}} = 0.577l$	$M_x = \dfrac{wx}{6l}(l^2 - x^2)$ $M_{\max} = \dfrac{wl^2}{9\sqrt{3}}$ $\fallingdotseq 0.064wl^2$

(5) 보에 모멘트하중이 작용할 때

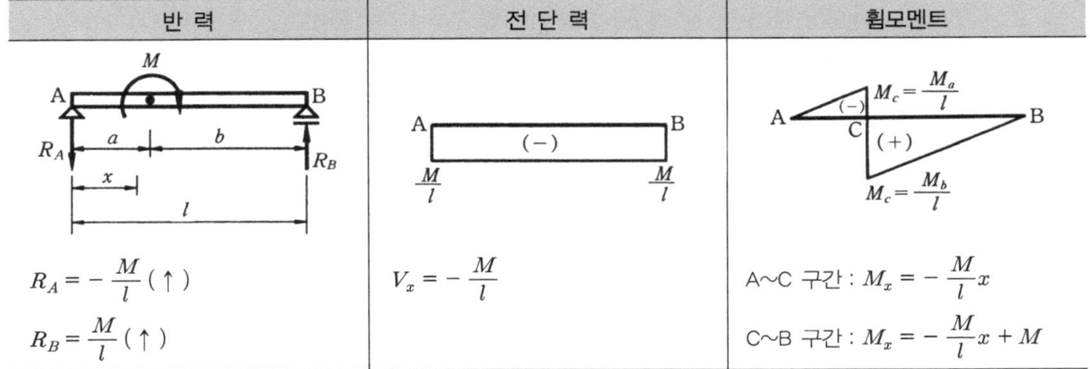

반 력	전 단 력	휨모멘트
$R_A = -\dfrac{M}{l}(\uparrow)$ $R_B = \dfrac{M}{l}(\uparrow)$	$V_x = -\dfrac{M}{l}$	A~C 구간 : $M_x = -\dfrac{M}{l}x$ C~B 구간 : $M_x = -\dfrac{M}{l}x + M$

예제 3-1

그림과 같이 보의 중앙에 집중하중이 작용할 때 단면력을 구하고, 단면력도를 그리시오.

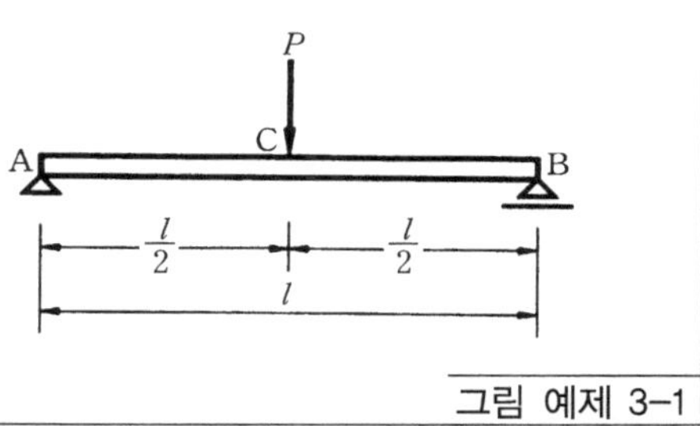

그림 예제 3-1

① 반력

대칭하중이므로

$$R_A = R_B = \frac{\text{전체하중}}{2}$$

$$R_A = R_B = \frac{P}{2}$$

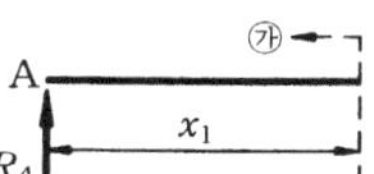

(a) 단면 ㉮의 좌측

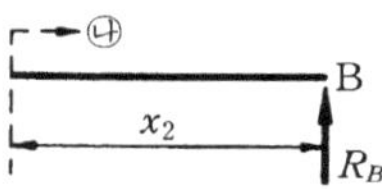

(b) 단면 ㉯의 우측

② 단면력

㉠ A~C 구간

A지점으로부터 임의의 거리 x_1 만큼 떨어진 단면 ㉮의 좌측에서

$$V_{x1} = R_A = \frac{P}{2}$$

$$M_{x1} = R_A x_1 = \frac{P}{2} x_1$$

$$\therefore\ M_{(x_1 = \frac{l}{2})} = \frac{P}{2} \times \frac{l}{2} = \frac{Pl}{4}$$

㉡ C~B 구간

B지점으로부터 임의의 거리 x_2 만큼 떨어진 단면 ㉯의 우측에서

$$V_{x2} = -R_B = -\frac{P}{2}$$

$$M_{x2} = -(-R_B x_2) = \frac{P}{2} x_2$$

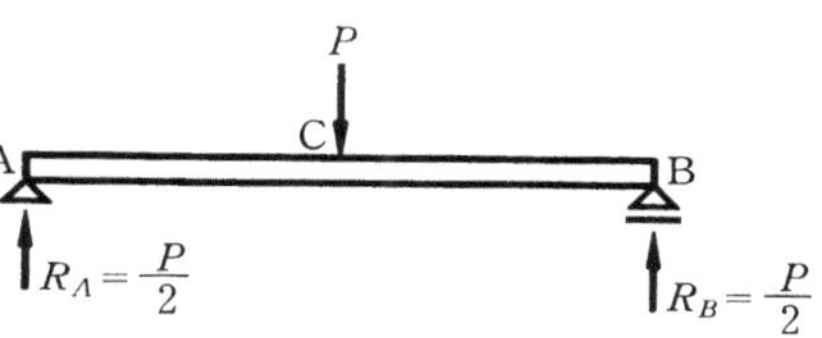

(c) 외력도

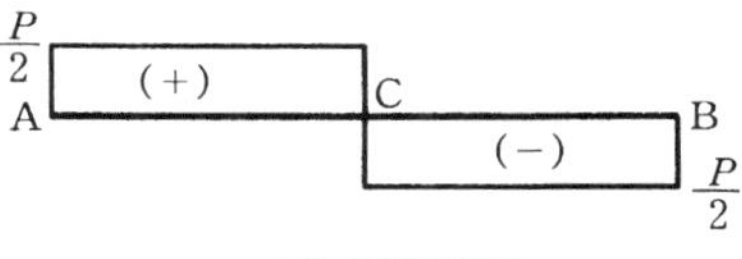

(d) 전단력도

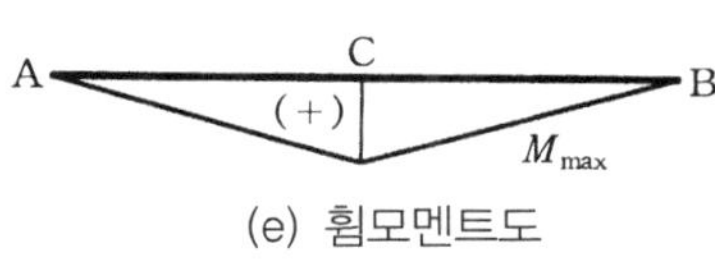

(e) 휨모멘트도

$$\therefore\ M_{(x_2=\frac{1}{2})}=\frac{P}{2}\times\frac{l}{2}=\frac{Pl}{4}$$

ⓒ 최대 휨모멘트

$$M_{\max}=\frac{Pl}{4}$$

예제 3-2

그림과 같은 단순보의 단면력을 구하고, 단면력도를 그리시오.

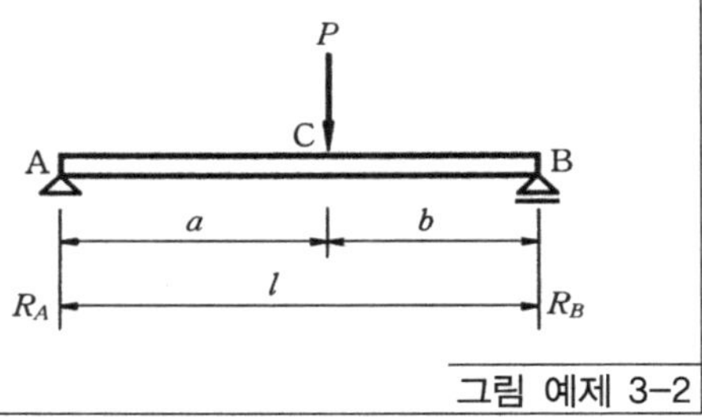

그림 예제 3-2

① 반력

$$\Sigma M_B=0 : R_A l-Pb=0$$

$$\therefore R_A=\frac{Pb}{l}$$

$$\Sigma M_A=0 : -R_B l+Pa=0$$

$$\therefore R_B=\frac{Pa}{l}$$

$$\Sigma X=0 : H_A=0$$

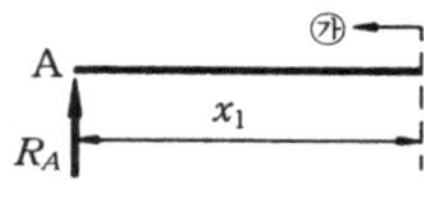

(a) 단면 ㉮의 좌측

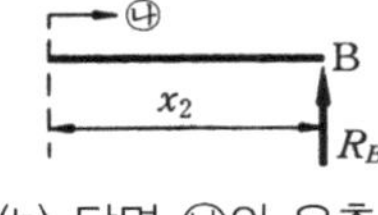

(b) 단면 ㉯의 우측

② 단면력

㉠ A~C 구간〈그림 (a)〉

$$V_{x1}=R_A=\frac{Pb}{l}$$

$$M_{x1}=R_A x_1=\frac{Pb}{l}x_1$$

여기서 $M_{(x_1=a)}=\dfrac{Pab}{l}$

㉡ C~B 구간(그림 (b))

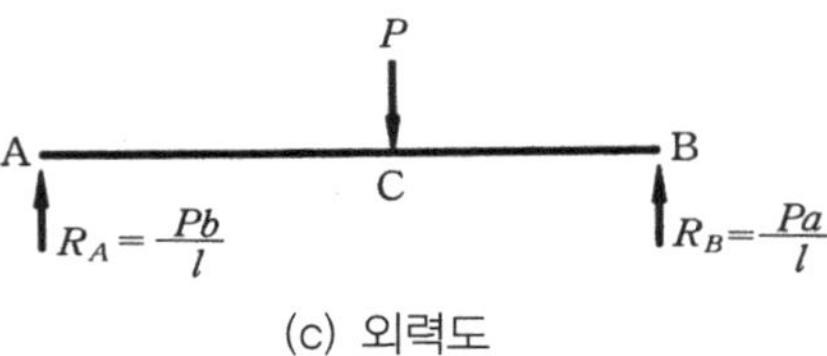

(c) 외력도

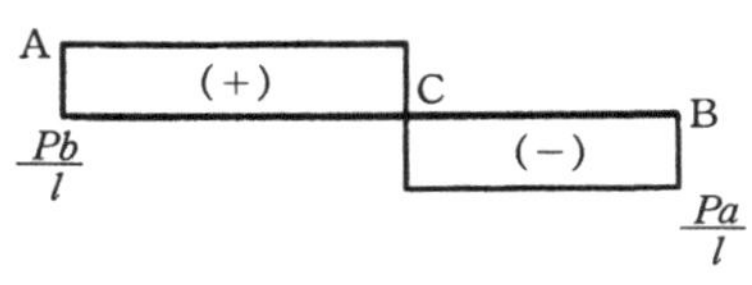

(d) 전단력도

$V_{x2} = -R_B = -\dfrac{Pa}{l}$

$M_{x2} = -(-R_B x_2) = \dfrac{Pa}{l} x_2$

여기서 $M_{(x_2=b)} = \dfrac{Pab}{l}$

㉢ 최대 휨모멘트

$M_{\max} = \dfrac{Pab}{l}$

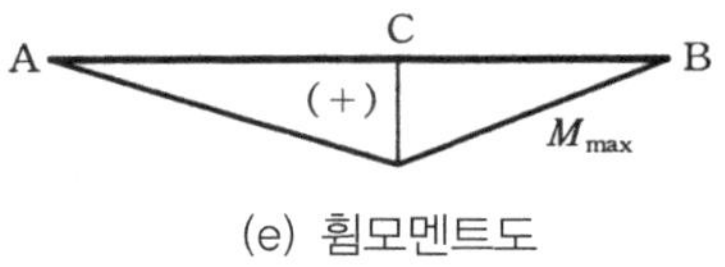

(e) 휨모멘트도

예제 3-3

그림과 같이 등분포하중을 받는 단순보의 단면력을 구하고, 단면력도를 그리시오.

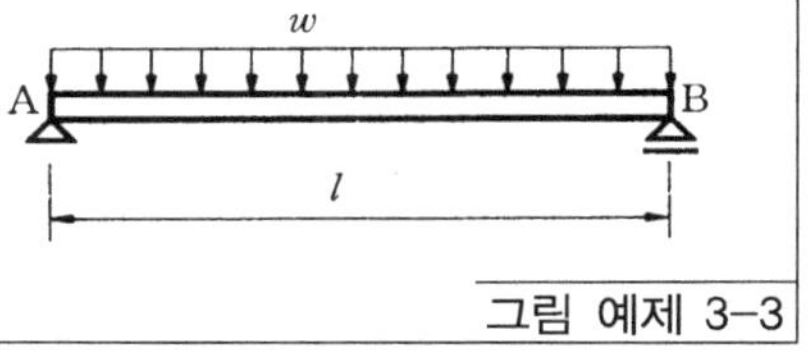

그림 예제 3-3

① 반력

$\therefore R_A = R_B = \dfrac{wl}{2}$

② 전단력

A지점으로부터 임의의 거리 x 만큼 떨어진 단면 C의 전단력을 V_x 라 하고

$V_x = R_A - wx = \dfrac{wl}{2} - wx$

이것은 x 에 관한 1차식이므로 전단력도는 그림 (c)와 같이 직선형이 된다.

③ 휨모멘트

$M_x = R_A x - wx \cdot \dfrac{x}{2}$

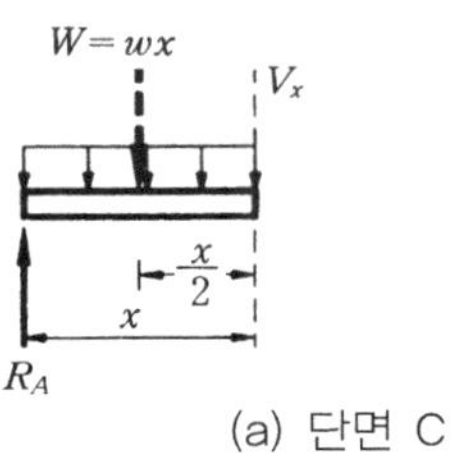

(a) 단면 C

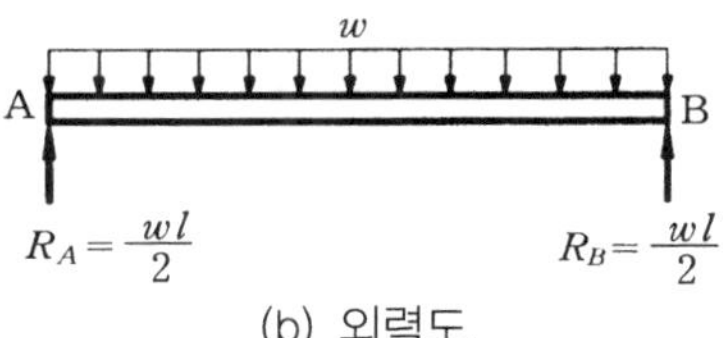

(b) 외력도

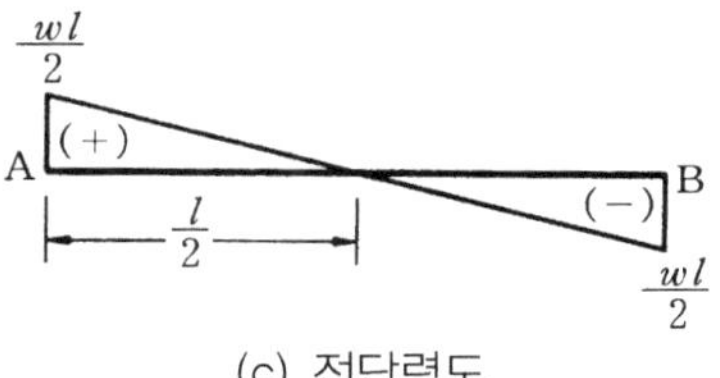

(c) 전단력도

$$= \frac{wl}{2}x - \frac{w}{2}x^2$$

이것은 x 에 관한 2차식이므로 휨모멘트도는 그림 (d)와 같은 포물선형이 된다.

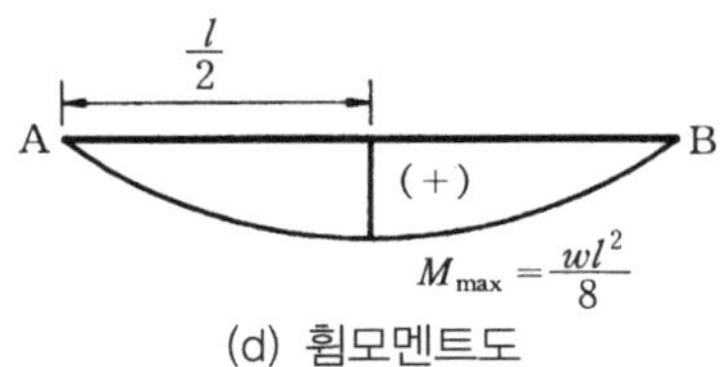

(d) 휨모멘트도

④ 최대 휨모멘트는 전단력이 0인 보의 중앙에서 일어나고 그 값은

$$M_{max} = \frac{wl^2}{8}$$

예제 3-4

그림과 같은 단순보의 단면력을 구하고, 단면력도를 그리시오.

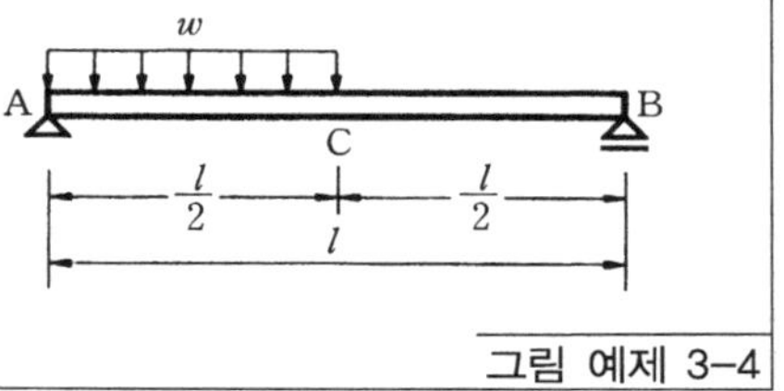

그림 예제 3-4

① 반력

$W = \frac{wl}{2}$ 이 지점 A로부터 $\frac{l}{4}$ 되는 곳에 작용하는 집중하중이라고 생각하고 힘의 평형방정식을 세워 반력을 구하면

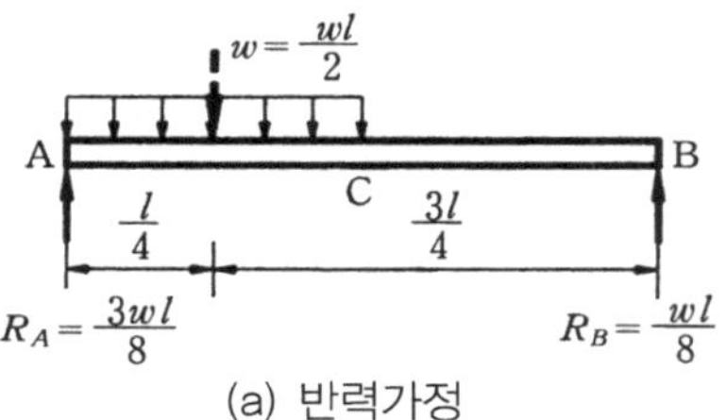

(a) 반력가정

$$\Sigma M_B = 0 : R_A l - \frac{wl}{2} \times \frac{3l}{4} = 0$$

$$\therefore R_A = \frac{3wl}{8}$$

$$\Sigma M_A = 0 : -R_B l + \frac{wl}{2} \times \frac{l}{4} = 0$$

$$\therefore R_B = \frac{wl}{8}$$

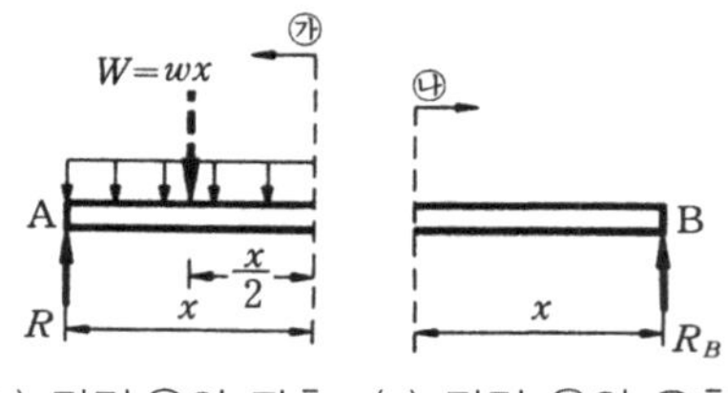

(b) 단면 ㉮의 좌측 (c) 단면 ㉯의 우측

② 단면력

㉠ A~C 구간 : 지점 A로부터 임의의 거리 x만큼 떨어진 단면 ㉮의 좌측에서 전단력 V_x를 구하면

$$V_x = R_A - wx = \frac{3wl}{8} - wx$$

$$\therefore V_A = V_{(x=0)} = \frac{3wl}{8}$$

$$V_C = V_{\left(x=\frac{1}{2}\right)}$$

$$= \frac{3wl}{8} - w \cdot \frac{l}{2}$$

$$= -\frac{wl}{8}$$

단면 ㉮의 좌측에서 모멘트 M_x를 구하면

$$M_x = R_A x - wx \cdot \frac{x}{2}$$

$$= \frac{3wl}{8}x - \frac{w}{2}x^2$$

$$\therefore M_A = M_{(x=0)} = 0$$

$$M_C = M_{\left(x=\frac{1}{2}\right)}$$

$$= \frac{3wl}{8} \cdot \frac{l}{2} - \frac{w}{2}\left(\frac{l}{2}\right)^2$$

$$= \frac{wl^2}{16}$$

㉡ C~B 구간 : 지점 B로부터 임의의 거리 x만큼 떨어진 단면 ㉯의 우측에서 전단력 V_x를 구하면

$$V_x = -\frac{wl}{8}$$

단면 ㉯의 우측에서 휨모멘트 M_x를 구하면

$$M_x = \frac{wl}{8}x$$

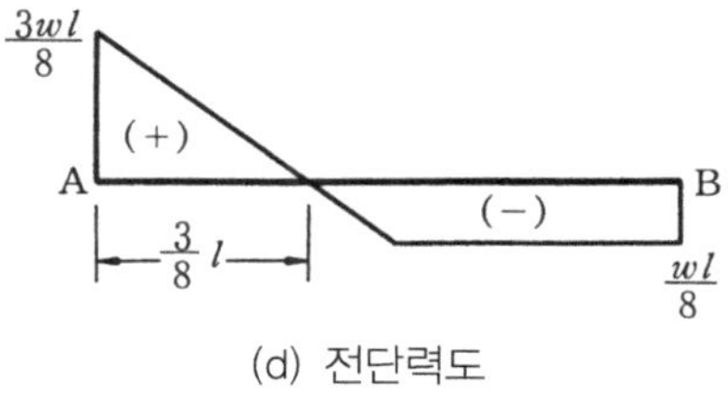

(d) 전단력도

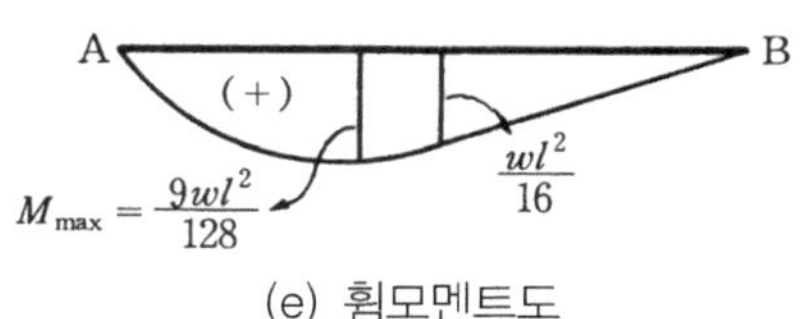

(e) 휨모멘트도

$\therefore M_B = M_{(x=0)} = 0$

$M_C = \dfrac{wl}{8} \times \dfrac{l}{2} = \dfrac{wl^2}{16}$

㉢ 전단력이 0이 되는 위치로부터 최대 휨모멘트 M_{max}를 구하면

$V_x = \dfrac{3wl}{8} - wx = 0$ 에서

$x = \dfrac{3l}{8}$

$\therefore M_{max} = \dfrac{3wl}{8}\left(\dfrac{3l}{8}\right) - \dfrac{w}{2}\left(\dfrac{3l}{8}\right)^2$

$= \dfrac{9wl^2}{128}$

예제 3-5

그림과 같은 단순보의 단면력을 구하고, 단면력도를 그리시오.

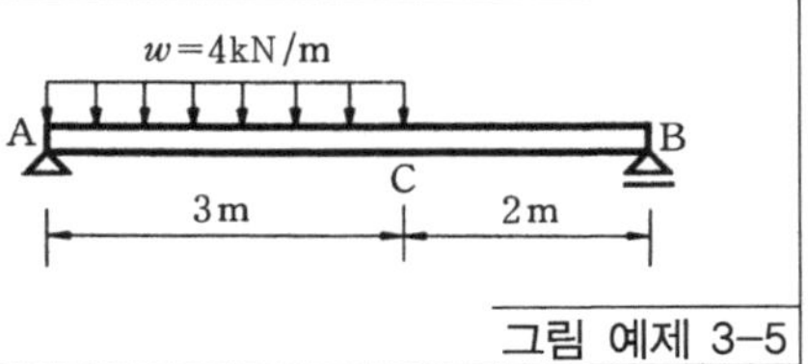

그림 예제 3-5

① 반력

$\Sigma M_B = 0$: $R_A \times 5 - (4 \times 3) \times 3.5 = 0$

$5R_A - 42 = 0$

$\therefore R_A = 8.4\text{kN}(\uparrow)$

$\Sigma M_A = 0$: $(4 \times 3) \times 1.5 - R_B \times 5 = 0$

$18 - 5R_B = 0$

$\therefore R_B = 3.6\text{kN}(\uparrow)$

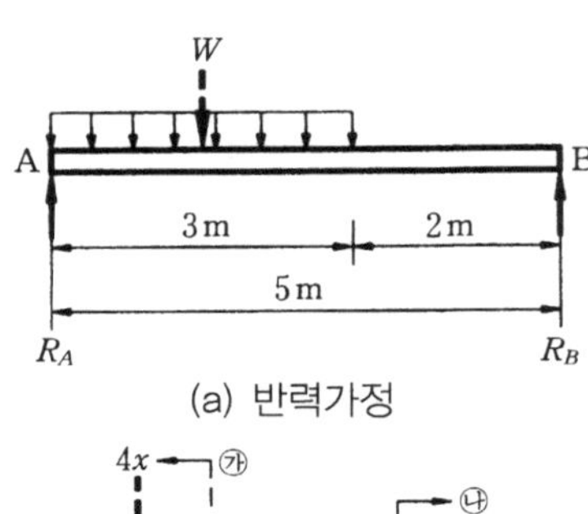

(a) 반력가정

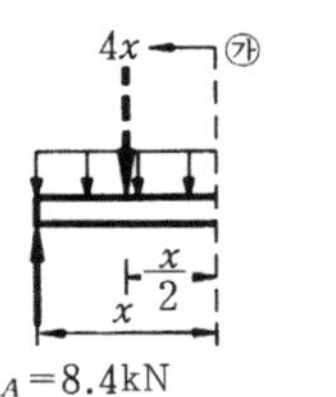

(b) 단면 ㉮의 좌측

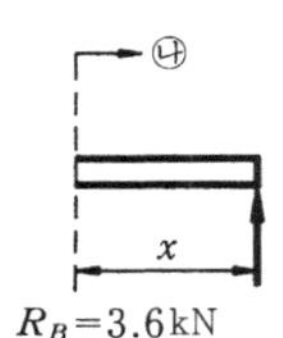

(c) 단면 ㉯의 우측

② 단면력

㉠ A~C 구간

$V_x = 8.4 - 4x$

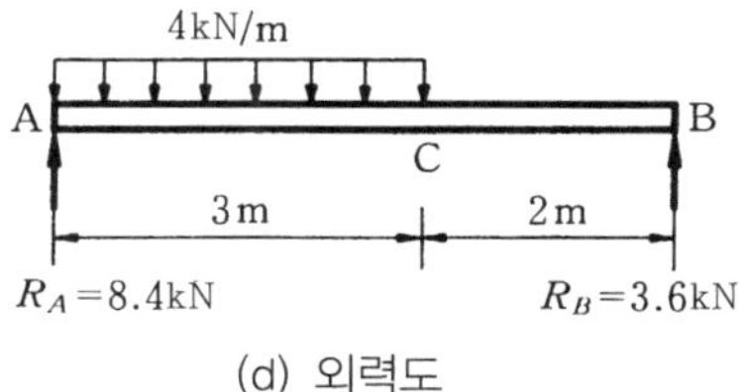

(d) 외력도

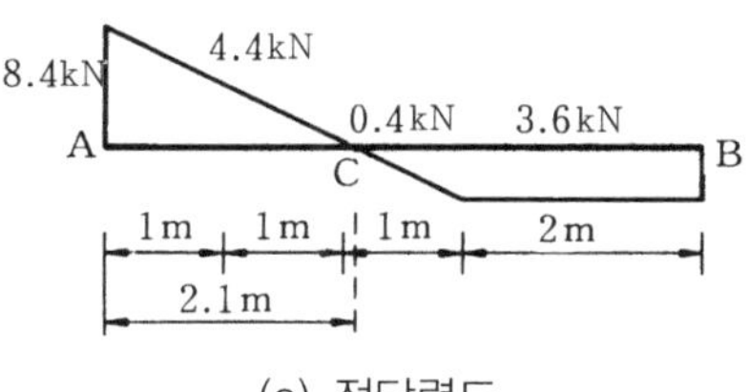

(e) 전단력도

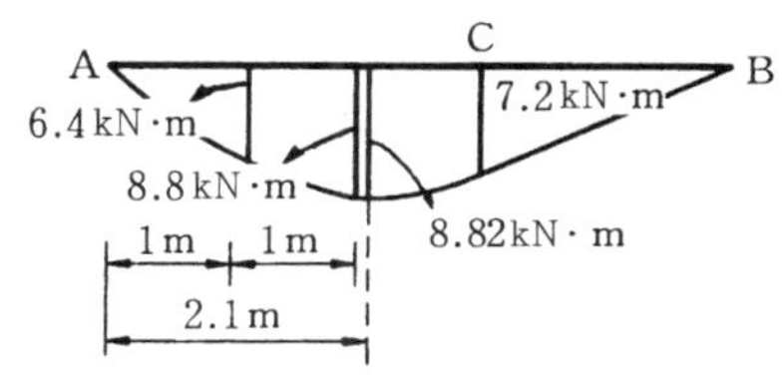

(f) 휨모멘트도

$\therefore V_{(x=0)} = V_A = 8.4\text{kN}$

$V_{(x=1)} = 8.4 - 4 \times 1$

$= 4.4\text{kN}$

$V_{(x=2)} = 8.4 - 4 \times 2$

$= 0.4\text{kN}$

$V_{(x=3)} = V_C$

$= 8.4 - 4 \times 3$

$= -3.6\text{kN}$

$M_x = 8.4x - 4x \cdot \dfrac{x}{2}$

$= 8.4x - 2x^2$ 일반식

$\therefore M_{(x=0)} = M_A = 0$

$M_{(x=1)} = 8.4 \times 1 - 2 \times 1^2$

$= 6.4\text{kN} \cdot \text{m}$

$M_{(x=2)} = 8.4 \times 2 - 2 \times 2^2$

$= 8.8\text{kN} \cdot \text{m}$

$M_{(x=3)} = M_C$

$= 8.4 \times 3 - 2 \times 3^2$

$= 7.2\text{kN} \cdot \text{m}$

㉡ C~B 구간

$V_{(C \sim B)} = -R_B = -3.6\text{kN}$

$M_x = -(-R_B x) = 3.6x$

$\therefore M_{(x=0)} = M_B = 3.6 \times 0 = 0$

$M_{(x=2)} = M_C$

$= 3.6 \times 2$

$= 7.2\text{kN} \cdot \text{m}$

㉢ 최대 휨모멘트

지점 A로부터의 위치 x_0는

$V_x = 0$ 에서

$8.4 - 4x_0 = 0$

$\therefore x_0 = \dfrac{8.4}{4} = 2.1\text{m}$ 에서

휨모멘트가 최대가 된다.

$$M_{\max} = 8.4x - 2x^2$$
$$= 8.4 \times 2.1 - 2 \times 2.1^2$$
$$= 8.82\,\mathrm{kN \cdot m}$$

예제 3-6

그림과 같이 등변분포하중을 받는 보에 대한 단면력을 구하고, 단면력도를 그리시오.

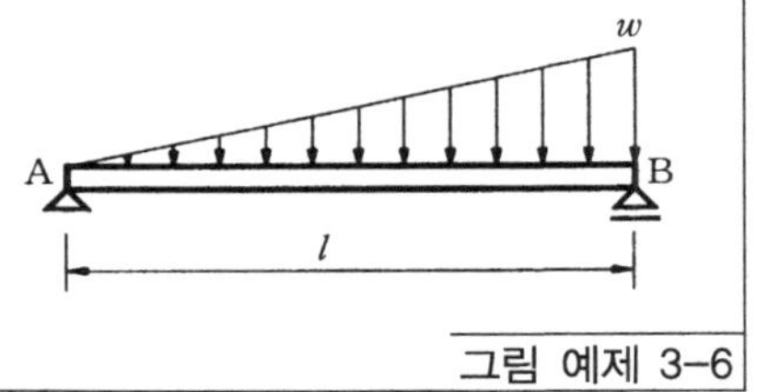

그림 예제 3-6

① 반력

등변분포하중의 전체하중

$\overline{W} = \dfrac{wl}{2}$ 이 지점 A로부터 $\dfrac{2}{3}l$ 되는 곳에 작용하는 집중하중이라고 생각하면

$$R_A = \frac{1}{3} \times \frac{wl}{2} = \frac{wl}{6}$$

$$R_B = \frac{2}{3} \times \frac{wl}{2} = \frac{wl}{3}$$

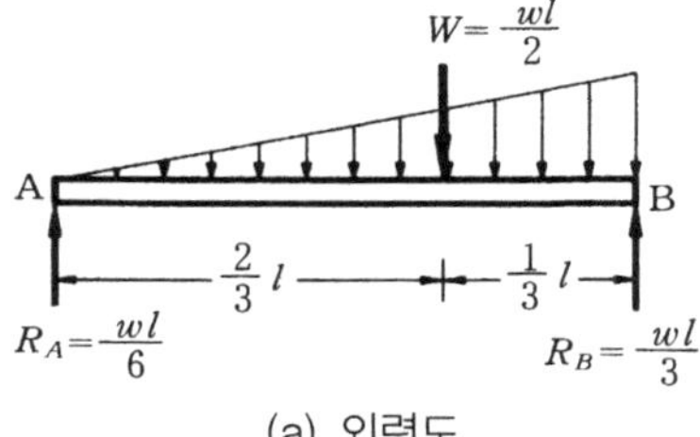

(a) 외력도

② 전단력

지점 A로부터 임의의 거리 x 만큼 떨어진 단면 C의 단위하중 크기 q 는 그림 (b)의 삼각형의 닮음비에서

$q : x = w : l$

$\therefore q = \dfrac{wx}{l}$

가 되고 지점 A로부터 임의의 단면 C까지의 작용하중 합계 P_x 는 삼각형 면적과 같으므로

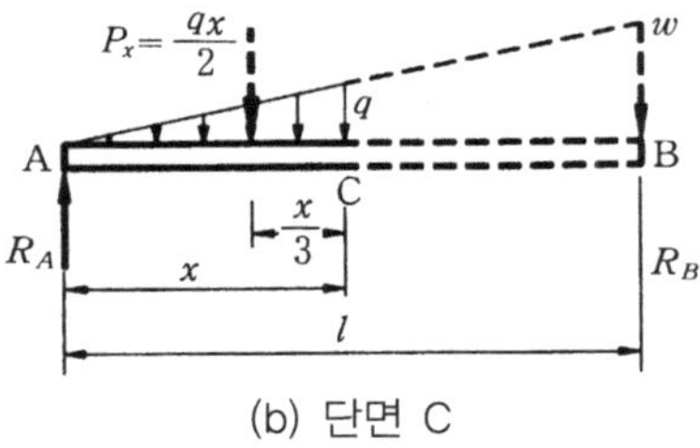

(b) 단면 C

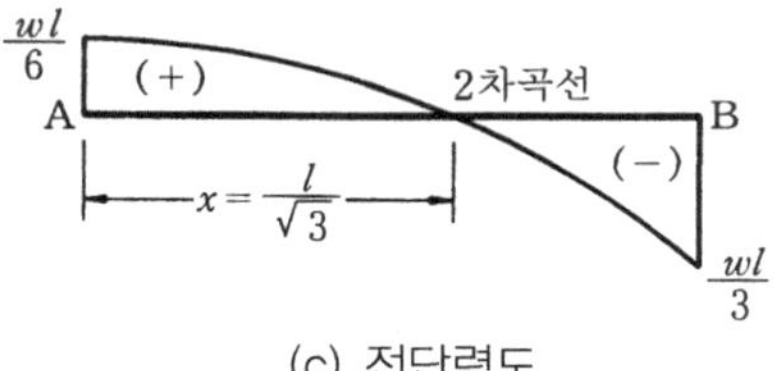

(c) 전단력도

$$P_x = \frac{1}{2}qx = \frac{1}{2} \cdot \frac{wx}{l} \cdot x = \frac{wx^2}{2l}$$

따라서 단면 C의 전단력 V_x는

$$V_x = R_A - P_x = \frac{wl}{6} - \frac{wx^2}{2l}$$

이것은 x에 관한 2차식이므로 전단력도는 그림 (c)와 같이 2차곡선이 된다.

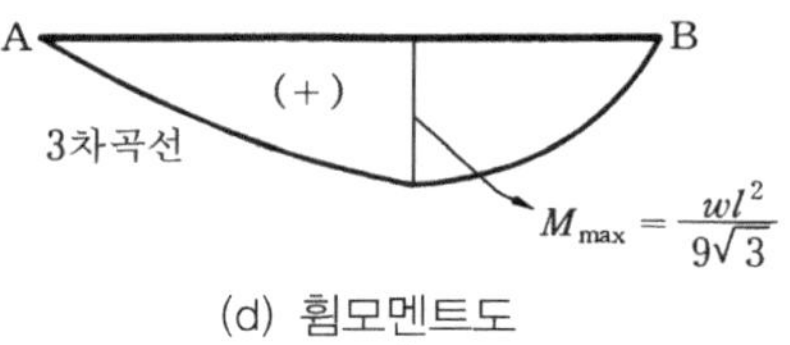

(d) 휨모멘트도

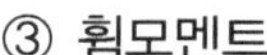

③ **휨모멘트**

임의의 단면 C의 휨모멘트를 M_x라고 하면

$$M_x = R_A x - P_x \cdot \frac{x}{3}$$
$$= \frac{wl}{6}x - \frac{wx^2}{2l} \cdot \frac{x}{3}$$
$$= \frac{wlx}{6} - \frac{wx^3}{6l}$$

이것은 x에 관한 3차식이므로 휨모멘트도는 그림 (d)와 같이 3차곡선이 된다.

④ 최대 휨모멘트는 전단력이 0인 곳에서 일어나므로 전단력의 일반식을 0으로 놓으면 된다.

$$V_x = \frac{wl}{6} - \frac{wx^2}{2l} = 0$$

$$\therefore\ x = \frac{l}{\sqrt{3}} \fallingdotseq 0.577l$$

$$M_{max} = \frac{wl}{6}x - \frac{w}{6l}x^3$$
$$= \frac{wl}{6}\left(\frac{1}{\sqrt{3}}\right) - \frac{w}{6l}\left(\frac{1}{\sqrt{3}}\right)^3$$
$$= \frac{wl^2}{9\sqrt{3}}$$

예제 3-7

그림과 같은 이등변삼각형의 등분포하중을 받는 단순보의 단면력을 구하고, 단면력도를 그리시오.

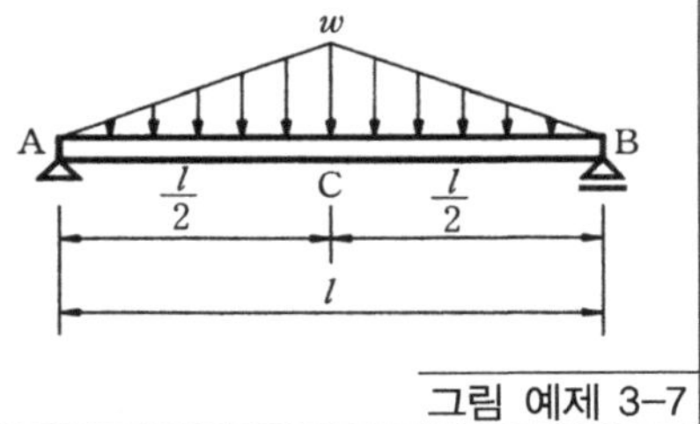

그림 예제 3-7

① 반력

$$\therefore\ R_A = R_B = \frac{wl}{2} \times \frac{1}{2} = \frac{wl}{4}$$

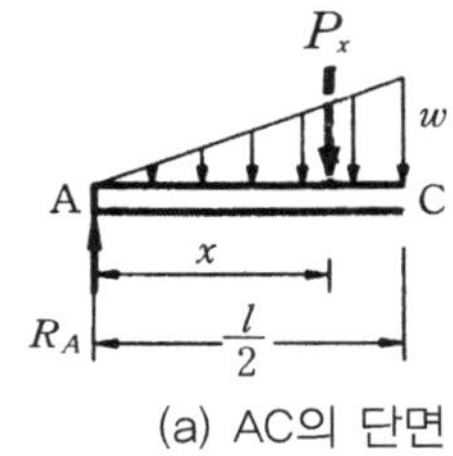

(a) AC의 단면

② 단면력

A~C 구간(그림 (a))

$$q : x = w : \frac{l}{2}$$

$$\therefore\ q = \frac{2wx}{l}$$

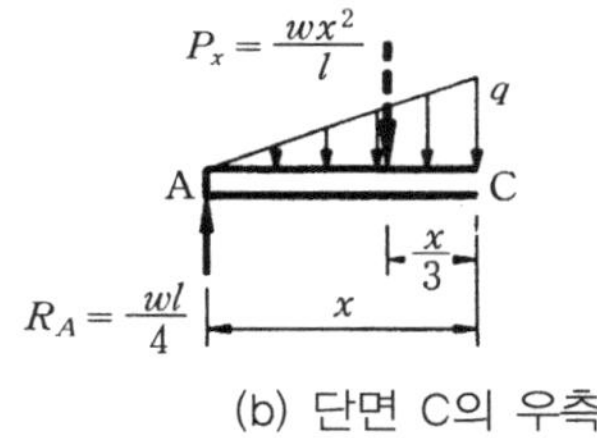

(b) 단면 C의 우측

$$P_x = \frac{1}{2}qx = \frac{1}{2}\left(\frac{2wx}{l}\right)x = \frac{wx^2}{l}$$

따라서 전단력의 일반식 V_x 는

$$V_x = R_A - P_x$$

$$= \frac{wl}{4} - \frac{wx^2}{l}$$

$$\therefore\ V_A = V_{(x=0)} = \frac{wl}{4}$$

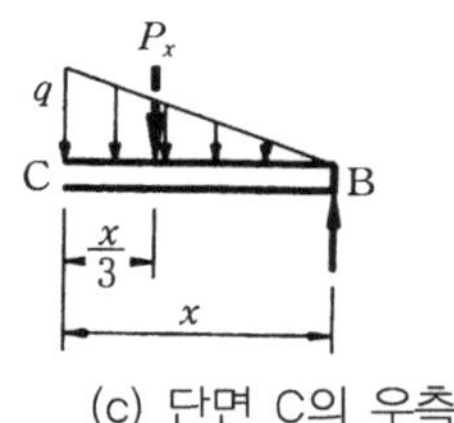

(c) 단면 C의 우측

$$V_C = V_{\left(x=\frac{l}{2}\right)}$$

$$= \frac{wl}{4} - \frac{w}{l}\left(\frac{l}{2}\right)^2 = 0$$

휨모멘트의 일반식 M_x 는

$$M_x = R_A x - P_x \cdot \frac{x}{3}$$

$$= \frac{wl}{4}x - \frac{wx^2}{l}\left(\frac{x}{3}\right)$$

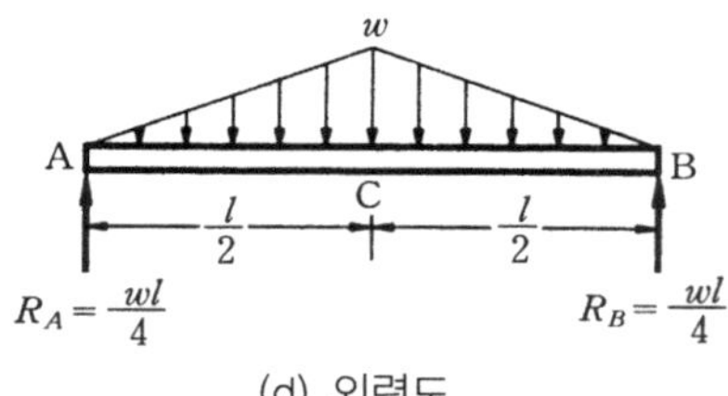

(d) 외력도

$$= \frac{wl}{4}x - \frac{w}{3l}x^3$$

$$\therefore M_A = M_{(x=0)} = 0$$

$$M_C = M_{\left(x=\frac{l}{2}\right)}$$

$$= \frac{wl}{4}\left(\frac{l}{2}\right) - \frac{w}{3l}\left(\frac{l}{2}\right)^3 = \frac{wl^2}{12}$$

한편 최대 휨모멘트는 전단력이 0인 지점, 즉 $x = \frac{l}{2}$인 보의 중앙점 C에서 일어나므로

$$M_{\max} = M_C = \frac{wl^2}{12}$$

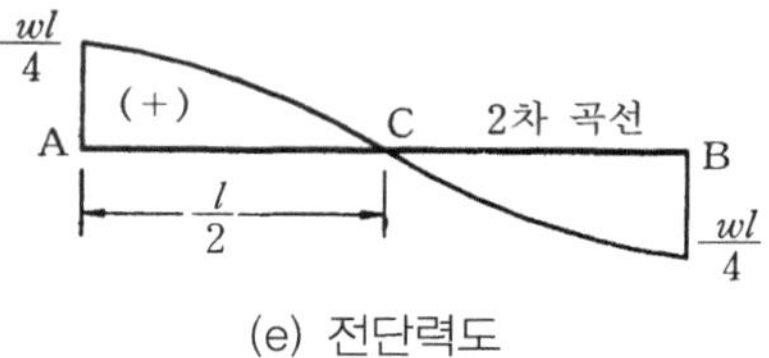

(e) 전단력도

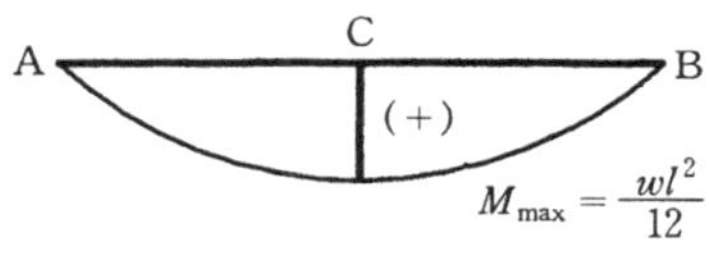

(f) 휨모멘트도

예제 3-8

그림과 같은 간접하중을 받는 단순보의 단면력을 구하고, 단면력도를 그리시오.

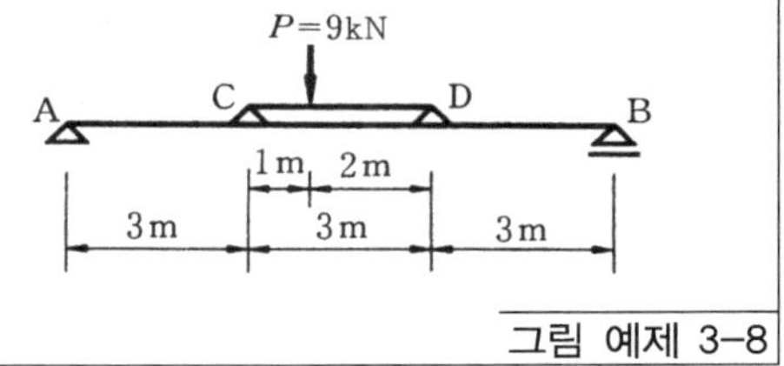

그림 예제 3-8

① 반력

$$\Sigma M_B = 0 : R_A \times 9 - 6 \times 6 - 3 \times 3 = 0$$

$$R_A = \frac{1}{9}(36 + 9) = 5\,\text{kN}\ (\uparrow)$$

$$\Sigma M_A = 0 : 6 \times 3 + 3 \times 6 - R_B \times 9 = 0$$

$$R_B = \frac{1}{9}(18 + 18) = 4\,\text{kN}\ (\uparrow)$$

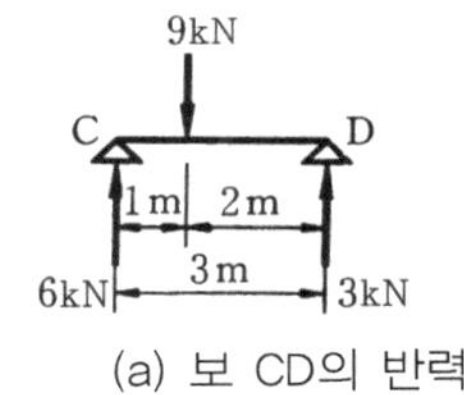

(a) 보 CD의 반력

② 전단력

$$V_{(A\sim C)} = R_A = 5\,\text{kN}$$

$$V_{(C\sim D)} = R_A - P_C$$

$$= 5 - 6 = -1\,\text{kN}$$

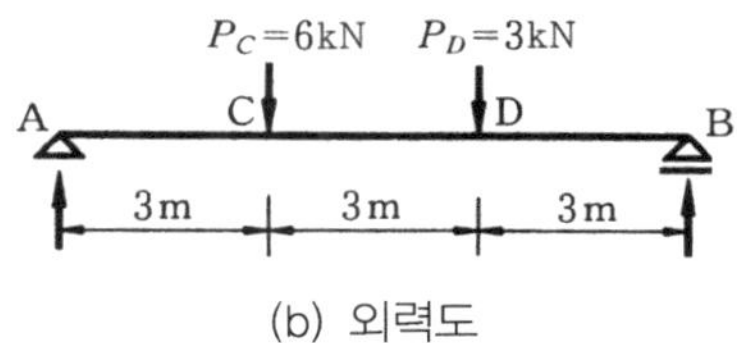

(b) 외력도

$V_{(D\sim B)} = R_B = -4\,\text{kN}$

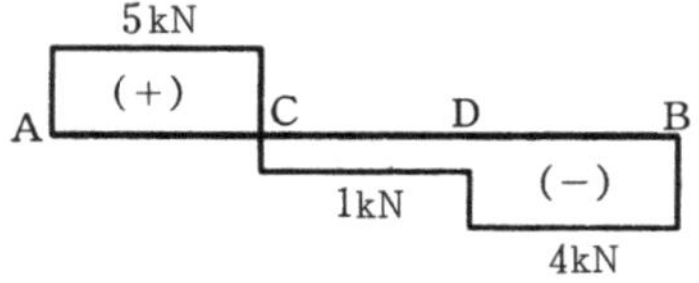

(c) 전단력도

③ 휨모멘트

$M_A = 0$

$M_C = R_A \times 3 = 5 \times 3$

$= 15\,\text{kN}\cdot\text{m}$

$M_D = R_A \times 6 - P_C \times 3$

$= 5 \times 6 - 6 \times 3 = 12\,\text{kN}\cdot\text{m}$

또는 $M_D = -(-R_B \times 3)$

$= -(-4 \times 3) = 12\,\text{kN}\cdot\text{m}$

$M_B = 0$

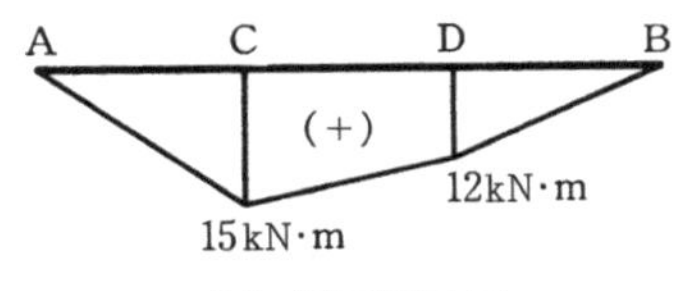

(d) 휨모멘트도

예제 3-9

그림과 같은 모멘트하중을 받는 단순보의 단면력을 구하고, 단면력도를 그리시오.

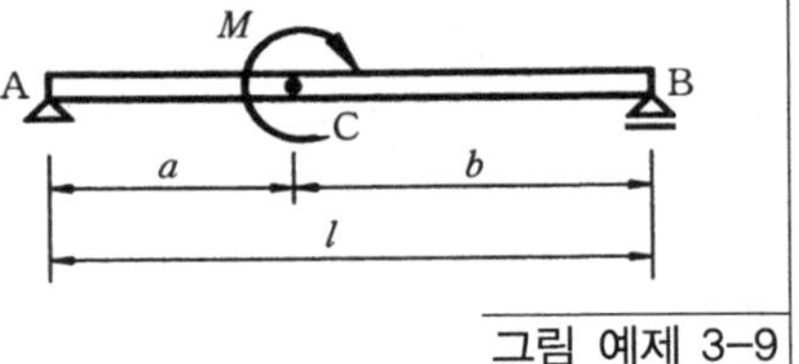

그림 예제 3-9

① 반력

$\Sigma X = 0 : H_A = 0$

$\Sigma M_B = 0 : R_A l + M = 0$

$\therefore R_A = -\dfrac{M}{l}(\downarrow)$

$\Sigma M_A = 0 : R_B l + M = 0$

$\therefore R_B = -\dfrac{M}{l}(\uparrow)$

$\Sigma X = 0 : H_A = 0$

(a) 반력가정

② 전단력

㉠ A~C 구간(그림 (b))

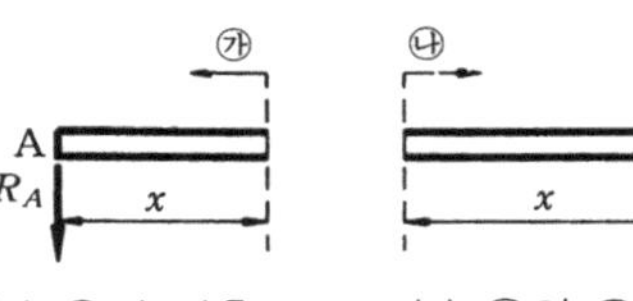

(b) ㉮의 좌측 (c) ㉯의 우측

$$V_x = -R_A = -\frac{M}{l} \text{ (일정)}$$

㉡ C~B 구간(그림 (c))

$$V_x = -(+R_B) = -\frac{M}{l} \text{ (일정)}$$

③ 휨모멘트

㉠ A~C 구간(그림 (b))

$$M_x = -R_A x = -\frac{M}{l}x$$

$$\therefore M_A = M_{(x=0)} = 0$$

$$M_C = M_{(x=a)} = -\frac{M}{l}a$$

㉡ C~B 구간(그림 (c))

$$M_x = -(-R_B x) = \frac{M}{l}x$$

$$\therefore M_B = M_{(x=0)} = 0$$

$$M_C = M_{(x=b)} = \frac{M}{l}b$$

$$M_C = M_{(x=b)} = \frac{M}{l}b$$

한편, 단면 ㉯의 좌측에서

$$M_x = -R_A x + M = -\frac{M}{l}x + M$$

$$\therefore M_B = M_{(x=l)}$$

$$= -\frac{M}{l} \cdot l + M = 0$$

$$M_C = M_{(x=a)}$$

$$= -\frac{Ma}{l} + M$$

$$= M\left(1 - \frac{a}{l}\right)$$

$$= M\left(\frac{1-a}{l}\right)$$

$$= M\left(\frac{b}{l}\right)$$

$$= \frac{Mb}{l}$$

(d) ㉯의 좌측

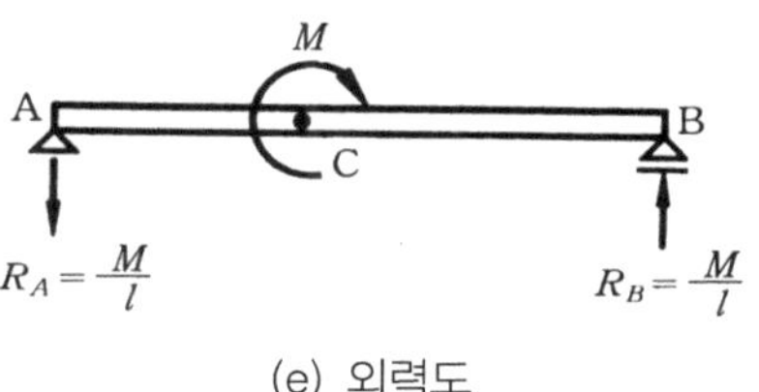

(e) 외력도

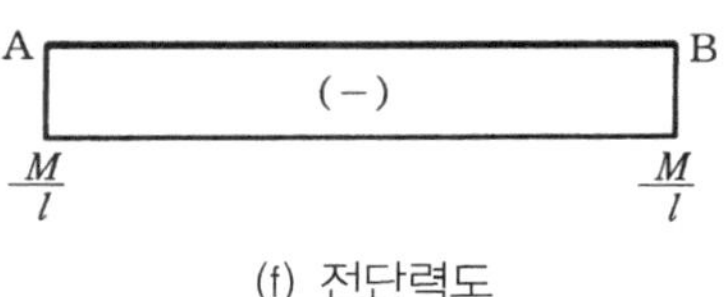

(f) 전단력도

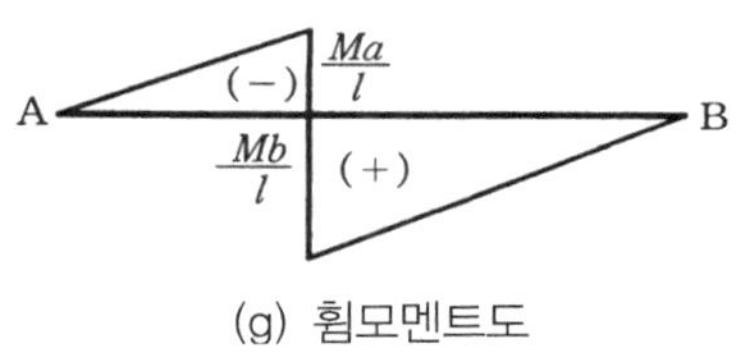

(g) 휨모멘트도

예제 3-10

그림과 같은 하중을 받는 단순보의 단면력을 구하고, 단면력도를 그리시오.

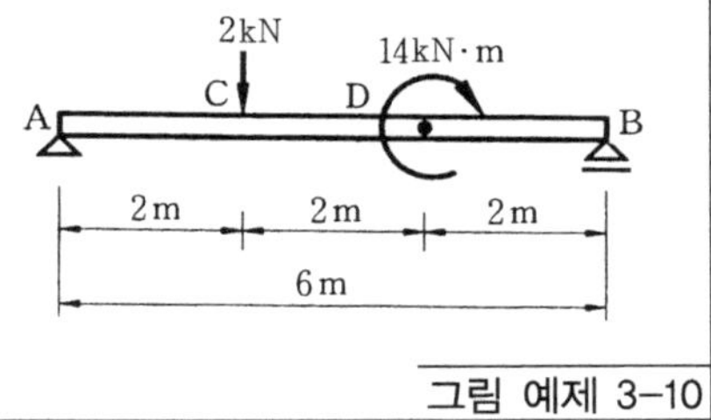

그림 예제 3-10

① 반력

$\Sigma X=0 : H_A=0$

$\Sigma M_B=0 : R_A\times 6-2\times 4+14=0$

$\therefore R_A=\frac{1}{6}(8-14)$

$=-1\text{kN}(\downarrow)$

$\Sigma M_A=0 : 2\times 2+14-R_B\times 6=0$

$\therefore R_B=\frac{1}{6}(4+14)$

$=3\text{kN}(\uparrow)$

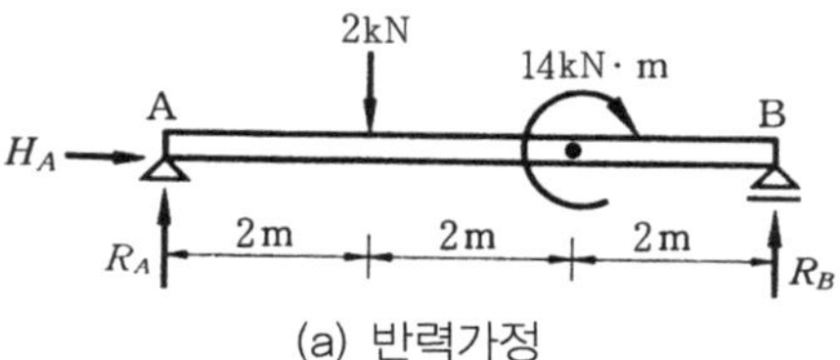

(a) 반력가정

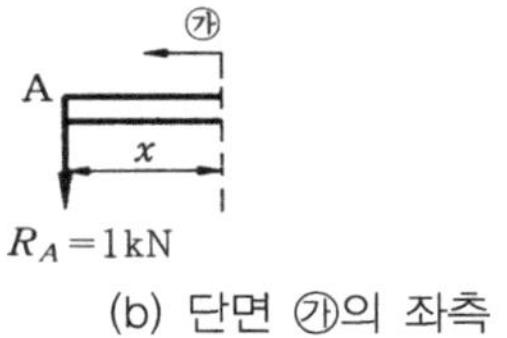

(b) 단면 ㉮의 좌측

② 전단력

㉠ A~C 구간

$V_x=-1\text{kN}$ (일정)

㉡ C~D 구간

$V_x=-1-2=-3\text{kN}$ (일정)

㉢ D~B 구간

$V_x=-R_B=-3\text{kN}$ (일정)

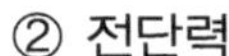

전단력도는 그림 (g)와 같이 된다.

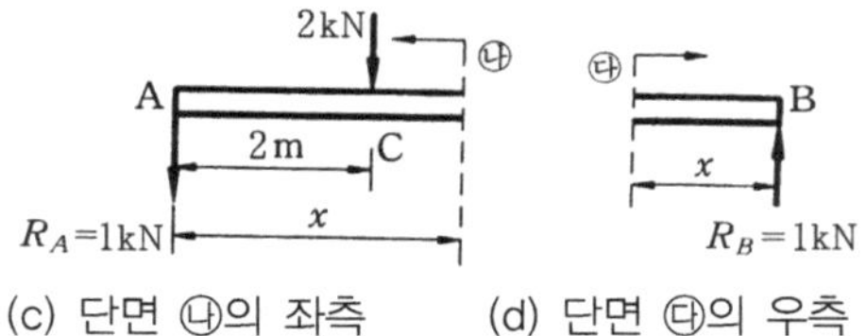

(c) 단면 ㉯의 좌측 (d) 단면 ㉰의 우측

③ 휨모멘트

㉠ A~C 구간 : 단면 ㉮의 좌측에서 지점 A로부터 임의의 거리 x 위치에 대하여 (그림 (b))

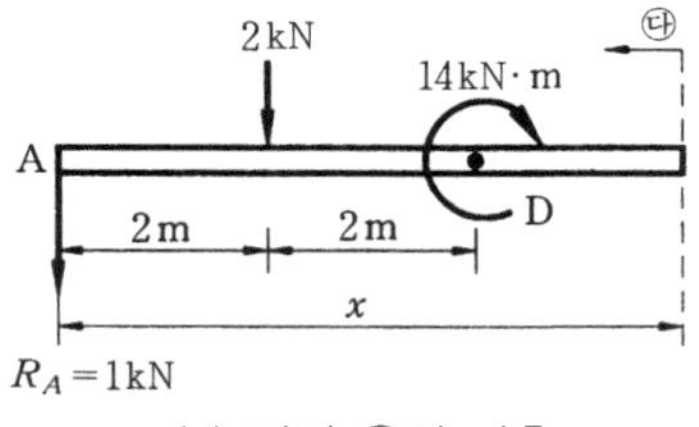

(e) 단면 ㉰의 좌측

$M_x = -1 \cdot x = -x$

$\therefore M_A = M_{(x=0)} = 0$

$M_C = M_{(x=2)} = -2\text{kN} \cdot \text{m}$

㉡ C~D 구간 : 단면 ㉯의 좌측에서 지점 A로부터 임의의 거리 x 위치에 대하여 (그림 (c))

$M_x = -1 \cdot x - 2(x-2)$

$= -x - 2x + 4 = -3x + 4$

$\therefore M_C = M_{(x=2)}$

$= -3 \times 2 + 4 = -2\text{kN} \cdot \text{m}$

$M_D = M_{(x=4)}$

$= -3 \times 4 + 4 = -8\text{kN} \cdot \text{m}$

㉢ D~B 구간 : 단면 ㉰의 우측에서 지점 B로부터 임의의 거리 x 위치에 대하여 (그림 (d))

$M_x = -(-R_B x) = R_B x = 3x$

$\therefore M_B = M_{(x=0)} = 0$

$M_D = M_{(x=2)} = 6\text{kN} \cdot \text{m}$

한편 단면 ㉰의 좌측에서 지점 A로부터 임의의 거리 x 위치에 대하여 생각하면 (그림 (e))

$M_x = -1 \cdot x - 2(x-2) + 14$

$= -x - 2x + 4 + 14$

$= -3x + 18$

$M_D = M_{(x=4)}$

$= -3 \times 4 + 18$

$= 6\text{kN} \cdot \text{m}$

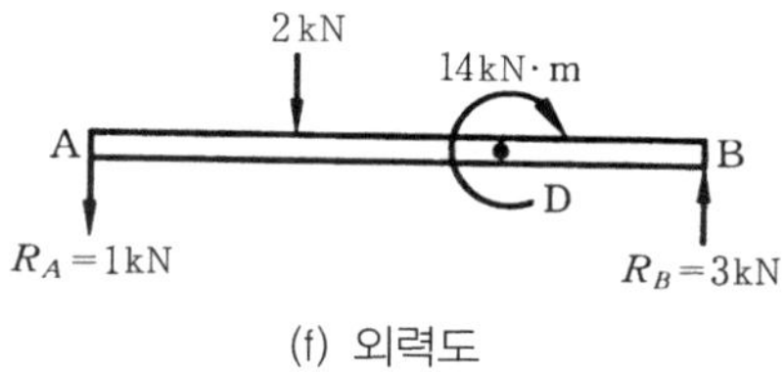

(f) 외력도

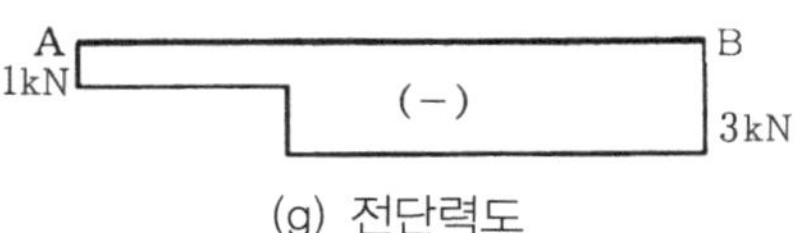

(g) 전단력도

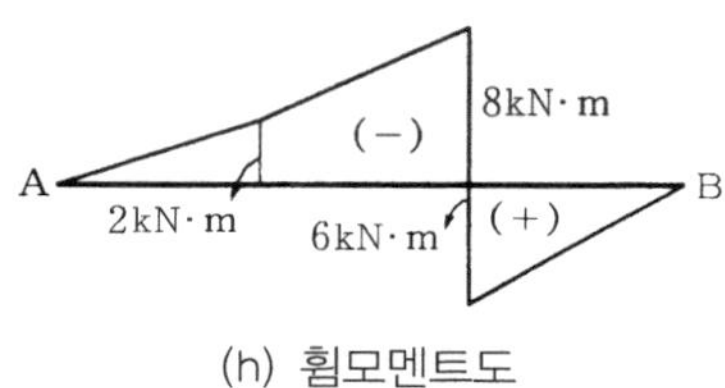

(h) 휨모멘트도

3-6-2 캔틸레버보

(1) 보에 경사하중이 작용할 때

반 력	전 단 력	휨모멘트
$R_B = P\sin\theta$ $H_B = P\cos\theta$ $M_B = Pl\sin\theta$	(−) $P\sin\theta$: $V_x = -P\sin\theta$ **축방향력** (−) $P\cos\theta$: $N_x = -P\cos\theta$	$Pl\sin\theta$ (−) $M_x = Px\sin\theta$ $M_x = -P\sin\theta\, x$ $M_{\max} = M_B = -Pl\sin\theta$

(2) 보에 등분포하중이 작용할 때

반 력	전 단 력	휨모멘트
$R_B = wl$ $M_B = \dfrac{wl^2}{2}$	직선 (−) wl $V_x = -wx$ $V_B = -wl$	2차곡선 (−) $\dfrac{wl^2}{2}$ $M_x = -\dfrac{wx^2}{2}$ $M_{\max} = M_B = -\dfrac{wl^2}{2}$

(3) 등변분포하중이 작용할 때

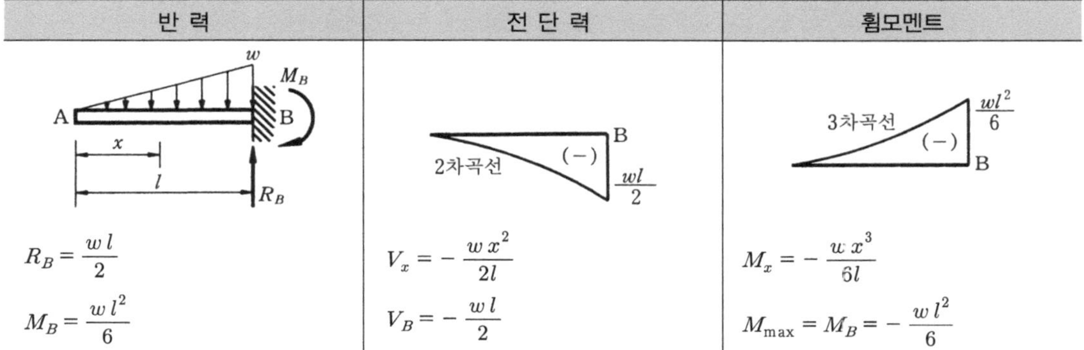

반 력	전 단 력	휨모멘트
$R_B = \dfrac{wl}{2}$ $M_B = \dfrac{wl^2}{6}$	2차곡선 (−) $\dfrac{wl}{2}$ $V_x = -\dfrac{wx^2}{2l}$ $V_B = -\dfrac{wl}{2}$	3차곡선 (−) $\dfrac{wl^2}{6}$ $M_x = -\dfrac{wx^3}{6l}$ $M_{\max} = M_B = -\dfrac{wl^2}{6}$

(4) 집중하중이 작용할 때

반 력	전 단 력	휨모멘트
$R_B = P_1 + P_2$ $M_B = P_1 l + P_2 b$	A~C 구간 : $V_x = -P_1$ C~B 구간 : $V_x = -(P_1 + P_2)$	A~C 구간 : $M_x = -P_1 x$ $M_{\max} = M_B$ $= -(P_1 l + P_2 b)$

예제 3-11

그림과 같이 수직하중 P가 작용하는 캔틸레버보의 단면력을 구하고, 단면력도를 그리시오.

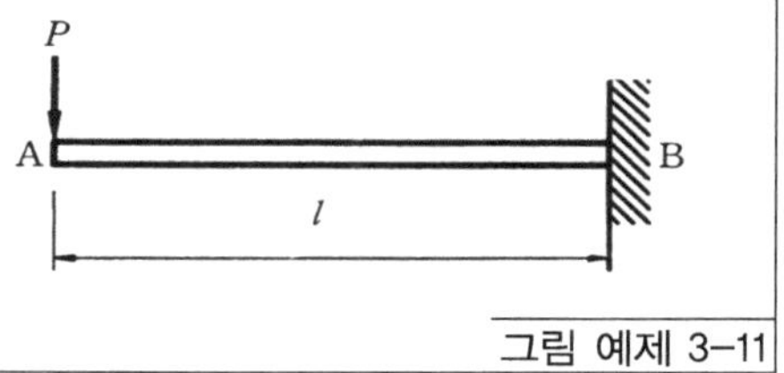

그림 예제 3-11

① 반력

$\Sigma X = 0 : H_B = 0 \quad \therefore H_B = 0$

$\Sigma Y = 0 - P + R_B = 0$

$\therefore R_B = P(\uparrow)$

$\Sigma M_B = 0 : -Pl + M_B = 0$

$\therefore M_B = Pl\,(+)$ 그림 (c)와 같다.

② 전단력 : 자유단 A로부터 임의의 거리 x만큼 떨어진 단면 ㉮에 있어서 전단력의 일반식 V_x는

$V_x = -P$

$\therefore V_{(x=0)} = V_A = -P$

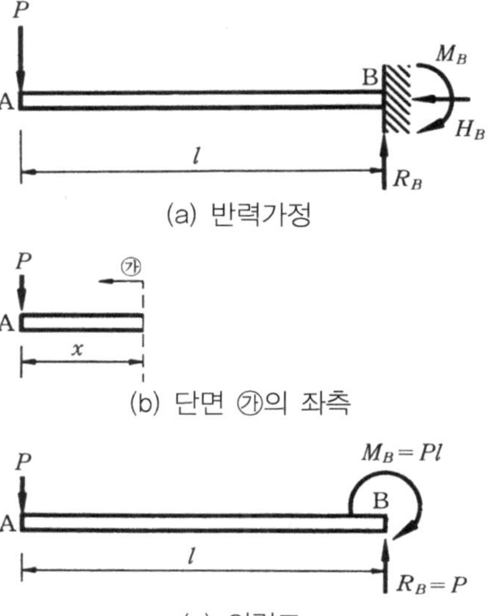

(a) 반력가정

(b) 단면 ㉮의 좌측

(c) 외력도

$V_{(x=l)} = V_B = -P$

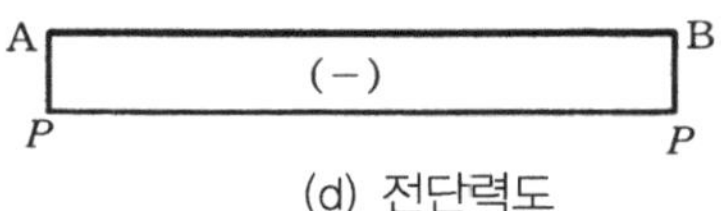

(d) 전단력도

③ **휨모멘트** : 자유단 A로부터 임의의 거리 x 만큼 떨어진 단면 ㉮에 있어서 휨모멘트의 일반식 M_x 는

$M_x = -Px$

$\therefore M_{(x=0)} = M_A = 0$

$M_{(x=l)} = M_B = -Pl$

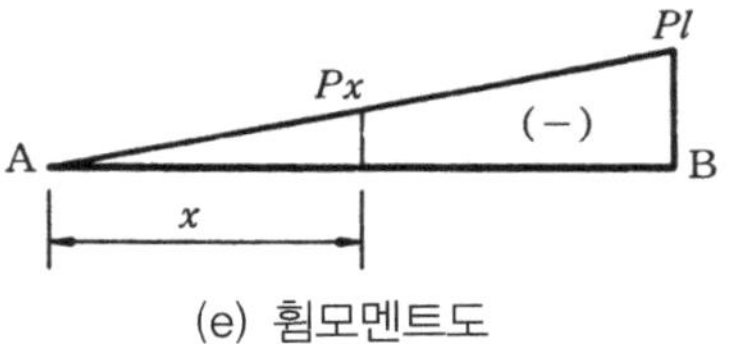

(e) 휨모멘트도

예제 3-12

그림과 같이 집중하중 P가 부재축에 θ의 각도로 작용하는 캔틸레버보의 단면력을 구하고, 단면력도를 그리시오.

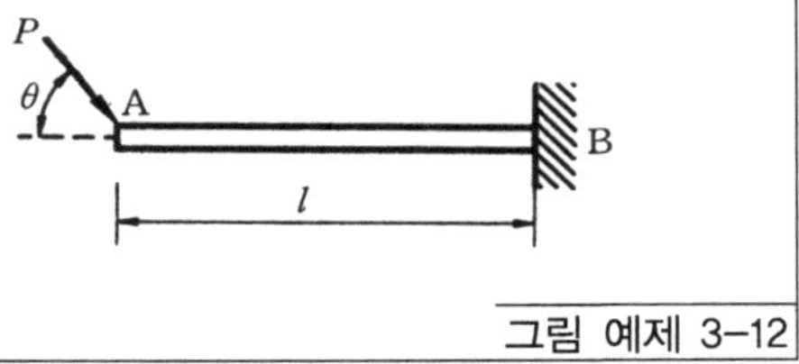

그림 예제 3-12

① **반력** : 반력의 방향을 그림 (a)와 같이 가정하고, 힘 P를 P_H와 P_V로 분해하여 가정하면

$P_H = P\cos\theta$, $P_V = P\sin\theta$

힘의 평형조건식에서

$\Sigma X = 0$: $P_H - H_B = 0$

$\therefore H_B = P_H = P\cos\theta\ (\leftarrow)$

$\Sigma Y = 0$: $-P_V + R_B = 0$

$\therefore R_B = P_V = P\sin\theta\ (\uparrow)$

$\Sigma M_B = 0$: $-P_V l + M_B = 0$

$\therefore M_B = P_V l = Pl\sin\theta$ (↻)

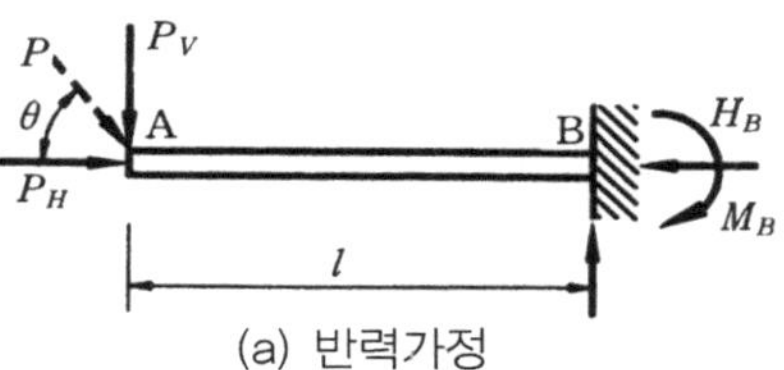

(a) 반력가정

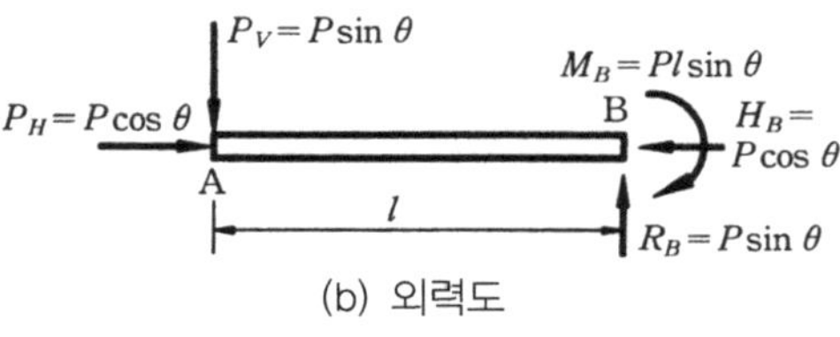

(b) 외력도

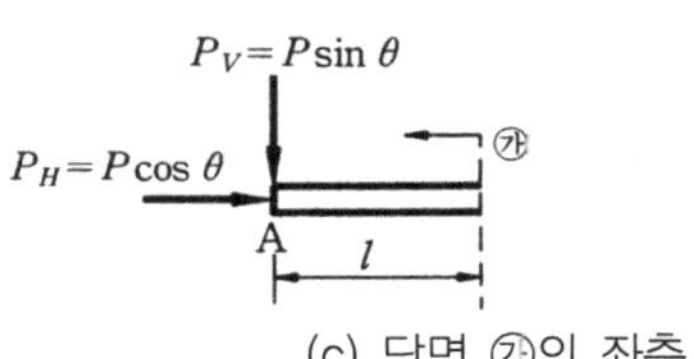

(c) 단면 ㉮의 좌측

② **전단력** : 자유단 A로부터 임의의 거리 x 만큼 떨어진 단면 ㉮에 있어서 전단력의 일반식 V_x 는

$V_x = -P_V = -P\sin\theta$

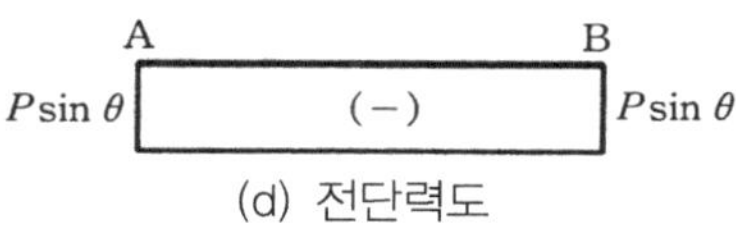

(d) 전단력도

③ **휨모멘트** : 휨모멘트의 일반식 M_x 는

$M_x = -P_V \cdot x = -Px\sin\theta$

$\therefore M_{(x=0)} = M_A = 0$

$M_{(x=l)} = M_B = -Pl\sin\theta$

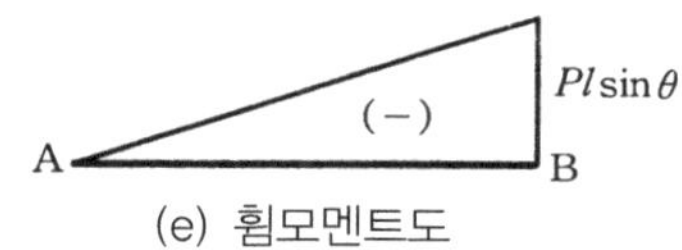

(e) 휨모멘트도

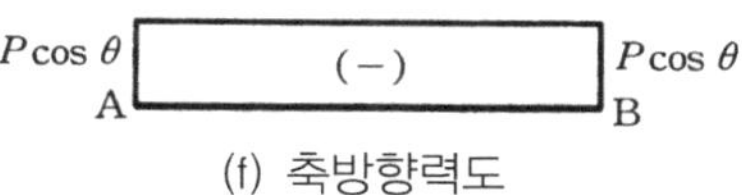

(f) 축방향력도

④ **축방향력** : 축방향력의 일반식 N_x 는

$N_x = -P_H = -P\cos\theta$

예제 3-13

그림과 같이 등분포하중을 받는 캔틸레버보의 단면력을 구하고, 단면력도를 그리시오.

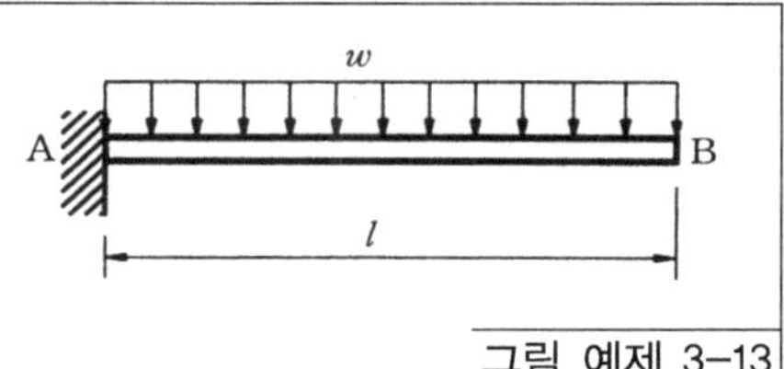

그림 예제 3-13

① 반력 : 전체하중 $W = wl$ 이 보 A, 구간의 중간에 작용한다고 보고

$\Sigma X = 0$: $H_A = 0$

$\Sigma Y = 0$: $R_A - wl = 0$

$\therefore R_A = wl\ (\uparrow)$

$\Sigma M_A = 0$: $-M_A + wl \times \dfrac{l}{2} = 0$

$\therefore M_A = \dfrac{wl^2}{2}$ (↺)

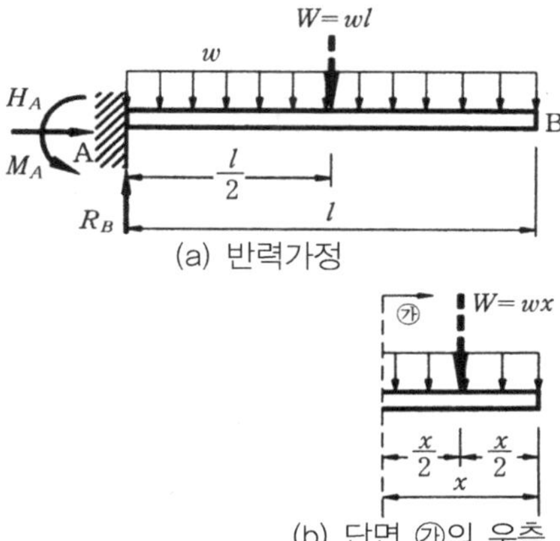

(a) 반력가정

(b) 단면 ㉮의 우측

② **전단력** : 자유단 B로부터 임의의 거리 x만큼 떨어진 단면에서의 전단력 일반식 V_x는

$V_x = -(-wx) = wx$

$V_{(x=0)} = V_B = 0$

$V_{(x=l)} = V_A = wl$

(c) 외력도

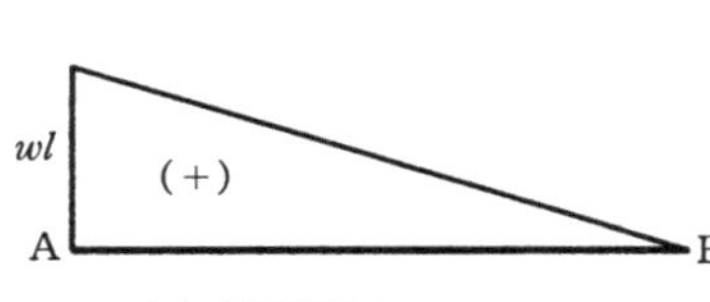

(d) 전단력도

③ **휨모멘트** : 자유단 B로부터 임의의 거리 x만큼 떨어진 단면에서의 휨모멘트 일반식 M_x는

$M_x = -\left(wx \cdot \dfrac{x}{2}\right) = -\dfrac{w}{2}x^2$

이 되고 M_x는 x에 대한 2차식이므로 휨모멘트는 그림 (e)와 같이 2차곡선이 되며, 각 점의 휨모멘트는 다음과 같다.

$M_{(x=0)} = M_B = 0$

$M_{(x=\frac{l}{2})} = M_C = -\dfrac{w}{2}\left(\dfrac{l}{2}\right)^2$

$= -\dfrac{wl^2}{8}$

$M_{(x=l)} = M_A = -\dfrac{w}{2}l^2$

한편 보의 중앙점 C의 휨모멘트 M_C와 고정단 A의 최대 휨모멘트 M_A와의 비는

$M_C : M_A = \dfrac{wl^2}{8} : \dfrac{wl^2}{2} = 1 : 4$

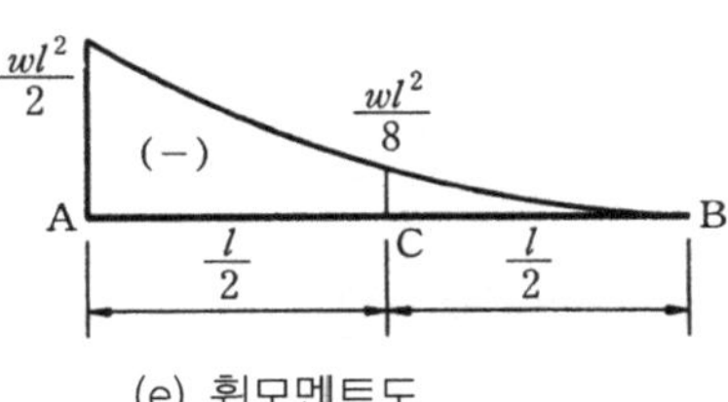

(e) 휨모멘트도

예제 3-14

그림과 같이 등변분포하중을 받는 캔틸레버보의 단면력을 구하고, 단면력도를 그리시오.

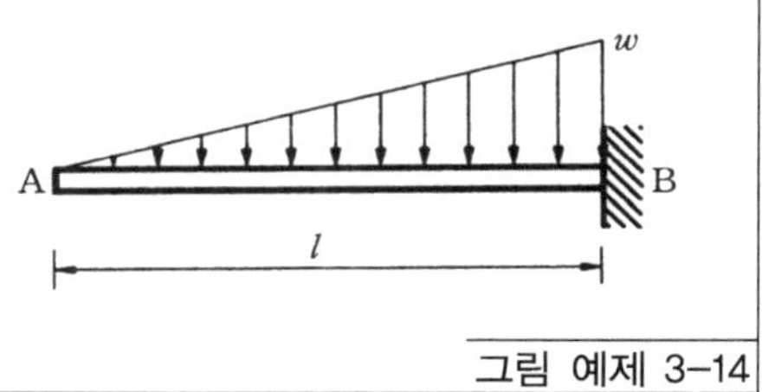

그림 예제 3-14

① 반력 : 그림 (a)와 같이 전체하중 $W=\dfrac{wl}{2}$ 이 지점 B로부터 $\dfrac{l}{3}$ 지점에 작용하는 것으로 보고

$\Sigma X=0$: $-H_B=0$

$\therefore H_B=0$

$\Sigma Y=0$: $-\dfrac{wl}{2}+R_B=0$

$\therefore R_B=\dfrac{wl}{2}(\uparrow)$

$\Sigma M_B=0$: $-\dfrac{wl}{2}\times\dfrac{l}{3}+M_B=0$

$\therefore M_B=\dfrac{wl^2}{6}$ (↻)

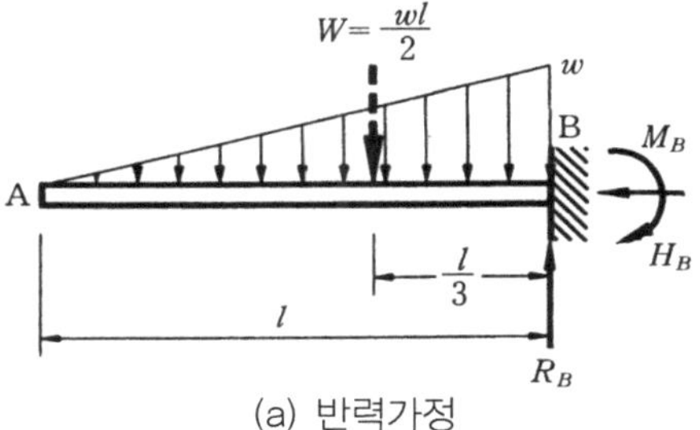

(a) 반력가정

② 전단력 : 자유단 A로부터 임의의 거리 x만큼 떨어진 단면 C의 크기 q는 그림 (c)의 삼각형의 닮음비에서

$q : w = x : l$

$\therefore q=\dfrac{wx}{l}$

가 되고 자유단 A로부터 임의의 단면 ㉮까지의 하중의 합계 P_x는

$P_x=\dfrac{1}{2}qx=\dfrac{1}{2}\cdot\dfrac{wx}{l}\cdot x$

$=\dfrac{wx^2}{2l}$

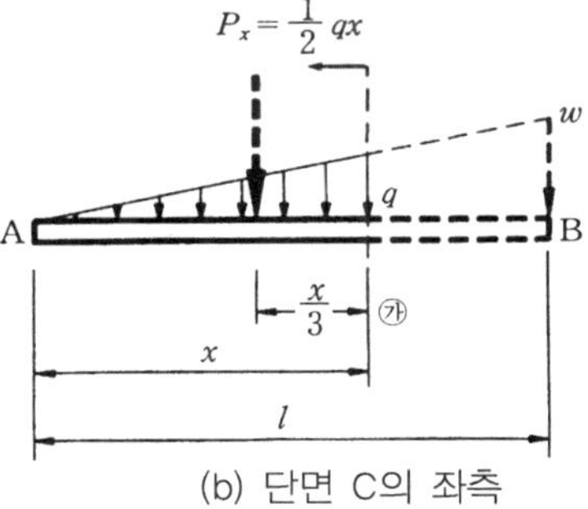

(b) 단면 C의 좌측

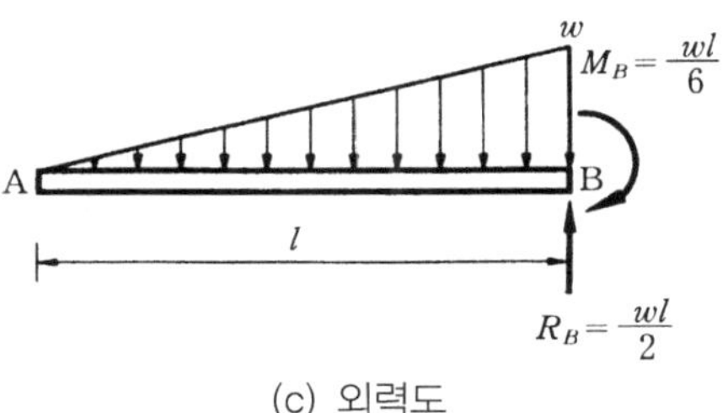

(c) 외력도

이 된다. 따라서 단면 ㉮의 전단력의 일반식 V_x는

$$V_x = -P_x = -\frac{wx^2}{2l}$$

$$\therefore V_{(x=0)} = V_A = 0$$

$$V_{(x=\frac{l}{2})} = V_C = -\frac{wl}{8}$$

$$V_{(x=l)} = V_B = -\frac{wl^2}{2l} = -\frac{wl}{2}$$

(d) 전단력도

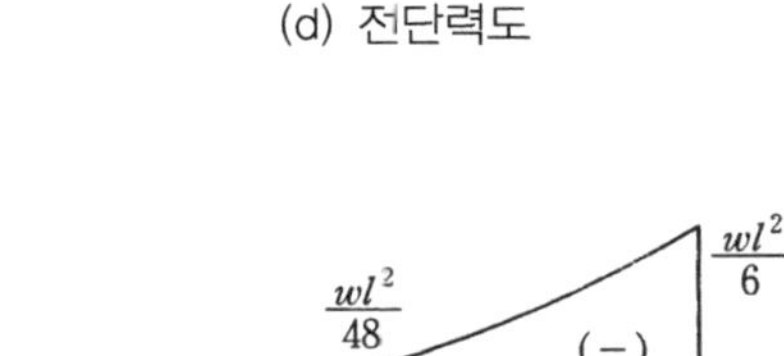

(e) 휨모멘트도

③ **휨모멘트** : 전단력의 경우와 마찬가지로 단면 ㉮의 휨모멘트의 일반식 M_x 는

$$M_x = -P_x \times \frac{x}{3} = -\frac{wx^2}{2l} \cdot \frac{x}{3} = -\frac{wx^3}{6l}$$

$$M_{(x=0)} = M_A = 0$$

$$M_{(x=\frac{l}{2})} = M_C = -\frac{w}{6l}\left(\frac{l}{2}\right)^3 = -\frac{wl^2}{48}$$

$$M_{(x=l)} = M_B = -\frac{wl^3}{6l} = -\frac{wl^2}{6}$$

한편 보의 중앙점 C의 휨모멘트 M_C와 고정단 A의 최대 휨모멘트 M_A 와의 비는

$$M_C : M_B = \frac{wl^2}{48} : \frac{wl^2}{6} = 1 : 8$$

예제 3-15

그림과 같은 하중을 받는 캔틸레버보의 단면력을 구하고, 단면력도를 그리시오.

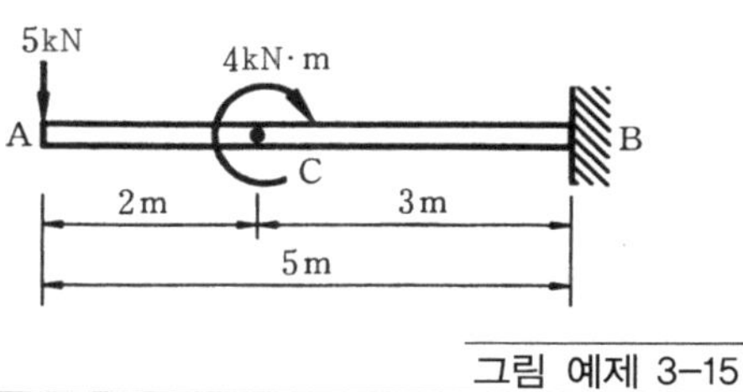

그림 예제 3-15

① 반력

$\Sigma X=0 : -H_B=0$

$\therefore H_B=0$

$\Sigma Y=0 : -5+R_B=0$

$\therefore R_B=5\,\text{kN}(\uparrow)$

$\Sigma M_B=0 : -5\times5+4+M_B=0$

$\therefore M_B=25-4=21\,\text{kN}\cdot\text{m}$

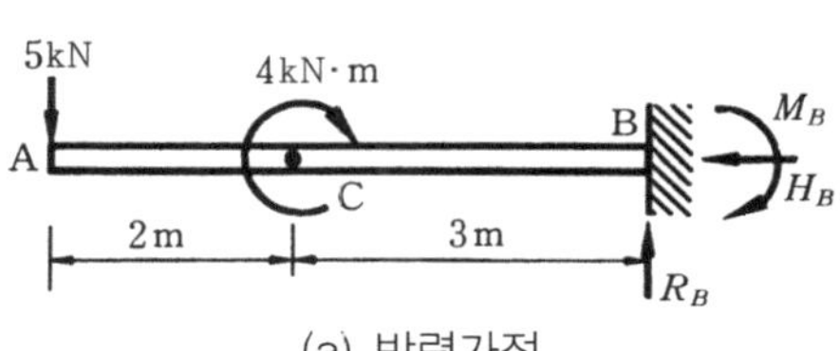

(a) 반력가정

② 전단력

㉠ A~C 구간

$V_x=-5\,\text{kN}$ (일정)

㉡ C~B 구간

$V_x=-5\,\text{kN}$ (일정)

전단력도는 그림 (e)와 같이 된다.

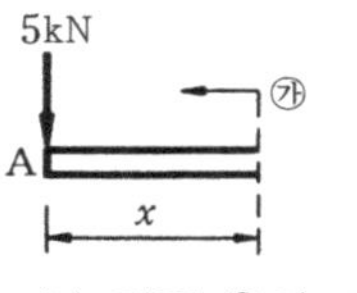

(b) 단면 ㉮의 좌측

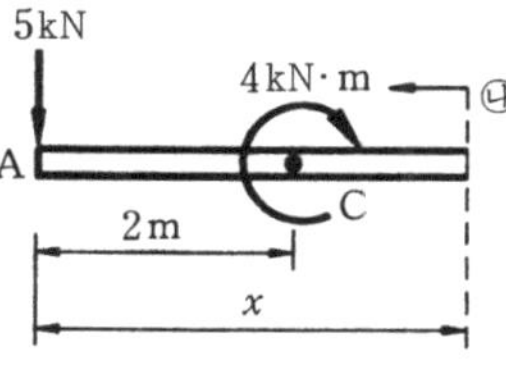

(c) 단면 ㉯의 좌측

③ 휨모멘트

㉠ A~C 구간 : 단면 ㉮의 좌측에서 (그림 (b))

$M_x=-5x$

$\therefore M_{(x=0)}=M_A=0$

$M_{(x=2)}=M_C$

$=-5\times2$

$=-10\,\text{kN}\cdot\text{m}$

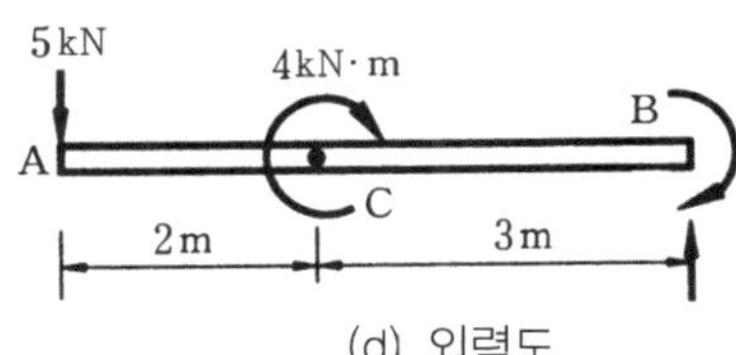

(d) 외력도

㉡ C~B 구간 : 단면 ㉯의 좌측에서 (그림 (c))

$M_x = -5x + 4$

$\therefore M_{(x=2)} = M_C$

$= -5 \times 2 + 4$

$= -6\text{kN}\cdot\text{m}$

$M_{(x=5)} = M_B$

$= -5 \times 5 + 4$

$= -21\text{kN}\cdot\text{m}$

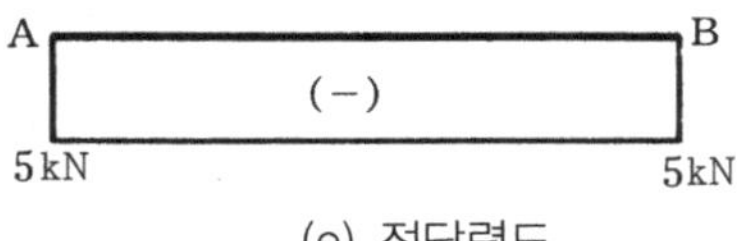

(e) 전단력도

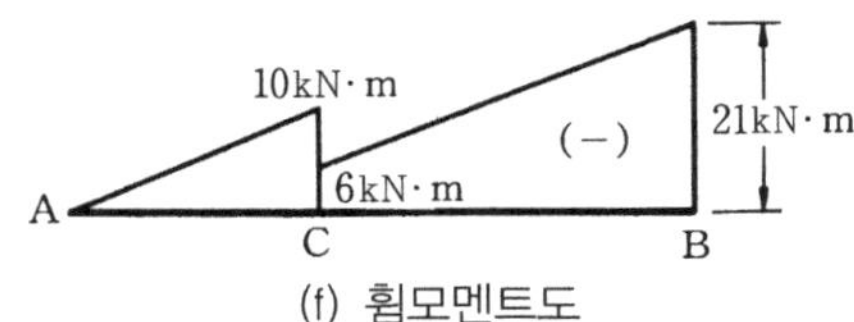

(f) 휨모멘트도

3-6-3 내민보

예제 3-16

집중하중을 받는 내민보의 단면력을 구하고, 단면력도를 그리시오.

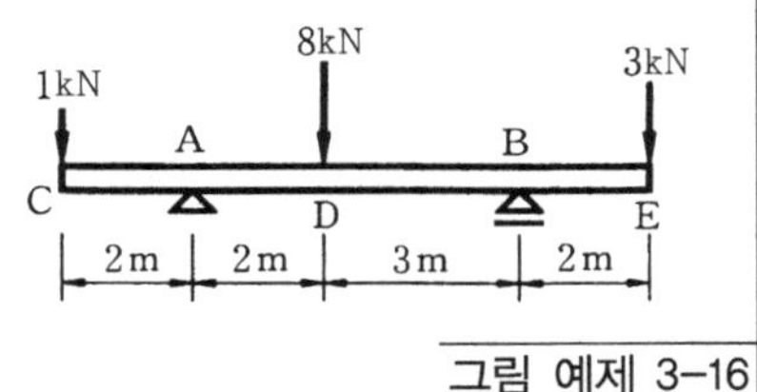

그림 예제 3-16

① 반력

$\Sigma M_B = 0 : R_A \times 5 - 1 \times 7$

$-8 \times 3 + 3 \times 2 = 0$

$5R_A - 7 - 24 + 6 = 0$

$\therefore R_A = 5\text{kN}(\uparrow)$

$\Sigma M_A = 0 : R_B \times 5 - 1 \times 2$

$+8 \times 2 + 3 \times 7 = 0$

$-5R_B - 2 + 16 + 21 = 0$

$\therefore R_B = 7\text{kN}(\uparrow)$

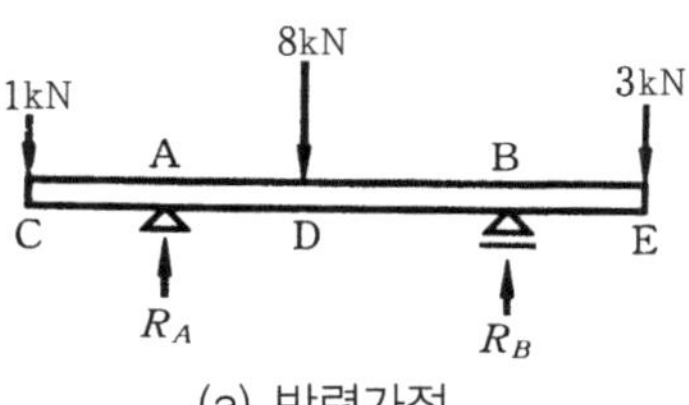

(a) 반력가정

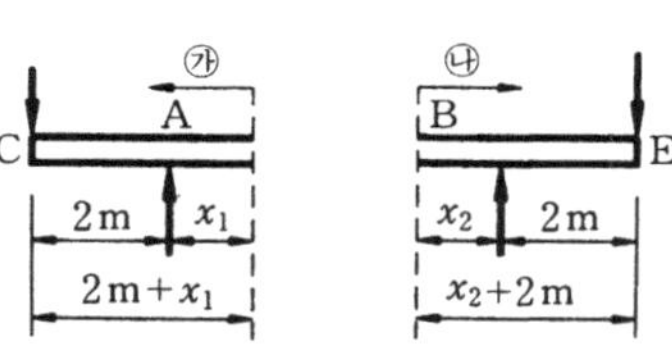

(b) 단면 ㉮의 좌측 (c) 단면 ㉯의 좌측

② 전단력

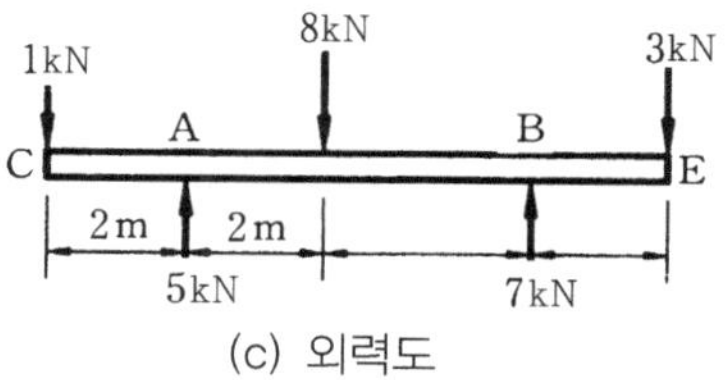

(c) 외력도

$V_{C\sim A} = -1\text{kN}$

$V_{A\sim D} = -1+5 = +4\text{kN}$

$V_{D\sim B} = -1+5-8 = -4\text{kN}$

$V_{B\sim E} = -1+5-8+7 = +3\text{kN}$

전단력도는 그림 (e)와 같이 된다.

③ 휨모멘트

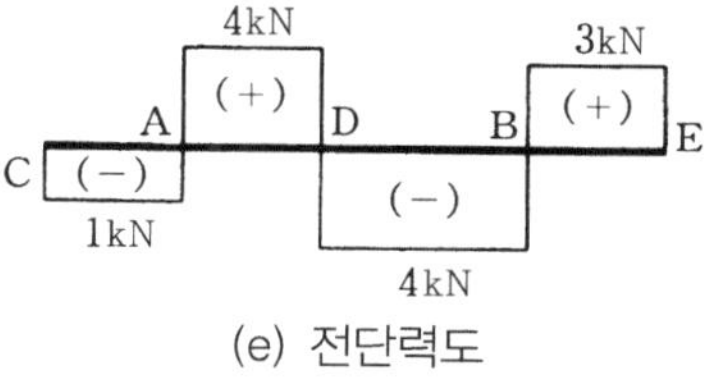

(e) 전단력도

$M_C = 0$

$M_A = -1\times 2 = -2\text{kN}\cdot\text{m}$

$M_D = -1\times 4 + 5\times 2$

$= 6\text{kN}\cdot\text{m}$

$M_B = -1\times 7 + 5\times 5 - 8\times 3$

$= -6\text{kN}\cdot\text{m}$

$M_E = 0$

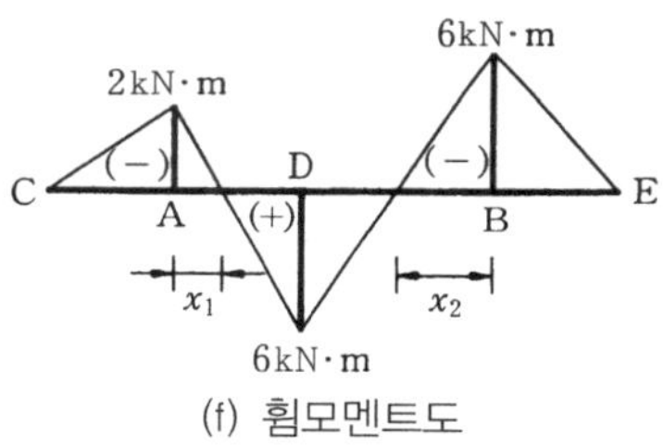

(f) 휨모멘트도

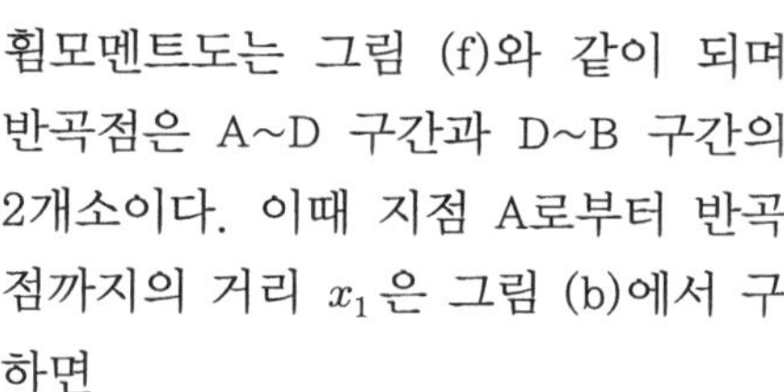

휨모멘트도는 그림 (f)와 같이 되며 반곡점은 A~D 구간과 D~B 구간의 2개소이다. 이때 지점 A로부터 반곡점까지의 거리 x_1은 그림 (b)에서 구하면

$-1(2+x_1) + R_A\cdot x_1 = 0$

$-2 - x_1 + 5x_1 = 0$

$4x_1 = 2$

$\therefore x_1 = 0.5\text{m}$

한편 지점 B로부터 반곡점까지의 거리 x_2는 그림 (c)에서 구하면

$3(x_2+2) - R_A\cdot x_2 = 0$

$3x_2 + 6 - 7x_2 = 0$

$4x_2 = 6$

$\therefore x_2 = 1.5\text{m}$

예제 3-17

그림과 같이 등분포하중을 받는 내민보의 단면력과 반곡점의 위치를 구하고, 단면력도를 그리시오.

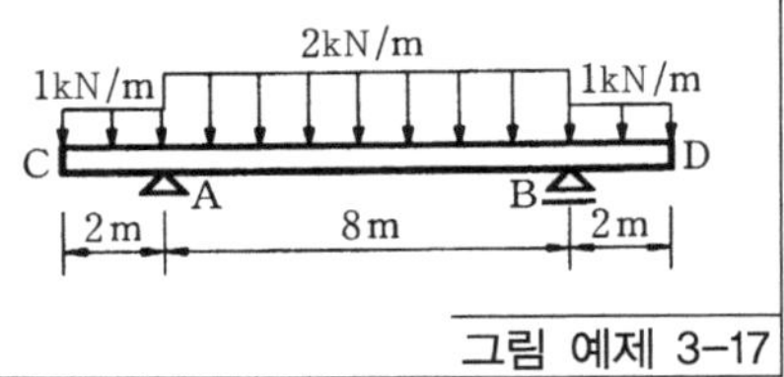
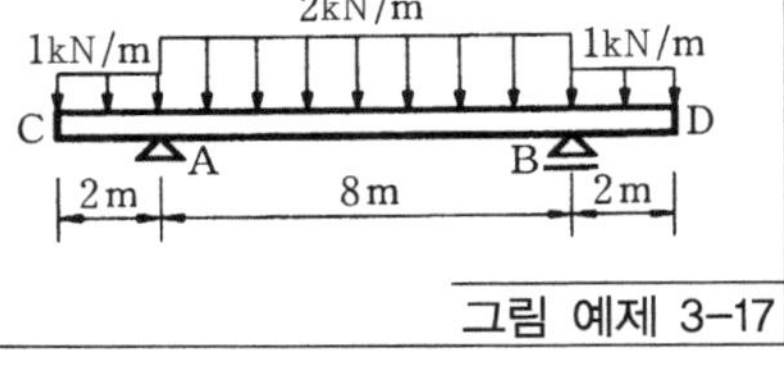

그림 예제 3-17

① 반력

$$R_A = R_B$$
$$= \frac{1}{2}(1 \times 2 + 2 \times 8 + 1 \times 2)$$
$$= 10\,\text{kN}$$

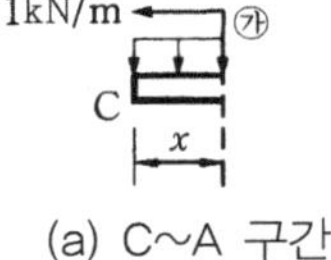

(a) C~A 구간

② 전단력

㉠ C~A 구간(그림 (a))

$\therefore V_x = -1 \cdot x = -x$

$V_C = V_{(x=0)} = 0$

$V_A = V_{(x=2)} = -2\,\text{kN}$

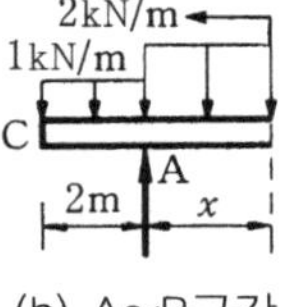

(b) A~B구간

㉡ A~B 구간(그림 (b))

$\therefore V_x = -1 \times 2 + 10 - 2 \cdot x$

$= 8 - 2x$

$V_A = V_{(x=0)} = 8\,\text{kN}$

$V_{(x=4)} = 8 - 2 \times 4 = 0$

$V_B = V_{(x=8)} = 8 - 2 \times 8 = -8\,\text{kN}$

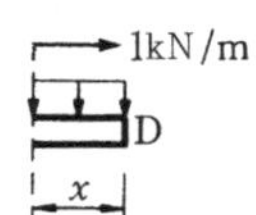

(c) D~B구간

㉢ B~D 구간(그림 (c))

$\therefore V_x = -(-1 \cdot x) = x$

$V_B = V_{(x=2)} = 2\,\text{kN}$

$V_D = V_{(x=0)} = 0$

전단력도는 그림 (e)와 같이 된다.

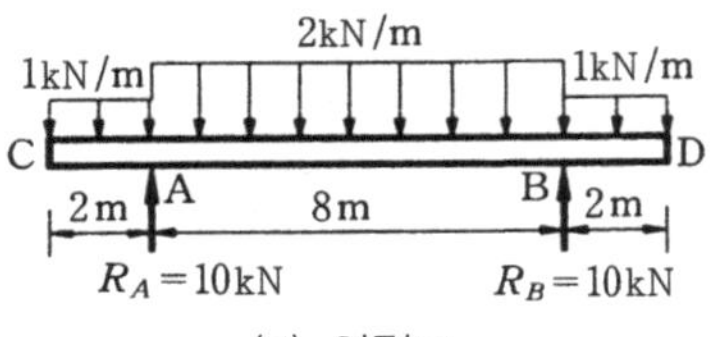

(d) 외력도

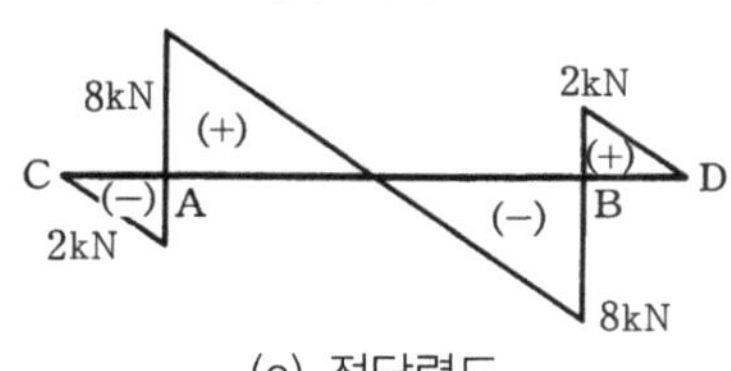

(e) 전단력도

③ 휨모멘트

㉠ C~A 구간

$\therefore M_x = -1 \cdot x \cdot \dfrac{x}{2} = -\dfrac{x^2}{2}$

$M_C = M_{(x=0)} = 0$

$M_A = M_{(x=2)} = -2\text{kN}$

㉡ A~B 구간

$\therefore M_x = -(1 \times 2) \cdot (1+x) + 10x - 2x \cdot \dfrac{x}{2}$

$= -2 + 8x - x^2$

$M_A = M_{(x=0)} = -2\text{kN} \cdot \text{m}$

$M_{(x=4)} = -2 + 8 \times 4 - 4^2$

$= 14\text{kN} \cdot \text{m}$

$M_B = M_{(x=8)} = -2 + 8 \times 8 - 8^2$

$= -2\text{kN} \cdot \text{m}$

㉢ B~D 구간

$\therefore M_x = -(-1 \cdot x) \cdot \dfrac{x}{2}$

$= -\dfrac{1}{2}x^2$

$M_{(x=0)} = 0$

$M_{(x=2)} = -\dfrac{1}{2} \times 2^2$

$= -2\text{kN} \cdot \text{m}$

④ **반곡점** : 반곡점은 내민보의 중앙부 A~B에서 2개소 있으므로 A~B 구간의 휨모멘트의 일반식 $M_x = 0$ 로 놓아 x 거리를 구하면

$-2 + 8x - x^2 = 0$

$\therefore x^2 - 8x + 2 = 0$

$x = \dfrac{-(-8) \pm \sqrt{8^2 - 4 \times 2}}{2}$

$= \dfrac{8 \pm 7.48}{2}$

$x_1 = 0.26\text{m}$ 또는 $x_2 = 7.74\text{m}$

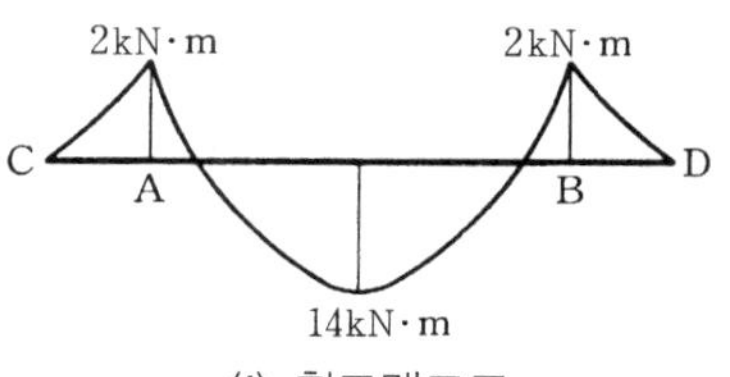

(f) 휨모멘트도

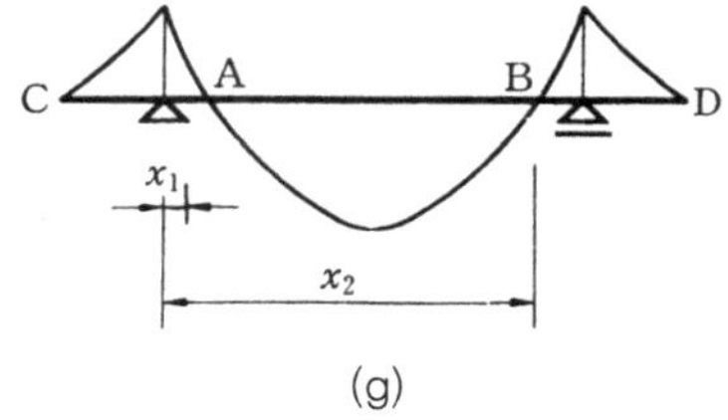

(g)

3-6-4 겔버보(Gerber's beam)

n 개의 지점에서 지지된 연속보(continuous beam)는 $(n-2)$차의 부정정 구조이다. 연속보의 지점 사이의 적당한 위치에 $(n-2)$개의 힌지(hinge)를 설치하면 그 보는 정정 구조가 되며, 발생하는 (+) (−) 휨모멘트가 가능한 같게 하여야 경제적인 설계가 가능하다.

이와 같이 힌지를 넣어서 힘의 평형조건식만으로 문제를 해결할 수 있는 외적 정정보를 겔버보라 한다.

겔버보의 해석 방법으로는 그 구조상 단순보 부분에 작용하는 하중은 내민보 부분의 지점이나 단면력에 영향을 주지만, 내민보 부분에 실린 하중은 단순보에 아무런 영향을 주지 않는다. 따라서 겔버보의 해법에서는 단순보를 먼저 풀고, 내민보를 해석해야 한다.

예제 3-18

그림과 같은 겔버보의 반력과 단면력을 구하고, 단면력도를 그리시오.

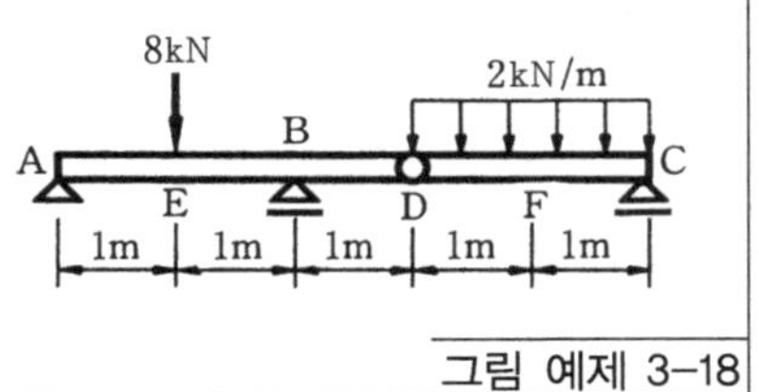

그림 예제 3-18

① 반력

$$P_D = R_C = 2 \times 2 \times \frac{1}{2}$$

$$= 2\text{kN}\,(\uparrow)$$

P_D를 내민보의 힌지 D에 하향의 하

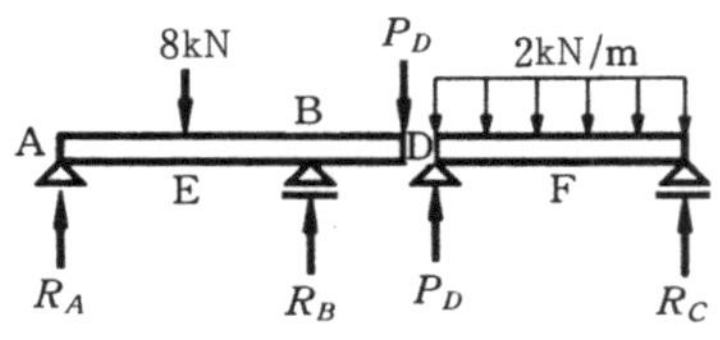

(a) 내민보와 단순보로 분해

중으로 생각하고 내민보의 반력을 구하면

$\Sigma M_A = 0 : 8 \times 1 - R_B \times 2 + 2 \times 3 = 0$

$R_B = \dfrac{8+6}{2} = 7\,\text{kN}\,(\uparrow)$

$\Sigma Y = 0 : R_A - 8 + 7 - 2 = 0$

$R_A = 3\,\text{kN}\,(\uparrow)$

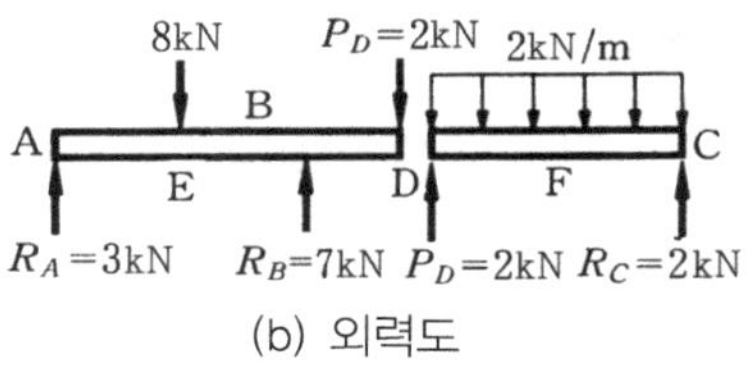

(b) 외력도

② 전단력

전단력을 내민보와 단순보로 나누어 구하면 그림 (c)와 같이 되고

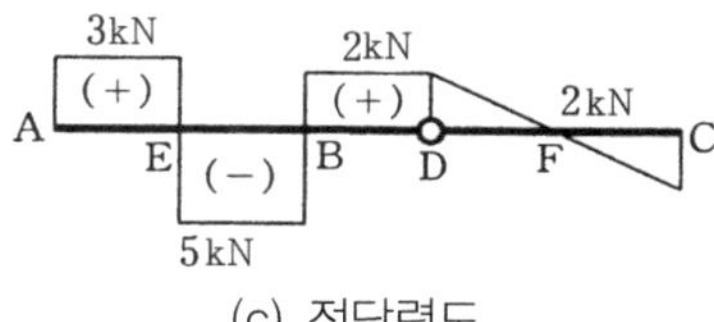

(c) 전단력도

내민보 : $V_{A \sim E} = 3\,\text{kN}$

$V_{E \sim B} = 3 - 8$

$= -5\,\text{kN}$

$V_{B \sim D} = 3 - 8 + 7$

$= 2\,\text{kN}$

단순보 : $V_D = P_D = 2\,\text{kN}$

$V_F = P_D - 2 \times 1 = 2 - 2 = 0$

$V_C = -R_C = -2\,\text{kN}$

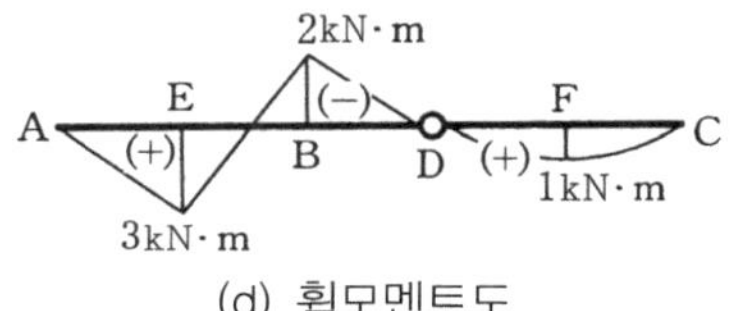

(d) 휨모멘트도

③ 휨모멘트

내민보 : $M_A = 0$

$M_E = 3 \times 1 = 3\,\text{kN}\cdot\text{m}$

$M_B = 3 \times 2 - 8 \times 1 = -2\,\text{kN}\cdot\text{m}$

$M_D = 0$

단순보 : $M_D = 0$

$M_F = \dfrac{wl^2}{8} = \dfrac{2 \times 2^2}{8} = 1\,\text{kN}\cdot\text{m}$

$M_C = 0$

예제 3-19

그림과 같은 겔버보의 반력과 단면력을 구하고, 단면력도를 그리시오.

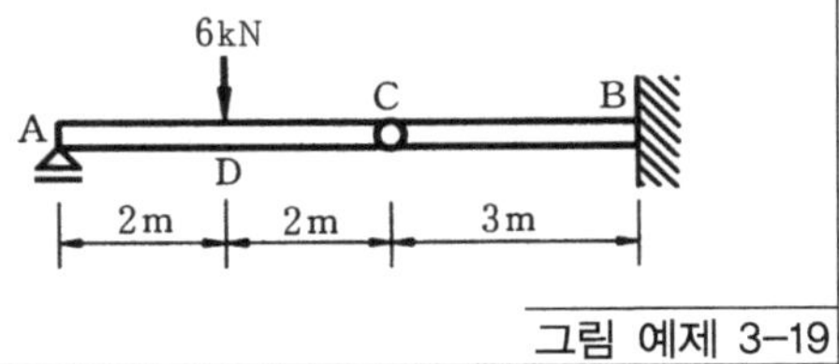

그림 예제 3-19

① 반력

$R_A = P_C = \frac{6}{2} = 3\text{kN}(\uparrow)$

$\Sigma Y = 0 : -3 + R_B = 0$

$\therefore\ R_B = 3\text{kN}(\uparrow)$

$\Sigma M_B = 0 : -3 \times 3 + M_B = 0$

$\therefore\ M_B = 9\text{kN}\cdot\text{m}$ (↻)

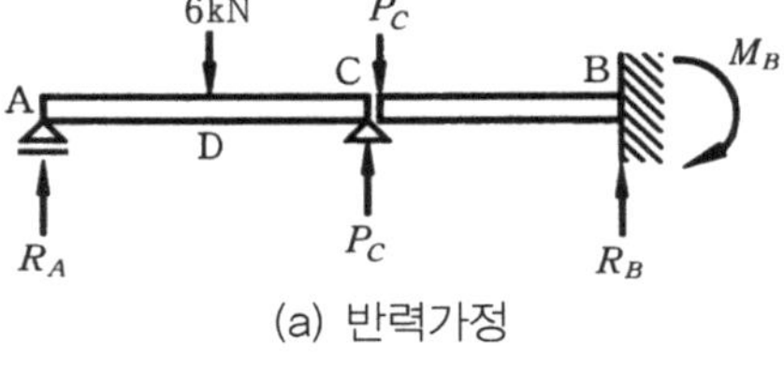

(a) 반력가정

② 전단력

그림 (a), (b)와 같이 분해한 채 전단력을 구한 후 hinge C를 연속시키면 그림 (c)와 같은 전단력도가 구해진다.

단순보 : $V_{A\sim D} = R_A = 3\text{kN}$

$V_{D\sim C} = R_A - 6\text{kN}$

$= 3 - 6 = -3\text{kN}$

캔틸레버보 :

$V_{C\sim B} = -P_C = -3\text{kN}$

6kN
P_C=3kN
M_B=9kN·m
A
C
D
B
R_A=3kN
P_C=3kN
R_B=3kN

(b) 외력도

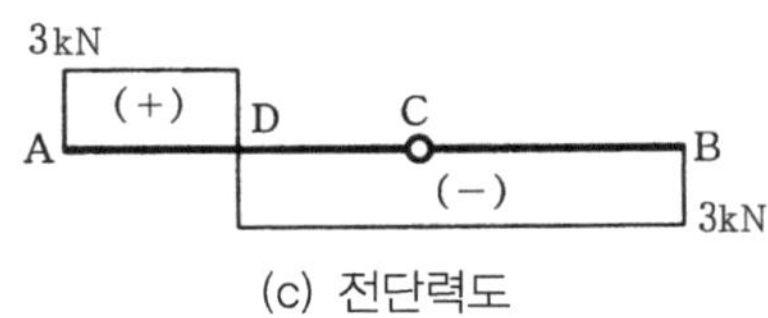

(c) 전단력도

③ 휨모멘트

그림 (a), (b)와 같이 분해한 채 휨모멘트를 구한 후 hinge C를 연속시키면 그림 (d)와 같은 휨모멘트도가 구해진다.

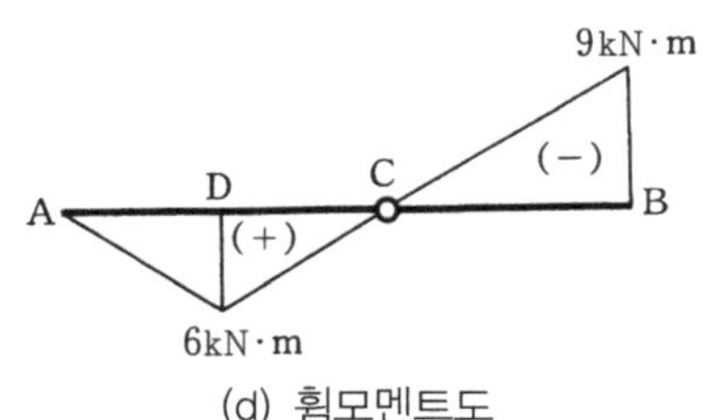

(d) 휨모멘트도

단순보 : $M_A = 0$

$M_D = R_A \times 2 = 3 \times 2 = 6\,\text{kN} \cdot \text{m}$

$M_C = 0$

캔틸레버보 :

$M_C = 0$

$M_B = -P_C \times 3$

$= -3 \times 3 = -9\,\text{kN} \cdot \text{m}$

연습문제

1. 그림과 같은 단순보의 단면력을 구하고 단면력도를 그리시오.

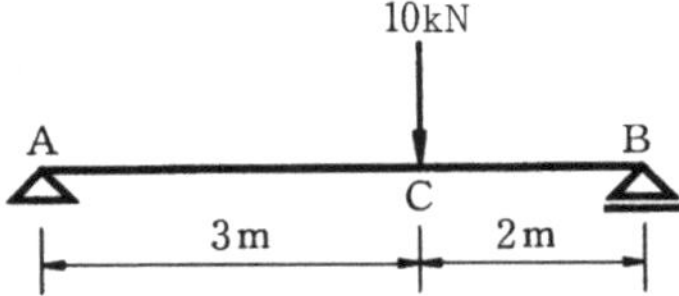

2. 그림과 같은 단순보의 단면력을 구하고 단면력도를 그리시오.

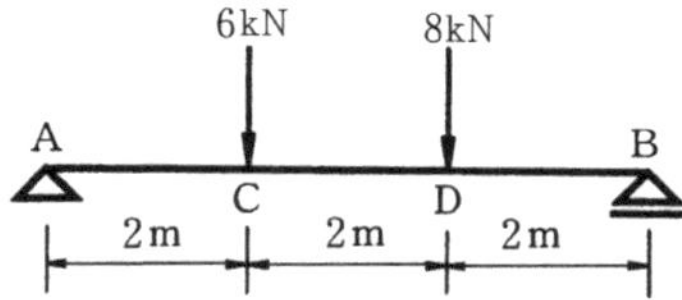

3. 그림과 같은 단순보의 단면력을 구하고 단면력도를 그리시오.

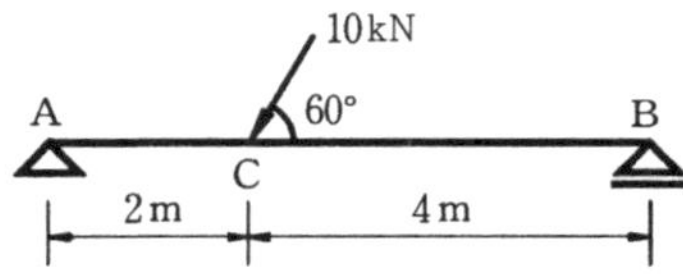

4. 그림과 같은 단순보의 단면력을 구하고 단면력도를 그리시오.

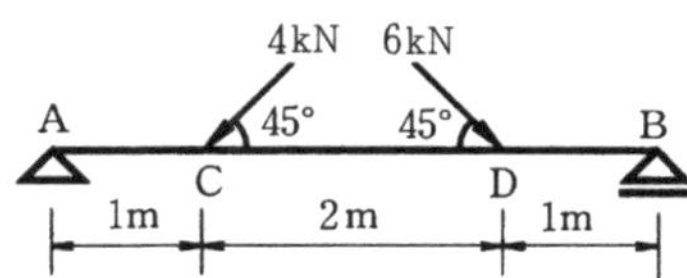

5. 그림과 같은 단순보의 단면력을 구하고 단면력도를 그리시오.

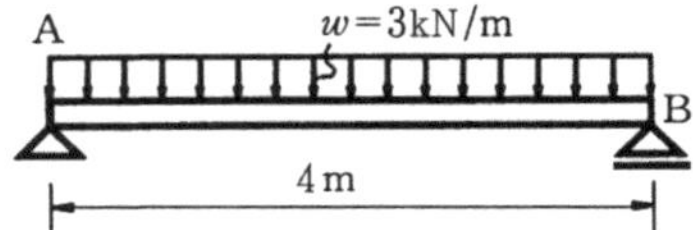

6. 그림과 같은 단순보의 단면력을 구하고 단면력도를 그리시오.

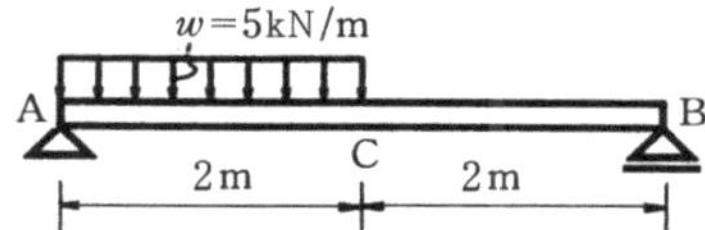

7. 그림과 같은 단순보의 단면력을 구하고 단면력도를 그리시오.

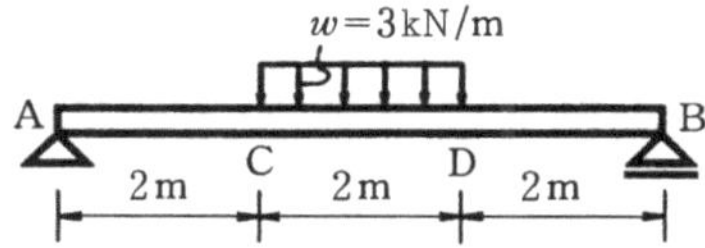

8. 그림과 같은 단순보의 단면력을 구하고 단면력도를 그리시오.

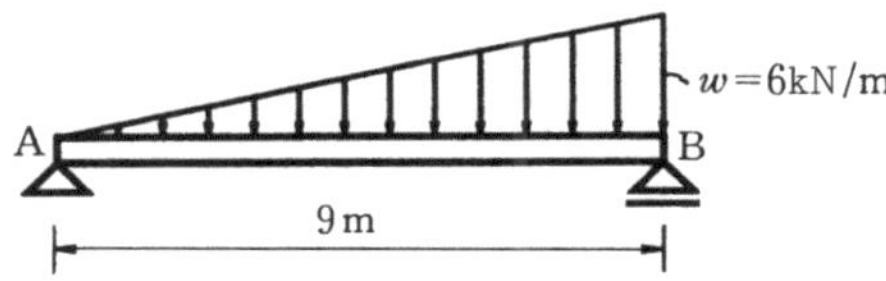

9. 그림과 같은 단순보의 단면력을 구하고, 단면력도를 그리시오.

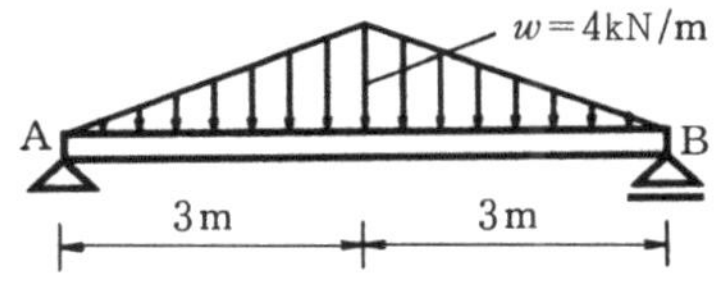

10. 그림과 같은 단순보의 단면력을 구하고 단면력도를 그리시오.

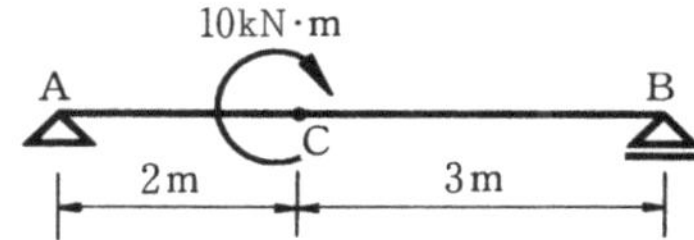

11. 그림과 같은 단순보의 단면력을 구하고 단면력도를 그리시오.

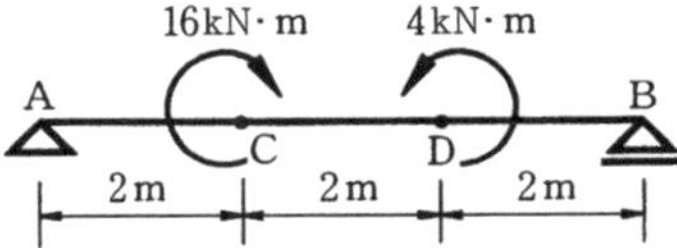

12. 그림과 같은 캔틸레버보에서 M점의 전단력을 구하시오.

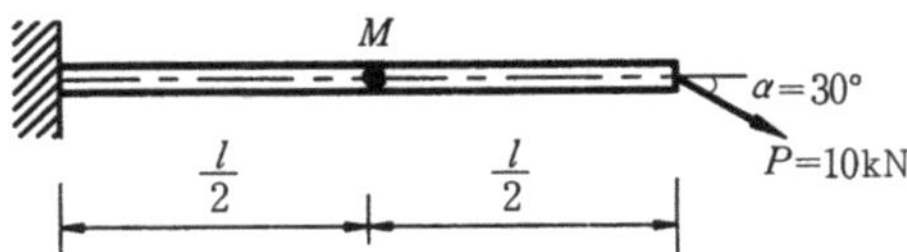

13. 그림과 같은 캔틸레버의 끝에 1kN · m의 모멘트하중이 작용할 경우 A점의 반력(수직력 및 휨모멘트)을 구하시오.

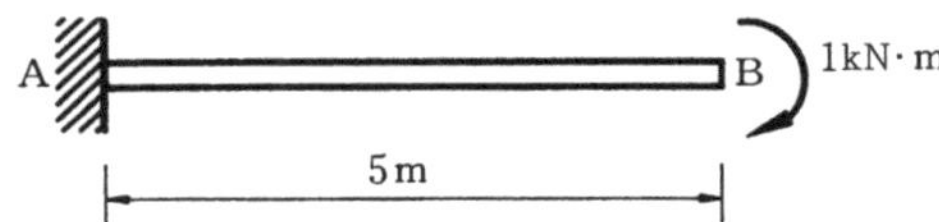

14. 그림과 같은 보에서 고정지점 A의 수직력 및 휨모멘트 M_A를 구하시오.

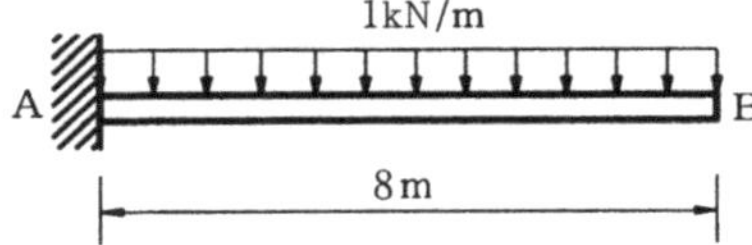

15. 그림과 같은 캔틸레버에서 M_A와 M_B의 비($M_A : M_B$)를 구하시오.

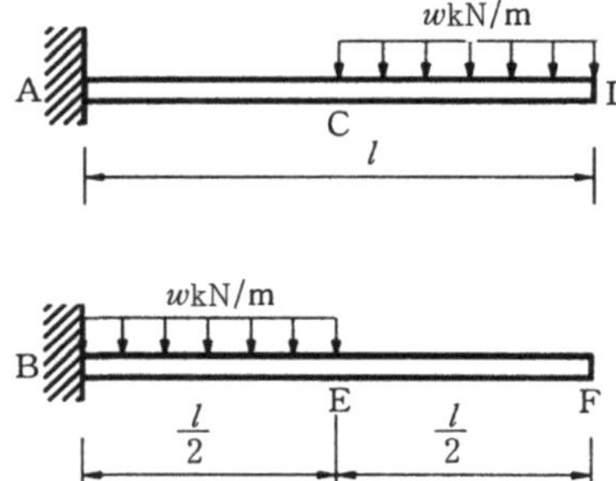

16. 그림과 같은 캔틸레버에서 C점의 휨모멘트를 구하시오.

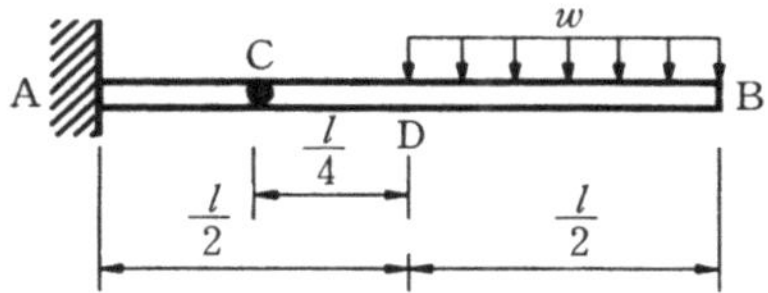

17. 그림에서 A점의 휨모멘트를 구하시오.

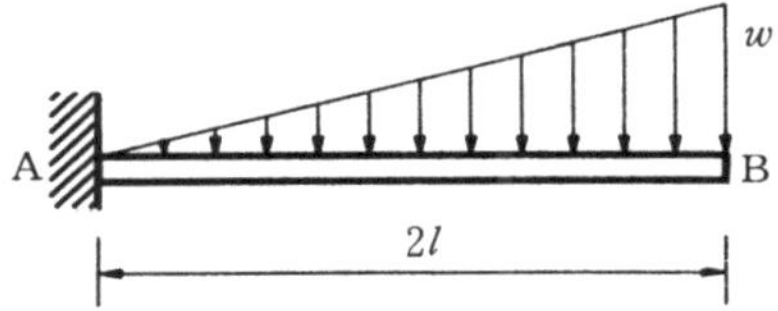

18. 그림과 같은 캔틸레버의 C점의 휨모멘트를 구하시오(단, 자중은 무시한다).

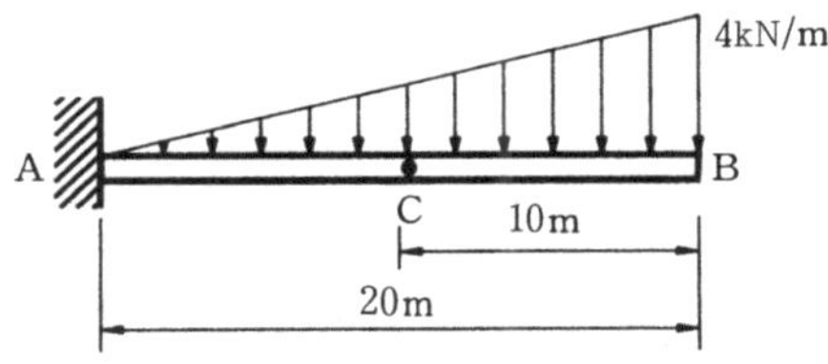

19. 그림과 같은 보에서 D점의 휨모멘트를 구하시오.

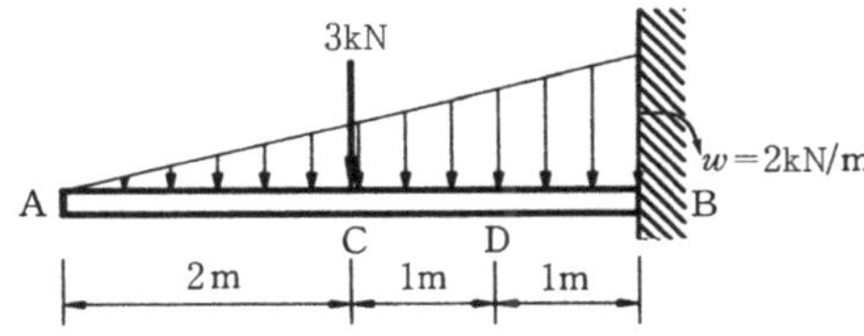

20. 그림과 같은 내민보에서 D점에 집중하중 3kN이 가해질 때, C점의 휨모멘트는 얼마인가?

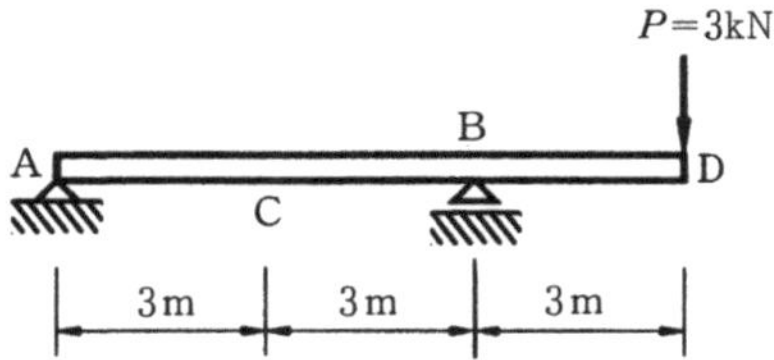

21. 그림과 같이 하중을 받고 있는 보에서 지점 B의 반력이 $3P$라면 하중 $3P$의 재하위치 x 거리를 구하시오.

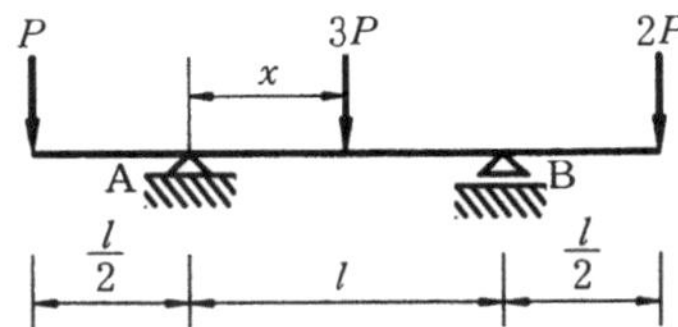

22. 그림과 같은 양단 내민보 전구간에 등분포하중이 균일하게 작용할 때, 보의 중앙점과 두 지점에서의 절대 최대 휨모멘트가 같게 되려면 l과 a의 관계를 구하시오.

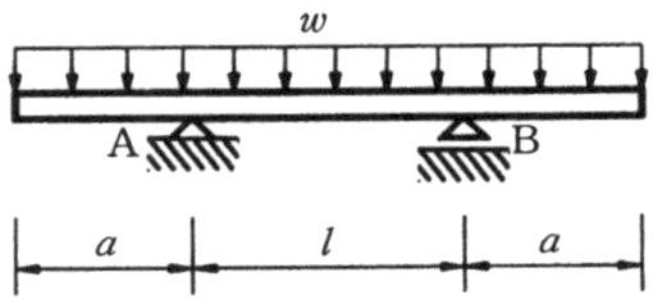

23. 그림과 같은 보에서 A점의 휨모멘트를 구하시오.

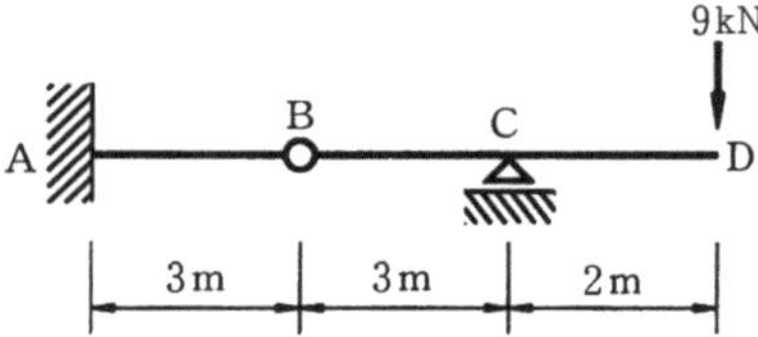

24. 그림은 겔버보의 BC 구간에 등분포하중이 작용할 때의 전단력도이다. 등분포하중 w 의 크기를 구하시오.

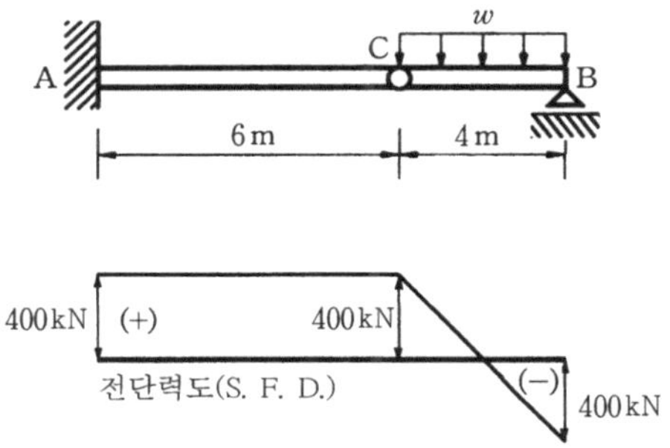

25. 그림과 같은 겔버보에서 A점의 수직반력을 구하시오.

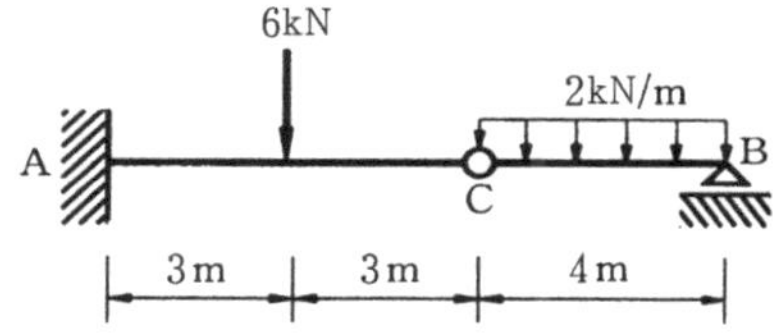

26. 그림과 같은 구조물에서 B점의 휨모멘트 M_B를 구하시오.

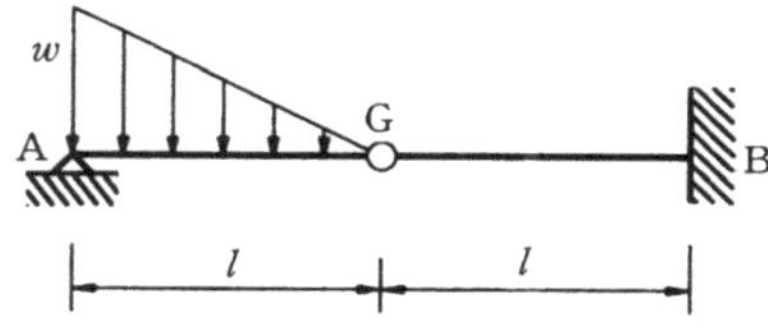

27. 그림과 같은 겔버보에서 C점의 휨모멘트 M_C와 전단력 V_C를 구하시오.

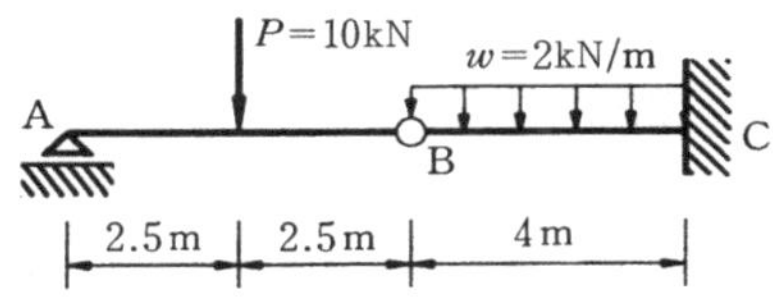

3-7 정정라멘(statically determinate rahmen)

라멘이란 부재와 부재가 서로 강으로 접합된 골조를 말하며, 부재가 서로 강으로 접합됐다는 것은 골조가 변형되어도 그 접합점에서 각 부재가 형성한 각도는 변형 전후에도 변함이 없다는 것을 말한다.

라멘의 부재가 모두 동일 평면 내에 있는 것을 평면라멘이라 하고 그렇지 않은 것을 입체라멘이라 한다. 라멘은 다음과 같이 정의할 수 있다.

① 2개 이상의 부재가 서로 강하게 접합된 골조를 라멘이라 한다.

② 외력에 의하여 골조가 변형되어도 그 접합점에서 각 부재가 형성된 각도는 변하지 않는다.

③ 힘의 평형조건만으로 반력과 단면력을 구할 수 있는 것이 정정라멘이다.

④ 라멘의 단면력도는 휨모멘트, 전단력, 축방향력 등을 계산한다.

⑤ 휨모멘트나 전단력의 부호는 라멘의 안쪽에서 바깥쪽을 향하여 보고, 보의 경우와 같이 결정하며 부호는 단면력의 부호에 따른다.

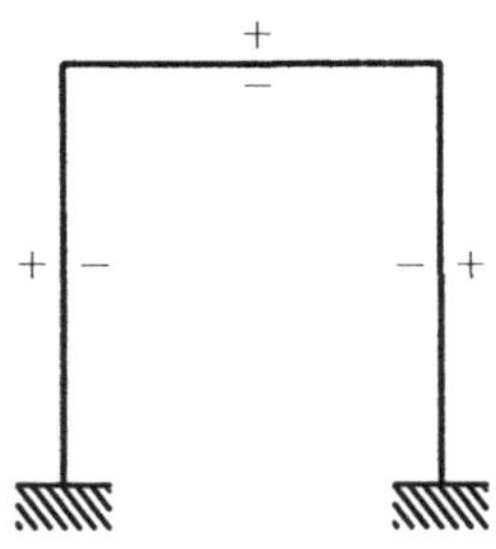

(a) 라멘의 전단력 부호

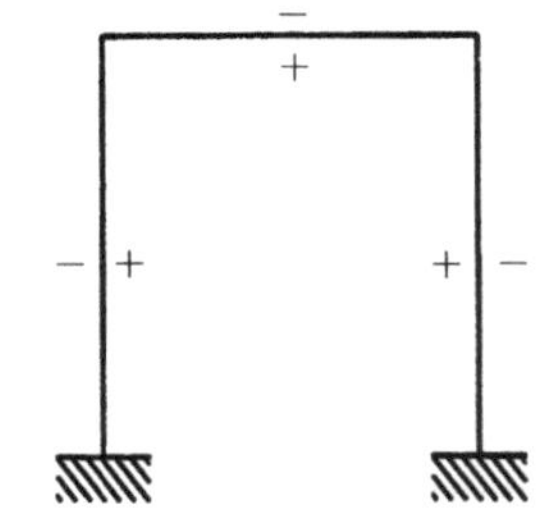

(b) 라멘의 축력 및 휨모멘트 부호

그림 3-9

예제 3-20

그림과 같은 캔틸레버형 라멘의 단면력을 구하고, 단면력도를 그리시오.

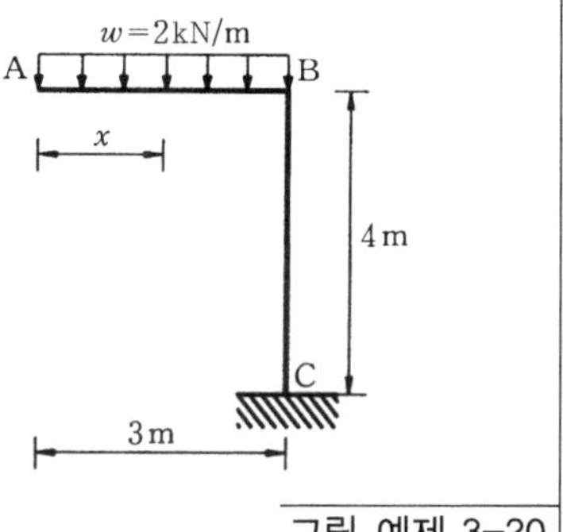

그림 예제 3-20

① 반력

$\Sigma Y=0 : 2\times 3 - R_C=0$

$\therefore R_C=6\,\text{kN}$

$\Sigma M_C=0 : M_C-2\times 3\times 1.5=0$

$\therefore M_C=9\,\text{kN}\cdot\text{m}$

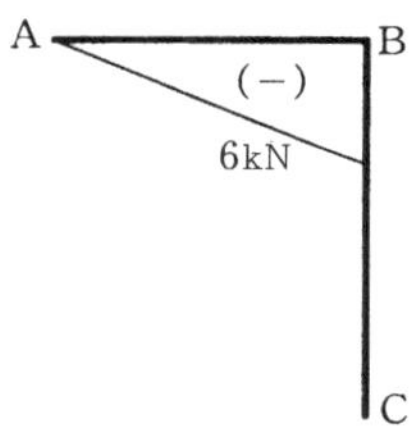

(a) 전단력도

② 전단력

㉠ A~B 구간 :

$V_x=-wx=-2x$

$\therefore V_A=V_{(x=0)}=0$

$V_B=V_{(x=3)}$

$=-2\times 3=-6\,\text{kN}$

㉡ B~C 구간 :

$V_{B\sim C}=0$

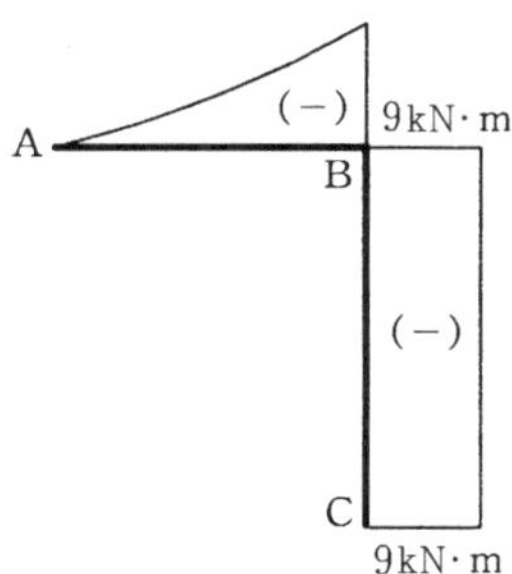

(b) 휨모멘트도

③ 휨모멘트

㉠ A~B 구간 :

$M_x=-wx\cdot\frac{x}{2}=-\frac{w}{2}x^2$

$\therefore M_A=M_{(x=0)}=0$

$M_B=M_{(x=3)}$

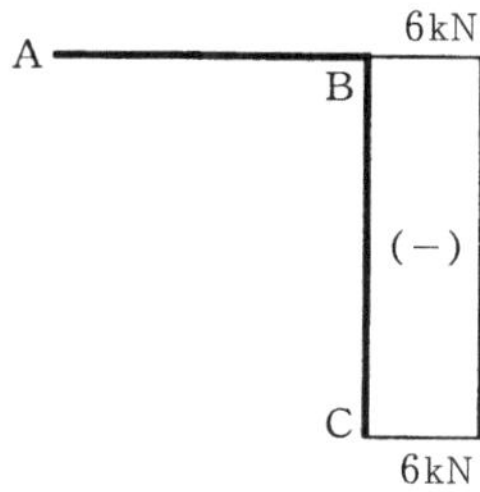

(c) 축방향력도

$$= -\frac{2}{2} \times 3^2$$

$$= -9\,\text{kN}\cdot\text{m}$$

㉡ B~C 구간 :

$$M_{B\sim C} = -(2 \times 3) \times 1.5$$

$$= -9\,\text{kN}\cdot\text{m}$$

④ 축방향력

㉠ $N_{A\sim B} = 0$

㉡ $N_{B\sim C} = -2 \times 3$

$= -6\,\text{kN}$ (압축)

예제 3-21

그림과 같은 라멘의 단면력을 구하고 단면력도를 그리시오.

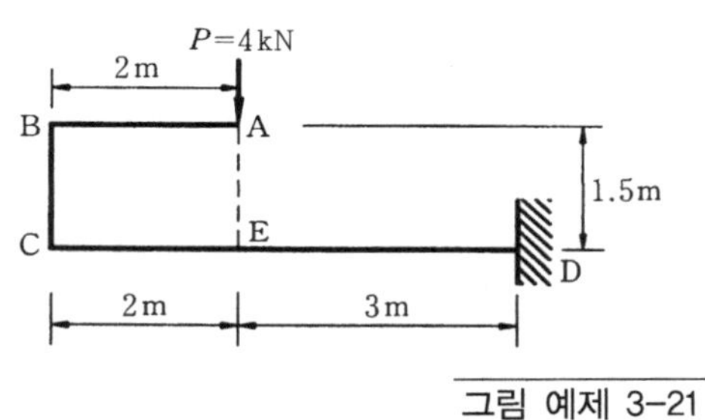

그림 예제 3-21

① 반력

$\Sigma Y = 0 : -4 + R_D = 0$

$\therefore R_D = 4\,\text{kN}\,(\uparrow)$

$\Sigma M_D = 0 : -4 \times 3 + M_D = 0$

$\therefore M_D = 12\,\text{kN}\cdot\text{m}\ (\curvearrowright)$

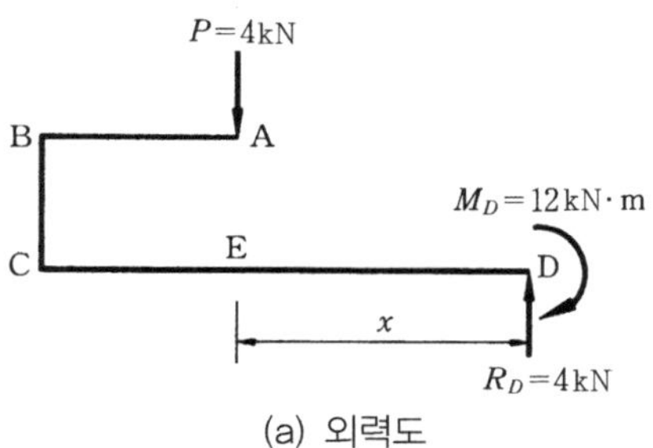

(a) 외력도

② 전단력

$V_{A\sim B} = +P = +4\,\text{kN}$

$V_{B\sim C} = 0$

$V_{C\sim D} = -P_C = -4\,\text{kN}$

③ 휨모멘트

㉠ A~B 구간 :

$M_x = -4x$

$M_A = 0$

$M_B = -4 \times 2$

$\quad = -8\text{kN}\cdot\text{m}$

㉡ B~C 구간 :

$M_{B\sim C} = -8\text{kN}\cdot\text{m}$

㉢ C~D 구간 :

$M_x = M_D - R_D x = 12 - 4x$ (D점부터 계산)

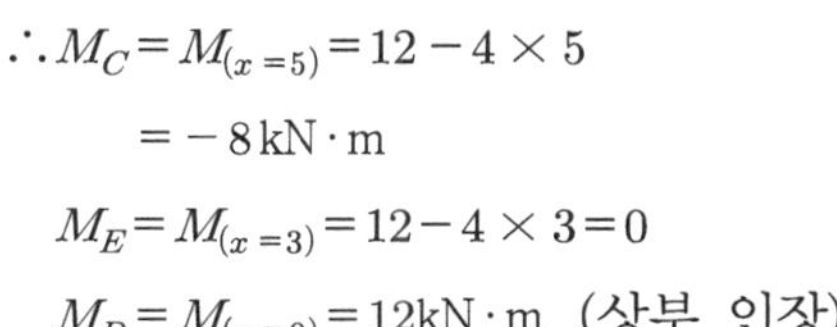

$\therefore M_C = M_{(x=5)} = 12 - 4 \times 5$

$\quad = -8\text{kN}\cdot\text{m}$

$M_E = M_{(x=3)} = 12 - 4 \times 3 = 0$

$M_D = M_{(x=0)} = 12\text{kN}\cdot\text{m}$ (상부 인장)

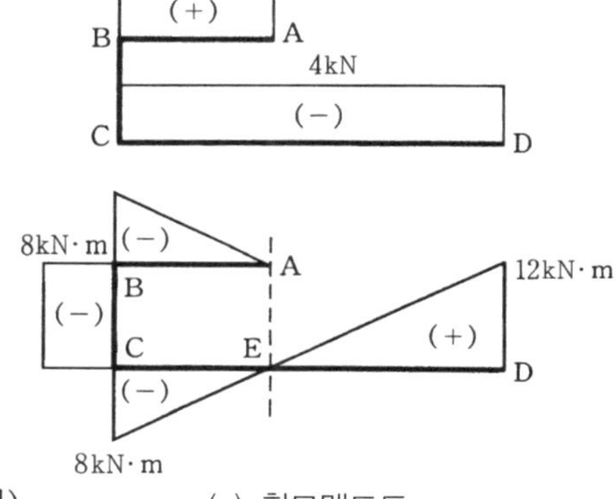

(c) 휨모멘트도

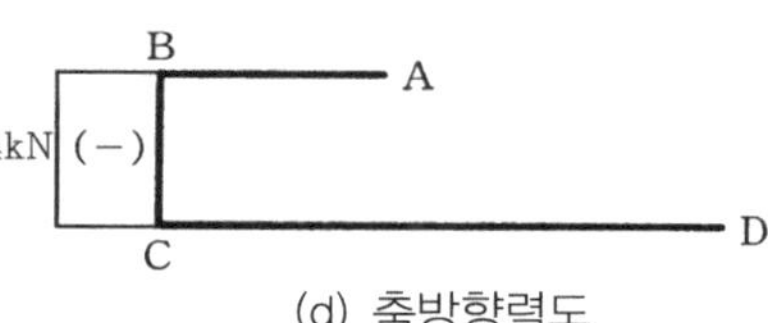

(d) 축방향력도

④ 축방향력

$N_{A\sim D} = 0$

$V_{B\sim C} = -P = -4\text{kN}$ (압축)

$V_{C\sim D} = 0$

예제 3-22

그림과 같은 캔틸레버형 라멘의 단면력을 구하고 단면력도를 그리시오.

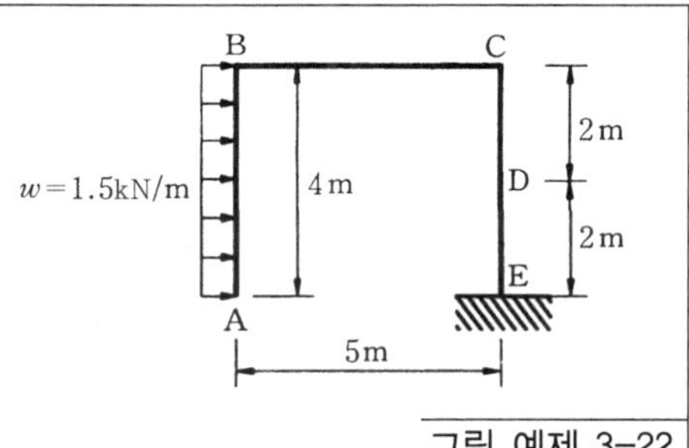

그림 예제 3-22

① 반력

$\Sigma X = 0 : 1.5 \times 4 - H_E = 0$

$\therefore\ H_E = 6\,\text{kN}\ (\leftarrow)$

$\Sigma M_E = 0 : 1.5 \times 4 \times 2 - M_E = 0$

$\therefore\ M_E = 12\,\text{kN}\cdot\text{m}\ (\curvearrowright)$

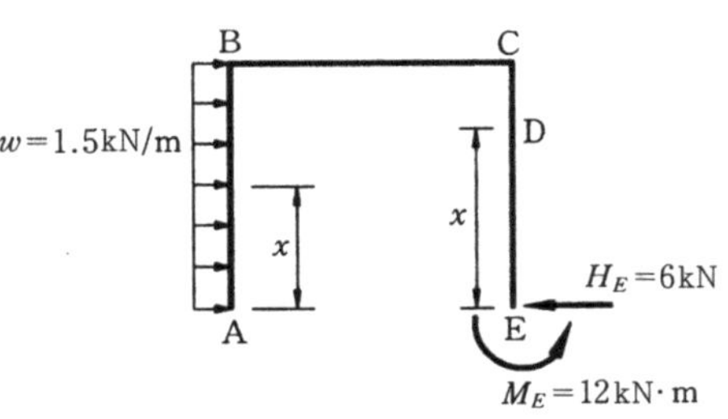

(a) 외력도

② 전단력

㉠ A~B 구간 : $V_x = -wx$

$\therefore\ V_A = V_{(x=0)} = 0$

$V_B = V_{(x=4)}$

$= -1.5 \times 4$

$= -6\,\text{kN}$

㉡ B~C 구간 :

$V_{B\sim C} = 0$ (A점에서 생각)

㉢ C~E 구간 :

$V_{C\sim E} = -(-H_E) = 6\,\text{kN}$ (E점부터 계산)

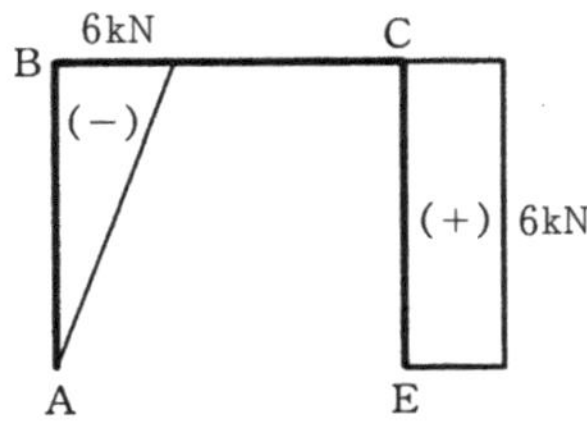

(b) 전단력도

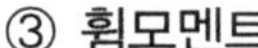

③ 휨모멘트

㉠ A~B 구간 :

$M_x = -wx \cdot \dfrac{x}{2} = -\dfrac{w}{2}x^2$

$\therefore\ M_A = M_{(x=0)} = 0$

$M_B = M_{(x=4)}$

$= -\dfrac{1.5}{2} \times 4^2$

$= -12\,\text{kN}\cdot\text{m}$

㉡ B~C 구간 :

$M_{B\sim C} = -1.5 \times 4 \times 2$

$= -12\,\text{kN}\cdot\text{m}$

㉢ C~E 구간 :

$M_x = -(H_E x - M_E)$

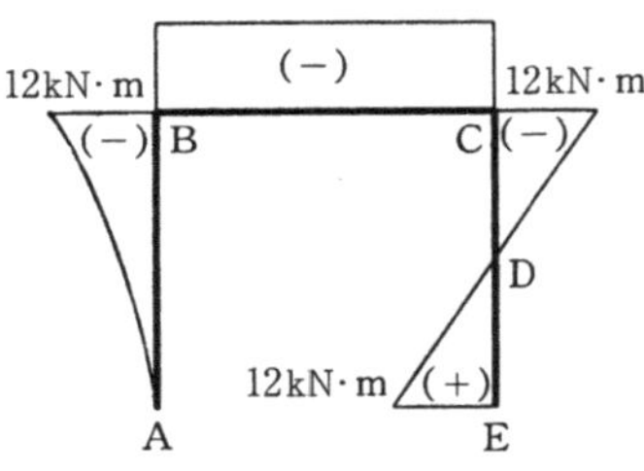

(c) 휨모멘트도

$= -(6x-12)$

$= -6x + 12$

$\therefore M_C = M_{(x=4)}$

$= -6 \times 4 + 12 = -12\,\text{kN} \cdot \text{m}$

$M_D = M_{(x=2)}$

$= -6 \times 2 + 12 = 0$

$M_E = M_{(x=0)} = +12\,\text{kN} \cdot \text{m}$

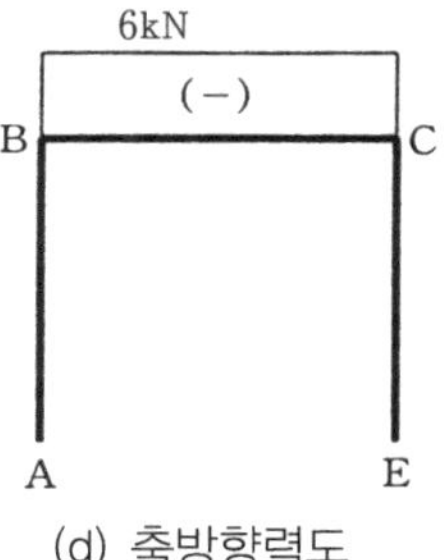

(d) 축방향력도

④ 축방향력

$N_{A \sim B} = 0$

$N_{B \sim C} = -H_E = -6\,\text{kN}$ (압축 : E점부터 계산)

$N_{C \sim D} = 0$

예제 3-23

그림과 같은 단순보형 라멘의 단면력을 구하고 단면력도를 그리시오.

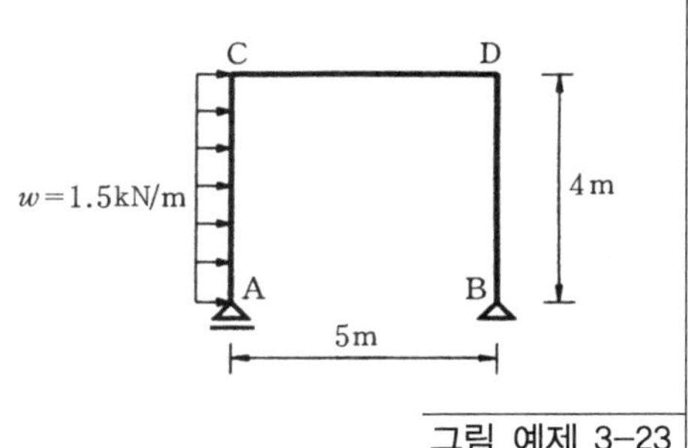

그림 예제 3-23

① 반력

$\Sigma X = 0 : 1.5 \times 4 - H_B = 0$

$\therefore H_B = 6\,\text{kN} (\leftarrow)$

$\Sigma M_B = 0 : -R_A \times 5 + 1.5 \times 4 \times 2 = 0$

$\therefore R_A = 2.4\,\text{kN} (\downarrow)$

$\Sigma Y = 0 : -2.4 + R_B = 0$

$\therefore R_B = 2.4\,\text{kN} (\uparrow)$

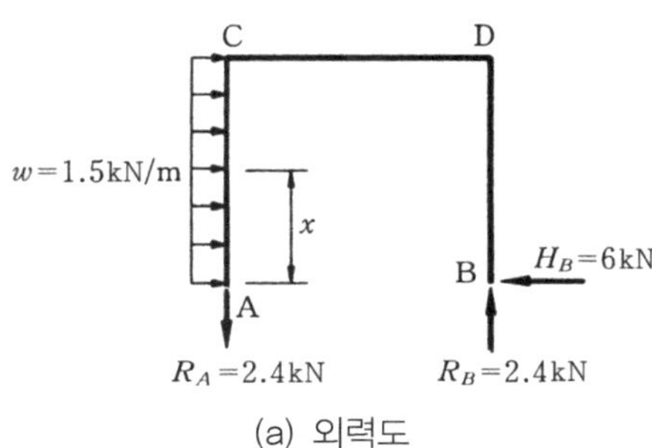

(a) 외력도

② 전단력

㉠ A~C 구간 : $V_x = -wx$

$\therefore V_A = V_{(x=0)} = 0$

$V_C = V_{(x=4)}$

$= -1.5 \times 4$

$= -6\text{kN}$

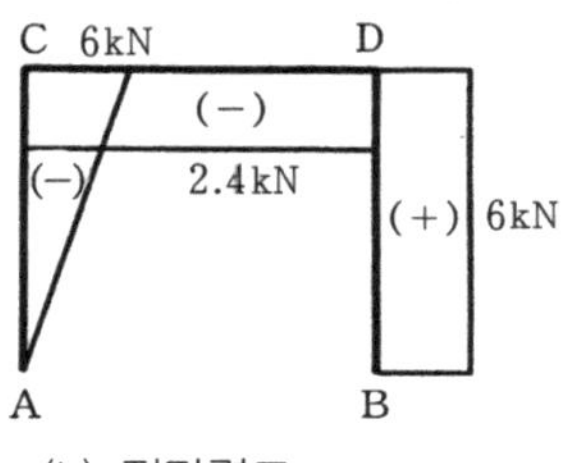

(b) 전단력도

㉡ C~D 구간 :

$V_{C\sim D} = -R_A = -2.4\text{kN}$

㉢ D~B 구간 :

$V_{D\sim B} = -(-H_B) = +6\text{kN}$ (B점부터 계산)

③ 휨모멘트

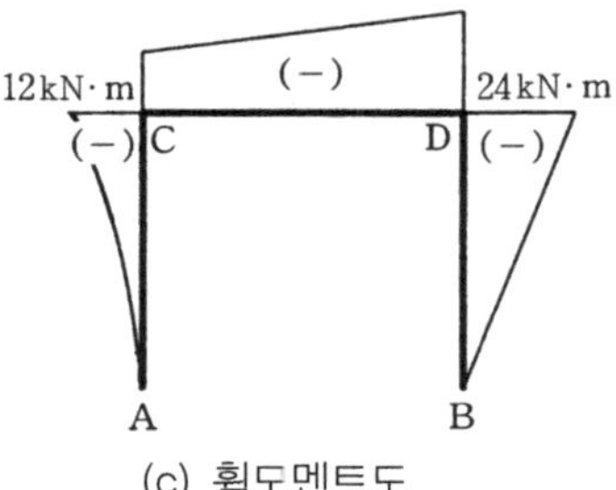

(c) 휨모멘트도

$M_A = 0$ (roller)

$M_C = -1.5 \times 4 \times 2$

$= -12\text{kN}\cdot\text{m}$

$M_D = -(H_B \times 4)$

$= -6 \times 4$

$= -24\text{kN}\cdot\text{m}$

$M_B = 0$ (hinge)

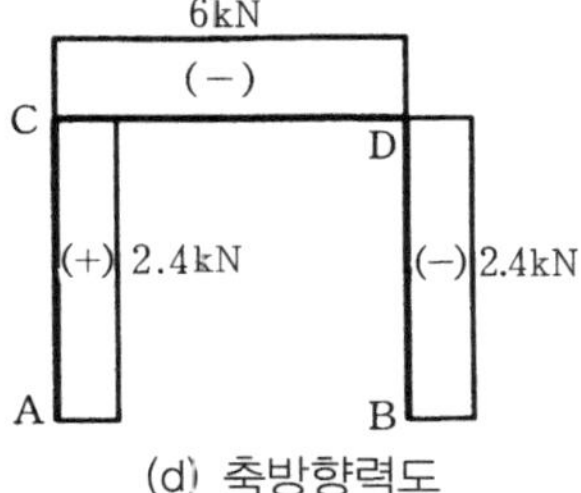

(d) 축방향력도

④ 축방향력

$N_{A\sim C} = +R_A = +2.4\text{kN}$ (인장)

$N_{C\sim D} = -H_B = -6\text{kN}$ (압축)

$N_{D\sim B} = -R_B = -2.4\text{kN}$ (압축)

예제 3-24

그림과 같은 단순보형 라멘의 단면력을 구하고 단면력도를 그리시오.

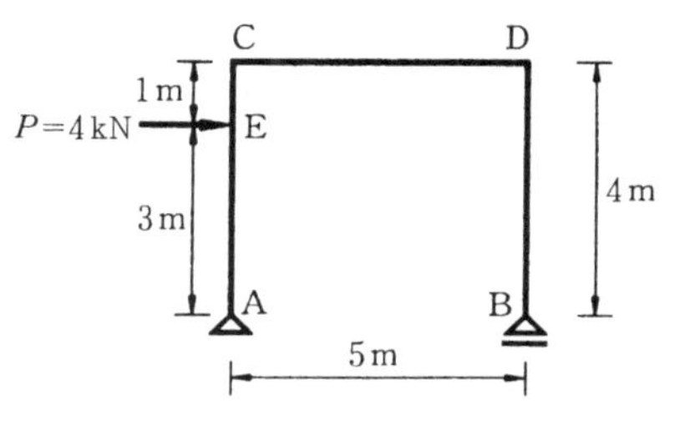

그림 예제 3-24

① 반력

$\Sigma X=0$: $P-H_A=0$

$\therefore H_A = P = 4\,\text{kN}\,(\rightarrow)$

$\Sigma M_B=0$: $4\times 3-R_B\times 5=0$

$\therefore R_B=\dfrac{12}{5}=2.4\,\text{kN}\,(\uparrow)$

$\Sigma Y=0$: $-R_A+2.4=0$

$R_A=2.4\,\text{kN}\,(\downarrow)$

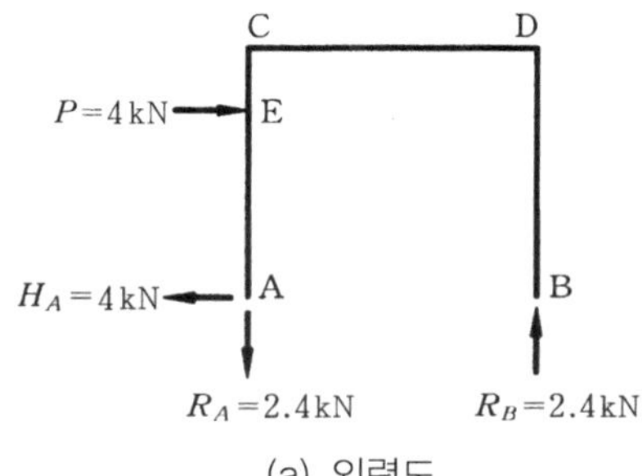

(a) 외력도

② 전단력

$V_{A\sim E}=+H_A=+4\,\text{kN}$

$V_{E\sim C}=+H_A-P=4-4=0$

$V_{C\sim D}=-R_A=-2.4\,\text{kN}$

$V_{D\sim B}=0$ (B점부터 계산)

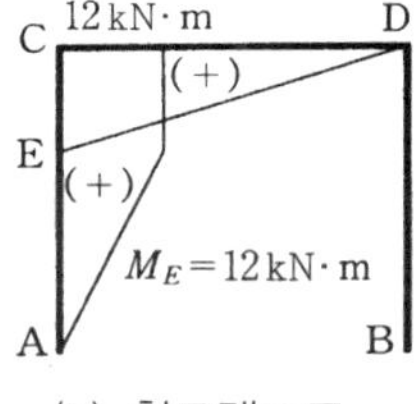

(b) 휨모멘트도

③ 휨모멘트

$M_A=M_B=0$ (hinge 및 roller)

$M_E=+H_A\times 3$

$=4\times 3=12\,\text{kN}\cdot\text{m}$

$M_C=+H_A\times 4-P\times 1$

$=4\times 4-4\times 1=12\,\text{kN}\cdot\text{m}$

$M_D=0$ (B점부터 계산)

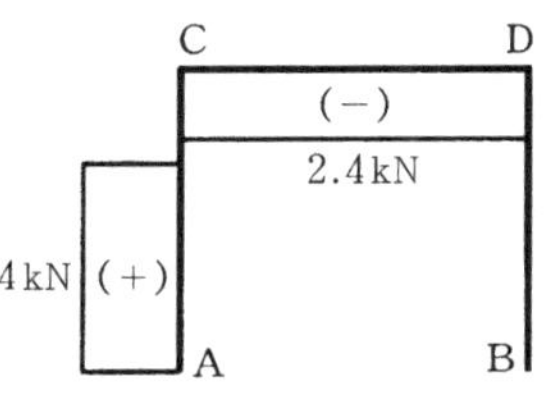

(c) 전단력도

④ 축방향력

$N_{A\sim C} = +R_A = +2.4\,\text{kN}$ (인장)

$N_{C\sim D} = 0$

$N_{D\sim B} = -R_B = -2.4\,\text{kN}$ (압축 : B점부터 계산)

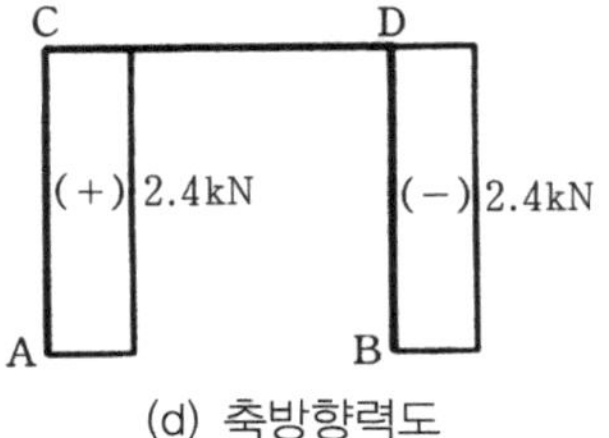

(d) 축방향력도

예제 3-25

그림과 같은 단순보형 라멘의 단면력을 구하고 단면력도를 그리시오.

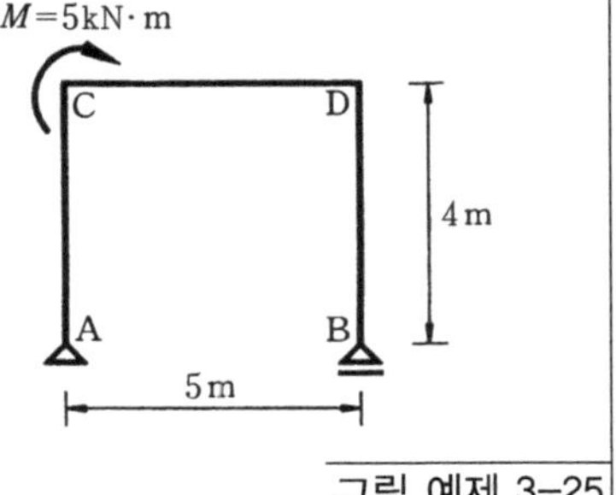

그림 예제 3-25

① 반력

$\Sigma M_A = 0 : 5 - R_B \times 5 = 0$

$\therefore R_B = 1\,\text{kN}\,(\uparrow)$

$\Sigma Y = 0 : -R_A + 1 = 0$

$\therefore R_A = 1\,\text{kN}\,(\downarrow)$

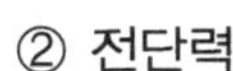

② 전단력

$V_{A\sim C} = 0$

$V_{C\sim D} = -R_A = -1\,\text{kN}$

$V_{D\sim B} = 0$

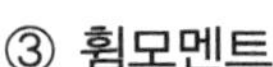

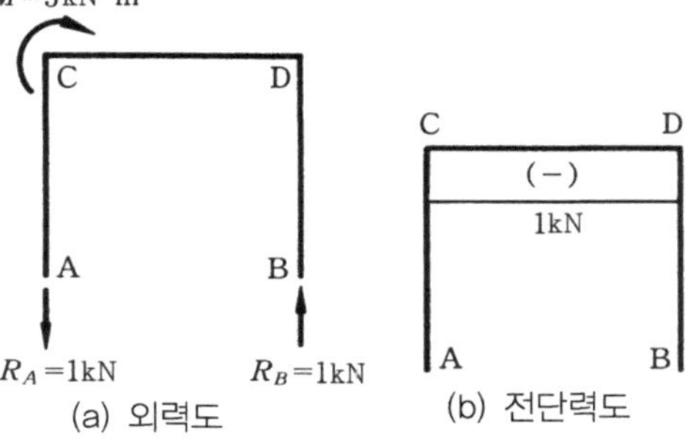

(a) 외력도 (b) 전단력도

③ 휨모멘트

㉠ A~C 구간 : $M_A = 0$

$M_C = 0$

㉡ C~D 구간 : $M_C = -(-R_B \times 5)$

$= 1 \times 5 = +5\,\text{kN}\cdot\text{m}$

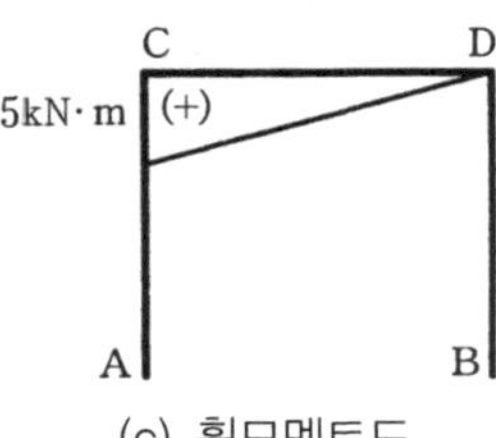

(c) 휨모멘트도

(B점부터 계산)

$M_D = 0$

㉢ D~B 구간 : $M_{D\sim B} = 0$

④ 축방향력

$N_{A\sim C} = +1\text{kN}$ (인장)

$N_{D\sim B} = -1\text{kN}$ (압축)

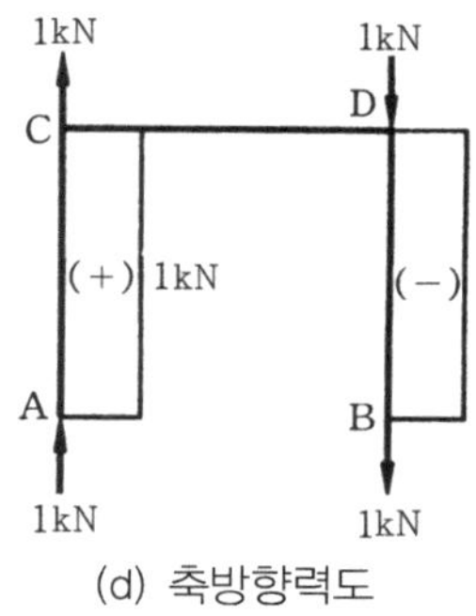

(d) 축방향력도

예제 3-26

그림과 같은 단순보형 계단형태 라멘의 단면력을 구하고 단면력도를 그리시오.

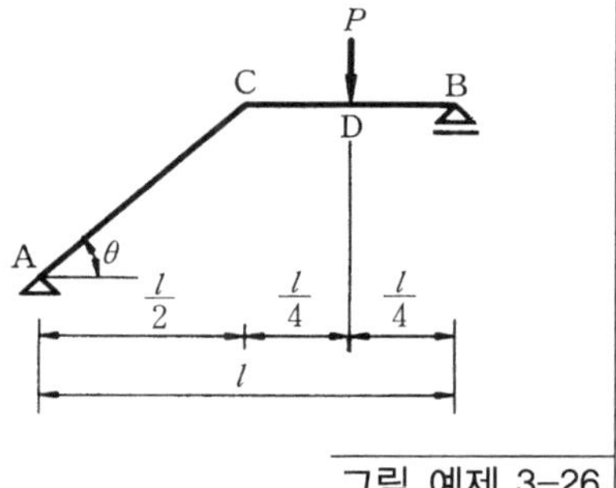

그림 예제 3-26

① 반력

$\Sigma M_B = 0 : R_A l - P \times \frac{l}{4} = 0$

$\therefore R_A = \frac{P}{4}(\uparrow)$

$\Sigma Y = 0 : \frac{P}{4} - P + R_B = 0$

$\therefore R_B = \frac{3}{4}P(\uparrow)$

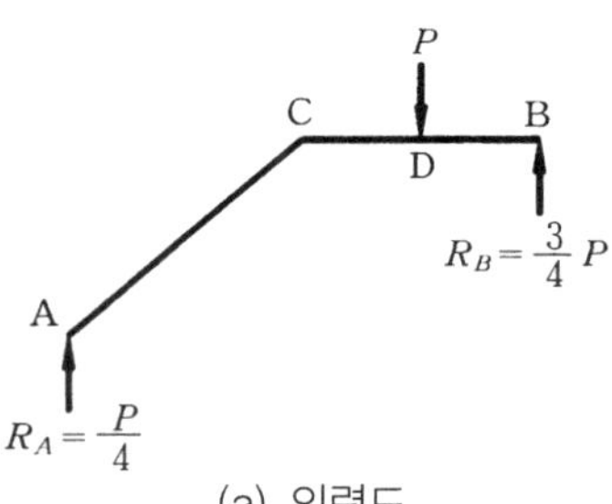

(a) 외력도

② 전단력

$V_{A\sim C} = R_A \cos\theta = \frac{P}{4}\cos\theta$

$V_{C\sim D} = -R_A = \frac{P}{4}$

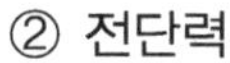

$V_{D\sim B} = R_A - P = \frac{P}{4} - P = -\frac{3}{4}P$

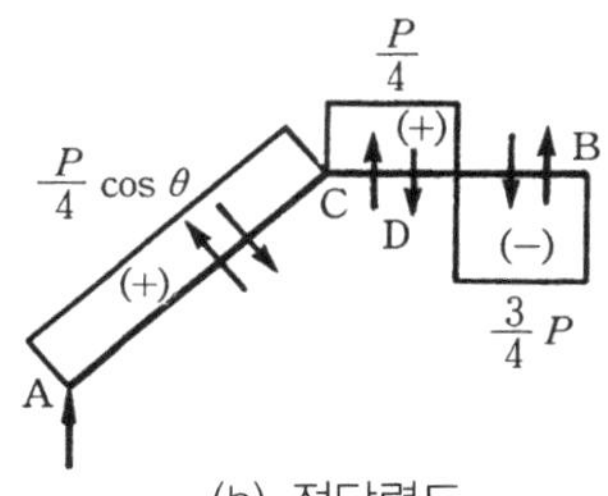

(b) 전단력도

③ 휨모멘트

$M_A = 0$ (hinge)

$$M_C = R_A \times \frac{l}{2} = \frac{P}{4} \times \frac{l}{2} = \frac{Pl}{8}$$

$$M_D = R_A \times \left(\frac{l}{2} + \frac{l}{4}\right) = \frac{P}{4}\left(\frac{3l}{4}\right) = \frac{3Pl}{16}$$

$M_B = 0$ (roller)

④ 축방향력

$$N_{A\sim C} = R_A \sin\theta = -\frac{P}{4}\sin\theta \ \text{(압축)}$$

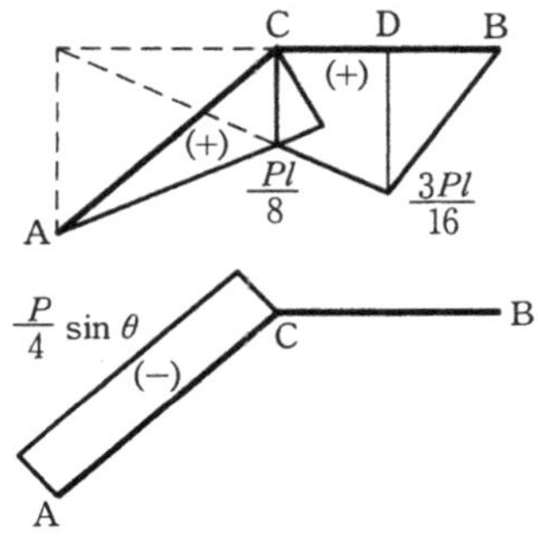

(d) 축방향력도

예제 3-27

그림과 같이 외력 평형을 이루고 있는 라멘의 단면력을 구하고 단면력도를 그리시오.

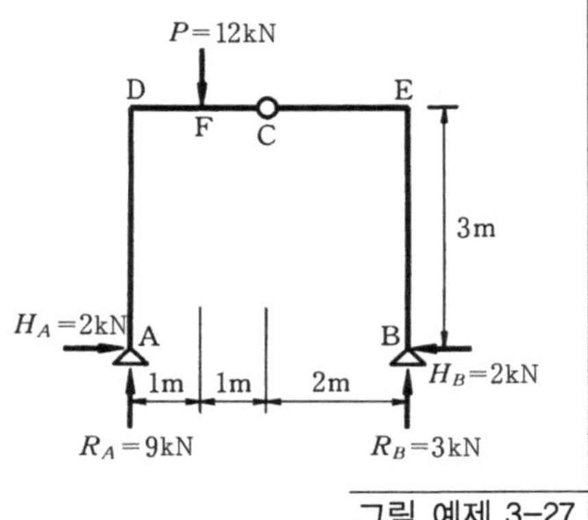

그림 예제 3-27

① 반력

$\Sigma M_B = 0 : R_A \times 4 - 12 \times 3 = 0$

$\therefore R_A = 9\text{kN}$

$\Sigma Y = 0 : 9 - 12 + R_B = 0$

$\therefore R_B = 3\text{kN}$

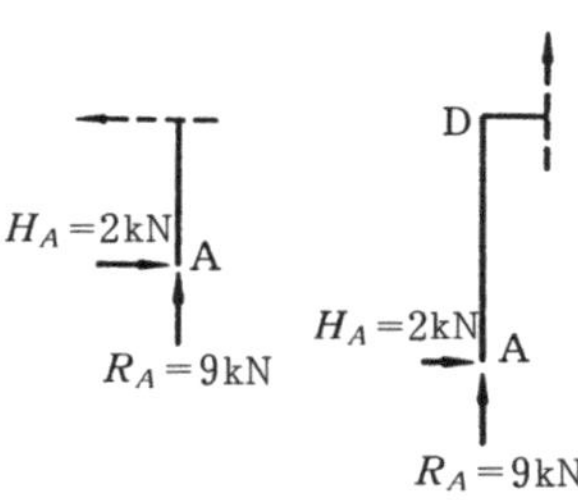

(a) A–D구간 (b) D–F구간

C점의 좌측 ADC라멘에서

$\Sigma M_C = 0 : R_A \times 2 - H_A \times 3 - 12 \times 1 = 0$

$\therefore H_A = 2\,\text{kN}\ (\rightarrow)$

$\Sigma X = 0 : 2 - H_B = 0$

$\therefore H_B = 2\,\text{kN}\ (\leftarrow)$

② 전단력

㉠ A~D 구간 : AD부재를 재축에 직각으로 자르려는 힘은 H_A 로서 안쪽으로 향하므로 (−)가 된다.

$\therefore V_{A \sim D} = -H_A = -2\,\text{kN}$

㉡ D~F 구간 : 그림 (b)에서
DF부재를 재축에 직각으로 자르려는 힘은 R_A 로서 바깥쪽을 향하므로 (+)가 된다.

$\therefore V_{D \sim F} = +R_A = +9\,\text{kN}$

㉢ F~E 구간 : 그림 (c)에서
FCE부재를 재축에 직각으로 자르려는 힘은 R_A 로서 P 로서 R_A 는 바깥쪽을 향하므로 (+)이고, P 는 안쪽으로 향하므로 (−)가 된다.

$\therefore V_{F \sim E} = +R_A - P$

$= 9 - 12$

$= -3\,\text{kN}$

㉣ E~B 구간

$\therefore V_{E \sim B} = -(-H_B)$

$= +2\,\text{kN}$

③ 휨모멘트

㉠ A점 : $M_A = 0$ (hinge이므로)

㉡ D점 : AD부재에 작용한 R_A 와 H_A 의 모멘트의 대수합으로 한다.

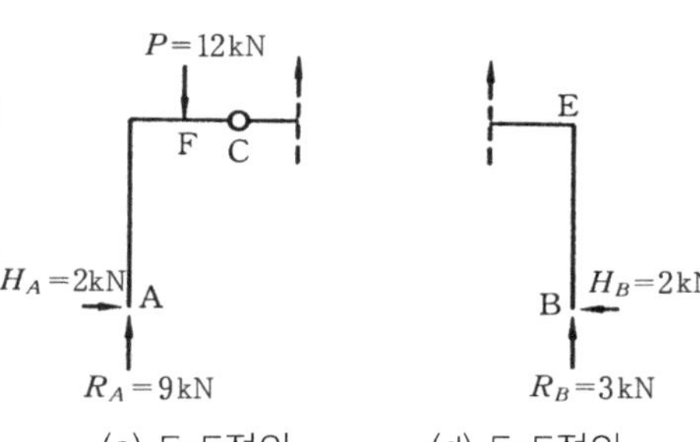

(c) F–E점의 좌측단면 (d) F–E점의 우측단면

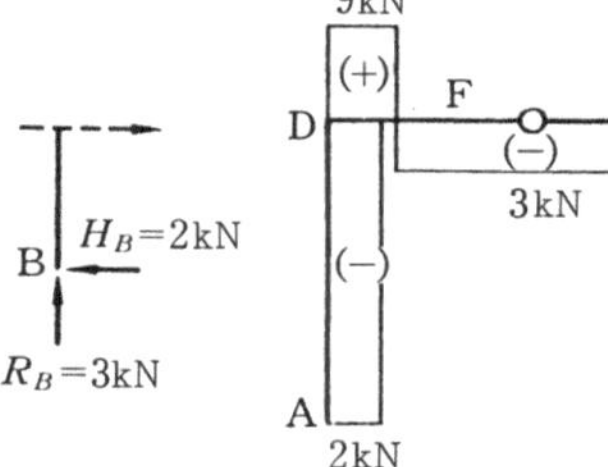

(e) E–D의 우측단면 (f) 전단력도

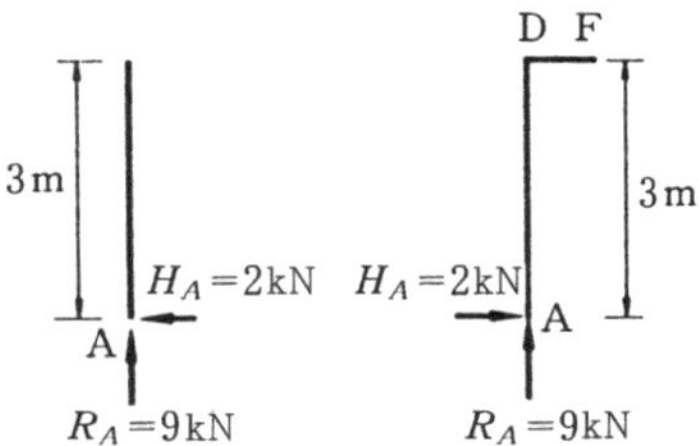

(g) D점의 좌측단면 (h) F점의 좌측단면

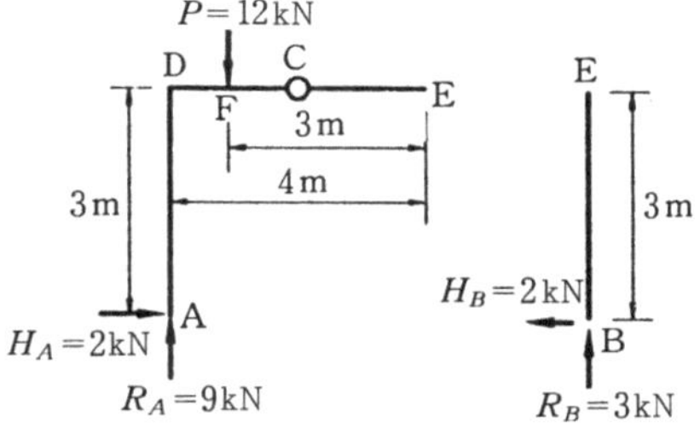

(i) E점의 좌측단면 (j) E점의 우측단면

$\therefore M_D = R_A \times 0 - H_A \times 3$
$= -2 \times 3$
$= -6\text{kN} \cdot \text{m}$

ⓒ F점 : ADF부재에 작용한 R_A와 H_A의 모멘트의 대수합으로 한다.

$\therefore M_F = R_A \times 1 - H_A \times 3$
$= 9 \times 1 - 2 \times 3$
$= 3\text{kN} \cdot \text{m}$

ⓓ C점 : $M_C = 0$ (hinge이므로)

$\therefore M_C = R_A \times 2 - H_A \times 3 - P \times 1$
$= 9 \times 2 - 2 \times 3 - 12 \times 1$
$= 0$

ⓔ E점 :

$\therefore M_E = R_A \times 4 - H_A \times 3 - P \times 3$
$= 9 \times 4 - 2 \times 3 - 12 \times 3$
$= -6\text{kN} \cdot \text{m}$

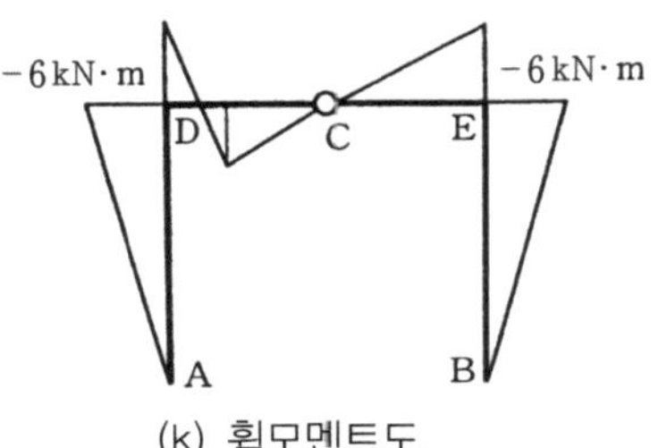

(k) 휨모멘트도

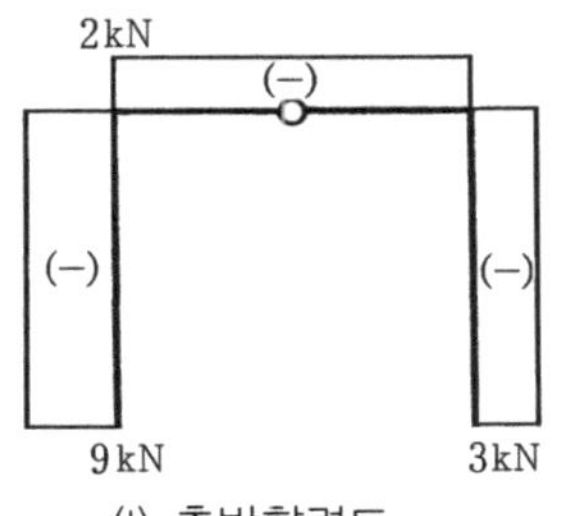

(l) 축방향력도

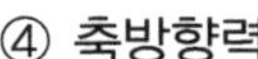
④ 축방향력

$N_{A\sim D} = -9\text{kN}$ (압축)
$N_{D\sim E} = -2\text{kN}$ (압축)
$N_{B\sim E} = -3\text{kN}$ (압축)

예제 3-28

그림과 같은 3회전 라멘의 단면력을 구하고 단면력도를 그리시오.

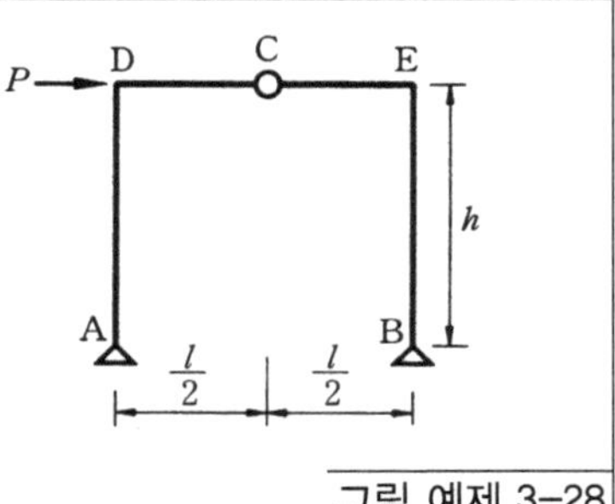

그림 예제 3-28

① 반력

$\Sigma M_B = 0 : R_A l + Ph = 0$

$\therefore R_A = \dfrac{Ph}{l}(\downarrow)$

$\Sigma Y = 0 : -\dfrac{Ph}{l} + R_B = 0$

$\therefore R_B = \dfrac{Ph}{l}(\uparrow)$

C점의 좌측라멘 ADC에서

$\Sigma M_C = 0 : -\dfrac{Ph}{l} \times \dfrac{l}{2} + H_A h = 0$

$\therefore H_A = \dfrac{P}{2}(\leftarrow)$

$\Sigma X = 0 : -\dfrac{P}{2} + P - H_B = 0$

$\therefore H_B = \dfrac{P}{2}(\leftarrow)$

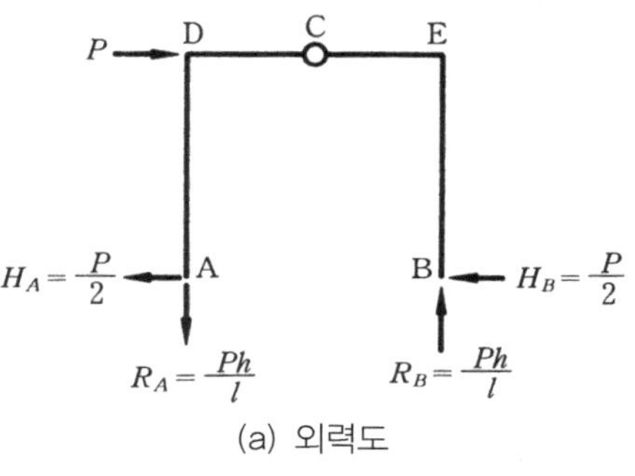

(a) 외력도

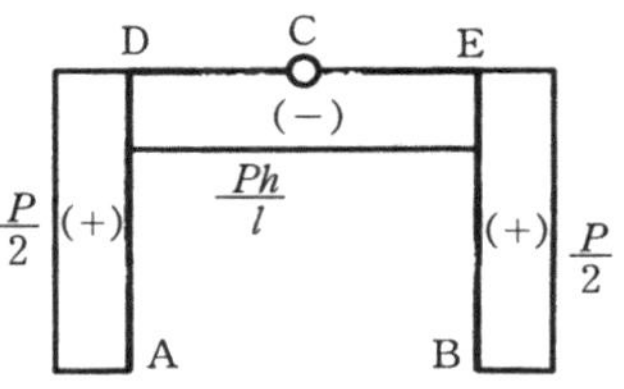

(b) 전단력도

② 전단력

$V_{A\sim D} = H_A = \dfrac{P}{2}$

$V_{D\sim E} = -R_A = -\dfrac{Ph}{l}$

$V_{E\sim B} = -(-H_B) = +\dfrac{P}{2}$ (B점부터 계산)

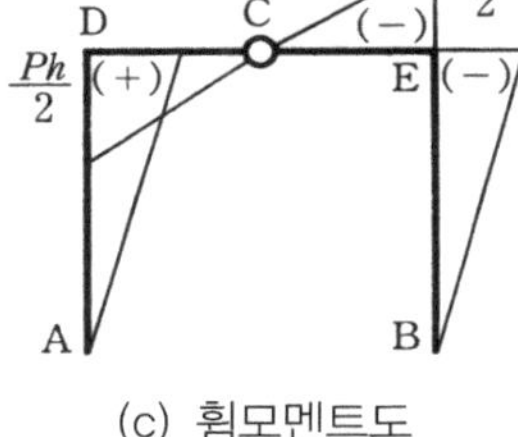

(c) 휨모멘트도

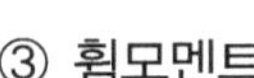

③ 휨모멘트

$M_A = M_B = M_C = 0$ (hinge)

$M_D = H_A h = \dfrac{P}{2} \times h = \dfrac{Ph}{2}$

$M_E = -(H_B h) = -\dfrac{Ph}{2}$ (B점부터 계산)

④ 축방향력

$N_{A\sim D} = +R_A = \dfrac{Ph}{l}$ (인장)

$N_{D\sim E} = -H_B = \dfrac{P}{2}$ (압축 : B점부터 계산)

$N_{E\sim B} = -R_B = -\dfrac{Ph}{l}$ (압축 : B점부터 계산)

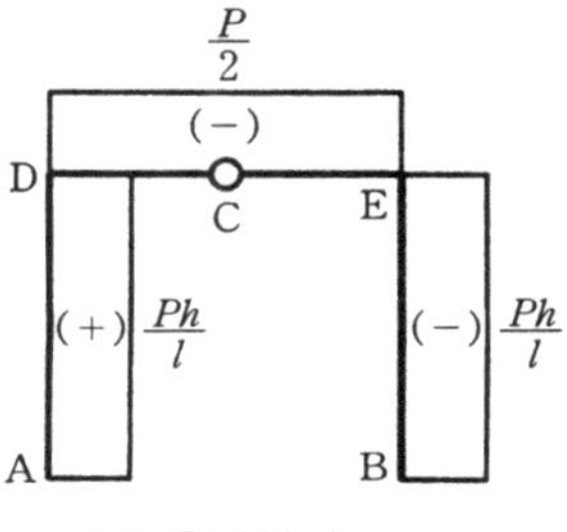

(d) 축방향력도

예제 3-29

그림과 같은 3회전 라멘의 단면력을 구하고 단면력도를 그리시오.

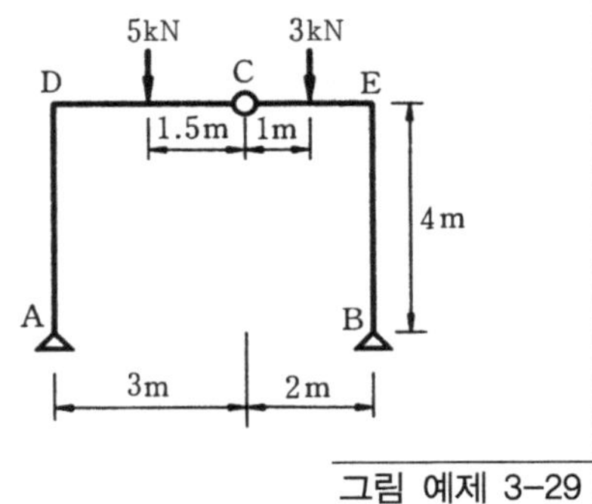

그림 예제 3-29

① 반력

$\Sigma M_B = 0 : R_A \times 5 - 5 \times 3.5 - 3 \times 1 = 0$

$\therefore R_A = 4.1\,\text{kN}\,(\uparrow)$

$\Sigma Y = 0 : 4.1 - 5 - 3 + R_B = 0$

$\therefore R_B = 3.9\,\text{kN}\,(\uparrow)$

C점의 좌측 라멘 ADC에서

$\Sigma M_C = 0 : 4.1 \times 3 - H_A \times 4 - 5 \times 1.5 = 0$

$\therefore H_A = 1.2\,\text{kN}\,(\rightarrow)$

$\Sigma X = 0 : 1.2 - H_B = 0$

$\therefore H_B = 1.2\,\text{kN}\,(\leftarrow)$

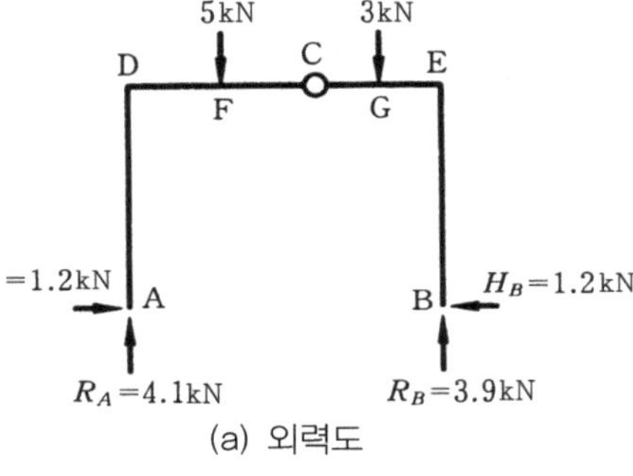

(a) 외력도

② 전단력

$V_{A\sim D} = -H_A = 1.2\,\text{kN}$

$V_{D\sim F} = +R_A = 4.1\,\text{kN}$

$V_{F\sim G} = +R_{A-5=4.1-5} = -0.9\text{kN}$

$V_{G\sim E} = -R_B = -3.9\,\text{kN}$ (B점부터 계산)

$V_{E\sim B} = -(H_B) = +1.2\,\text{kN}$

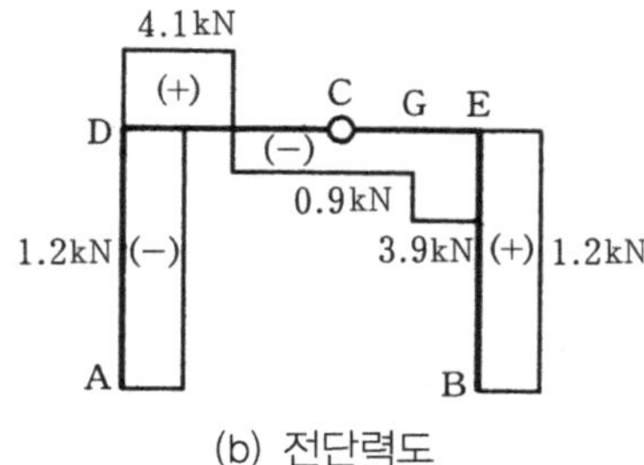

(b) 전단력도

③ 휨모멘트

$M_A = M_B = M_C = 0$ (hinge)

$M_D = H_A \times 4 = -1.2 \times 4 = -4.8\,\text{kN}\cdot\text{m}$

$M_F = R_A \times 1.5 - H_A \times 4$
$= 4.1 \times 1.5 - 1.2 \times 4 = 1.35\,\text{kN}\cdot\text{m}$
$M_G = -(H_B \times 4 - R_B \times 1)$
$= -(1.2 \times 4 - 3.9 \times 1)$
$= -0.9\,\text{kN}\cdot\text{m}$ (B점부터 계산)
$M_E = -(H_B \times 4)$
$= -(1.2 \times 4)$
$= -4.8\,\text{kN}\cdot\text{m}$ (B점부터 계산)

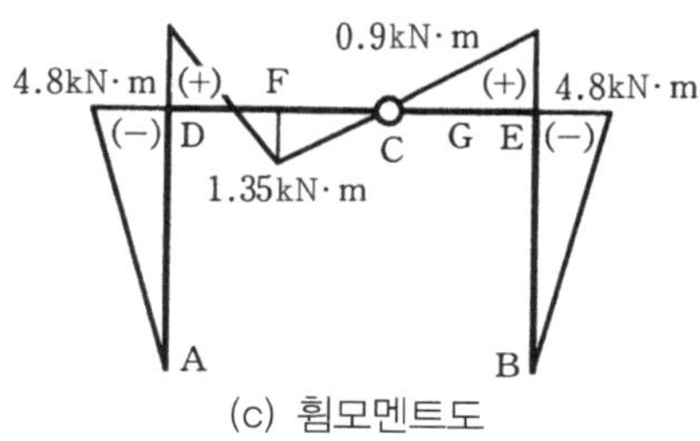

(c) 휨모멘트도

④ 축방향력

$N_{A\sim D} = -R_A = -4.1\,\text{kN}$ (압축)
$N_{D\sim E} = -H_A = -1.2\,\text{kN}$ (압축)
$N_{E\sim B} = -R_B = -3.9\,\text{kN}$ (압축)

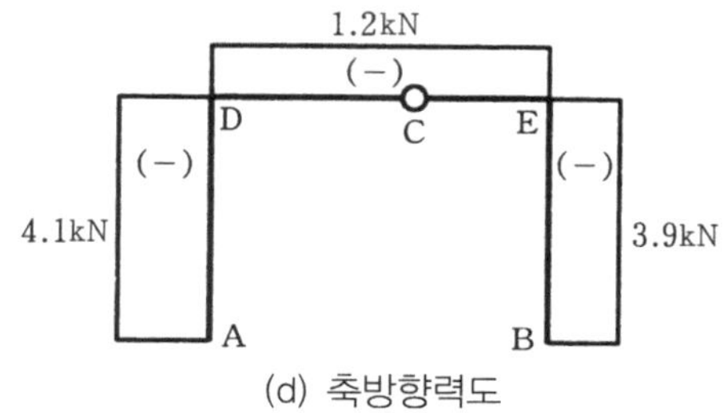

(d) 축방향력도

예제 3-30

그림과 같은 3회전 라멘의 단면력을 구하고 단면력도를 그리시오.

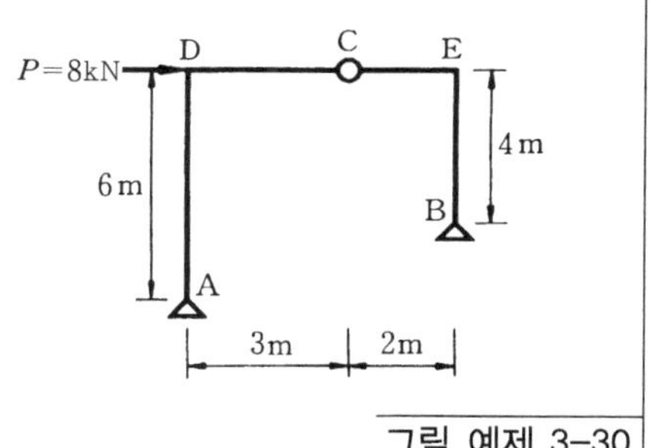

그림 예제 3-30

① 반력

$\Sigma M_B = 0 : -R_A \times 5 + H_A \times 2 + 8 \times 4 = 0$
$-5R_A + 2H_A + 32 = 0$
$\Sigma M_c = 0 : -R_A \times 3 + H_A \times 6 = 0$
$R_A = 2H_A$
$R_A = 2H_A$ 를 대입하면
$-(2H_A) \times 5 + 2H_A + 32 = 0$
$\therefore H_A = 4\,\text{kN}\,(\leftarrow)$

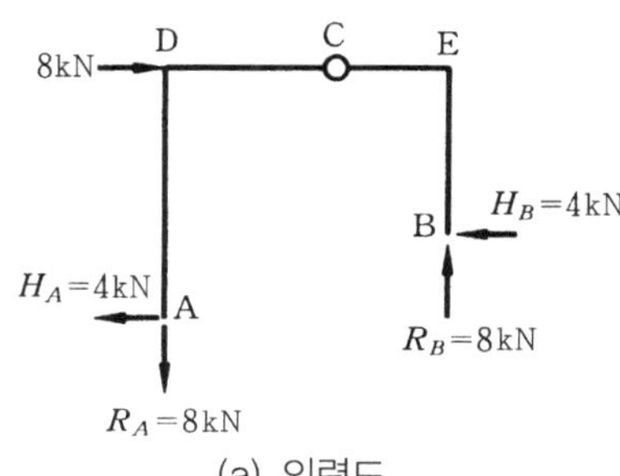

(a) 외력도

$H_A = 4\text{kN}$ 를 대입하여

$R_A = 2 \times 4 = 8\text{kN}(\downarrow)$

$\Sigma X = 0 : -4 + 8 - H_B = 0$

$\therefore H_B = 4\text{kN}(\leftarrow)$

$\Sigma Y = 0 : -8 + R_B = 0$

$\therefore R_B = 8\text{kN}(\uparrow)$

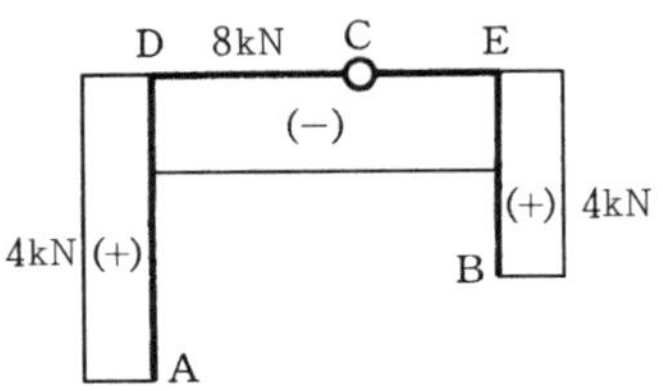

(b) 전단력도

② 전단력

$V_{A \sim D} = H_A = 4\text{kN}$

$V_{D \sim E} = -R_A = -8\text{kN}$

$V_{E \sim B} = -(-H_B) = 4\text{kN}$ (B점부터 계산)

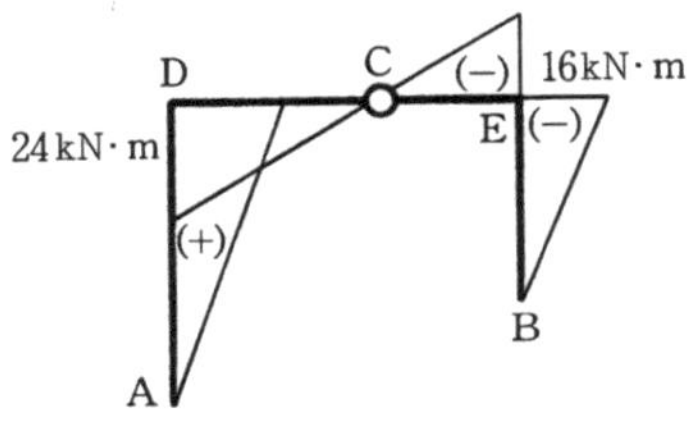

(c) 휨모멘트도

③ 휨모멘트

$M_A = M_B = M_C = 0$ (hinge)

$M_D = H_A \times 6 = 4 \times 6 = 24\text{kN}\cdot\text{m}$

$M_E = -(H_B \times 4) = -4 \times 4 = -16\text{kN}\cdot\text{m}$

④ 축방향력

$N_{A \sim D} = +R_A = 8\text{kN}$ (인장)

$N_{D \sim E} = -H_B = -4\text{kN}$ (압축)

$N_{E \sim B} = -R_B = -8\text{kN}$ (압축)

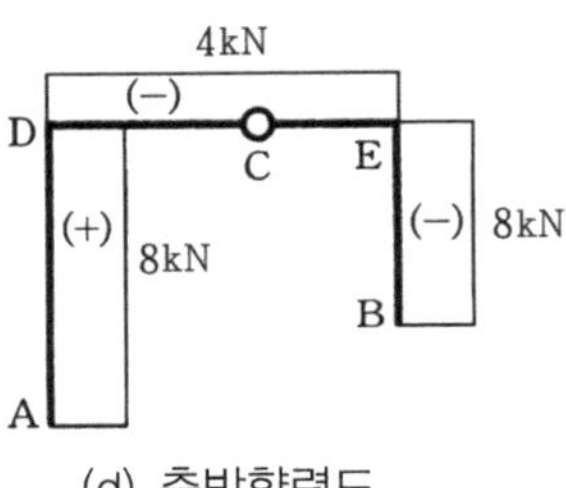

(d) 축방향력도

예제 3-31

그림과 같은 3회전 라멘의 단면력을 구하고 단면력도를 그리시오.

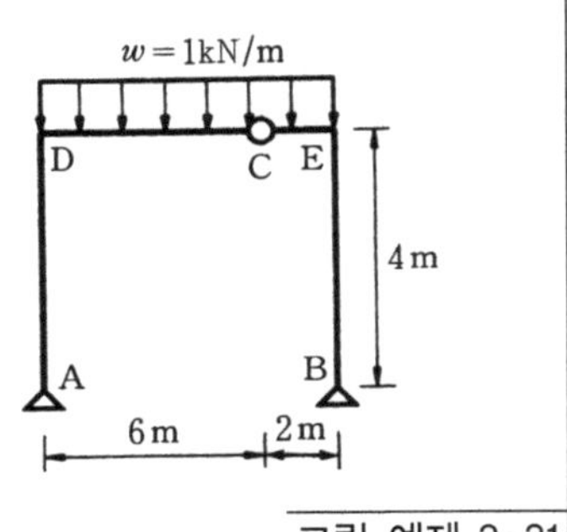

그림 예제 3-31

① 반력

$\Sigma M_B = 0$: $R_A \times 8 - 1 \times 8 \times 4 = 0$

$\therefore R_A = 4\text{kN}(\uparrow)$

$\Sigma Y = 0$: $4 + R_B - 1 \times 8 = 0$

$\therefore R_B = 4\text{kN}(\uparrow)$

$\Sigma M_C = 0$: $4 \times 6 - H_A \times 4 - 1 \times 6 \times 3 = 0$

$24 - 4H_A - 18 = 0$

$\therefore H_A = 1.5\text{kN}(\rightarrow)$

라멘에서

$\Sigma X = 0$: $1.5 - H_B = 0$

$\therefore H_B = 1.5\text{kN}(\leftarrow)$

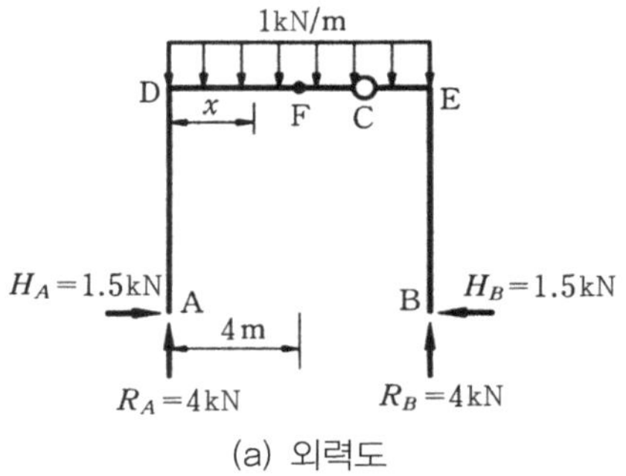

(a) 외력도

② 전단력

㉠ A~D 구간 :

$V_{A\sim D} = -H_A = -1.5\text{kN}$

㉡ D~E 구간 :

$V_x = R_A - 1 \cdot x = 4 - x$

$V_D = V_{(x=0)} = 4\text{kN}$

$V_F = V_{(x=4)} = 4 - 4 = 0$

$V_E = V_{(x=8)} = 4 - 8 = -4\text{kN}$

㉢ E~B 구간 :

$V_{E\sim B} = -(-H_B) = 1.5\text{kN}$ (B점부터 계산)

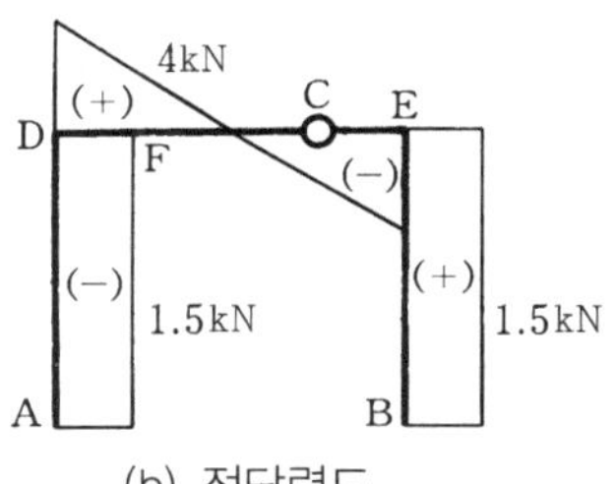

(b) 전단력도

③ 휨모멘트

$M_A = M_B = M_C = 0$

$M_D = -H_A \times 4 = 1.5 \times 4 = -6\text{kN}\cdot\text{m}$

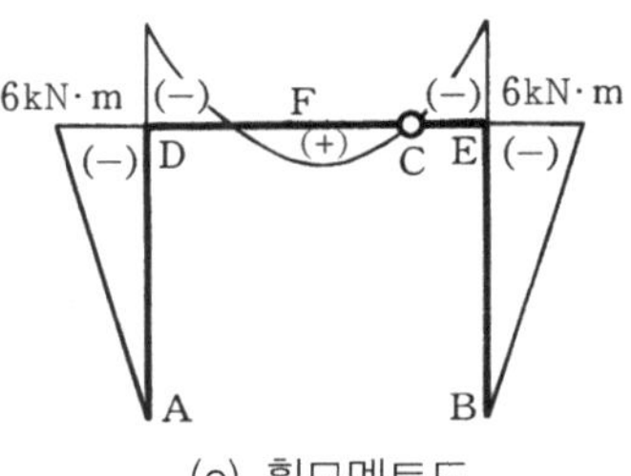

(c) 휨모멘트도

㉠ D~E 구간 :

$M_x = R_A x - H_A \times 4 - 1 \cdot x \cdot \dfrac{x}{2}$

$= 4x - 4H_A - \dfrac{1}{2}x^2$

$M_D = M_{(x=0)}$

$= -4 \times 1.5 = -6\text{kN}\cdot\text{m}$

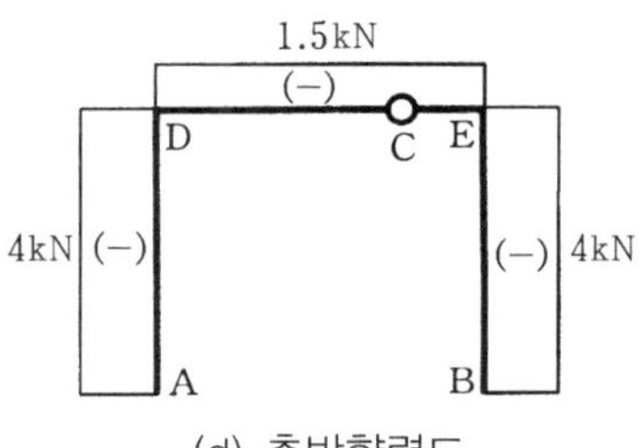

(d) 축방향력도

$$M_F = M_{(x=4)}$$

$$= 4 \times 4 - 4 \times 1.5 - \frac{1}{2} \times 4^2 = 2\,\text{kN} \cdot \text{m}$$

④ 축방향력

$N_{A \sim D} = -4\,\text{kN}$ (압축)

$N_{D \sim E} = -1.5\,\text{kN}$ (압축)

$N_{E \sim B} = -4\,\text{kN}$ (압축)

3-8 정정 트러스

3-8-1 서 론

트러스(truss)는 2개 이상의 직선 부재 양끝을 마찰이 없는 힌지(hinge)로서 연결한 구조를 말하며, 평면 트러스는 트러스의 각 부재가 한 평면 안에 있고 외력이 트러스의 절점에 작용할 때이며, 입체 트러스는 각 부재와 외력이 한 평면 안에 있지 않은 트러스를 말한다.

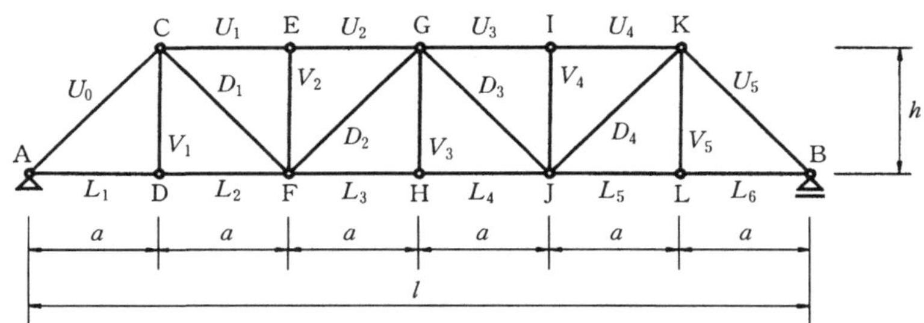

그림 3-10 트러스 각 부분의 명칭

① 절점(격점, panel point)은 두 개 이상의 부재가 만나는 접합점

② 현재(chord member)는 트러스의 외부를 형성하고 있는 부재

③ 상현재(upper chord)는 트러스 상부의 부재

④ 하현재(lower chord)는 트러스 하부의 부재
⑤ 복부재(web member)는 상현재와 하현재를 제외한 부재
⑥ 수직재(vertical member)는 수직으로 놓인 복부재
⑦ 사재(diagonal member)는 경사방향으로 배치된 복부재
⑧ 격간(panel)은 1개의 수평부재의 길이 사이 간격을 표시하는 것으로 이를 격간길이(panel length)라고도 한다.

3-8-2 트러스의 종류

트러스를 형태별로 나누면 다음과 같다.

(a) 워렌 트러스(warren truss)
(b) 파렛 트러스(pratt truss)
(c) 하우 트러스(howe truss)
(d) 킹 포스트 트러스(king post truss)
(e) 핑크 트러스(fink truss)
(f) 타워 트러스(tower truss)

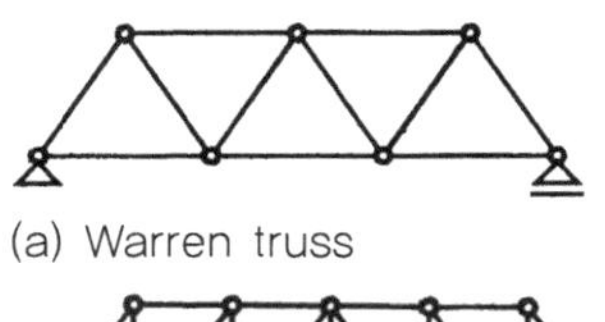

(a) Warren truss

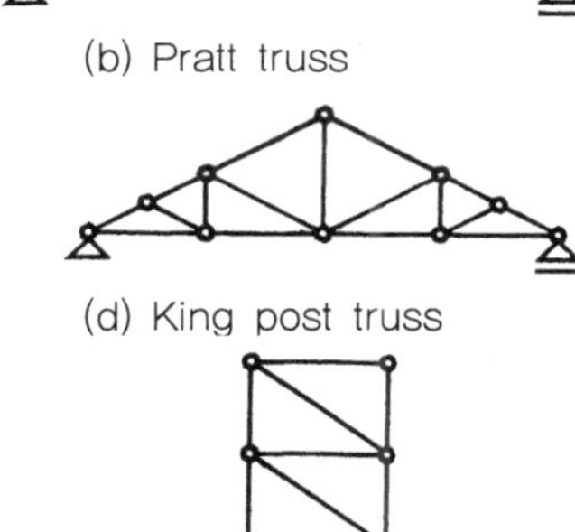

(b) Pratt truss

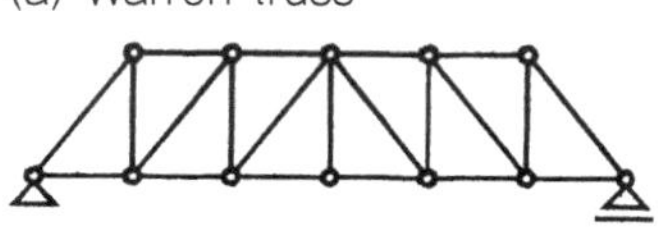

(c) Howe truss

(d) King post truss

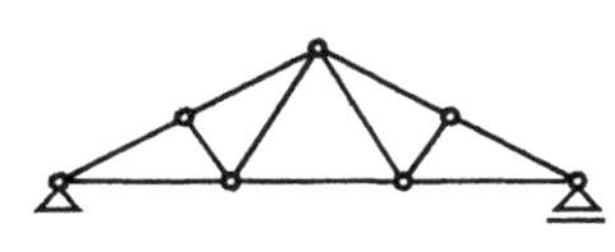

(e) Fink truss

(f) Tower truss

그림 3-11

3-8-3 기본 가정

트러스 부재는 축방향력만으로 설계되는 데 이는 다음과 같은 가정하에서 성립된다.

① 절점은 마찰이 없는 힌지(hinge)지점으로 되어 있다.

② 외력은 모두 절점에만 집중하여 작용한다.

③ 절점과 절점을 연결하는 직선은 부재축과 일치한다.

④ 트러스의 변형은 무시할 정도로 미소하다.

⑤ 트러스의 부재와 작용하는 외력은 같은 평면 안에 존재한다.

이와 같은 가정은 트러스 부재가 축방향력만을 받는다고 가정할 때에 적합한 식이나 실제 트러스의 예를 들어 철골트러스(steel truss)의 경우에는 절점이 볼트접합 또는 용접으로 되어 있어 강절점에 가깝다. 따라서 절점에는 재단(材端)모멘트가 발생하나 하중으로 인한 모멘트 및 편심으로 인한 모멘트를 무시하는 것은 축방향력에 의한 1차 응력(primary stress)에 비하여 모멘트에 의한 2차 응력(secondary stress)이 매우 적기 때문에 트러스 부재 설계에서 축방향력만을 가지고 설계해도 안전한 설계가 가능하다.

3-8-4 부재력의 성질

트러스의 부재력을 구할 때에 다음과 같은 내용을 이해하면 상당히 편리한 해석이 될 수 있다.

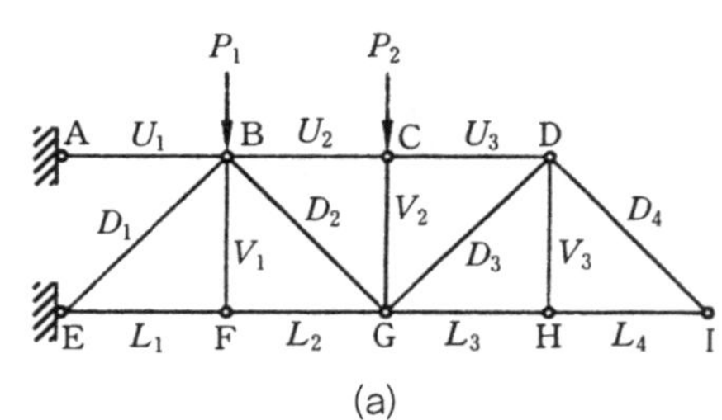

(a)

(1) 한 절점에 2개의 부재가 모일 때

① 같은 직선상에 있지 않은 2개의 부재가 모이는 절점에 외력이 작용하지 않을 때는 2개의 부재

는 모두 0이다. 그림 3-12(a)에서 I 절점에서 외력이 작용하지 않으므로 L_4와 D_4는 0부재이다.

② 같은 직선상에 있지 않은 2개의 부재가 모이는 절점에 어느 한 부재와 같은 방향으로 외력이 작용할 때는 그 부재의 부재력은 작용한 외력과 같고 다른 부재의 부재력은 0이다. 그림 3-12(b)에서 $V_3 = P_5$, $L_3 = 0$ 이다.

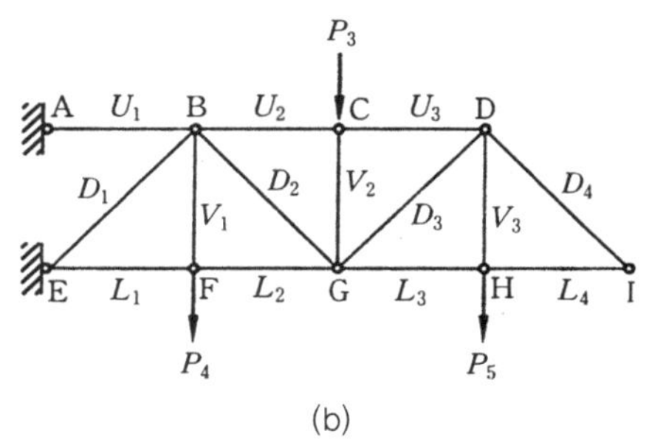

(b)

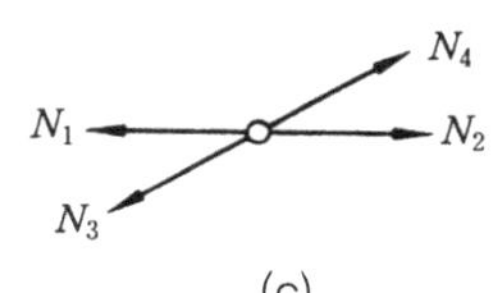

(c)

그림 3-12

(2) 한 절점에 3개의 부재가 모일 때

① 한 절점에 3개의 부재가 모이고, 그 중 2개가 동일 직선을 이룰 때, 이 절점에 외력이 작용하지 않으면, 동일 직선상에 있는 2개 부재의 부재력은 같고, 다른 부재의 부재력은 0이다. 그림 3-12(a)의 H절점에서 $L_3 = L_4$, $V_3 = 0$ 이다. F절점에서 $L_1 = L_2$, $V_1 = 0$ 이다.

② 한 절점에 3개의 부재가 모이고, 그 중 2개가 동일 직선을 이룰 때, 이 절점에 동일 선상에 있지 않은 부재와 같은 방향으로 외력이 작용하면 이 부재의 부재력은 작용한 외력과 같고, 동일 선상에 있는 2개 부재의 부재력은 서로 같다. 그림 3-12(b)의 C절점에서 외력 P_3가 압축력이 작용하므로 $U_2 = U_3$, $V_2 = P_3$ 이다.

(3) 한 절점에 4개의 부재가 모일 때

한 절점에 모인 부재가 4개이고, 이 중에 2개씩이 동일 선상에 있을 때, 그 절점에 외력이 작용하지 않으면 동일 선상에 있는 2개 부재의 부재력은 서로 같다. 그림 3-12(c)에서 절점에 외력 P가 작용하지 않으므로 $N_1 = N_2$ 이고, $N_3 = N_4$ 이다.

예제 3-32

그림과 같은 트러스에서 수직재 V_1, V_2, V_3의 부재력을 구하여라.

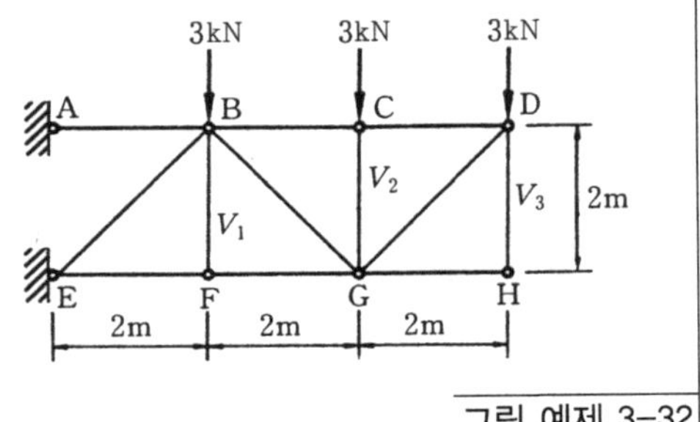

그림 예제 3-32

① 절점 F에서 V_1을 구할 때

절점 F에서 3개의 부재가 모여 그 중 2개는 동일 선상에 있고 이 절점에 외력이 작용하지 않으므로 $V_1 = 0$이다.

② 절점 C에서 V_2를 구할 때

절점 F에서 3개의 부재가 모여 그 중 2개는 동일 선상에 있고, 이 절점에 외력 3kN이 압축력으로 작용하므로 $V_2 = -3\text{kN}$ (압축)이다.

③ 절점 H에서 V_3를 구할 때

같은 직선상에 있지 않은 2개의 부재가 모인 H절점에 외력이 작용하지 않으므로 $V_3 = 0$이다.

예제 3-33

그림과 같은 트러스에서 수직하중 P를 받을 때 부재력이 0이 되는 부재수는 몇 개인가?

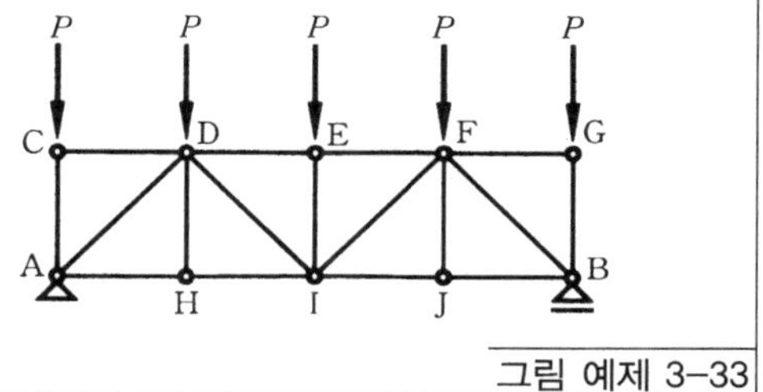

그림 예제 3-33

① 같은 직선상에 있지 않은 2개의 부재가 모이는 절점 C 및 G절점에서 하중 P의 작용선과 다른 방향의 CD부재와 FG부재의 부재력은 0이다.

② 한 절점에 3개의 부재가 모이고 그 중 2개가 동일 직선을 이루는 H 및 J절점에 하중이 작용하지 않았으므로 DH부재와 FJ부재의 부재력은 0이다.

③ 이상 ①, ②의 결과로 부재력이 0인 부재수는 모두 4개이다.

3-8-5 트러스의 해법

(1) 절점법

각 절점마다 그 점에 작용하는 부재력, 외력, 반력에 대해 힘의 평형조건식을 세워 그 중에 포함된 미지의 부재력을 구하는 방법으로서 그 풀이 과정은 다음과 같다.

트러스를 하나의 보로 보고, 지점반력을 구한다. 각 절점에서 이 절점에 작용하는 모든 힘을 수직력

$\Sigma Y=0$ 과 수평력 $\Sigma X=0$ 으로 보고 미지의 반력을 구한다. 조건식이 2개만이 되므로 미지의 부재력이 2개 이하인 절점부터 계산한다.

한편 계산과정에서 힘의 부호는 상향과 우향을 (+), 하향과 좌향을(−)로 하여 계산한다. 이때 각 부재의 응력을 인장력으로 가정하여 계산하고 그 계산된 결과의 부호에 따라 (+)이면 인장력이고, (−)이면 압축력이 된다.

예제 3-34

그림과 같은 트러스의 부재력을 구하시오.

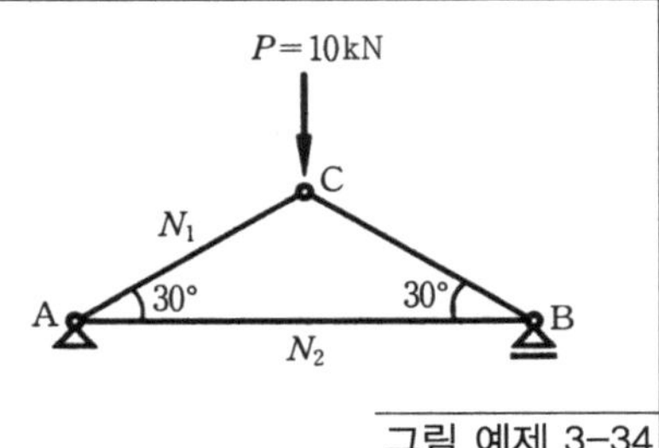

그림 예제 3-34

① 반력

대칭구조에 대칭하중이 작용하였으므로

$$R_A = R_B = \frac{P}{2} = \frac{10}{2} = 5\,\text{kN}$$

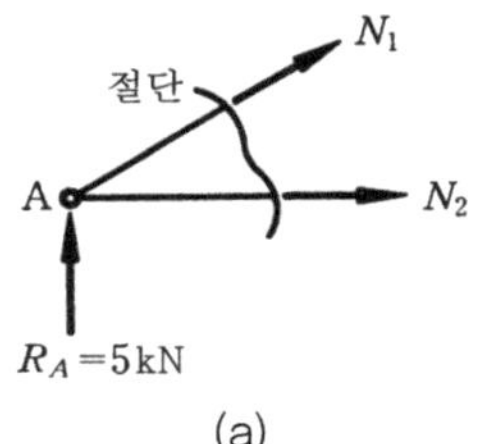

(a)

② 부재력

ⓐ 그림 (a)와 같이 격점 A를 중심으로 2부재 N_1, N_2를 절단하고 N_1, N_2를 인장력(격점 A를 잡아당기는 방향)으로 가정한다.

ⓑ 그림 (b)와 같이 미지부재 N_1을 수직과 수평방향으로 분해한다.

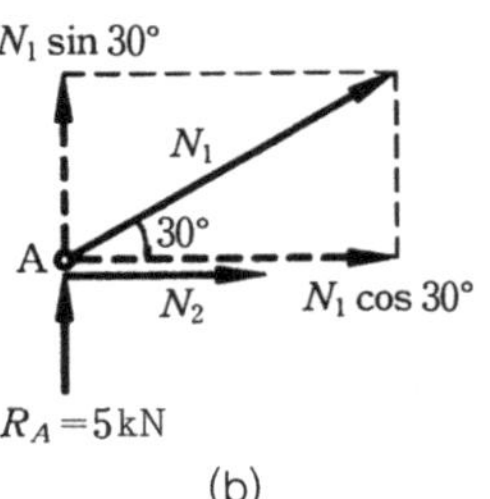

(b)

ⓒ $\Sigma Y=0$: $N_1\sin 30° + 5 = 0$

$$\therefore N_1 = -\frac{5}{\sin 30°} = -\frac{5}{0.5}$$
$$= -10\text{kN} \text{ (압축)}$$

ⓓ $\Sigma X=0$: $N_1\cos 30° + N_2 = 0$

$$\therefore N_2 = -N_1\cos 30°$$
$$= -(-10\text{kN}) \times \frac{\sqrt{3}}{2}$$
$$= 5\sqrt{3}\text{ kN} \text{ (인장)}$$

예제 3-35

그림과 같은 지붕 트러스의 부재력을 절점법으로 구하시오.

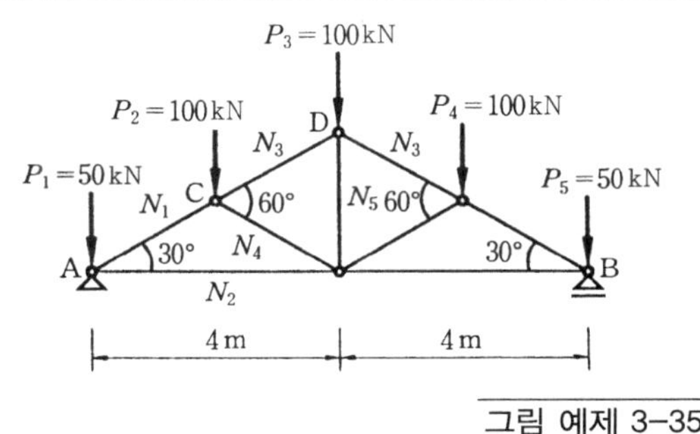

그림 예제 3-35

① 반력

$$R_A = R_B = \frac{400}{2} = 200\text{kN}$$

② 부재력

절점 A(그림 (a))에서 ⓐ~ⓐ선으로 절단하고

$$\Sigma Y=0 : R_A + P_1 + N_1\sin 30° = 0$$
$$200 - 50 + N_1\sin 30° = 0$$
$$\therefore N_1 = -\frac{150}{\sin 30°} = -\frac{150}{0.5}$$
$$= -300\text{kN} \text{ (압축)}$$

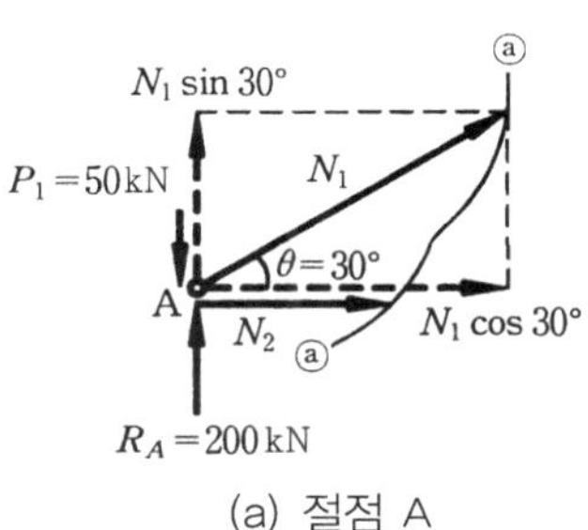

(a) 절점 A

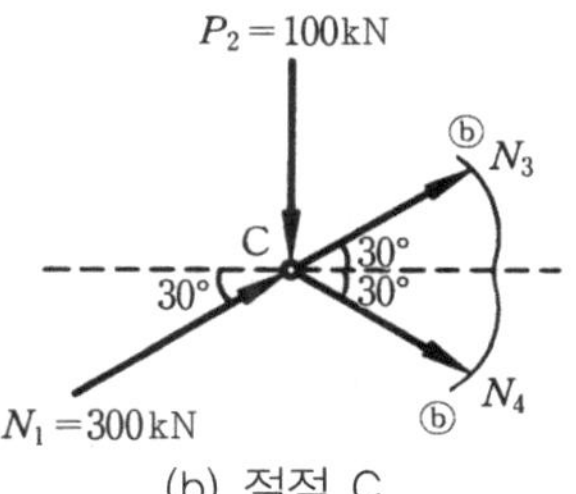

(b) 절점 C

$\Sigma X=0$: $N_1 \cos 30° + N_2 = 0$

$$(-300) \times \frac{\sqrt{3}}{2} + N_2 = 0$$

$\therefore N_2 = 150\sqrt{3} \fallingdotseq 260\text{kN}$ (인장)

절점 C(그림 (b))에서 ⓑ~ⓑ선으로 절단하고 부재력 N_1은 압축 300kN 이므로 C절점을 향한 방향으로 본다.

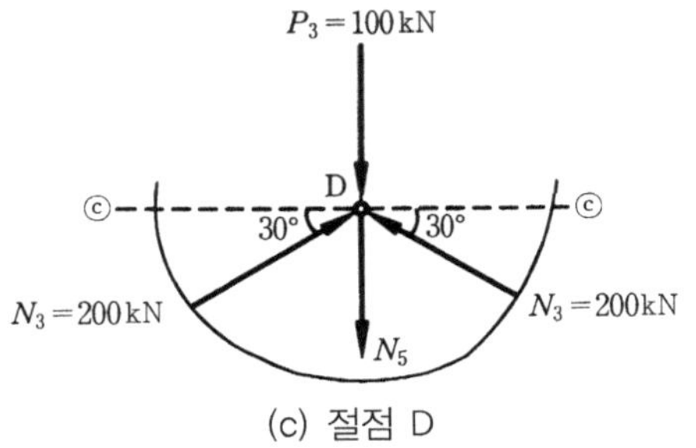

(c) 절점 D

$\Sigma Y=0$:

$$N_1 \sin 30° - P_{2+N_3} \sin 30° - N_4 \sin 30° = 0$$

$$300 \times \frac{1}{2} - 100 + N_{3\times}\frac{1}{2} - N_{4\times}\frac{1}{2} = 0$$

$$300 - 200 + N_3 - N_4 = 0$$

$$\therefore N_3 - N_4 + 100 = 0 \qquad \text{(a)}$$

$\Sigma X=0$:

$$N_1 \cos 30° + N_3 \cos 30° + N_4 \cos 30° = 0$$

$$N_3 + N_4 + 300 = 0 \qquad \text{(b)}$$

(a)와 (b)식에 의하여

$N_3 = -200\text{kN}$ (압축)

$N_4 = -100\text{kN}$ (압축)

절점 D(그림 (c))에서 ⓒ~ⓒ선으로 절단하고 부재력 N_3는 압축 200kN 이므로 D절점을 향한 방향으로 본다.

$\Sigma Y=0$: $2N_3 \sin 30° - P_4 - N_5 = 0$

$$2 \times 200 \times \frac{1}{2} - 100 - N_5 = 0$$

$\therefore N_5 = 100\text{kN}$ (인장)

(2) 절단법

1) 절단법의 이점

트러스를 어떤 부분에서 절단하였다고 가정한 후 부재력과 외력 및 반력과의 평형조건으로부터 부재력을 구하는 방법이다.

① 절점법은 미지의 부재력이 2개 이내인 절점부터 차례대로 구하지만 절단법은 임의 단면의 부재력을 직접 구할 수 있어 간편하다.

② 절점법은 계산시 어느 한 부재의 계산 실수가 다른 부재에 직접적으로 영향을 미치지만 절단법은 임의의 단면에 대한 계산과정으로 서로 다른 부재에 영향을 미치지 않는다.

2) 풀이 과정

① 부재력을 구하고자 하는 부재를 포함하여 3개 이하가 되도록 가상적인 단면을 절단한다.

② 절단된 부재의 부재력은 인장력으로 한다. 이것은 절점에서 벌어지는 방향, 즉 절점을 잡아 당기는 방향으로 한다.

③ 절단된 형태의 트러스를 외력과 함께 힘의 평형조건식으로 부재력의 크기와 방향을 구한다.

④ 이때 각 부재의 부재력을 인장력으로 가정하여 계산하고 그 계산된 결과의 부호에 따라 (+)이면 인장력이고, (−)이면 압축력이 된다.

3) 종 류

① Ritter법(모멘트법)

트러스를 임의의 단면으로 절단하여 외력과 절단면의 부재력이 평형을 이루는 것으로 모멘트 $\Sigma M=0$ 이 되는 것으로 트러스 강재의 부재력을 구하는데 이용한다.

② Culman법(전단력법)

트러스를 임의의 단면으로 절단하여 외력과 절단면의 부재력이 평형을 이루는 것으로 수평력 $\Sigma X=0$ 과 수직력 $\Sigma Y=0$ 이 되는 것으로 트러스 부재력을 구하는데 이용한다.

예제 3-36

그림과 같은 트러스의 부재력 U_2, L_2, V_2, D_2를 절단법으로 구하시오.

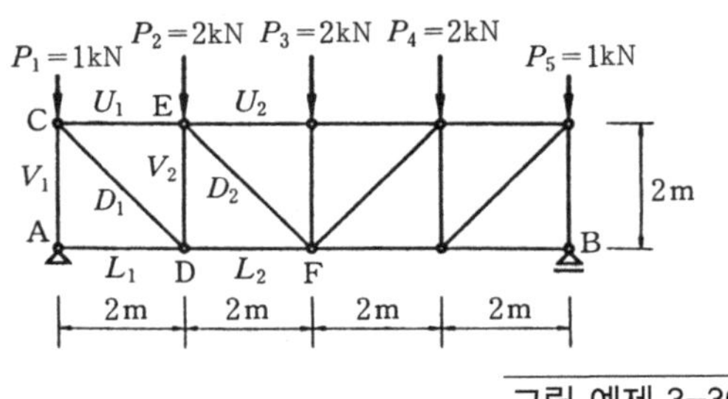

그림 예제 3-36

풀 이

① 반력

$$R_A = R_B = \frac{\text{전체하중}}{2} = \frac{8}{2} = 4\text{kN (상향)}$$

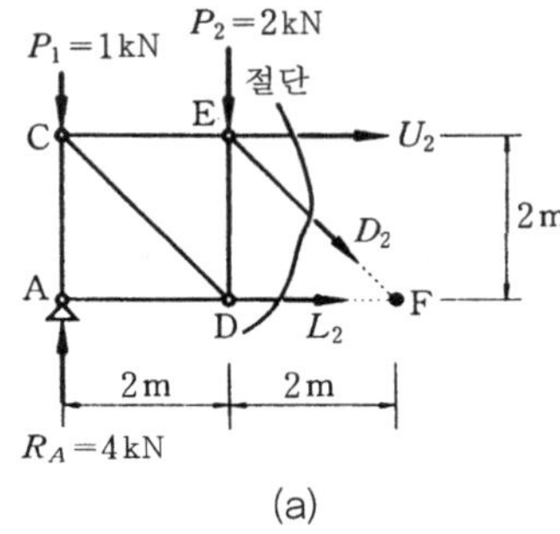

(a)

② 부재력

그림 (a)와 같이 절단한 후 그 좌측 구면에서 부재력 U_2, L_2를 인장력으로(절점에서 멀어지는 방향) 가정하고 모멘트법으로 풀이한다.

㉠ 부재력 U_2를 구하기 위하여 다른 부재 D_2와 L_2 작용선의 교점 F에 모멘트의 중심을 잡고

$$\Sigma M_F = 0 : R_A \times 4 - P_1 \times 4 - P_2 \times 2 + U_2 \times 2 = 0$$

$$4 \times 4 - 1 \times 4 - 2 \times 2 + U_2 \times 2 = 0$$

$$\therefore U_2 = -4\text{kN (압축)}$$

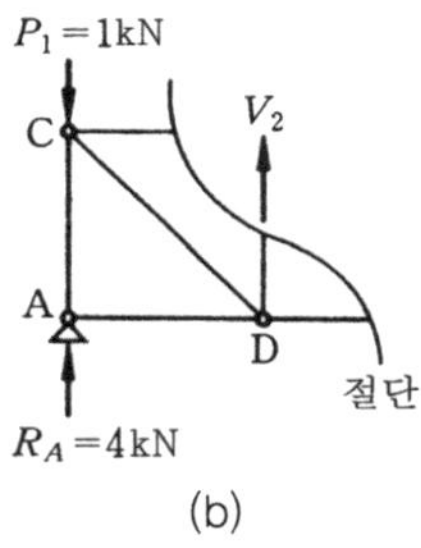

(b)

㉡ 부재력 L_2를 구하기 위하여 다른 부재 U_2와 D_2 작용선의 교점 E에 모멘트의 중심을 잡고

$$\Sigma M_E = 0 : R_A \times 2 - P_1 \times 2 - L_2 \times 2 = 0$$

$$4 \times 2 - 1 \times 2 - L_2 \times 2 = 0$$

$$\therefore L_2 = 3\text{kN (인장)}$$

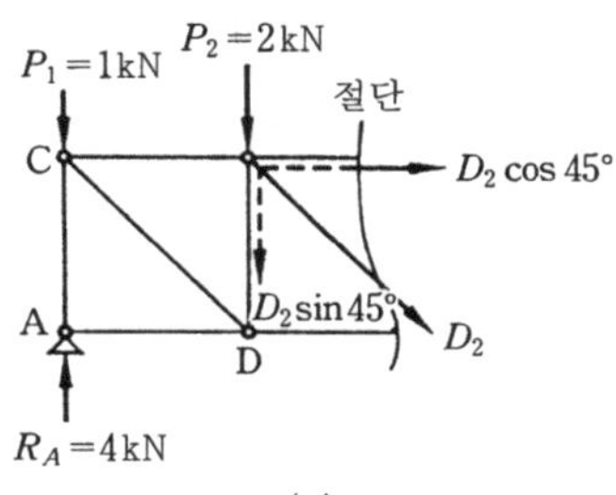

(c)

③ 부재력 V_2를 구하기 위하여 그림 (b)와 같이 절단한 후 V_2의 방향을 인장력으로 가정하고 전단력법으로 풀이한다.

$$\Sigma Y = 0 : R_A - P_1 + V_2 = 0$$
$$4 - 1 + V_2 = 0$$
$$\therefore V_2 = -3\,\text{kN} \text{ (압축)}$$

④ 부재력 D_2를 구하기 위하여 그림 (c)와 같이 절단한 후 D_2의 방향을 인장력으로 가정하고 수평과 수직의 방향으로 분해하여 전단력법으로 풀이한다.

$$\Sigma Y = 0 : R_A - P_1 - P_2 - D_2 \sin 45° = 0$$
$$4 - 1 - 2 - D_2 \times \frac{1}{\sqrt{2}} = 0$$
$$\therefore D_2 = \sqrt{2}\ \text{kN}$$

예제 3-37

그림과 같은 트러스에서 AE부재의 부재력을 구하시오.

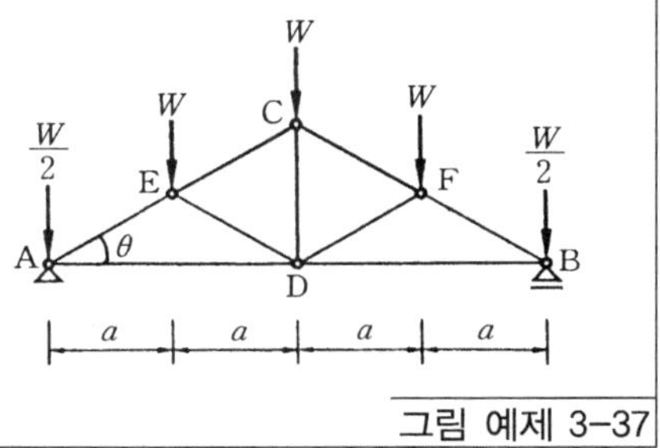

그림 예제 3-37

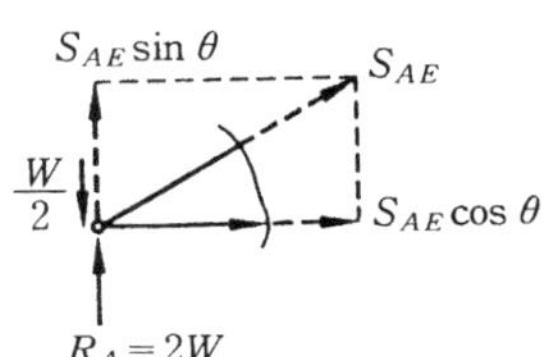

반력은 대칭하중이므로

$R_A = R_B = \dfrac{4W}{2} = 2W$ 절점 A에서 부재

AE 및 AD 부재를 절단하고 AE 부재력

S_{AE} 를 인장으로 가정한 후

$\Sigma Y=0$ 에서 S_{AE}

$$R_A - \frac{W}{2} + S_{AE}\sin\theta = 0$$

$$2W - \frac{W}{2} + S_{AE}\sin\theta = 0$$

$$S_{AE} = -\frac{3W}{2}\frac{1}{\sin\theta}$$

$$= -\frac{3W}{2}cosec\theta$$

부호가 (−)이므로 S_{AE} 는 압축재이다.

예제 3-38

그림과 같은 정정 트러스의 U_1 부재에 대한 부재력을 구하시오.

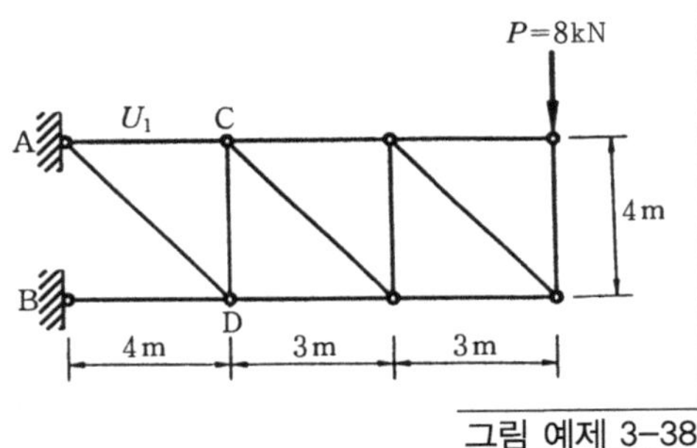

그림 예제 3-38

그림과 같이 절단하고 D점에 모멘트의 중심을 잡으면

$\Sigma M_D = 0$

$8 \times 6 - U_1 \times 4 = 0$

$\therefore U_1 = \frac{48}{4} = 12\text{kN}$ (인장)

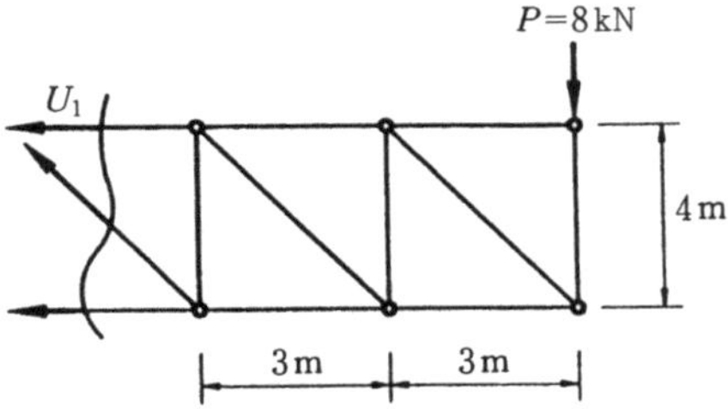

예제 3-39

그림과 같은 캔틸레버형 반원아치의 단면력을 구하고, 단면력도를 그리시오.

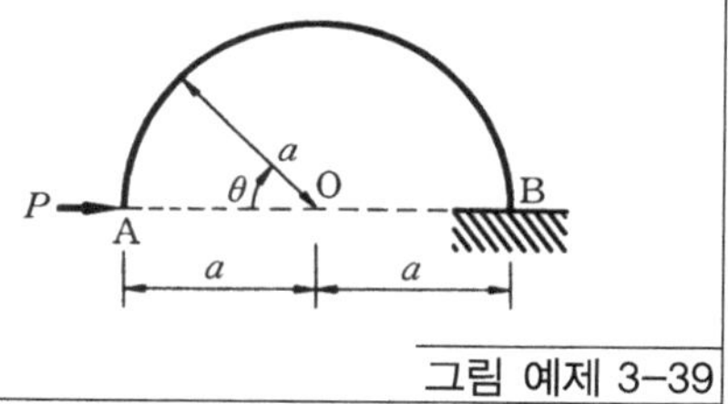

그림 예제 3-39

$x = a(1 - \cos\theta)$

$y = a\sin\theta$

	0°	45°	90°
$\sin\theta$	0	$1/\sqrt{2}$	1
$\cos\theta$	1	$1/\sqrt{2}$	0

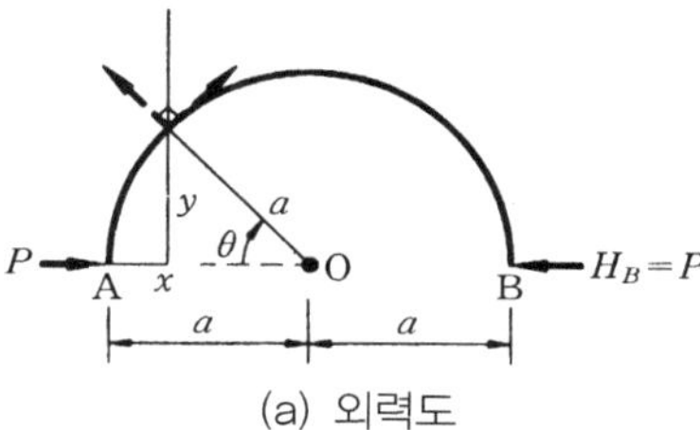
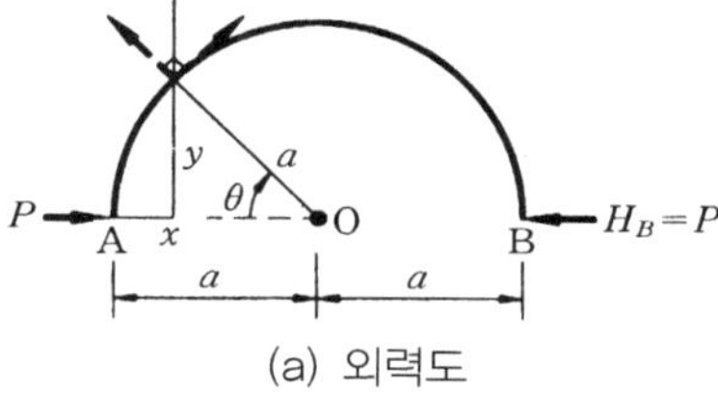

(a) 외력도

① 반력

$\Sigma X = 0 : P - H_B = 0$

$\therefore H_B = P\,(\leftarrow)$

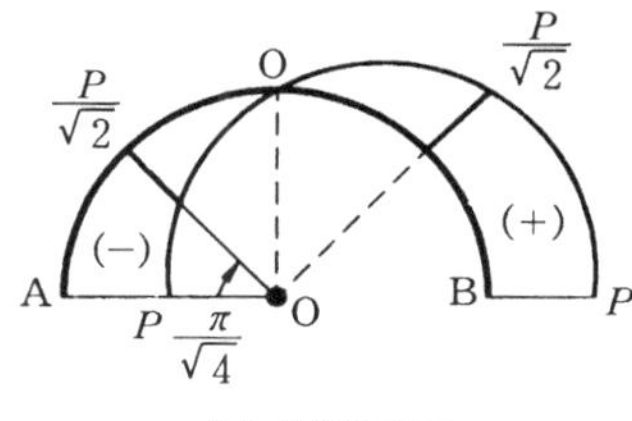

(b) 전단력도

② 전단력

일반식 : $V_\theta = -P\cos\theta$

$\therefore V_{(\theta=0)} = -P$

$V_{(\theta=\frac{\pi}{4})} = -\dfrac{P}{\sqrt{2}}$

$V_{(\theta=\frac{\pi}{2})} = 0$

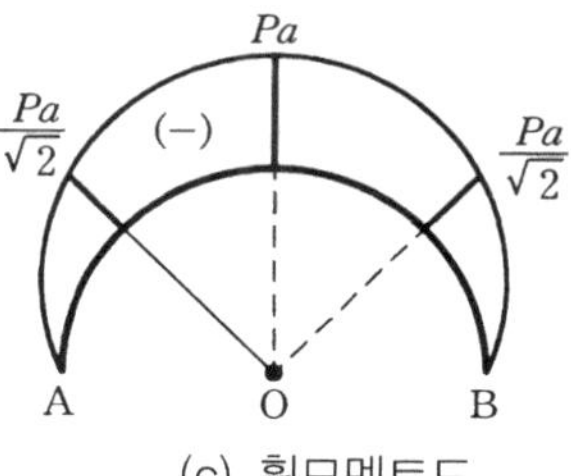

(c) 휨모멘트도

③ 휨모멘트

일반식 : $M_\theta = -Py = -Pa\sin\theta$

$\therefore M_{(\theta=0)} = 0$

$M_{(\theta=\frac{\pi}{4})} = -\dfrac{Pa}{\sqrt{2}}$

$$M_{(\theta=\frac{\pi}{2})}=-Pa$$

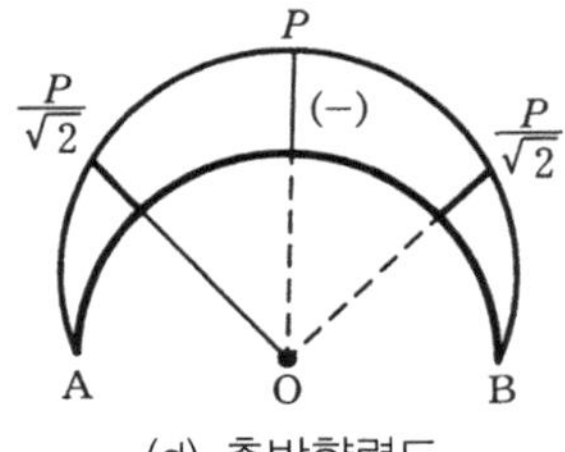

(d) 축방향력도

④ 축방향력

일반식 : $N_\theta=-P\sin\theta$

$\therefore N_{(\theta=0)}=0$

$$N_{(\theta=\frac{\pi}{4})}=-\frac{P}{\sqrt{2}}$$

$$M_{(\theta=\frac{\pi}{2})}=-P$$

예제 3-40

그림과 같은 캔틸레버형 반원아치의 단면력을 구하고, 단면력도를 그리시오.

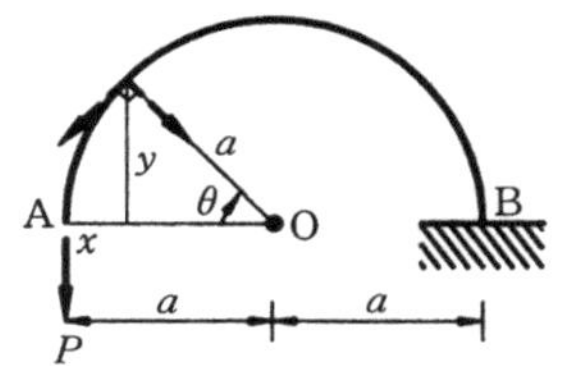

그림 예제 3-40

$$x=a(1-\cos\theta)$$
$$y=a\sin\theta$$
$$V_\theta=-P\cos\theta$$
$$M_\theta=-Px=-Pa(1-\cos\theta)$$
$N_\theta=P\cos\theta$ (인장)

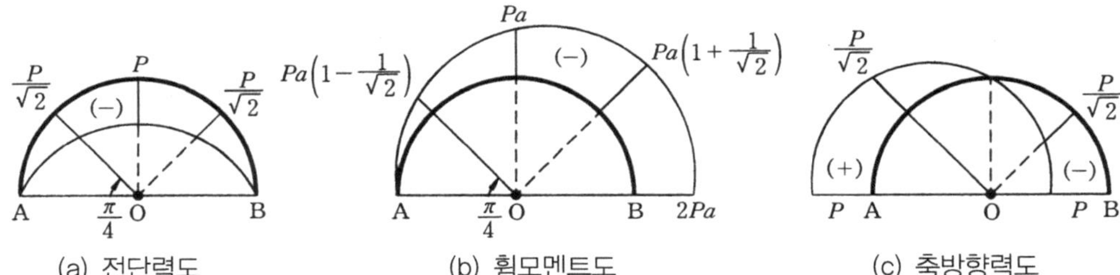

(a) 전단력도 (b) 휨모멘트도 (c) 축방향력도

예제 3-41

그림과 같은 단순보형 아치의 단면력을 구하고, 단면력도를 그리시오.

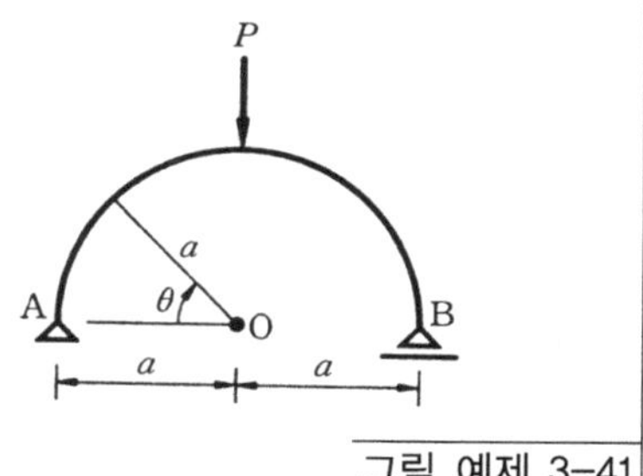

그림 예제 3-41

$x = a(1 - \cos\theta)$

$y = a\sin\theta$

	0°	$45°\left(\frac{\pi}{4}\right)$	$90°\left(\frac{\pi}{2}\right)$
$\sin\theta$	0	$1/\sqrt{2}$	1
$\cos\theta$	1	$1/\sqrt{2}$	0

① 반력

$\Sigma X = 0 : H_A = 0$

$\Sigma M_B = 0 : R_B \times 2a - Pa = 0$

$\therefore R_A = \frac{P}{2}(\uparrow)$

$\Sigma Y = 0 : R_B$

$= P - \frac{P}{2} = \frac{P}{2}(\uparrow)$

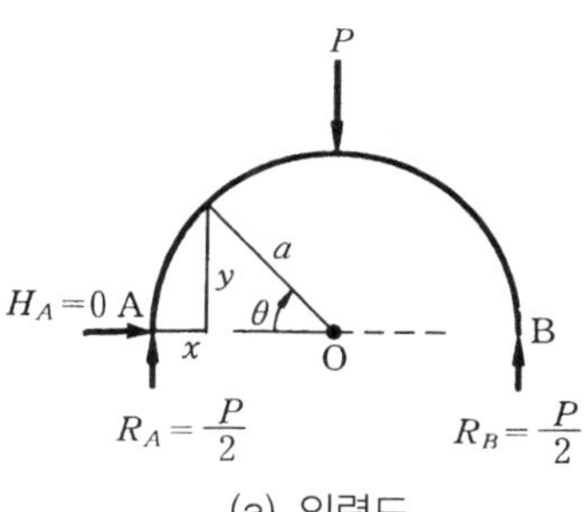

(a) 외력도

② 전단력

일반식 : $V_\theta = \frac{P}{2}sin\theta$

$\therefore V_{(\theta=0)} = 0$

$V_{(\theta=\frac{\pi}{4})} = \frac{P}{2\sqrt{2}}$

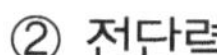

$V_{(\theta=\frac{\pi}{2})} = \frac{P}{2}$

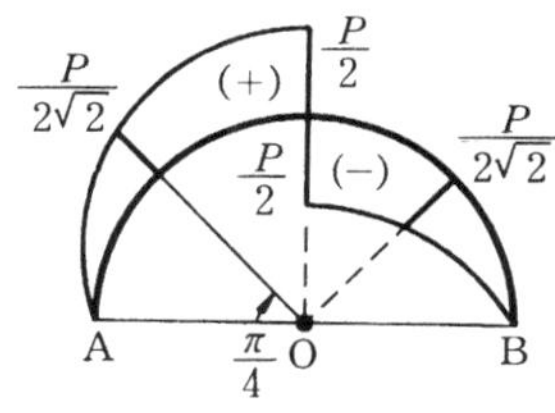

(b) 전단력도

③ 휨모멘트

일반식 : $M_\theta = \frac{P}{2}x$

$$= \frac{Pa}{2}(1-\cos\theta)$$

$$\therefore M_{(\theta=0)} = 0$$

$$M_{(\theta=\frac{\pi}{4})} = \frac{Pa}{2}\left(1-\frac{1}{\sqrt{2}}\right)$$

$$M_{(\theta=\frac{\pi}{2})} = +\frac{Pa}{2}$$

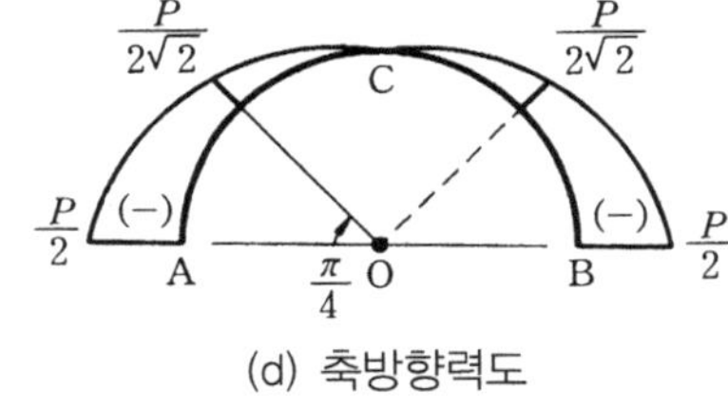

(c) 휨모멘트도

④ 축방향력

일반식 : $N_\theta = -\frac{P}{2}cos\theta$

$$\therefore N_{(\theta=0)} = -\frac{P}{2}$$

$$N_{(\theta=\frac{\pi}{4})} = -\frac{P}{2\sqrt{2}}$$

$$N_{(\theta=\frac{\pi}{2})} = 0$$

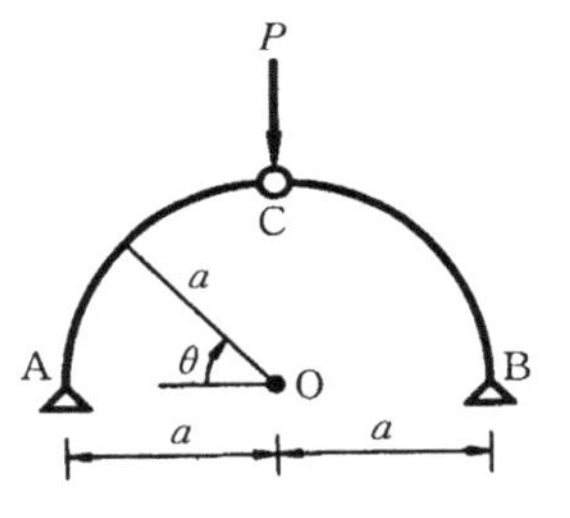

(d) 축방향력도

예제 3-42

그림과 같은 3회전단 반원아치의 단면력을 구하고, 단면력도를 그리시오.

P
C
a
A
θ
O
B
a
a

그림 예제 3-42

① 반력

$$\Sigma M_B = 0 : R_A \times 2a - Pa = 0$$

$$\therefore R_A = \frac{P}{2}(\uparrow)$$

$$\Sigma Y = 0 : R_B$$

$$= P - \frac{P}{2} = \frac{P}{2}(\uparrow)$$

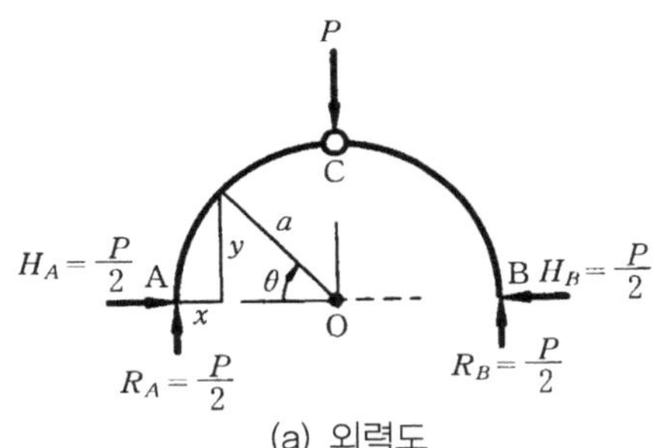

(a) 외력도

$\Sigma M_C = 0$: $-H_A \times a + R_A \times a = 0$

$\therefore H_A = R_A = \dfrac{P}{2}(\rightarrow)$

$\Sigma X = 0$: $H_B = \dfrac{P}{2}(\leftarrow)$

② 전단력

일반식 : $V_\theta = R_A \sin\theta - H_A \cos\theta$

$= \dfrac{P}{2}(\sin\theta - \cos\theta)$

$\therefore V_{(\theta=0)} = -\dfrac{P}{2}$

$V_{(\theta=\frac{\pi}{4})} = 0$

$V_{(\theta=\frac{\pi}{2})} = \dfrac{P}{2}$

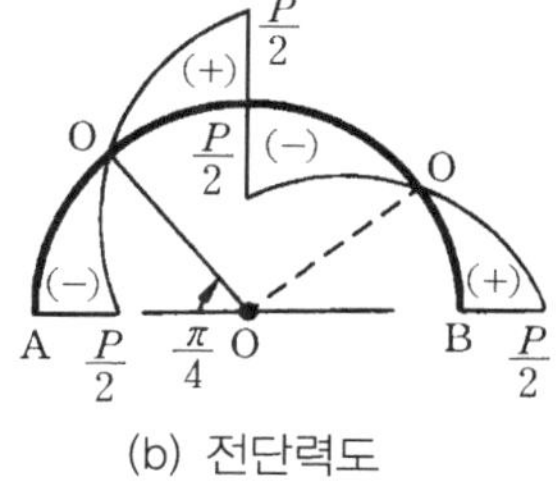

(b) 전단력도

③ 휨모멘트

일반식 :

$M_\theta = -H_A y + R_A x$

$= -\dfrac{P}{2} a \sin\theta + \dfrac{P}{2} a(1 - \cos\theta)$

$= \dfrac{Pa}{2}(1 - \sin\theta - \cos\theta)$

$\therefore M_{(\theta=0)} = 0$

$M_{(\theta=\frac{\pi}{2})} = 0$

$M_{(\theta=\frac{\pi}{4})} = \dfrac{Pa}{2}\left(1 - \dfrac{2}{\sqrt{2}}\right)$

$= \dfrac{Pa}{2}(1 - \sqrt{2})$

(c) 휨모멘트도

④ 축방향력

일반식 : $N_\theta = -(R_A \cos\theta + H_A \sin\theta)$

$= -\dfrac{P}{2}(\cos\theta + \sin\theta)$

$\therefore N_{(\theta=0)} = -\dfrac{P}{2}$

$N_{(\theta=\frac{\pi}{4})} = -\dfrac{P}{\sqrt{2}}$

$N_{(\theta=\frac{\pi}{2})} = -\dfrac{P}{2}$

(d) 축방향력도

예제 3-43

그림과 같은 3회전단 반원아치의 단면력을 구하고, 단면력도를 그리시오.

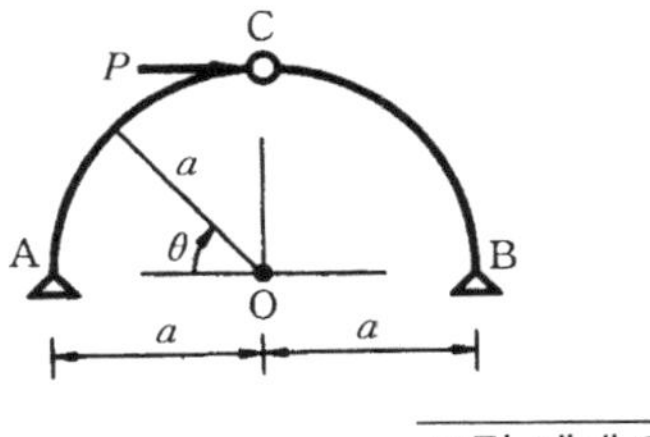

그림 예제 3-43

① 반력

$\Sigma M_B = 0 : -R_A \times 2a - Pa = 0$

$\therefore R_A = \frac{P}{2}(\downarrow)$

$\Sigma Y = 0 : -R_A + R_A = 0$

$\therefore R_B = R_A = \frac{P}{2}(\uparrow)$

hinge C의 우측 아치에서

$\Sigma M_C = 0 : H_B \times a - \frac{P}{2} \times a = 0$

$\therefore H_B = \frac{P}{2}(\leftarrow)$

$\Sigma X = 0 : -\frac{P}{2} + P - H_A = 0$

$\therefore H_A = \frac{P}{2}(\leftarrow)$

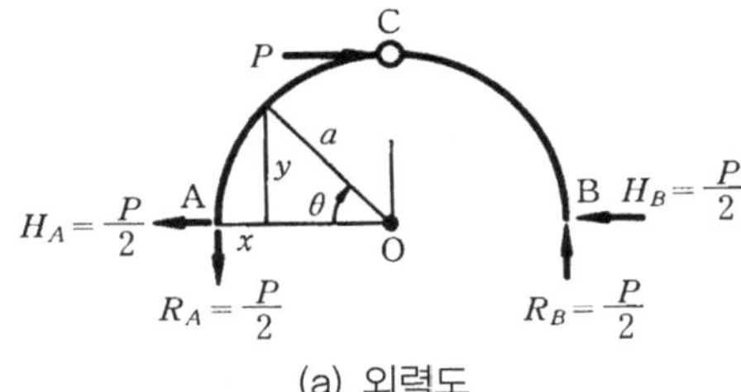

(a) 외력도

② 단면력

㉠ A~C 구간 : $(0 \leq \theta \leq \frac{\pi}{2})$

$V_\theta = -R_A \sin\theta + H_A \cos\theta$

$= \frac{P}{2}(\cos\theta - \sin\theta)$

$M_\theta = H_A y - R_A x$

$= \frac{Pa}{2}(\sin\theta + \cos\theta - 1)$

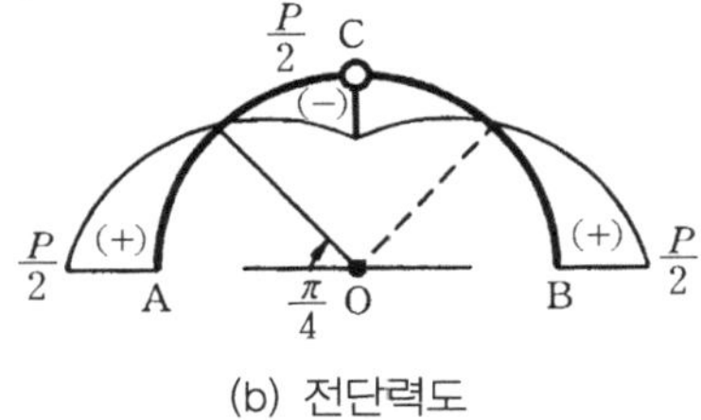

(b) 전단력도

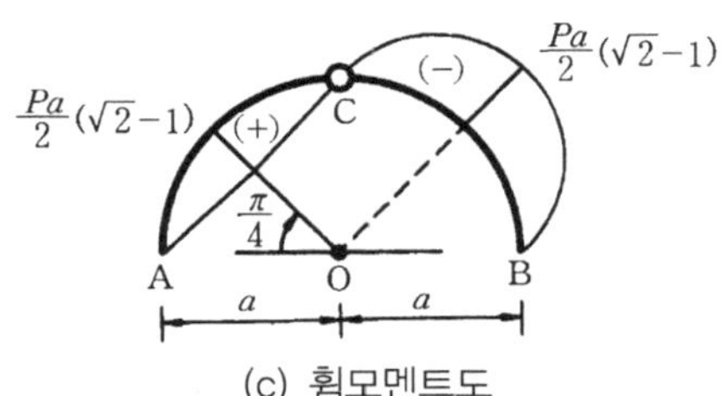

(c) 휨모멘트도

$$N_\theta = R_A \cos\theta + H_A \sin\theta$$

$$= \frac{P}{2}(\sin\theta + \cos\theta)$$

㉡ C~B 구간 : $(\frac{\pi}{2} \le \theta \le \pi)$

$$V_\theta = -R_A \sin\theta - (P - H_A)\cos\theta$$

$$= -\frac{P}{2}(\sin\theta + \cos\theta)$$

$$M_\theta = R_B(2a - x) - H_B y$$

$$= \frac{P}{2}(2a - a + a\sin\theta - a\sin\theta)$$

$$N_\theta = R_A \cos\theta - (P - H_A)\sin\theta$$

$$= \frac{P}{2}(\cos\theta - \sin\theta)$$

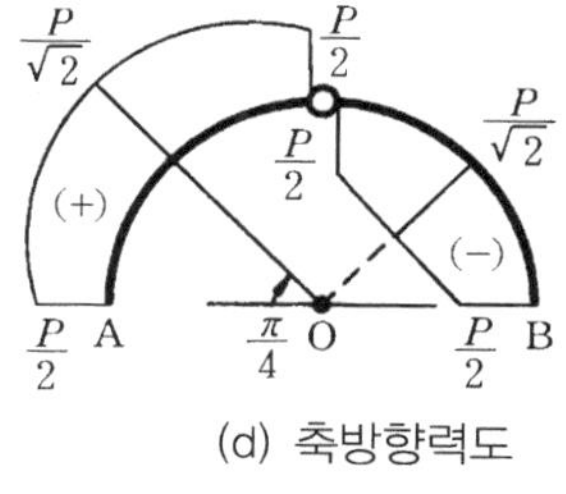

(d) 축방향력도

연습문제

1. 그림의 라멘에서 자유단인 D점에 15kN 이 작용한다. A점의 휨모멘트를 구하시오.

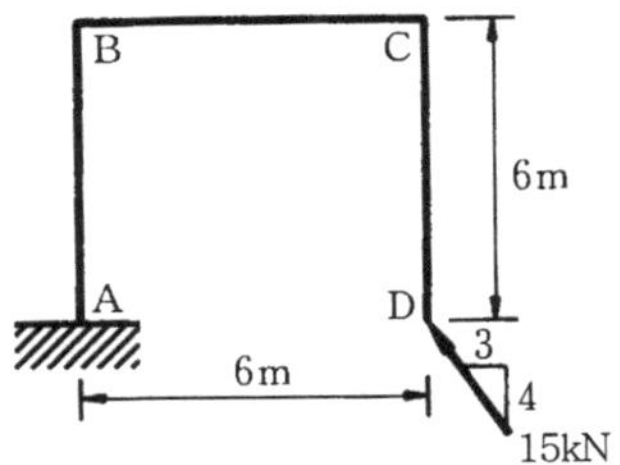

2. 라멘에서 AB부재의 중간점인 C점의 휨모멘트를 구하시오.

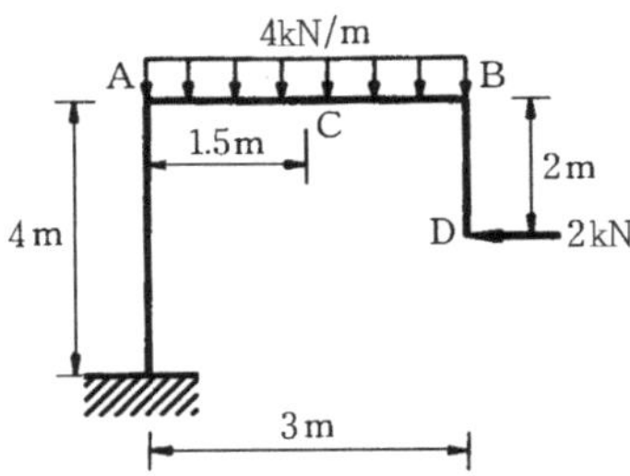

3. 고정단 A점의 휨모멘트를 구하시오.

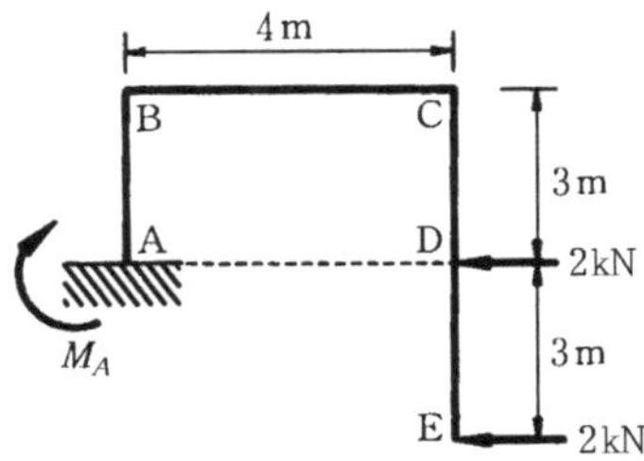

4. 그림과 같은 단순보형 라멘의 단면력을 구하고 단면력도를 그리시오.

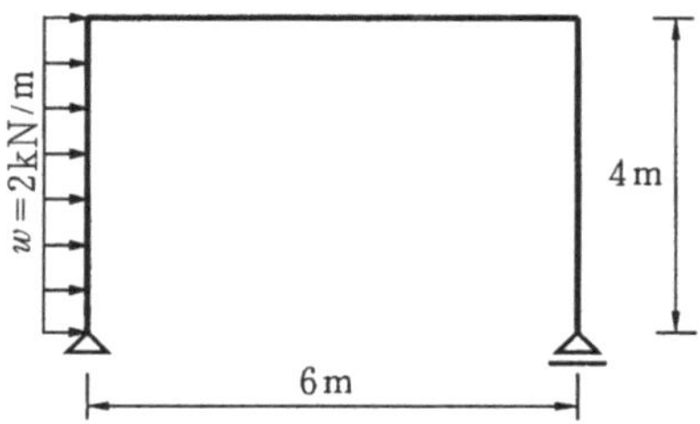

5. 라멘의 C점의 휨모멘트 값을 구하시오.

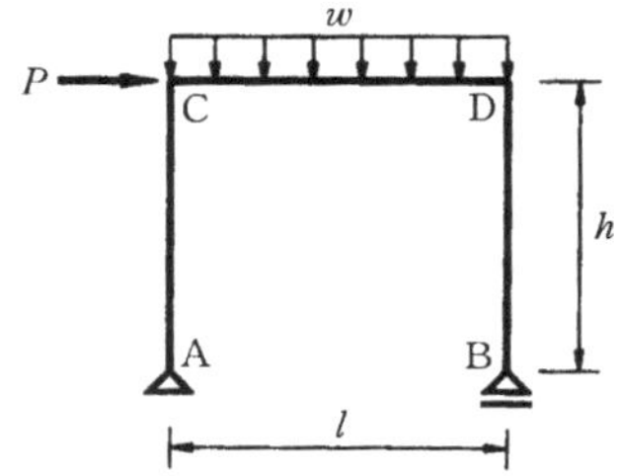

6. 그림과 같은 3회전 라멘의 단면력을 구하고 단면력도를 그리시오.

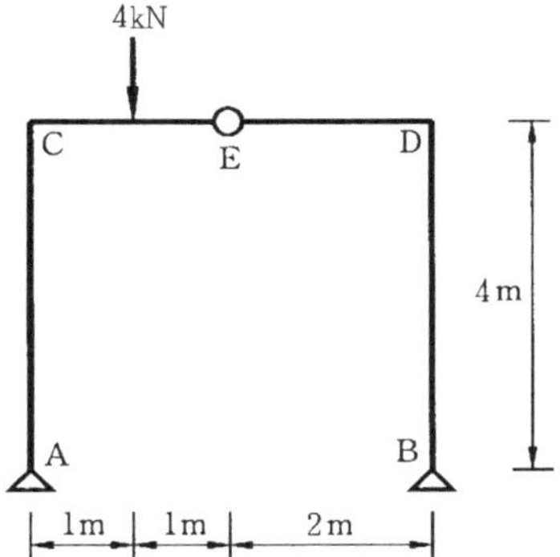

7. 그림과 같은 3회전 라멘의 단면력을 구하고 단면력도를 그리시오.

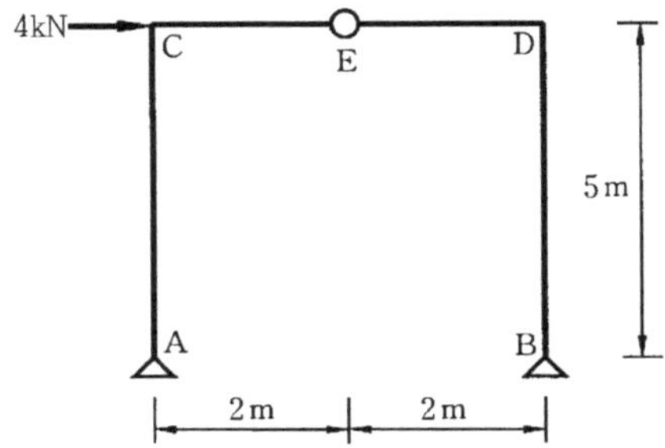

8. 그림과 같은 트러스가 수직하중 P를 받을 때 부재력이 0이 되는 부재수를 구하시오.

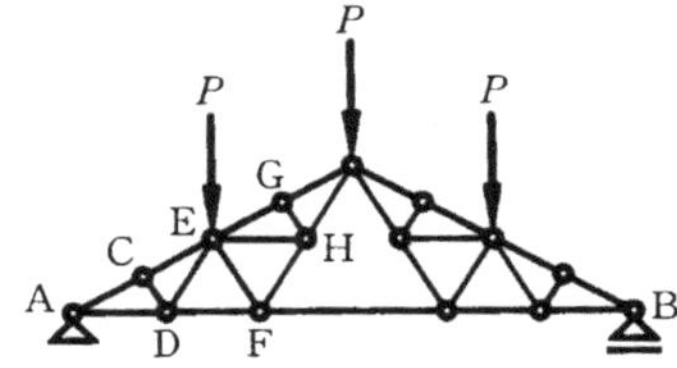

9. 그림과 같은 트러스의 부재력을 절점법으로 구하시오.

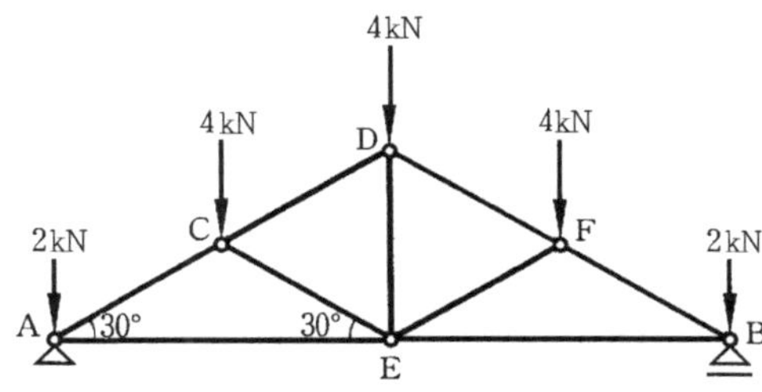

10. 그림과 같은 트러스에서 ◉표를 한 부재 V의 부재력을 절점법으로 구하시오.

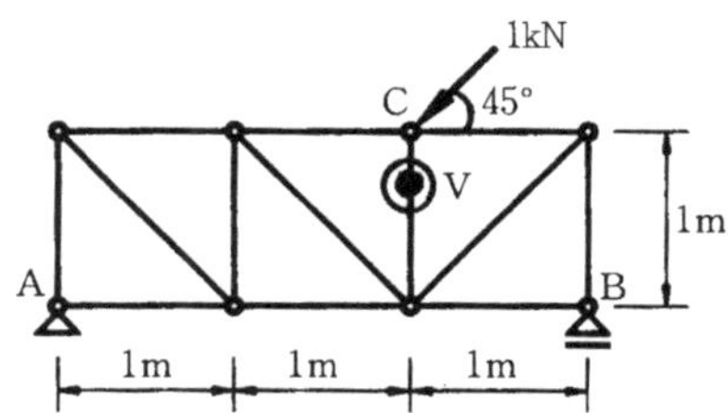

11. 그림과 같은 트러스에서 C부재의 부재력을 절점법으로 구하시오.

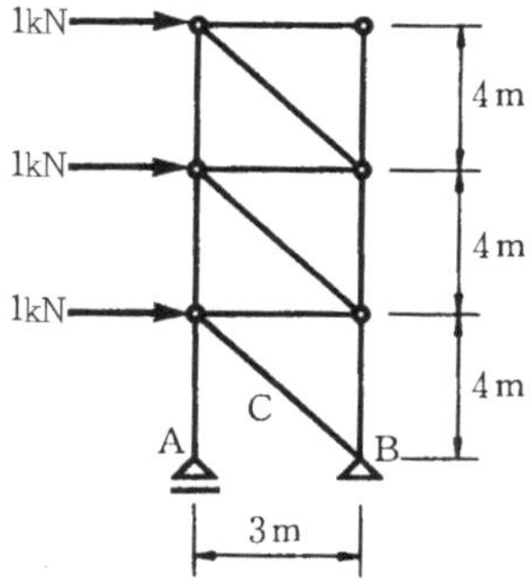

12. 그림과 같은 트러스의 D_1, D_2, D_3, L_1, L_2, U_1 의 부재력을 절단법으로 구하시오.

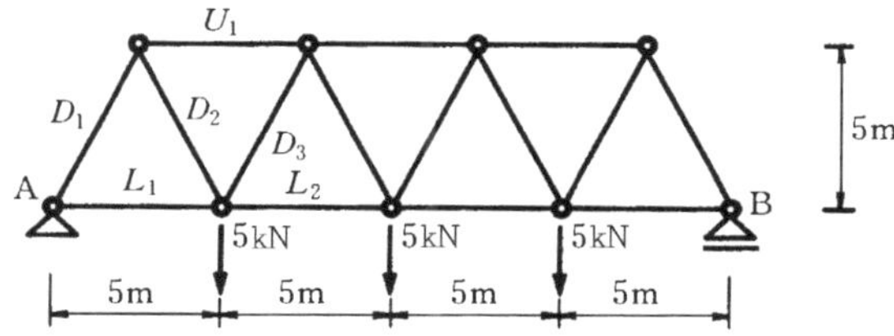

13. 그림과 같은 3활절 포물선 아치의 수평반력 크기를 구하시오.

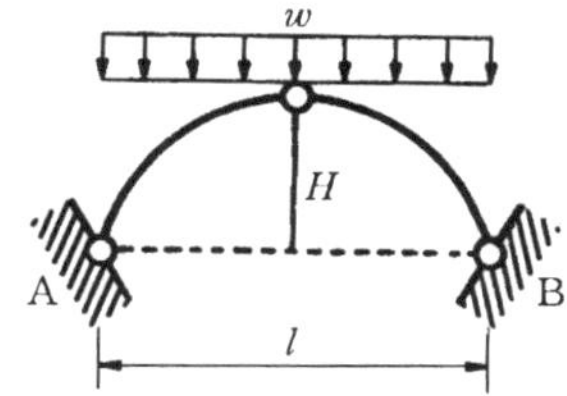

14. 그림과 같은 지간 10m 인 반원형 단순아치에서 C점의 전단력 V_C의 크기를 구하시오.

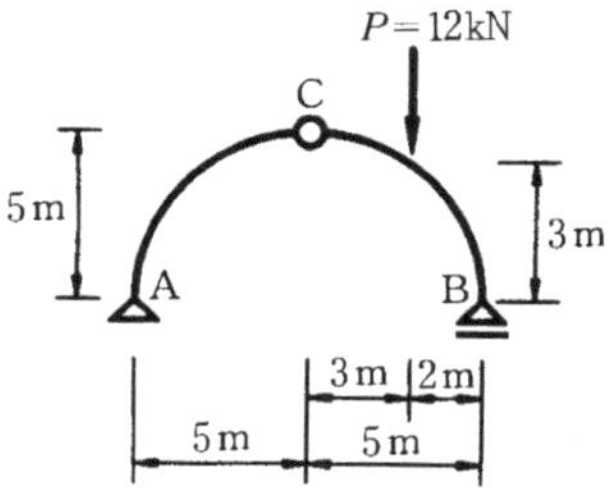

15. 3활절 아치에서 등분포하중이 수평으로 작용할 때 수평반력 H_A 를 구하시오.

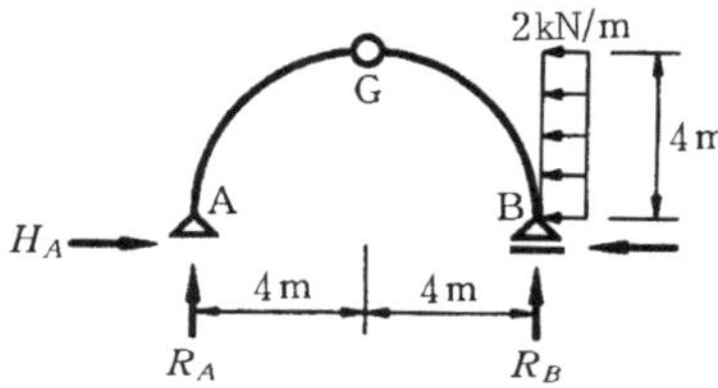

16. 그림과 같은 3힌지 아치에 등분포하중이 수평으로 작용할 때, A점의 수평반력을 구하시오.

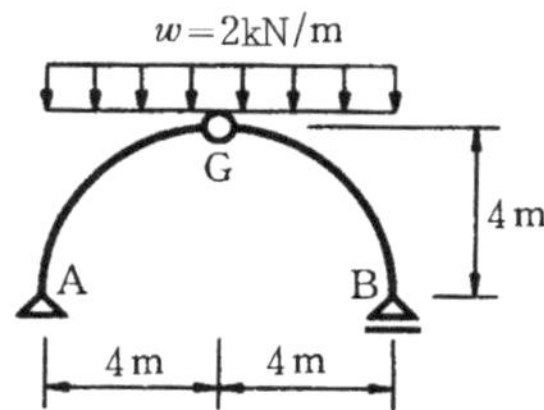

4 Chapter

재료의 역학적 성질

4-1 응력도

4-1-1 수직응력도

부재는 외력을 받게 되면 변형하고, 내부에서는 그 외력에 저항하여 원상태로 되돌아가려는 힘이 생긴다. 이 저항력을 단면력이라 하고, 외력과 단면력은 크기는 같으나 방향은 반대가 된다.

이 중 축방향력에 의하여 일어나는 응력을 수직응력이라 하고, 인장력에 의해 인장응력, 압축력에 의해 압축응력이 생긴다. 그림 4-1과 같이 부재에 인장력(또는 압축력) N이 작용할 때, 이것이 단위면적에 작용하는 크기를 응력도(stress intensity) 또는 간단히 응력이라 한다.

$$\sigma = \frac{N}{A} \qquad (4 \cdot 1)$$

모든 단면력은 힘의 단위, 즉 N, kN 등으로 표시되고, 응력도는 힘을 면적으로 나눈 것이므로 Pa(N/m²), MPa(N/mm²) 등으로 표시된다.

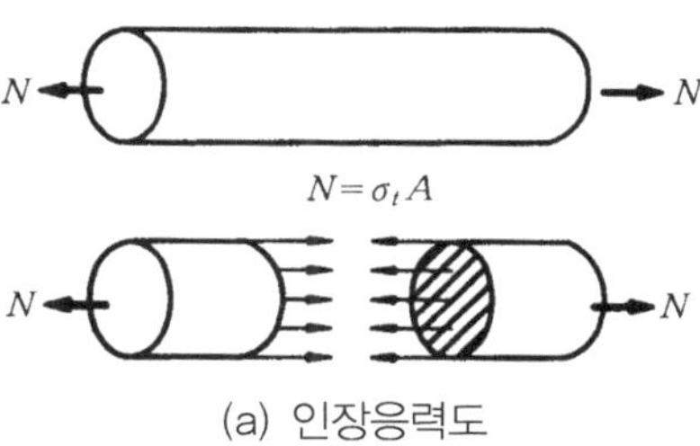

(a) 인장응력도

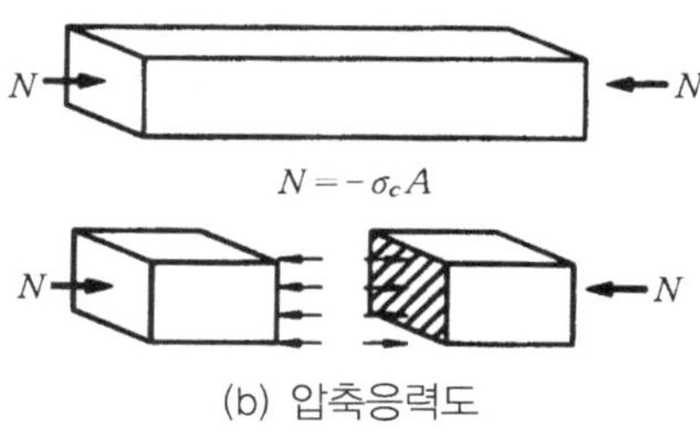

(b) 압축응력도

그림 4-1

예제 4-1

직경 100mm 높이 200mm인 콘크리트 원주 압축시험체에 20kN의 압축력이 작용했을 때 압축응력도의 크기를 구하시오.

Example 풀 이

$$\sigma_c = \frac{N}{A} = \frac{N}{\pi r^2} = \frac{20,000}{3.14 \times (50)^2}$$

$$= 2.55\,\mathrm{N/mm^2} = 2.55\,\mathrm{MPa}$$

예제 4-2

직경 25mm의 철근에 60kN의 인장력이 작용했을 때 철근에 생기는 인장응력을 구하시오.

Example 풀 이

$$\sigma_t = \frac{N}{A} = \frac{N}{\pi r^2} = \frac{60,000}{3.14 \times \left(\frac{25}{2}\right)^2}$$

$$= 122.3\,\mathrm{N/mm^2} = 122.3\,\mathrm{MPa}$$

4-1-2 전단응력도

그림 4-2와 같이 매우 접근하고 있는 2개의 단면에 따라서 크기가 동일하고 방향이 반대인 2개의 힘 V가 작용하여, 물체가 직접적으로 전단되려고 할 때, 단면에 따라 평행으로 생기는 응력을 전단응력도(shearing stress) 또는 접선응력도(tangential stress)라 부른다.

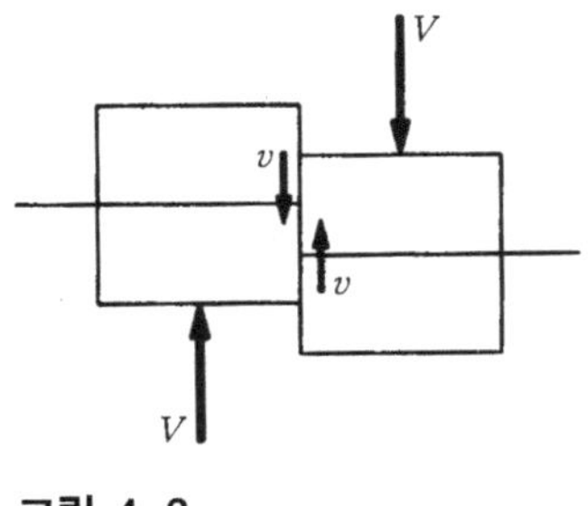

그림 4-2

이 때의 힘 V를 전단력(shearing force)이라 하

고, A를 전단되어지는 면적이라 하면, 전단응력도 v는

$$v = \frac{V}{A} \qquad (4 \cdot 2)$$

단위는 Pa(N/m²), MPa(N/mm²) 등이 된다.

예제 4-3

그림에서 강판이 각각 $P = 1{,}500\text{N}$의 인장력을 받을 때 리벳에 생기는 전단응력도를 구하시오.

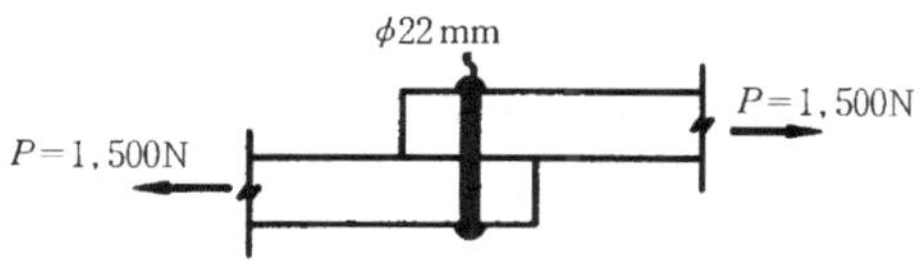

그림 예제 4-3

리벳의 단면적

$$A = \frac{\pi d^2}{4}$$

$$= \frac{3.14 \times 22^2}{4}$$

$$= 379.94\,\text{mm}^2$$

$$v = \frac{V}{A}$$

$$= \frac{1{,}500}{379.94}$$

$$= 3.95\,\text{MPa}$$

4-2 변형도

4-2-1 수직변형도

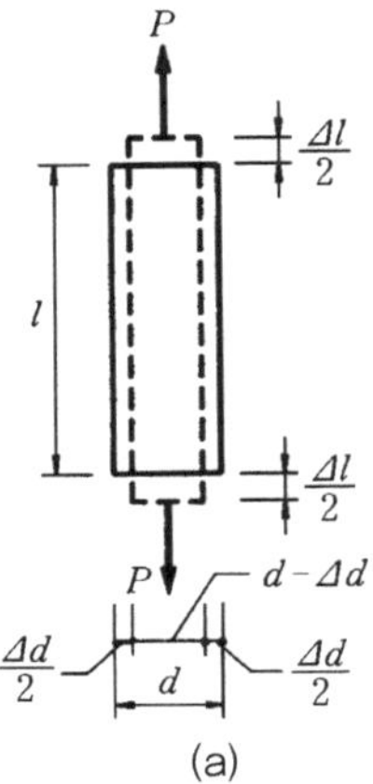

(a)

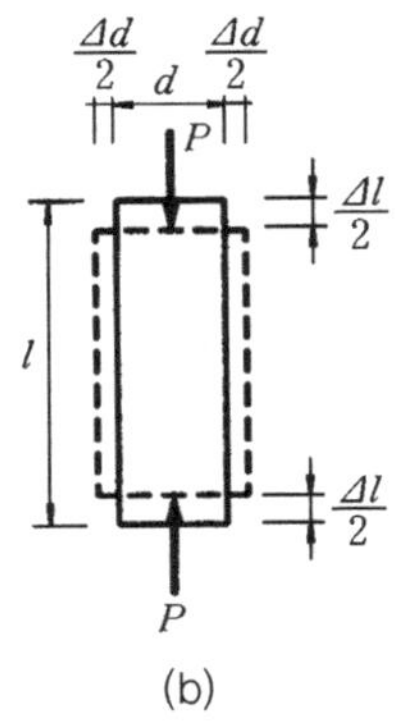

(b)

그림 4-3

구조물은 외력 및 온도의 변화 등에 의하여 그 형상이 변화된다. 이 변화를 변형(deformation)이라 하고, 단위 길이에 대한 것을 변형도(strain)라 한다. 그림 4-3(a)와 같이 부재가 인장력을 받으면, 원래의 길이 l 이 Δl 만큼 늘어나는데 Δl 과 l 과의 비를 인장변형도(tensile strain) 또는 신장(elongation)이라 하며, 그림 4-3(b)와 같이 부재가 압축력을 받을 때는 Δl 만큼 줄어들게 되는데 Δl 과 l 과의 비를 압축변형도(compressive strain) 또는 수축(contraction)이라 한다.

인장변형도를 정(正), 압축변형도를 부(負)라 하며, 이 양자를 수직변형도(normal strain)라 한다. 힘이 작용한 방향과 직각 방향에 대한 것을 가로변형도(lateral strain) β 라 한다.

$$\varepsilon = \frac{\Delta l}{l}, \quad \beta = \frac{\Delta d}{d} \tag{4 · 3}$$

이들은 모두 길이에 대한 변형도로서 ε과 β 의 단위는 무명수(無名數)이다.

예제 4-4

직경 25mm, 길이 2m 인 구리봉에 15kN 의 인장력이 작용하여 7mm 늘어났을 때의 인장응력도 σ_t 와 수직변형도 ε를 구하시오.

인장응력도 σ_t 는

$$\sigma_t = \frac{N}{A} = \frac{15,000}{\frac{\pi \times 25^2}{4}} = 30.57\text{MPa}$$

수직변형도 ε는 $\varepsilon = \frac{\Delta l}{l} = \frac{7}{2,000} = 0.0035$

4-2-2 전단변형도

그림 4-4와 같이 장방형 물체에 전단응력도 v가 작용하면 각 변의 길이는 변하지 않고, 각도가 변하여 장방형은 마름모꼴로 변한다. 이 각도의 변화는

$$\tan\gamma = \frac{dl}{l}$$

여기서 γ는 미소 변화이므로 $\tan\gamma \fallingdotseq \gamma$ 로 볼 수 있으므로

$$\gamma = \frac{dl}{l} \qquad (4 \cdot 4)$$

이때 이 γ를 전단변형도(shear strain)라 하며, 그 단위는 무명수이며 라디안(radian)으로 표시한다.

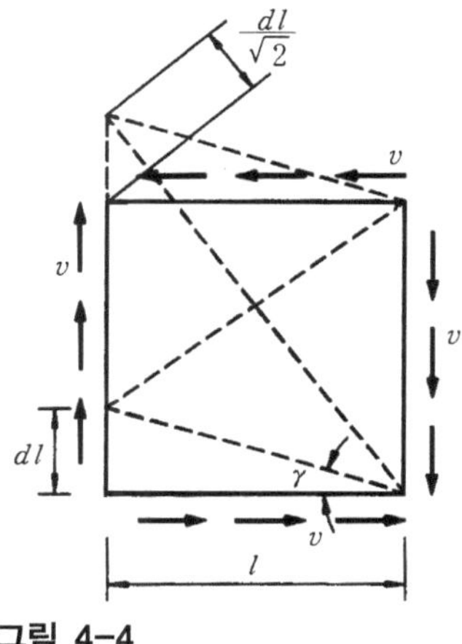

그림 4-4

예제 4-5

그림과 같은 강재에 전단력 $V = 40\text{kN}$ 이 작용하여 변형량 $dl = 0.04\text{mm}$ 가 생길 때 이 강재의 전단응력도와 전단변형도를 구하시오.

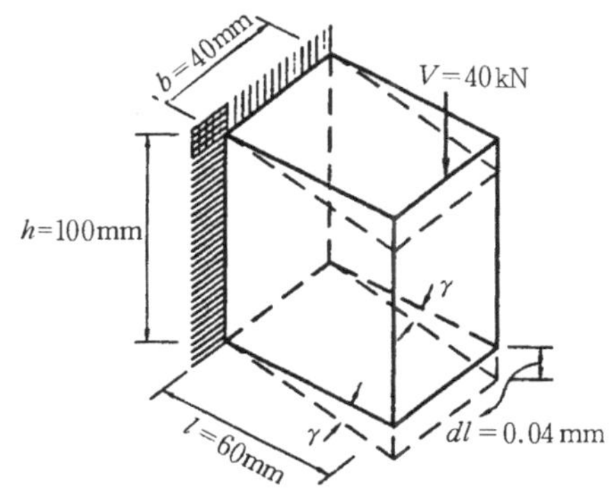

그림 예제 4-5

① 전단응력도

$$v = \frac{V}{A} = \frac{40 \times 10^3}{40 \times 100} = 10\text{MPa}$$

② 전단변형도

$$\gamma = \frac{dl}{l} = \frac{0.04}{60} = 0.000667\text{rad}$$

4-2-3 프와송비

그림 4-5와 같이 구조재가 어느 방향으로 인장되거나 압축되어 그 방향으로 늘어나거나 줄어들었을 때에, 그와 직각인 방향에는 반대로 줄어들거나 늘어나게 된다. 전자의 경우를 수직변형도(힘의 방향이 축방향이면 축방향변형도라 함) ε이라 하고, 후자의 경우를 가로변형도 β라 하며 두 변형도의 비율을 프와송비(poisson's ratio)라 하며 다음과 같이 표시한다.

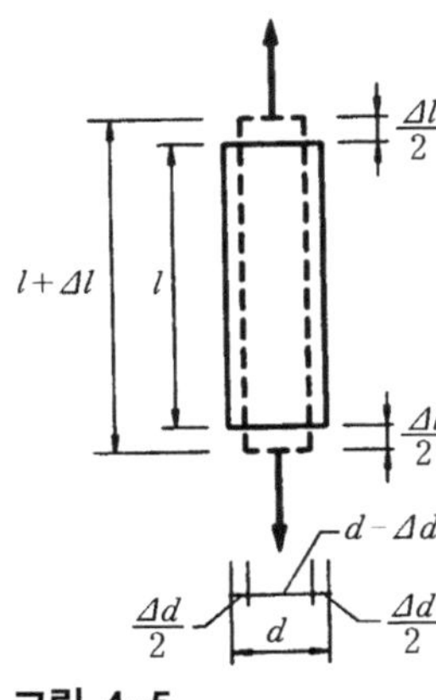

그림 4-5

$$\nu = \frac{\text{가로변형도}}{\text{수직변형도}} = \frac{\frac{\Delta d}{d}}{\frac{\Delta l}{l}} = \frac{\beta}{\varepsilon} = \frac{1}{m} \qquad (4 \cdot 5)$$

m을 프와송수라 하며, 무명수로 표시한다. 보통의 재료에서는 m=3~4이지만 강재는 m=3, 돌과 유리 등은 m=4, 콘크리트는 m=5~8로 측정되고 있다.

예제 4-6

그림과 같이 길이가 2m이고, 한 변이 20mm인 정사각형 단면을 가진 각봉을 $N = 75.6\,\text{kN}$의 힘으로 당길 때 축방향으로 $\Delta l = 0.45\text{mm}$ 늘어났고, 폭이 $\Delta d = 0.003\text{mm}$ 줄어 들었을 때

① 이 강재의 변형도를 구하고

② 프와송수와 프와송비를 구하시오.

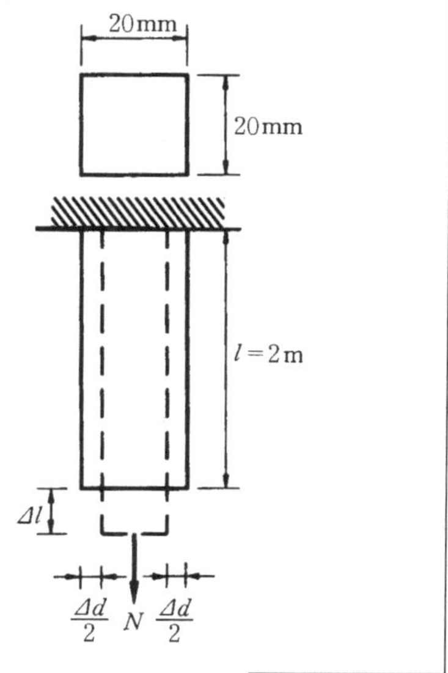

그림 예제 4-6

① 수직변형도

$$\varepsilon = \frac{\Delta l}{l} = \frac{0.45}{2,000} = 0.000225$$

가로변형도

$$\beta = \frac{\Delta d}{d} = \frac{0.003}{20} = 0.00015$$

② 프와송수 $m = \dfrac{\varepsilon}{\beta} = \dfrac{\text{수직변형도}}{\text{가로변형도}}$

$$= \frac{0.000225}{0.00015} = 1.5$$

프와송비 $\dfrac{1}{m} = \dfrac{1}{1.5} = 0.667$

4-3 응력도와 변형도의 관계

4-3-1 훅의 법칙

그림 4-6과 같이 탄성한도 내에서의 응력도와 변형도는 비례관계에 있다.

이것을 훅의 법칙(Hooke's law)이라 하며, 이 때의 비례정수를 탄성계수(modulus of elasticity)라 하고, 훅의 법칙을 다음과 같이 표현할 수 있다.

응력도 = 탄성계수 × 변형도

$$\sigma = E \cdot \varepsilon$$

여기서, σ : 응력 E : 탄성계수 ε : 변형도

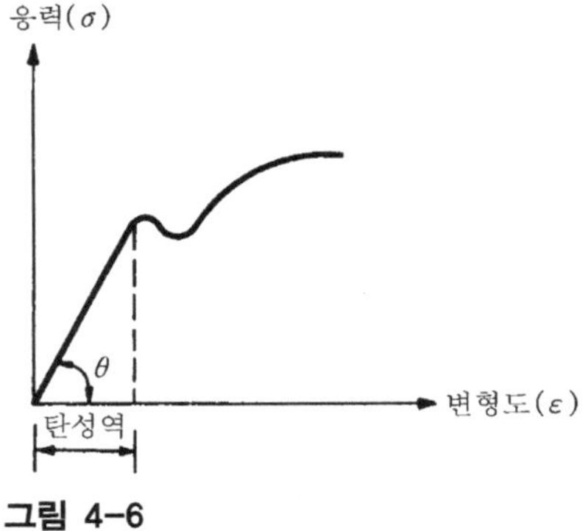

그림 4-6

4-3-2 영계수

훅의 법칙을 수직응력도 σ에 적용하면, 탄성계수(elastic modulus) E는 다음과 같이 표현된다.

$$E = \frac{\sigma}{\varepsilon} \qquad (4 \cdot 6)$$

위 식에서 E를 종탄성계수 또는 영계수(Young's modulus)라 하며, 그 단위는 Pa(N/m²), MPa(N/mm²) 등으로 응력도의 단위와 같다.

예제 4-7

직경 20mm, 길이 2m의 연강봉에 40kN의 인장하중을 가하면 신장량은 얼마인가? (단, $E = 2.0 \times 10^5$MPa 이다)

$$\Delta l = \frac{Pl}{EA} \text{ 에서}$$

$$\Delta l = \frac{40,000 \times 2,000}{2.0 \times 10^5 \times \frac{\pi}{4} \times 20^2} = 1.274\,\text{mm}$$

예제 4-8

단면 40 mm × 20 mm, 길이 6 m의 각철봉에 60 kN의 인장하중을 가했다. 이때 응력, 신장 및 변형률을 구하시오(단, $E = 2.0 \times 10^5$ MPa로 한다).

$$\sigma = \frac{N}{A} = \frac{60,000}{800} = 75\,\text{MPa}$$

$$\Delta l = \frac{Nl}{EA} = \frac{60,000 \times 6,000}{2.0 \times 10^5 \times 800} = 2.25\,\text{mm}$$

$$\varepsilon = \frac{\Delta l}{l} = \frac{2.25}{6,000} = 3.75 \times 10^{-4}$$

4-3-3 전단탄성계수

전단응력도 v와 전단변형도 γ와의 사이에는 다음과 같은 관계식이 성립되며,

$$G = \frac{v}{\gamma} \qquad (4 \cdot 7)$$

위 식에서의 비례정수 G를 전단탄성계수(modulus of rigidity)라 하고, 그의 단위도 E와 같이 Pa(N/m^2), MPa(N/mm^2) 등으로 응력도의 단위와 같으며, 영계수와 전단탄성계수 사이의 관계는 다음 식으로부터 구해진다.

$$G = \frac{m}{2(1+m)}, \quad G = \frac{1}{2(1+\nu)} E \qquad (4 \cdot 8)$$

4-4 | 단면의 성질

4-4-1 단면 1차모멘트

그림 4-7에서 단면 내의 미소면적 dA와 x축과 y축에서 미소면적 dA까지의 거리 y 또는 x와의 곱을 전단면에 걸쳐 합한 값을 단면 1차모멘트(statical moment) 또는 기하 모멘트(geometrical moment)라고 하며, 부호는 S_x, S_y (또는 G_x, G_y) 단위는 mm^3, m^3 등 길이의 세제곱이 된다.

$$\begin{cases} S_x = \int_A y\, dA \\ S_y = \int_A x\, dA \end{cases} \qquad (4 \cdot 9)$$

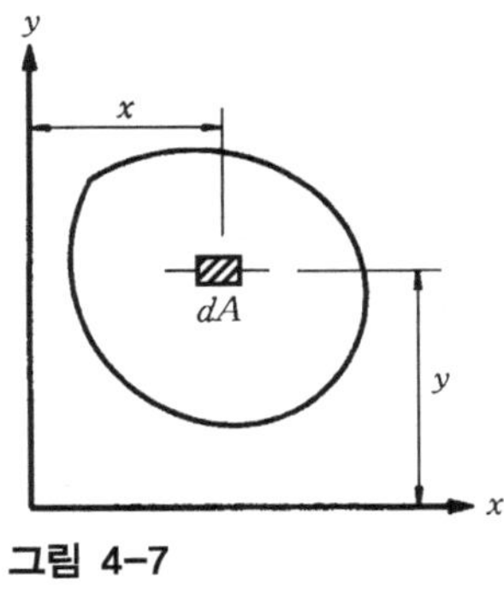

그림 4-7

예제 4-9

그림과 같은 삼각형 단면의 x축에 대한 단면 1차모멘트를 구하시오.

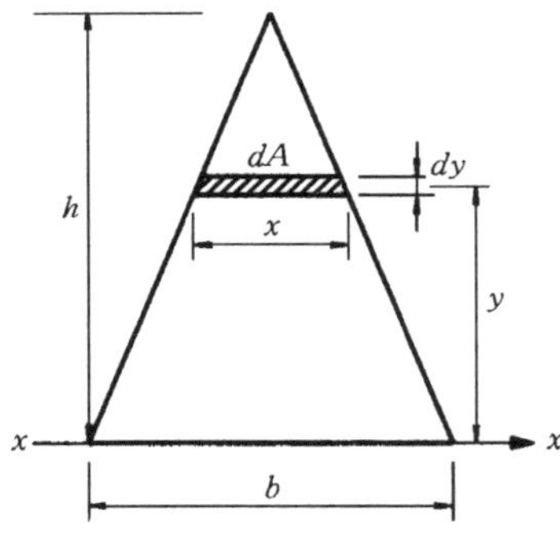

그림 예제 4-9

$x : b = (h - y) : h$ 에서

$x = \frac{b}{h}(h - y)$ 이므로

$$
\begin{aligned}
S_x &= \int_A y\,dA \\
&= \int_0^h yx\,dy \\
&= \int_0^h y\frac{b}{h}(h-y)dy \\
&= \frac{b}{h}\int_0^h (hy-y^2)dy \\
&= \frac{b}{h}\left[\frac{hy^2}{2}-\frac{y^3}{3}\right]_0^h \\
&= \frac{bh^2}{6}
\end{aligned}
$$

4-4-2 도 심

어느 도형의 한 점을 지나는 모든 방향의 축에 대해서 단면 1차모멘트가 0인 점을 도심(centroid)이라 한다. 그림 4-8의 x축에서 도심 G까지의 거리를 y_0라 하면,

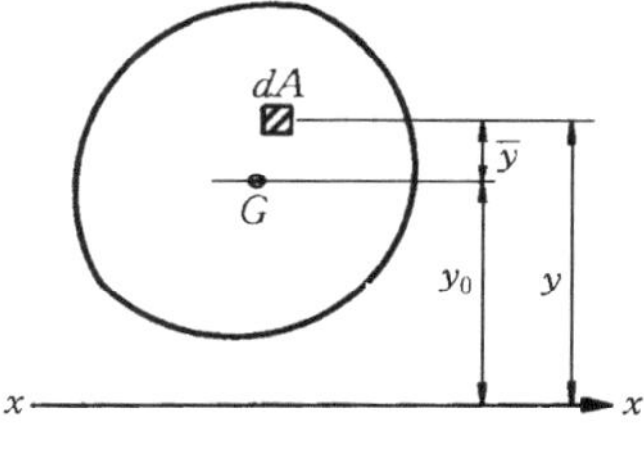

그림 4-8

$$
\begin{aligned}
S_x &= \int_A y\,dA = \int_A (y_0+\bar{y})\,dA \\
&= y_0\int_A dA + \int_A \bar{y}\,dA \\
&= y_0A+0 \\
&= y_0A
\end{aligned}
$$

마찬가지로 $S_y = x_0A$, 그러므로

$$
\begin{cases}
x_0 = \dfrac{S_y}{A} \\
y_0 = \dfrac{S_x}{A}
\end{cases}
\qquad (4 \cdot 10)
$$

예제 4-10

그림에서 단면의 도심 G를 구하시오.

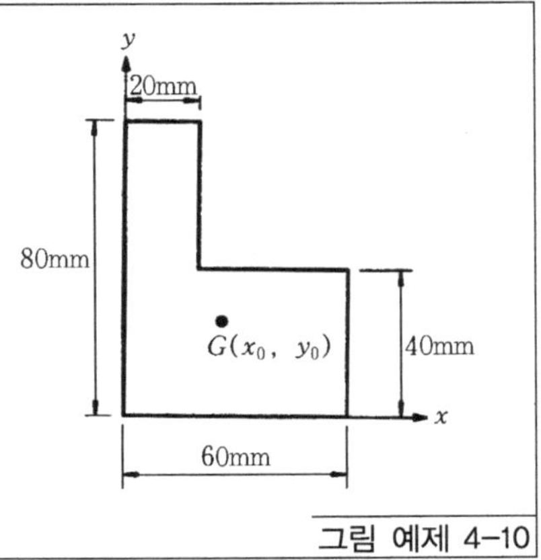

그림 예제 4-10

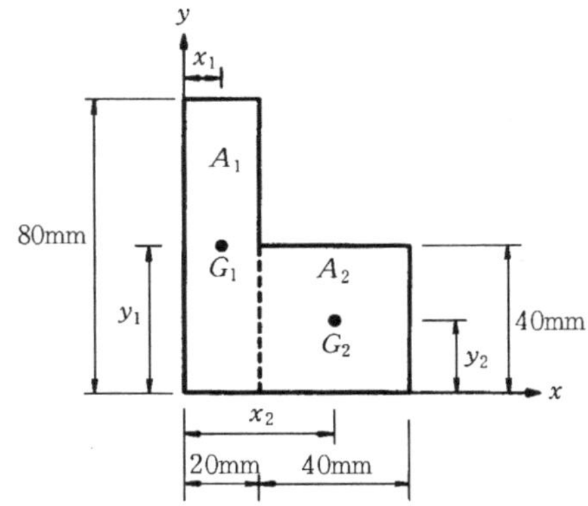

그림과 같이 단면을 A_1과 A_2로 나누어서 풀이한다.

단면 A_1에서

$A_1 = 20 \times 80 = 1{,}600\text{mm}^2$

$x_1 = \dfrac{20}{2} = 10\text{mm}$

$y_1 = \dfrac{80}{2} = 40\text{mm}$ 이고

단면 A_2에서

$A_2 = 40 \times 40 = 1{,}600\text{mm}^2$

$x_2 = 20 + \dfrac{40}{2} = 40\text{mm}$

$y_2 = \dfrac{40}{2} = 20\text{mm}$ 이므로

도심 $G(x_0,\ y_0)$의 위치는 다음과 같이 구할 수 있다.

$$x_0 = \frac{S_y}{A} = \frac{A_1 x_1 + A_2 x_2}{A_1 + A_2}$$

$$= \frac{1{,}600 \times 10 + 1{,}600 \times 40}{20 \times 80 + 40 \times 40} = \frac{80{,}000}{3{,}200} = 25\text{mm}$$

$$y_0 = \frac{S_x}{A} = \frac{A_1 y_1 + A_2 y_2}{A_1 + A_2}$$

$$= \frac{1{,}600 \times 40 + 1{,}600 \times 20}{1{,}600 + 1{,}600} = \frac{9{,}600}{3{,}200} = 30\,\mathrm{mm}$$

예제 4-11

그림과 같은 T형 단면의 도심거리 y_0는 얼마인가?

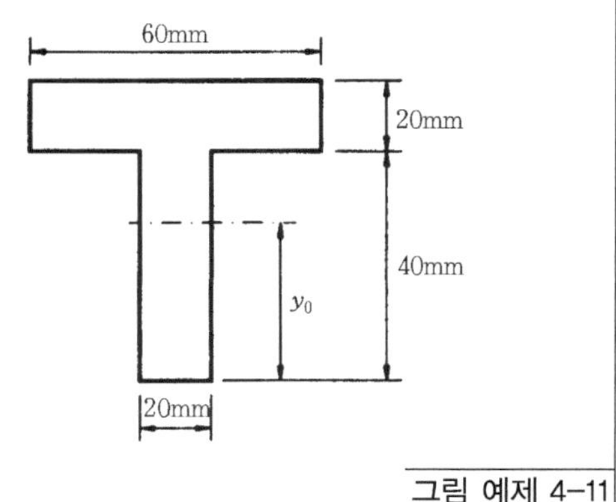

그림 예제 4-11

$$y_0 = \frac{\sum_{i=1}^{n} A_i y_i}{\sum_{i=1}^{n} A_i} = \frac{20 \times 40 \times 20 + 20 \times 60 \times 50}{20 \times 40 + 20 \times 60}$$

$$= 38\,\mathrm{mm}$$

예제 4-12

그림과 같은 사다리꼴 도형에서의 도심은 얼마인가?

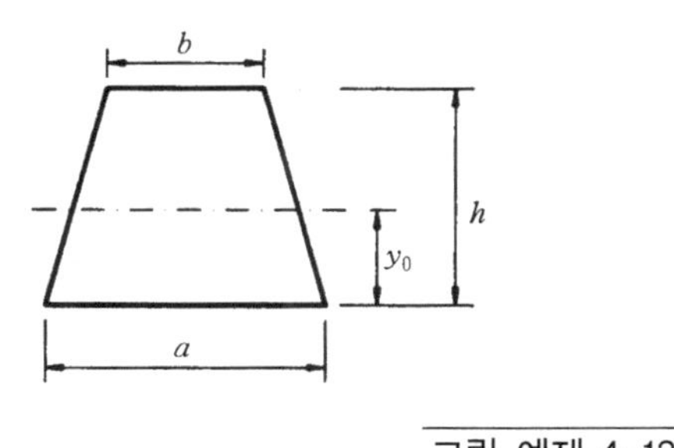

그림 예제 4-12

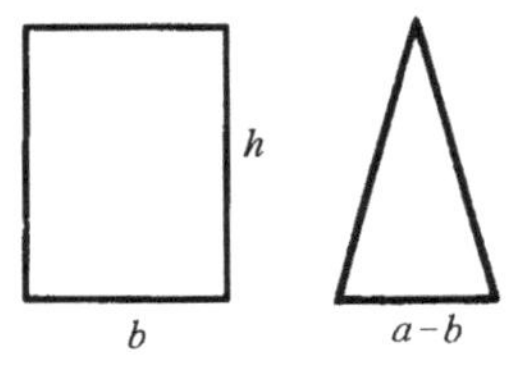

$$y_0 = \frac{\sum_{i=1}^{n} A_i y_i}{\sum_{i=1}^{n} A_i}$$

$$= \frac{bh \times \frac{h}{2} + \frac{a-b}{2} \times h \times \frac{h}{3}}{\frac{a+b}{2} \times h}$$

$$\therefore \ y_0 = \frac{h}{3}\left(\frac{2b+a}{a+b}\right) = \frac{h}{3}\left(\frac{a+2b}{a+b}\right)$$

4-4-3 단면 2차모멘트

그림 4-9에서 x축과 y축으로부터 미소면적 dA까지의 거리를 각각 x, y라 하면 단면 2차모멘트(moment of inertia)는 다음과 같은 식으로 구한다.

$$\begin{cases} I_x = \int_A y^2 dA \\ I_y = \int_A x^2 dA \end{cases} \qquad (4 \cdot 11)$$

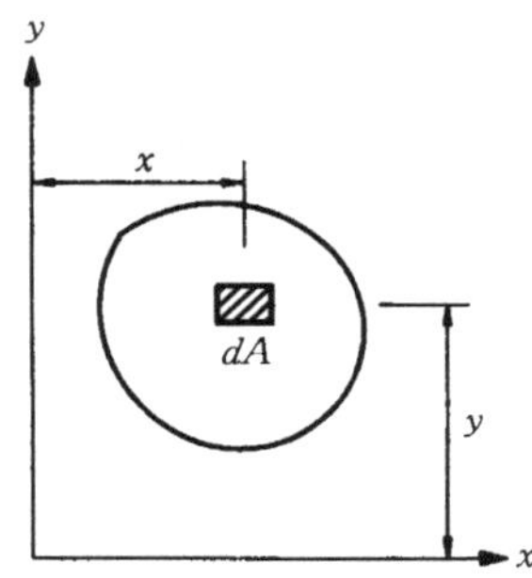

그림 4-9

단면 2차모멘트는 항상 정(正)이며, 단위는 mm^4 등 길이의 4제곱이 된다(부록 3 단면계수표 참조).

(1) 좌표축의 평행이동

그림 4-10에서와 같이 도심을 지나지 않는 x축에 대한 단면 2차모멘트 I_x는

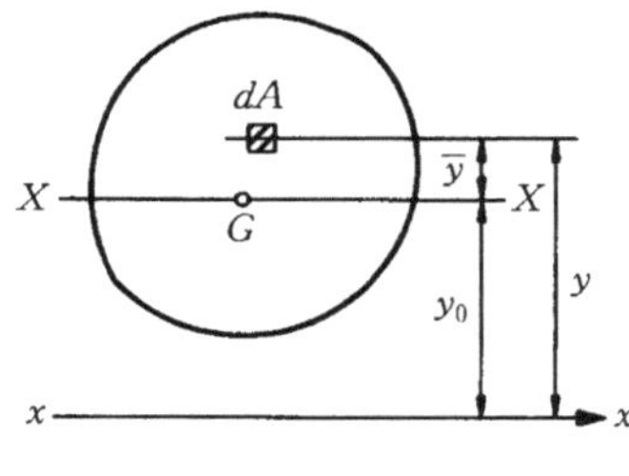

그림 4-10

$$I_x = \int_A y^2 dA$$

$$= \int_A (\bar{y} + y_0)^2 dA$$

$$= \int_A \bar{y}^2 dA + 2y_0 \int_A \bar{y}\, dA + y_0^2 \int_A dA$$

$$= I_X + 2y_0 S_X + y_0^2 A$$

여기서, $I_X = I_0$, $S_X = 0$ 이므로

$$I_x = I_0 + y_0^2 A \qquad (4 \cdot 12)$$

(2) 대칭단면

그림 4-11과 같이 단면이 x축에 대하여 대칭인 경우에는 다음 식으로 간단히 구할 수 있다.

$$I_x = \frac{BH^3}{12} - \frac{bh^3}{12} \qquad (4 \cdot 13)$$

(a) (b) (c) (d)

그림 4-11

예제 4-13

그림과 같은 장방향 단면의 도심축에 대한 단면 2차모멘트 I_0를 구하시오.

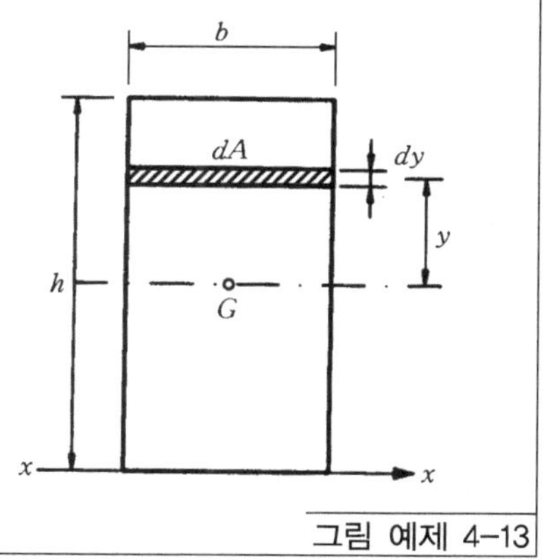

그림 예제 4-13

풀 이

$$I_0 = \int_A y^2 dA$$

$$= \int_{-\frac{h}{2}}^{\frac{h}{2}} y^2 (bdy) \text{ 이므로}$$

$$= 2b\int_0^{\frac{h}{2}} y^2 dy = 2b\left[\frac{y^3}{3}\right]_0^{\frac{h}{2}}$$

$$= \frac{bh^3}{12}$$

예제 4-14

예제 4-13에서 밑변 x축에 대한 단면 2차모멘트 I_x를 구하시오.

$$I_x = I_0 + y_0^2 A$$

그런데 $y_0 = \frac{h}{2}$, $A = bh$ 이므로

$$I_x = \frac{bh^3}{12} + \left(\frac{h}{2}\right)^2 \times (bh)$$

$$= \frac{bh^3}{12} + \frac{bh^3}{4}$$

$$= \frac{bh^3}{3}$$

예제 4-15

그림에서 삼각형의 밑변 x축에 대한 단면 2차모멘트를 구하시오.

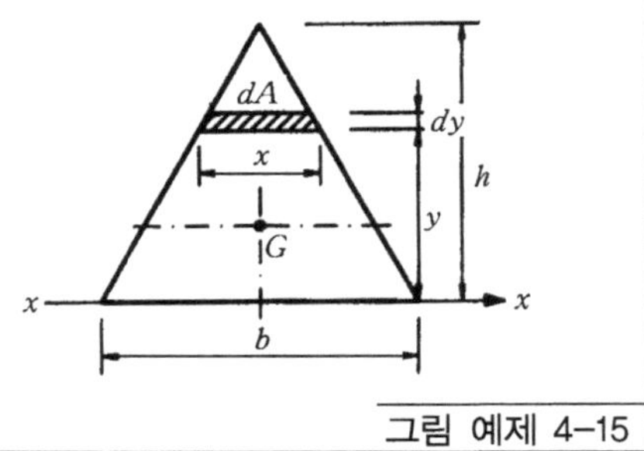

그림 예제 4-15

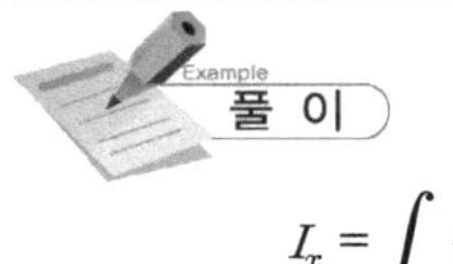

$$I_x = \int_A y^2 dA$$

$$= \int_0^h y^2 (x\,dy)$$

그런데 $x : b = (h-y) : h$ 에서

$x = \frac{b}{h}(h-y)$ 이므로

$$I_x = \int_0^h y^2 \cdot \frac{b}{h}(h-y)\,dy$$

$$= \frac{b}{h}\int_0^h (hy^2 - y^3)\,dy$$

$$= \frac{b}{h}\left[\frac{hy^3}{3} - \frac{y^4}{4}\right]_0^h$$

$$= \frac{bh^3}{12}$$

예제 4-16

예제 4-15에서 삼각형의 도심축에 대한 단면 2차모멘트를 구하시오.

Example 풀 이

$I_x = I_0 + A \cdot y_0^2$ 이므로

$$I_0 = I_x - Ay_0^2$$

$$= \frac{bh^3}{12} - \frac{bh}{2} \times \left(\frac{h}{3}\right)^2$$

$$= \frac{bh^3}{36}$$

예제 4-17

$b \times h = 60 \times 120\,\text{mm}$ 인 4각형 도형의 도심축에 대한 단면 2차모멘트를 구하시오.

Example 풀 이

$$I_x = \frac{bh^3}{12} = \frac{60 \times 120^3}{12}$$

$$= 8{,}640{,}000\,\text{mm}^4 = 8.64 \times 10^6\,\text{mm}^4$$

예제 4-18

그림과 같은 도형의 x축에 대한 단면 2차모멘트를 구하시오(단, x축은 도심을 지난다).

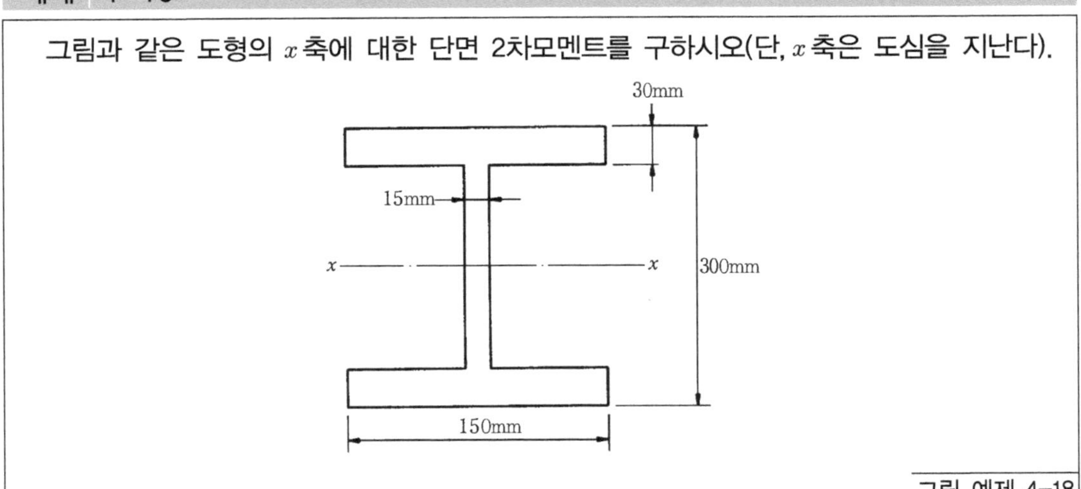

그림 예제 4-18

$$I_x = \frac{150 \times 300^3}{12} - \frac{(150-15) \times 240^3}{12}$$

$$= 181{,}980{,}000\,\text{mm}^4$$

4-4-4 단면 극2차모멘트

그림 4-12의 원점 O에서 단면의 미소면적 dA까지의 거리를 r라고 하면 단면 극2차모멘트(polar moment of inertia)는 다음과 같은 식으로 구한다.

$$I_P = \int_A r^2 dA \qquad (4 \cdot 14)$$

그런데 $r^2 = x^2 + y^2$ 이므로

$$I_P = \int_A r^2 dA$$

$$= \int_A (x^2 + y^2) dA$$

$$= \int_A x^2 dA + \int_A y^2 dA$$

$$= I_y + I_x$$

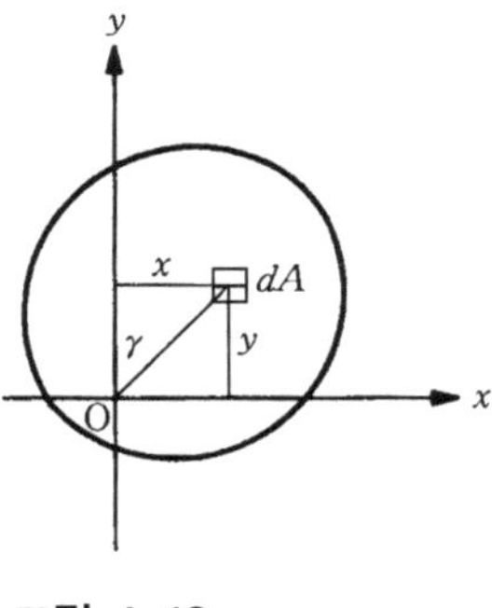

그림 4-12

만일 $I_x = I_y$ 일 경우에는

$$I_P = I_x + I_y = 2I_x = 2I_y \qquad (4 \cdot 15)$$

예제 4-19

지름이 D인 원형 단면의 I_P 및 I_x를 구하시오.

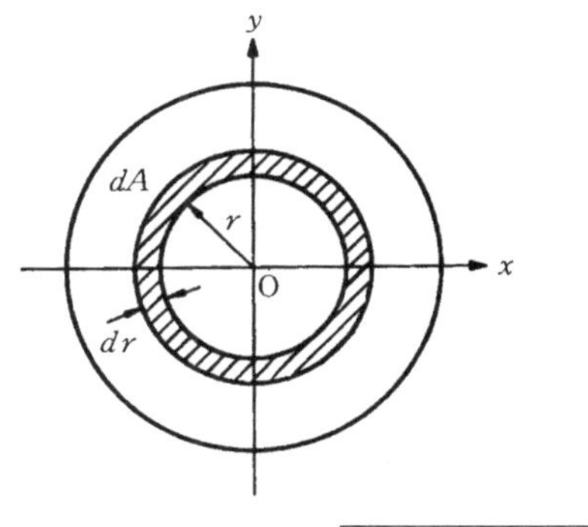

그림 예제 4-19

$$\begin{aligned}
I_P &= \int_A r^2 dA \\
&= \int_A r^2 (2\pi r dr) \\
&= 2\pi \int_0^{\frac{D}{2}} r^3 dr \\
&= 2\pi \left[\frac{r^4}{4} \right]_0^{\frac{D}{2}} \\
&= \frac{\pi D^4}{32}
\end{aligned}$$

또한 $I_P = 2I_x$ 에서

$$I_x = \frac{1}{2} I_P = \frac{1}{2} \cdot \frac{\pi D^4}{32} = \frac{\pi D^4}{64}$$

4-4-5 단면계수

그림 4-13에서 도심축 x에 대한 단면 2차모멘트를 I_x라 하고 x축으로부터 단면의 양단까지 거리를 각각 y_c, y_t라고 했을 때 아래 식으로 나타내는 Z_c, Z_t를 x축에 대한 단면계수(section modulus)라고 하며, 단위는 mm^3 등 길이의 세제곱이 된다.

$$Z_c = \frac{I_x}{y_c}, \quad Z_t = \frac{I_x}{y_t}$$

그림 4-13

만일 축이 대칭축인 경우에는 $y_c = y_t = y$ 이므로

$$Z_x = \frac{I_x}{y} \qquad (4 \cdot 16)$$

가 된다.

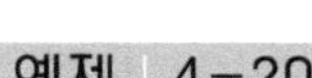

장방형 및 원형 단면의 단면계수를 구하시오.

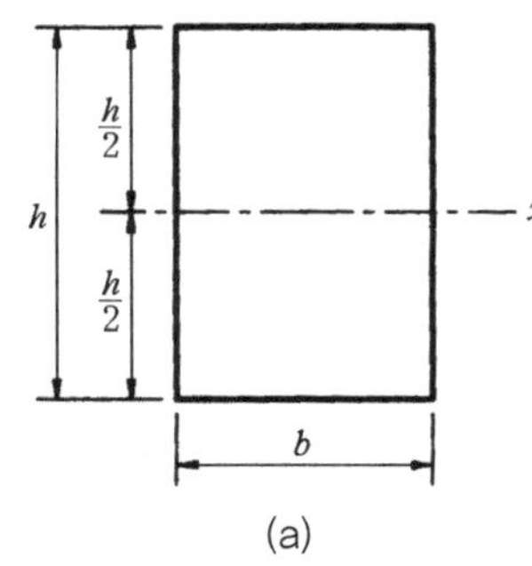

(a)

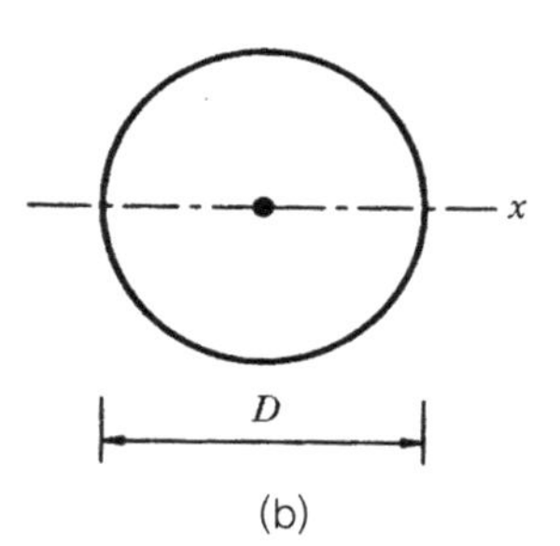

(b)

그림 예제 4-20

장방형 단면 : $I_x = \dfrac{bh^3}{12}$, $y = \dfrac{h}{2}$ 이므로

$$Z_x = \frac{I_x}{y} = \frac{bh^2}{6}$$

원형 단면 : $I_x = \frac{\pi D^4}{64}$, $y = \frac{D}{2}$ 이므로

$$Z_x = \frac{I_x}{y} = \frac{\pi D^3}{32}$$

예제 4-21

그림과 같은 보의 빗금 친 부분의 도심축인 x축에 대한 단면계수를 구하시오.

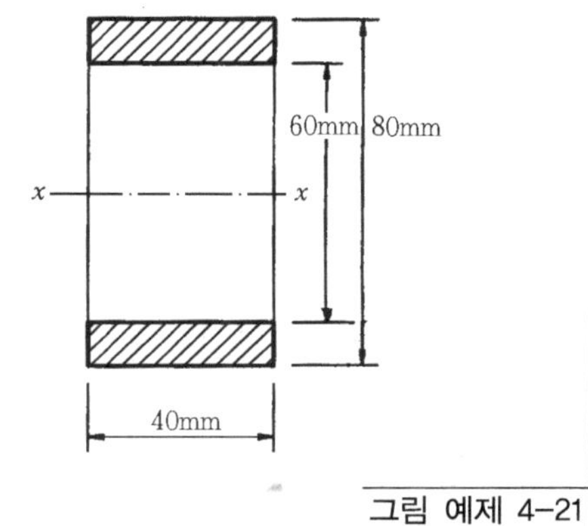

그림 예제 4-21

$$I_x = \frac{40 \times 80^3}{12} - \frac{40 \times 60^3}{12} = 987,000\,\text{mm}^4$$

$$Z_x = \frac{I_x}{40} = 24,675\,\text{mm}^3$$

4-4-6 단면 2차 반경

도심축에 대한 단면 2차모멘트를 단면적으로 나눈 것의 제곱근을 단면 2차 반경(radius of gyration) 또는 회전반경이라 하며, 단위는 mm 등 길이의 단위와 같다.

$$i = \sqrt{\frac{I}{A}} \qquad (4 \cdot 17)$$

예제 4-22

장방형 및 원형 단면의 단면 2차 반경을 구하시오.

장방형 단면 : $I_x = \dfrac{bh^3}{12}$, $A = bh$ 이므로

$$i_x = \sqrt{\frac{I_x}{A}} = \frac{h}{2\sqrt{3}} \fallingdotseq 0.289h$$

원형 단면 : $I_x = \dfrac{\pi D^4}{64}$, $A = \dfrac{\pi D^2}{4}$ 이므로

$$i_x = \sqrt{\frac{I_x}{A}} = \frac{D}{4}$$

예제 4-23

다음 그림과 같은 I형의 도심축인 y축에 대한 단면계수 및 단면 2차반경을 구하시오.

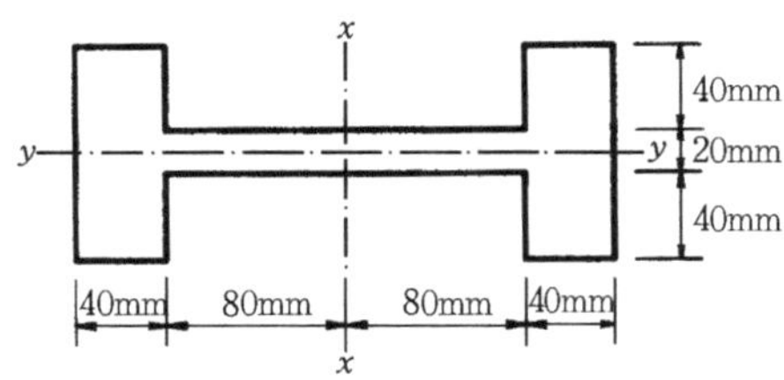

그림 예제 4-23

단면적(mm^2)	수	$I_o(mm^4)$	$I_y(mm^4)$
100×40	2	$\dfrac{40 \times 100^3}{12} \times 2$	6,667,000
20×160	1	$\dfrac{160 \times 20^3}{12}$	107,000

$I_y = 6{,}774{,}000\,\text{mm}^4$

$x_c = x_t = 50\,\text{mm}$, $Z_y = 135{,}500\,\text{mm}^3$

$$i_y = \sqrt{\frac{I_y}{A}} = \sqrt{\frac{6{,}774{,}000}{11{,}200}} = 24.6\,\text{mm}$$

연습문제

1. 300 mm × 400 mm인 콘크리트 단면에 150 kN의 압축력이 작용할 때 압축응력도의 크기를 구하시오.

2. 직경 30 mm의 철근에 200 kN의 인장력이 작용할 때의 인장응력도의 크기를 구하시오.

3. 직경 30 mm, 길이 6 m인 철근에 200 kN의 인장력이 작용하면 철근이 얼마나 늘어나는지 구하시오.(단, 철근의 탄성계수는 2.0×10^5MPa 이다)

4. 단면이 200 mm × 200 mm 이고 길이가 1 m인 나무기둥에 50 kN의 압축력이 작용하므로 0.2 mm가 줄어들었다. 이 나무의 탄성계수를 구하시오.

5. 그림과 같은 단면의 x축에 대한 단면 1차모멘트를 구하시오.

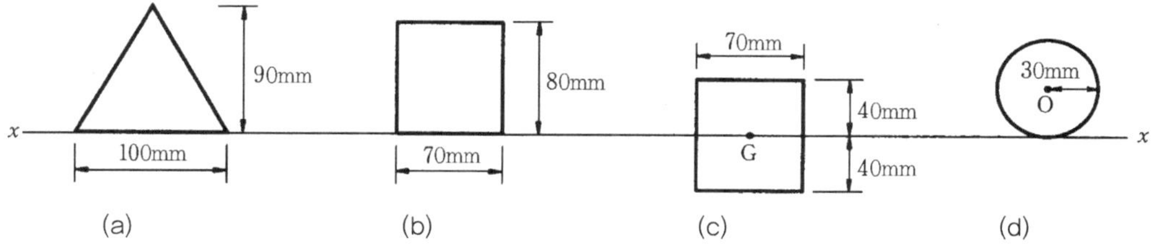

6. 그림과 같은 단면의 도심거리 (y_0)를 구하시오.

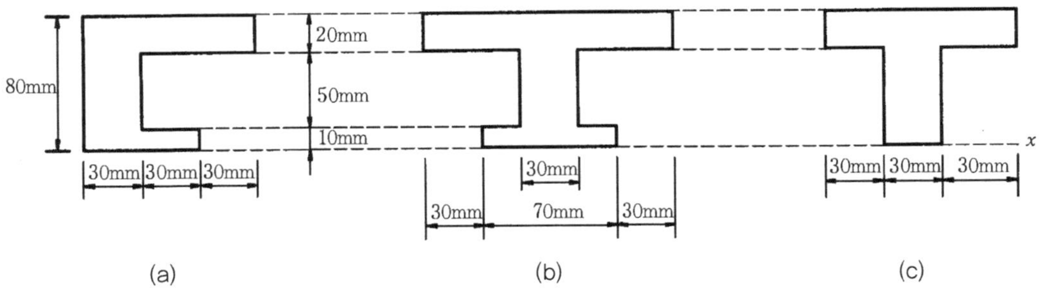

7. 그림과 같은 단면의 x축에 대한 단면 2차모멘트를 구하시오.

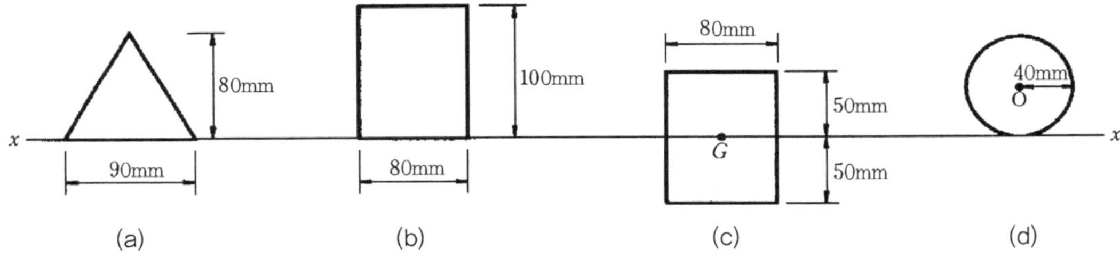

5 Chapter

단면의 응력도

5-1 부재응력에 의한 응력도

5-1-1 축방향력에 의한 응력도

그림 5-1에서와 같이 부재가 축방향력 N을 받으면, 부재단면에는 수직응력도 σ가 생긴다.

$$\sigma_1 = \frac{N}{A} \qquad (5 \cdot 1)$$

축방향력이 압축력이면 압축응력도(−)가 생기고, 인장력이면 인장응력도(+)가 생긴다.

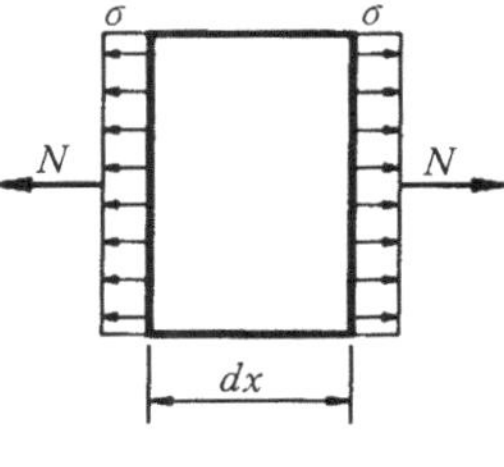

그림 5-1

5-1-2 휨모멘트에 의한 응력도

부재에 외력이 작용하여 휨모멘트가 생기면 부재단면의 중립축(neutral axis)을 경계로 하여 단면의 상부는 압축응력, 하부는 인장응력이 작용하게 되어 압축측은 줄어들고, 인장측은 늘어나 부재는 휘어지게 된다. 이 경우 압축응력과 인장응력은 휨모멘트에 의하여 생기므로 이를 휨응력도(bending stress)라 한다. 또한 중립축에서는 휨작용을 받더라도 신축이 없고 단지 휘어지기만 하여 본래의 길이 그대로를 유지하게 되며 이 면을 중립면(neutral surface)이라 한다.

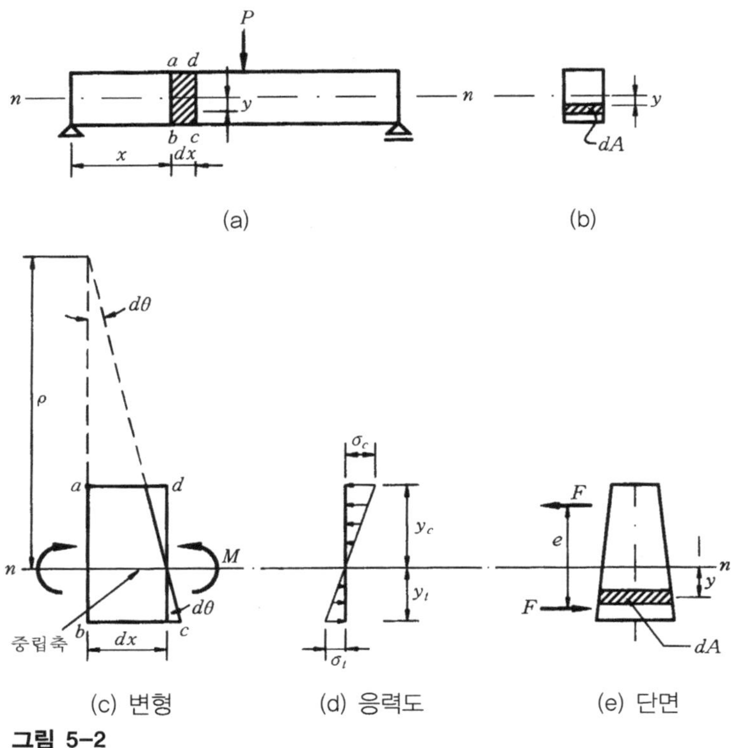

그림 5-2

휨재의 응력도를 계산하는 데는 "보의 단면은 변형 후에도 평면이다." 라는 가정을 이용한다. 그림 5-2(c)에서 $dx = \rho d\theta$ 가 되고, y층에서 길이 dx의 부분이 $yd\theta$ 만큼 더 변형되므로 y층의 변형도 ε은 비례에 의하여

$\varepsilon = \dfrac{yd\theta}{dx} = \dfrac{y}{\rho}$ 가 되며,

탄성법칙(hooke's law)에 의해서

$$\sigma = E \cdot \varepsilon = E\frac{y}{\rho} \qquad (5 \cdot 2)$$

가 된다. 식 (5 · 2)에서 각 층의 응력도 σ는 중립축으로부터의 거리 y에 정비례하는 것을 보여준다. 이

들의 응력도를 합하면, 하나의 우력이 되고 그 값은 그 단면의 휨모멘트 M과 일치할 것이다. 그러므로

$$\Sigma X1 = \int_A \sigma dA = 0 \qquad (5 \cdot 3)$$

$$M = \int_A (\sigma dA) \times y \qquad (5 \cdot 4)$$

가 성립되어야 한다.

식 (5 · 2)를 식 (5 · 3)에 대입하면

$$\int_A \sigma dA = \frac{E}{\rho} \int_A y dA = 0$$

이 되어야 하므로 $\int_A y dA = 0$은 중립축이 단면의 도심을 지나는 것을 나타낸다. 또한 식 (5 · 2)를 식 (5 · 4)에 대입하면

$$M = \int_A (\sigma dA) \times y = \int_A \left(E \frac{y}{\rho} dA \right) y$$

$$= \frac{E}{\rho} \int_A y^2 dA = \frac{E}{\rho} I$$

가 되며, 그러므로

$$\frac{E}{\rho} = \frac{M}{I}$$

가 되고, 한편 식 (5 · 2)에서

$\frac{E}{\rho} = \frac{\sigma}{y}$ 이므로

$\frac{E}{\rho} = \frac{M}{I} = \frac{\sigma}{y}$ 가 되며, 다시 정리하면

$$\sigma = \frac{M}{I} y = \frac{M}{Z} \qquad (5 \cdot 5)$$

$$\frac{1}{\rho} = \frac{M}{EI} \qquad (5 \cdot 6)$$

이 된다.

예제 5-1

그림과 같이 등분포하중을 받는 스팬 12m 의 단순보에서 최대 휨응력도를 구하시오.

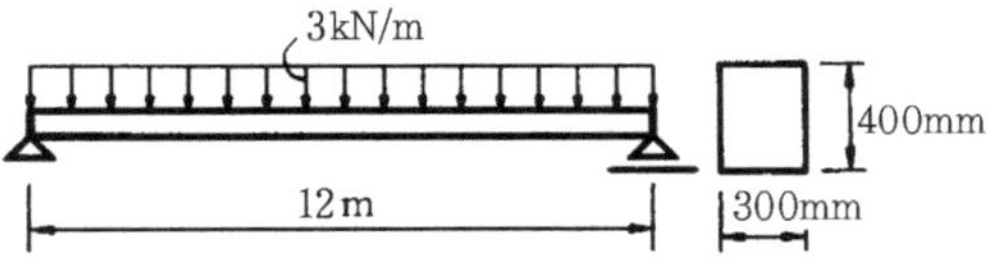

그림 예제 5-1

$$M_{\max} = \frac{wl^2}{8} = \frac{3 \times 12^2}{8} = 54\,\mathrm{kN \cdot m}$$

$$Z = \frac{bh^2}{6} = \frac{300 \times (400)^2}{6} = 8{,}000{,}000\,\mathrm{mm^3}$$

$$\sigma_{\max} = \frac{M_{\max}}{Z} = \frac{54{,}000{,}000}{8{,}000{,}000} = 6.75\,\mathrm{N/mm^2} = 6.75\,\mathrm{MPa}$$

예제 5-2

최대 휨모멘트 200kN·m 인 보를 I형강 (I-400×150×12.5×25, Z=1,580,000mm^3) 으로 설계하였을 때 휨응력을 구하시오.

$$\sigma = \frac{M}{Z} = \frac{200 \times 10^6}{1{,}580{,}000}$$

$$= 126.58\,\mathrm{MPa}$$

예제 5-3

그림에 나타낸 휨모멘트 12kN·m 를 받는 직사각형 단면의 $a-a$ 에 생기는 휨응력도를 구하라. 또 허용휨응력도를 7.84MPa 으로 할 때 본 단면의 허용휨모멘트를 구하라.

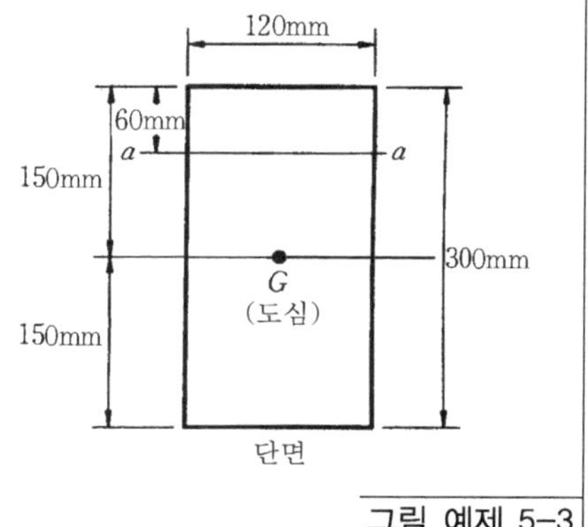

그림 예제 5-3

이 단면의 중립축은 상단에서 300mm/2 = 150mm 에 있고 $a-a$ 중립축에서 150 − 60 = 90mm 의 거리에 있다. 또 단면 2차모멘트 I_x 는,

$$I_x = \frac{120 \times (300)^3}{12} = 270{,}000{,}000\,\text{mm}^4$$

따라서 $a-a$ 단면에 생기는 휨응력도는

$$\sigma_{(a)} = \frac{12 \times 10^3 \times 10^3}{27 \times 10^7} \times 90 = 4\,\text{MPa}$$

여기서 $a-a$ 는 중립축 위쪽에 있으므로 이 휨응력도는 압축응력이다. 또한 정사각형 단면에서는 $y_t = y_c = 300\,\text{mm}/2 = 150\,\text{mm}$ 로 되므로 단면계수는

$$Z_t = Z_c = \frac{27 \times 10^7}{150} = 1{,}800{,}000\,\text{mm}^3$$

따라서 최대 허용휨모멘트는

$$\sigma_{\max} = \frac{M}{Z} \le f_b \text{ 에서}$$

$$M = Z \cdot f_b = 1{,}800{,}000 \times 7.84$$
$$= 14{,}112{,}000\,\text{N} \cdot \text{mm}$$
$$= 14.112\,\text{kN} \cdot \text{m}$$

예제 5-4

그림과 같은 직사각형단면에 $M = 40\text{kN} \cdot \text{m}$ 의 휨모멘트가 작용할 때 중립축에서 상단으로 150mm 떨어진 위치 및 250mm 떨어진 위치에서의 휨응력도를 구하시오.

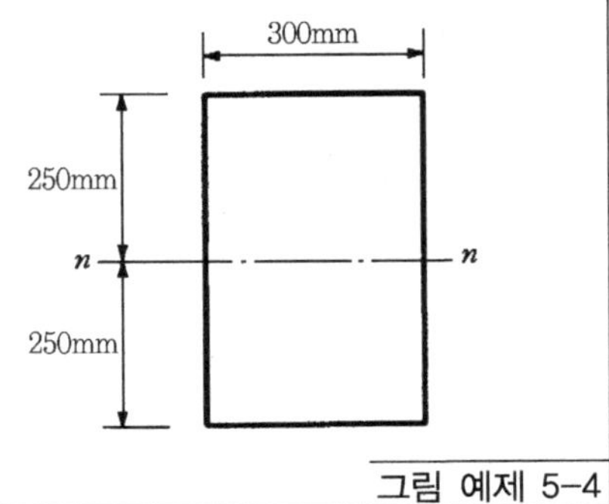

그림 예제 5-4

$$I = \frac{bh^3}{12} = \frac{300 \times (500)^3}{12} = 3{,}125{,}000{,}000\,\text{mm}^4$$

① 중립축에 대한 휨응력도는

$y = 0$ 이므로

$$\sigma_n = \frac{M}{I} y = \frac{40 \times 10^6}{3.125 \times 10^9} \times 0 = 0$$

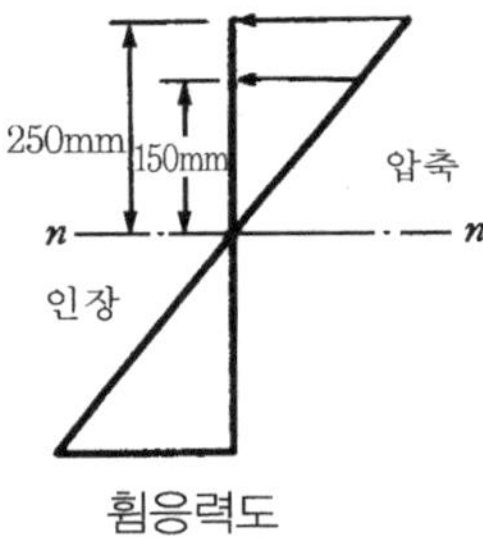

휨응력도

② 중립축으로부터 150mm 의 휨응력도는

$y = 150\text{mm}$ 이므로

$$\sigma_{150} = -\frac{M}{I} y = -\frac{40 \times 10^6}{3.125 \times 10^9} \times 150$$

$$= -1.92\,\text{MPa}\ (\text{압축})$$

③ 중립축으로부터 250mm 의 휨응력도(연응력도)는 $y = 250\text{mm}$ 이므로

$$\sigma_{250} = -\frac{M}{I} y = -\frac{40 \times 10^6}{3.125 \times 10^9} \times 250$$

$$= -3.2\,\text{MPa}\ (\text{압축})$$

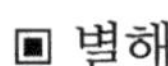
▣ 별해

$$\sigma_{250} = \sigma_{max} = \frac{M}{Z} = \frac{40 \times 10^6}{\frac{300 \times (500)^2}{6}}$$

$$= 3.2\,\text{MPa}$$

5-1-3 전단력에 의한 응력도

그림 5-3과 같이 여러 장의 판을 겹쳐서 양단을 지지시킨 후 보에 하중을 가하면, 수평방향과 수직방향에 따라 미끄러지려는 경향이 생긴다. 미끄러지려는 경향에 저항하고 평형을 이루기 위하여 각 면에 수평전단응력(horizontal shearing stress)과 수직전단응력(vertical shearing stress)이 생기게 된다. 그리고 보의 임의단면에서 수평전단응력의 총합의 크기와 수직전단응력의 총합의 크기는 같게 된다.

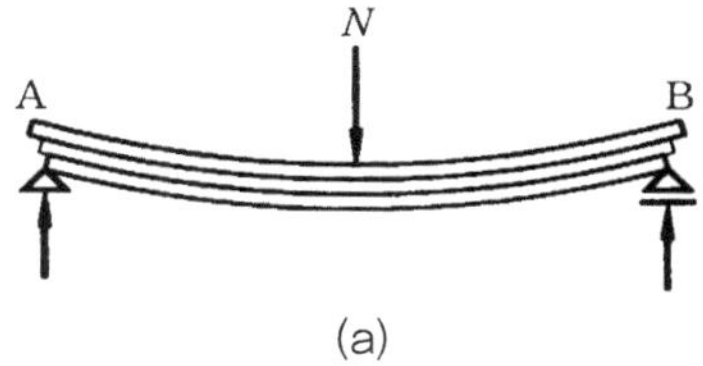

(a)

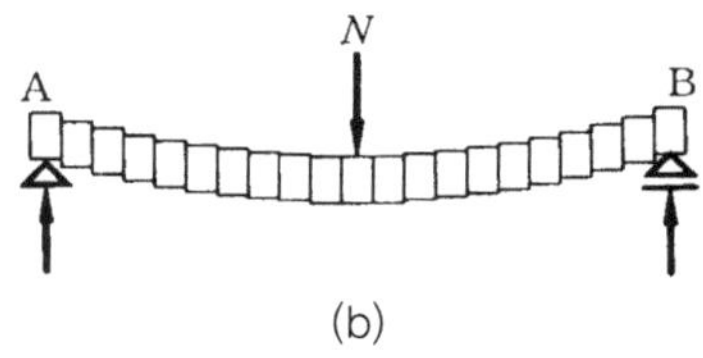

(b)

그림 5-3

부재의 휨모멘트 M이 균일하지 않을 때는, 단면에 전단력 V가 작용한다. 왜냐하면 M과 V사이에는 $\frac{dM}{dx} = V$의 관계가 있기 때문이다.

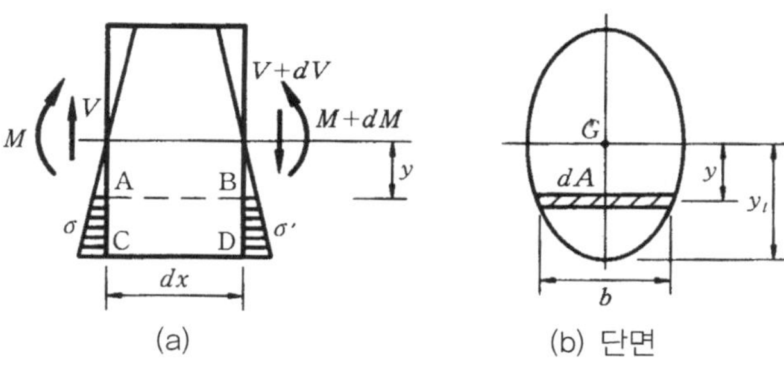

(a) (b) 단면

그림 5-4

그림 5-4(a)에서 중립축으로부터 y거리의 층 AB의 바깥쪽 ABCD부분에서 휨의 평형을 생각해 보면, 부재단면의 표면에는 힘이 작용하지 않으므로 이 부분에 작용하는 응력도는 좌우단면에 생기는 휨응력도 σ와 AB면에 생기는 전단응력도 v만이다. 먼저 중립면으로부터 y거리에서의 휨응력도는 식 (5 · 5)에 의해 $\sigma = \frac{M}{I}y$ 이므로 AC면과 BD면에 작용하는 힘은

$$\int_{y}^{y_t} \sigma dA = \frac{M}{I} \int_{y}^{y_t} y dA \tag{5 · 7}$$

$$\int_{y}^{y_t} \sigma' dA = \frac{M+dM}{I} \int_{y}^{y_t} y dA \tag{5 · 8}$$

이다. 다음에 AB면에 작용하는 전단응력도는 그 위치에서 단면의 폭을 b라 하고, 거기에 분포하는 전단응력도 v가 균등히 분포한다고 가정을 하면, $vbdx$가 된다. 여기서 좌우단면에 작용하는 힘은 방향이 반대이므로 부재축방향의 힘의 평형으로부터 AB면에 작용하는 전단응력도는 이 2개의 힘의 차와 같아야 한다. 따라서 식 (5 · 7)과 식 (5 · 8)에 의하여

$$\frac{dM}{I} \int_{y}^{y_t} y dA = vbdx$$

가 된다. 여기서 $S = \int_{y}^{y_t} y dA$라 하면, 중립축으로부터 y거리에 있는 전단응력도 v는

$$v = \frac{S}{Ib} V \tag{5 · 9}$$

가 된다. 윗 식에서 S는 y층의 외측에 있는 단면의 중립축에 대한 1차모멘트인데, $y = 0$일 때 최대이고, $y = y_t$일 때 0이 된다.

따라서 v는 전단력 V에 비례하고, 그 분포는 상하단에서 0이고, 중립축에서 최대치가 된다. 한편 기본도형의 최대 전단응력도 $v_{\max}$는

$$v_{\max} = k \frac{V}{A} \tag{5 · 10}$$

가 되며, 여기서 k는 단면의 형상에 따른 계수로서 장방형 단면일 때 $k = \frac{3}{2}$, 원형 단면일 때 $k = \frac{4}{3}$가 된다.

예제 5-5

그림과 같은 단면의 보에 $V = 18\,\text{kN}$ 의 전단력이 작용할 때, 이 단면에 작용하는 평균 전단응력은?

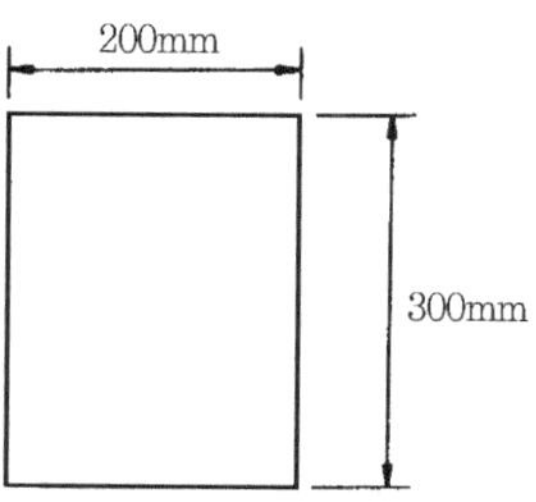

그림 예제 5-5

평균 전단응력

$$v_{avg} = \frac{V}{A} = \frac{18{,}000}{200 \times 300} = 0.3\,\text{MPa}$$

예제 5-6

폭 및 높이가 $60\,\text{mm} \times 120\,\text{mm}$ 인 구형 단면의 캔틸레버보가 자유단에 $36\,\text{kN}$ 의 집중하중을 받을 때, 이 보에서의 최대 전단응력 크기는?

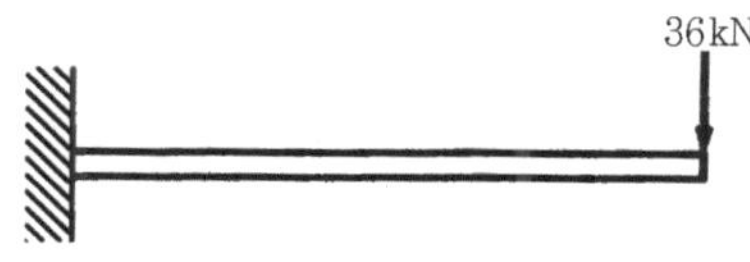

그림 예제 5-6

$$V_{\max} = 36\,\text{kN}$$

$$v_{\max} = 1.5\frac{V_{\max}}{A} = 1.5 \times \frac{36{,}000}{60 \times 120}$$

$$= 7.5\,\text{MPa}$$

예제 5-7

그림과 같은 장방형 단면의 보에 전단력 50kN 이 작용할 때 중립축과 중립축에서 상단으로 200mm 및 250mm 떨어진 위치에서의 전단응력을 구하시오.

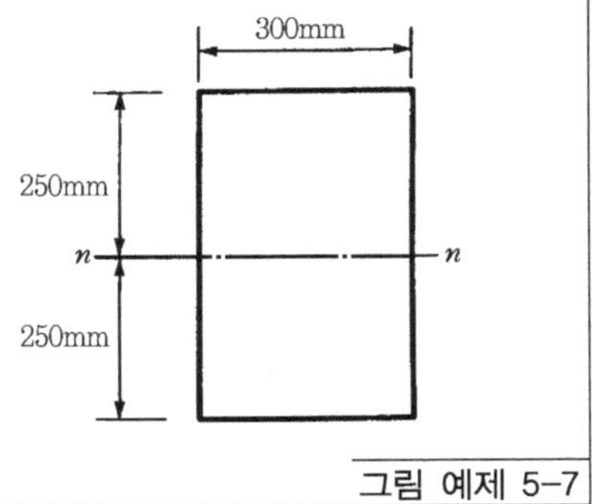

그림 예제 5-7

$$I = \frac{bh^3}{12} = \frac{300 \times (500)^3}{12} = 3{,}125{,}000{,}000\,\mathrm{mm}^4$$

① 상단은 중립축으로부터 상단 외측 단면이 없으므로 단면 1차모멘트 $S=0$

$$\therefore\ v = \frac{V}{Ib}S = \frac{V}{Ib} \cdot 0 = 0$$

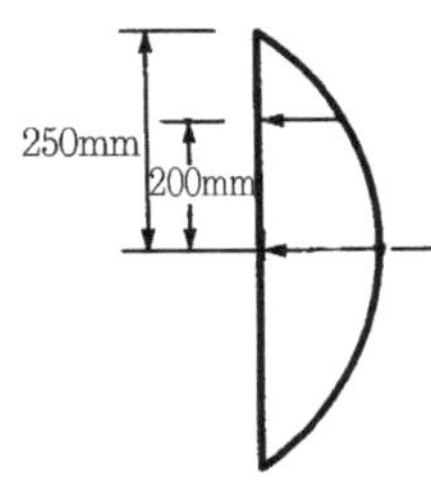

(a) 전단 응력도

② 중립축에서 상부로 200mm 위치의 외측 단면적의 중립축에 대한 단면 1차모멘트 S는

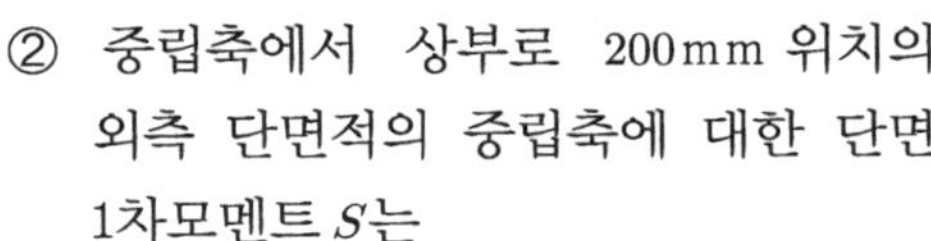

$$S = \bar{y}A = 225 \times 300 \times 50 = 3{,}375{,}000\,\mathrm{mm}^3$$

$$\therefore\ v = \frac{V}{Ib}S = \frac{50{,}000}{3.125 \times 10^9 \times 300} \times 3{,}375{,}000$$

$$= 0.18\,\mathrm{MPa}$$

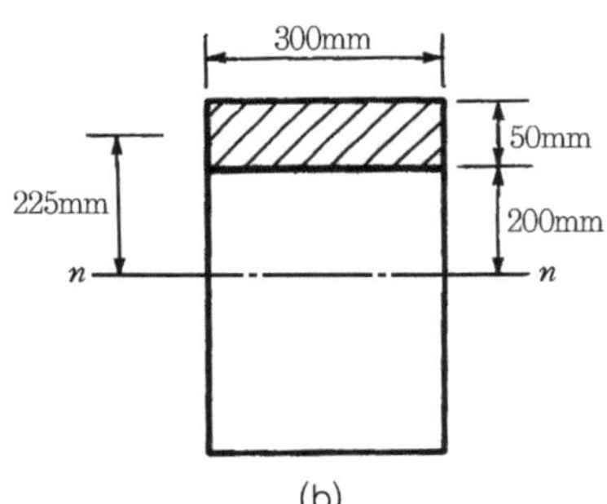

(b)

③ 중립축 위치의 외측 단면적의 중립축에 대한 단면 1차모멘트 S는

$$S = \bar{y}A = 125 \times 300 \times 25 = 9{,}375{,}000\,\mathrm{mm}^3$$

$$\therefore\ v = \frac{V}{Ib}S$$

$$= \frac{50{,}000}{3.125 \times 10^9 \times 300} \times 9{,}375{,}000$$

$$= 0.5\,\mathrm{MPa}$$

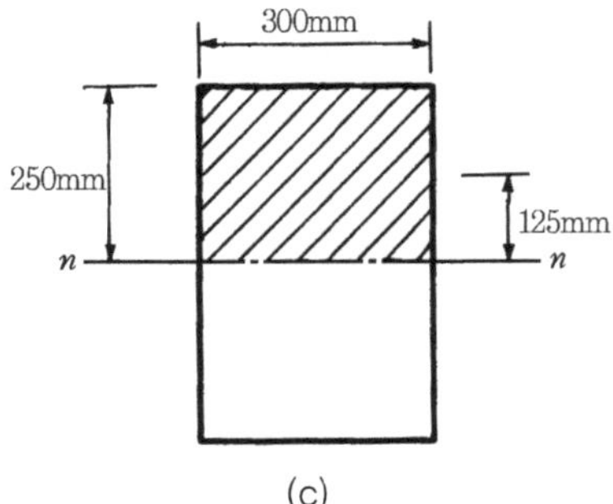

(c)

▣ 별해

$$v_{\max} = k\frac{V}{A} = \frac{3}{2}\cdot\frac{V}{A} = \frac{3}{2}\times\frac{50,000}{300\times500}$$

$$= 0.5\,\text{MPa}$$

5-2 조합응력에 의한 응력도

5-2-1 2방향의 휨모멘트에 의한 응력도

그림 5-5에서와 같이 x축, y축에 휨모멘트 M_x, M_y가 작용하면 단면내 임의의 점에 생기는 휨응력도 σ는

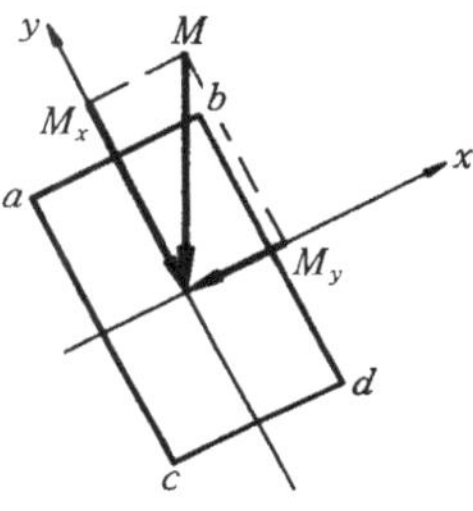

그림 5-5

$$\sigma = \pm\frac{M_x}{I_x}\cdot y \pm \frac{M_y}{I_y}\cdot x$$

$$= \pm\frac{M_x}{Z_x} \pm \frac{M_y}{Z_y} \qquad (5\cdot11)$$

가 된다.

그림 5-5에서 a, b, c, d 위치에서의 응력도는

$$\sigma_a = -\frac{M_x}{Z_x} + \frac{M_y}{Z_y}$$

$$\sigma_b = -\frac{M_x}{Z_x} - \frac{M_y}{Z_y}$$

$$\sigma_c = +\frac{M_x}{Z_x} + \frac{M_y}{Z_y}$$

$$\sigma_d = +\frac{M_x}{Z_x} - \frac{M_y}{Z_y}$$

가 되며, σ_c는 최대 인장응력도, σ_b는 최대 압축응력도가 된다.

5-2-2 휨모멘트와 축방향력에 의한 응력도

(1) 인장과 휨의 조합응력도

휨모멘트 M과 인장력 N을 받는 응력도 σ는

$$\sigma = \frac{N}{A} \pm \frac{M}{I} y \qquad (5 \cdot 12)$$

가 되며, 부재압축측의 응력도는 최소 응력도가 되고,

$$\sigma_c = \frac{N}{A} - \frac{M}{I} y$$

부재인장측의 응력도는 최대 응력도가 된다.

$$\sigma_t = \frac{N}{A} + \frac{M}{I} y$$

(2) 압축과 휨의 조합응력도

축방향력이 인장력일 때의 단면응력은 부재길이와 관계가 없지만, 압축력인 경우는 부재길이, 즉 단주와 장주에 따라 단면응력의 크기가 다르게 된다.

단주일 때의 응력도는 $-\frac{N}{A}$이고, 장주인 경우의 응력도는 $-\frac{\omega N}{A}$을 이용한다.

여기서 좌굴계수 ω는 세장비 $\lambda = \frac{l_k}{i}$에 따라서 구하게 되며, i는 단면 2차 반경, l_k는 좌굴길이이다.

1) 단주의 경우

$$\sigma = -\frac{N}{A} \pm \frac{M}{I} y \qquad (5 \cdot 13)$$

2) 장주의 경우

$$\sigma = -\frac{\omega N}{A} \pm \frac{f_c}{f_b} \frac{M}{I} y \qquad (5 \cdot 14)$$

윗 식에서 f_b는 허용휨응력도, f_c는 허용압축응력도이다.

예제 5-8

다음 그림에서 최대 휨인장응력도를 구하시오.

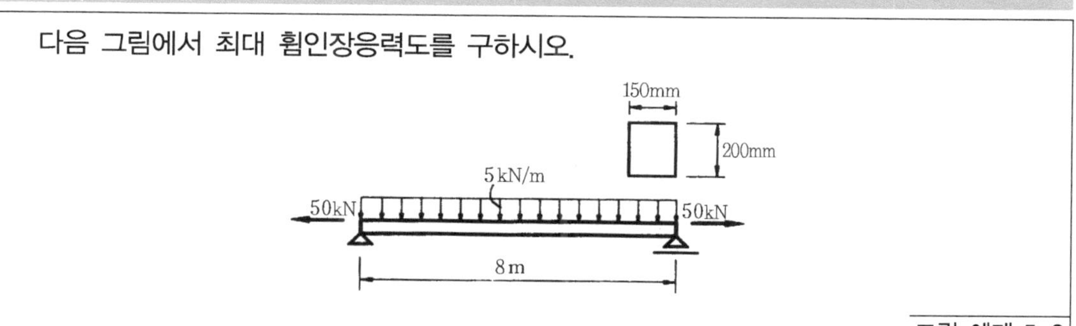

그림 예제 5-8

$$N = 50\,\text{kN} = 50{,}000\,\text{N}$$

$$M_{\max} = \frac{wl^2}{8} = \frac{5\times 8^2}{8} = 40\,\text{kN}\cdot\text{m}$$

$$\sigma_{\max} = \frac{N}{A} + \frac{M}{Z}$$

$$= \frac{50{,}000}{150\times 200} + \frac{40{,}000{,}000}{\dfrac{150\times 200^2}{6}}$$

$$= 41.67\,\text{MPa}\ (\text{인장})$$

예제 5-9

그림과 같은 단주에 $P=80\,\text{kN}$, $M=1{,}500\,\text{N}\cdot\text{m}$ 가 작용할 때 기둥에 생기는 최대 및 최소 압축응력도를 구하시오.

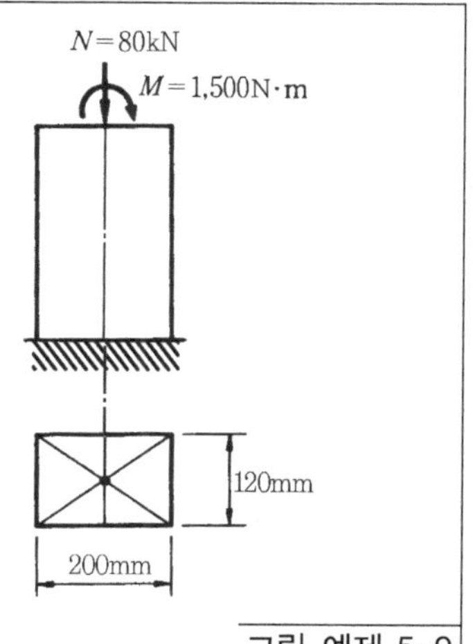

그림 예제 5-9

$$\sigma_{\max} = -\frac{N}{A} - \frac{M}{Z}$$

$$= -\frac{80{,}000}{200\times 120} - \frac{1{,}500{,}000}{\frac{120\times 200^2}{6}}$$

$$= -5.21\,\text{MPa (압축)}$$

$$\sigma_{\min} = -\frac{N}{A} + \frac{M}{Z}$$

$$= -\frac{80{,}000}{200\times 120} + \frac{1{,}500{,}000}{\frac{120\times 200^2}{6}}$$

$$= -1.46\,\text{MPa (압축)}$$

5-3 기 둥

축방향으로 압축력을 받는 부재를 일반적으로 기둥(column)이라 하며, 기둥은 압축력만을 받는 경우가 적고, 휨모멘트와 압축력을 동시에 받을 때가 많다.

특히 기둥의 길이가 단면의 응력도에 크게 영향을 주는데, 기둥이 짧을 때는 휘지 않고 압축파괴되지만 기둥이 길 경우에는 압축력이 어떤 한도에 이르면 변형이 급격히 증대하여 파괴된다.

이 현상을 좌굴(buckling)이라 하고, 압축파괴하는 기둥을 단주(short column), 좌굴파괴하는 기둥을 장주(long column)라 한다.

5-3-1 단 주

(1) 중심축방향 압축력을 받는 단주

압축력이 단면의 중심에 작용할 때의 압축응력도는 전단면에 등분포로 생긴다.

$$\sigma = -\frac{N}{A} \qquad (5 \cdot 15)$$

(2) 편심하중을 받는 단주

압축력이 중심으로부터 e만큼 떨어진 곳에 작용할 경우의 응력도는 아래와 같다.

가) 압축측의 최대 압축응력도

$$\sigma_{\max} = -\frac{N}{A} - \frac{Ne}{Z_c} \qquad (5 \cdot 16)$$

나) 인장측의 최소 압축응력도

$$\sigma_{\min} = -\frac{N}{A} + \frac{Ne}{Z_t} \qquad (5 \cdot 17)$$

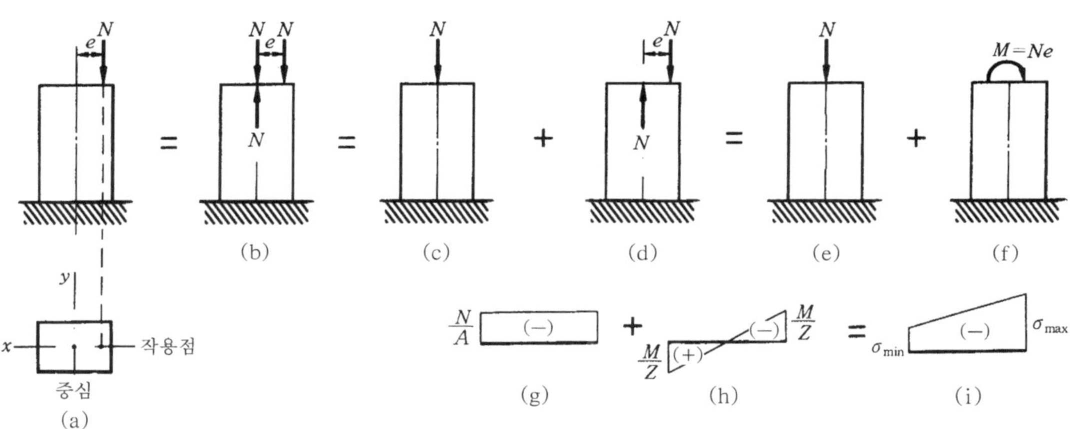

그림 5-6

(3) 압축력이 단면의 주축과 일치하지 않을 때의 단주

압축력이 단면의 주축선상에 작용하지 않을 경우의 응력도는 그림 5-7의 a, b, c, d 지점에서 구해보면 다음과 같다.

$$\sigma_a = -\frac{N}{A} + \frac{M_x}{Z_x} + \frac{M_y}{Z_y}$$

$$\sigma_b = -\frac{N}{A} + \frac{M_x}{Z_x} - \frac{M_y}{Z_y}$$

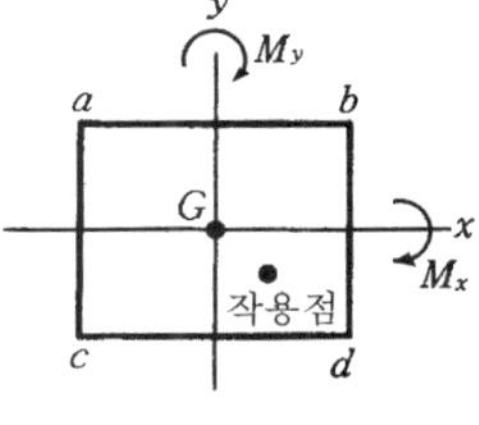

그림 5-7

$$\sigma_c = -\frac{N}{A} - \frac{M_x}{Z_x} + \frac{M_y}{Z_y}$$

$$\sigma_d = -\frac{N}{A} - \frac{M_x}{Z_x} - \frac{M_y}{Z_y}$$

가 되며, 여기서 σ_d는 압축측의 최대 압축응력도, σ_a는 인장측의 최소 응력도가 된다.

5-3-2 단면의 핵

그림 5-6(g), (h), (i)에서 알 수 있는 바와 같이, 최대 응력 $\sigma_{\max}$의 값은 항상 압축응력이 되지만 최소 응력 $\sigma_{\min}$의 값은 편심거리 e의 크기에 따라 압축 혹은 인장응력이 된다. 단주는 압축응력을 받는 부재인데 인장응력이 일어나려고 하는 한계 편심거리 e를 핵반경이라 한다. 핵반경 e를 산정하는 식을 구하면 다음과 같다.

$$-\frac{N}{A} + \frac{Ne}{Z} = 0\,,\quad -N\left(\frac{1}{A} - \frac{e}{Z}\right) = 0$$

$$\frac{1}{A} = \frac{e}{Z}$$

$$\therefore e = \frac{Z}{A} \qquad (5 \cdot 18)$$

한편 편심하중의 작용점과 응력분포도를 아래와 같이 알아 볼 수 있다.

〈장방형 단면인 경우〉

작용점	$e = \frac{h}{6}$	$e > \frac{h}{6}$	$e < \frac{h}{6}$	$e = 0$
응력분포도	(−)	(−) (+)	(−)	(−)

그림 5-8

예제 5-10

단면이 $120 \times 120\,\mathrm{mm}$ 의 기둥에 $N = 120\,\mathrm{kN}$ 이 편심거리 $e = 15\,\mathrm{mm}$ 의 위치에 작용할 때 단면에 생기는 최대 압축응력은?

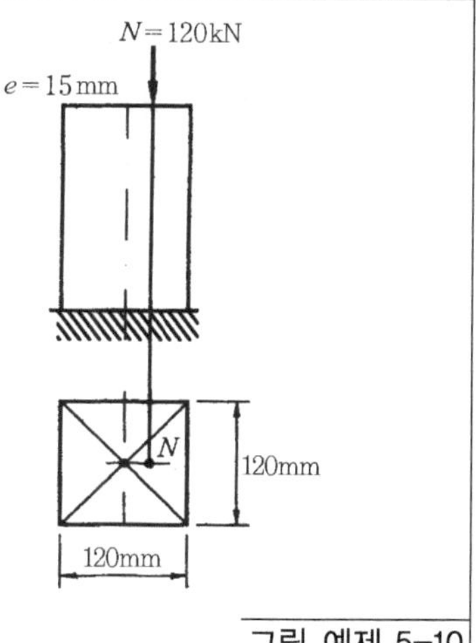

그림 예제 5-10

풀 이

$$M = N \cdot e = 120{,}000 \times 15$$
$$= 1{,}800{,}000\,\mathrm{N \cdot mm}$$
$$Z = \frac{bh^2}{6} = \frac{120 \times 120^2}{6} = 288{,}000\,\mathrm{mm}^3$$
$$\sigma_{\max} = \frac{N}{A} + \frac{M}{Z}$$
$$= \frac{120{,}000}{120 \times 120} + \frac{1{,}800{,}000}{288{,}000}$$
$$= 8.33 + 6.25$$
$$= 14.58\,\mathrm{MPa}\ (\text{압축})$$

예제 5-11

그림과 같은 단주에 편심거리 e의 위치에 $P=2{,}000\text{N}$ 이 작용할 때, 단면에 인장력이 생기지 않기 위한 e의 값을 구하시오.

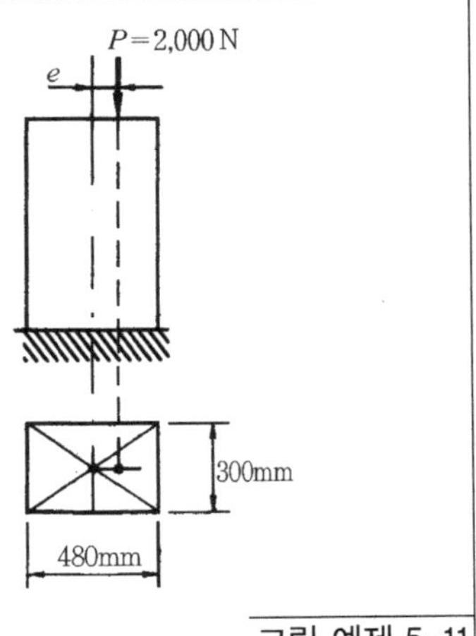

그림 예제 5-11

하중의 크기에 관계없이 하중이 핵점과 일치하면 된다.

$$e = \frac{h}{6} = \frac{480}{6} = 80\,\text{mm}$$

5-3-3 장 주

장주는 단주의 파괴하중보다 적은 하중을 받아도 좌굴하게 된다. 이 하중을 좌굴하중(buckling load)이라 하고, 좌굴하중을 단면적으로 나눈 값을 좌굴응력도라 한다.

좌굴하중 또는 좌굴응력도를 구하는 식을 장주공식이라 하고, 장주식은 이론 및 실험적으로 연구되었다. 좌굴하중을 1757년에 수학자 오일러(Euler)가 이론적으로 아래와 같이 구하였다.

좌굴하중 : $N_k = \dfrac{\pi^2 EI}{l_k^2}$ (5 · 19)

좌굴응력도 : $\sigma_k = \dfrac{N_k}{A} = \dfrac{\pi^2 E}{\lambda^2}$ (5 · 20)

윗 식에서 $\lambda = \frac{l_k}{i}$ 를 세장비(slenderness ratio)라 하고, l_k는 좌굴길이(buckling length)라 하는데 부재의 길이 l과 양단의 지지조건에 따라 그림 5-9와 같이 정해진다.

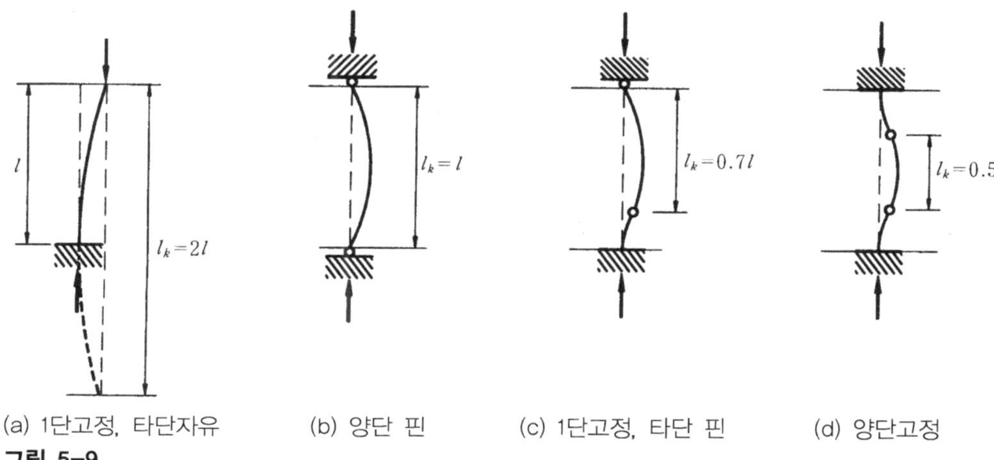

(a) 1단고정, 타단자유　(b) 양단 핀　(c) 1단고정, 타단 핀　(d) 양단고정

그림 5-9

예제 5-12

그림과 같은 기둥에서 좌굴하중의 비를 구하시오.
(다만, 부재의 단면, 길이, 재료는 동일함)

l

(a)　(b)　(c)　(d)

그림 예제 5-12

(a) $P_k = \frac{\pi^2 EI}{L_k^2} = \frac{\pi^2 EI}{(0.5l)^2} = 4\frac{\pi^2 EI}{l^2}$

(b) $P_k = \frac{\pi^2 EI}{(0.7l)^2} \fallingdotseq 2\frac{\pi^2 EI}{l^2}$

(c) $P_k = \dfrac{\pi^2 EI}{l^2}$

(d) $P_k = \dfrac{\pi^2 EI}{(2l)^2} = \dfrac{1}{4}\dfrac{\pi^2 EI}{l^2}$

$\therefore$ (a) : (b) : (c) : (d)

$= 4 : 2 : 1 : \dfrac{1}{4} = 16 : 8 : 4 : 1$

예제 5-13

그림과 같은 장주의 좌굴하중과 좌굴응력도를 구하시오.

(다만, $E = 2.0 \times 10^5 \text{MPa}$)

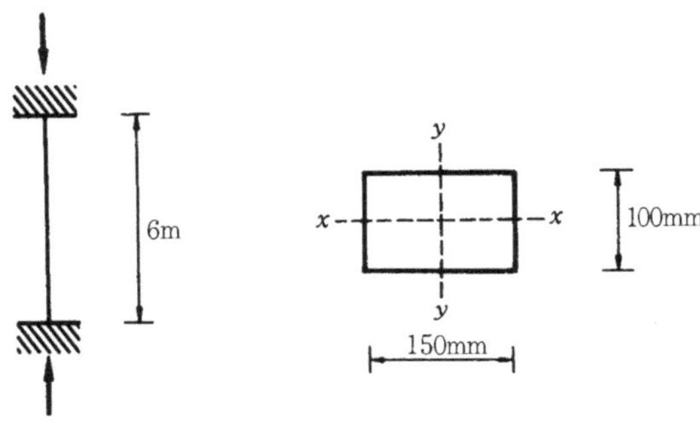

그림 예제 5-13

좌굴은 x축에서 생기므로(단면 2차모멘트가 적으므로)

$I_x = \dfrac{bh^3}{12} = \dfrac{150 \times 100^3}{12} = 12{,}500{,}000\,\text{mm}^4$

$l_k = 0.5l = 0.5 \times 6{,}000 = 3{,}000\,\text{mm}$

좌굴하중 : $P_k = \dfrac{\pi^2 EI}{l_k^2} = \dfrac{3.14^2 \times 2.0 \times 10^5 \times 1.25 \times 10^7}{3{,}000^2}$

$= 2.74 \times 10^6\text{N} = 2.74 \times 10^3\,\text{kN}$

좌굴응력도 : $\sigma_k = \dfrac{P_k}{A} = \dfrac{2.74 \times 10^6}{150 \times 100} = 182.7\,\text{MPa}$

연습문제

1. 단면 $300\text{mm} \times 500\text{mm}$ 인 보에 휨모멘트 $M = 250\,\text{kN}\cdot\text{m}$, 압축력 $N = 150\,\text{kN}$ 이 동시에 작용할 경우의 최대 압축응력도를 구하시오.

2. 사각형 및 원형 단면의 핵반경을 구하시오.

3. 기둥이 원형 단면일 경우, 기둥의 세장비 λ와 좌굴길이 l_k, 지름 D 사이의 관계를 구하시오.

4. 그림과 같은 구조물의 최대 휨응력도를 구하시오.

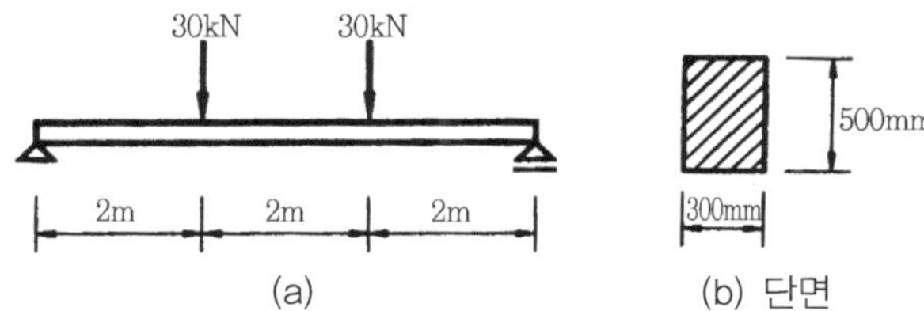

(a) (b) 단면

6 Chapter

구조물의 변형

지금까지 우리는 구조물에 작용하는 하중에 의하여 생긴 부재력에 대하여 공부하였으며 또한 부재력으로부터 얻어지는 응력이 허용응력 이내가 되도록 설계되어야 한다는 것도 알았다.

그러나 구조물의 각 부재응력이 허용응력 이내가 되어도 어떤 부분의 처짐(변형)이 지나치게 크면 바람직하지 못하게 되는데 이것은 지나친 변형이 인간을 심리적으로 불안하게 하기 때문에 변형상태도 충분히 조사하여 지나치게 큰 변형이 일어나지 않게 하여야 한다.

구조물의 변형은 다른 이유에서도 매우 중요하다. 우리가 실제로 부딪치는 구조물은 대부분이 부정정 구조물인데 구조물의 변형을 알지 못하면 부정정 구조물의 해석이 불가능하게 된다.

6-1 중적분법

구조부재는 응력의 작용과 온도의 변화 등에 의하여 부재의 길이가 변하고 휨이 생겨 이동과 회전이 일어난다. 이것을 총괄하여 변형(deformation)이라 한다. 보가 하중을 받으면 축선은 휘게 되며 축선 위의 점은 하중 방향으로 변위를 일으키게 된다. 이때 그 변위가 보의 길이에 비하여 매우 작은 경우에 그 방향은 축선의 최초 방향에 수직하다고 생각할 수 있다.

이 변위를 보의 처짐(deflection)이라고 하며, 변위 후의 보의 축선을 보의 처짐곡선(deflection curve) 또는 탄성곡선(elastic curve)이라고 한다.

일반적인 보의 처짐 방정식을 구하기 위하여 그림 6-1과 같은 변형상태가 극히 미소한 단순보에 대하여 생각해 보기로 한다.

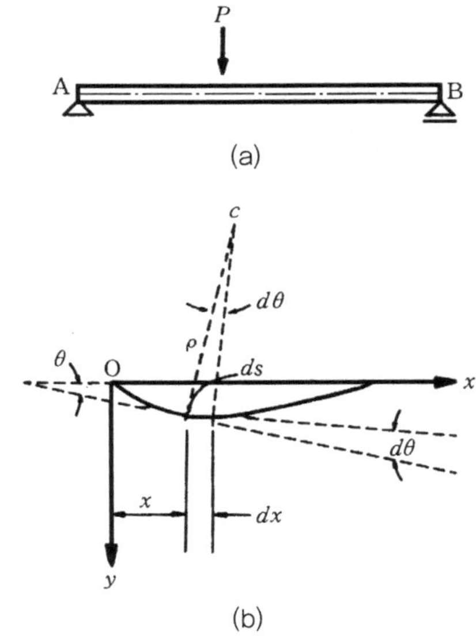

그림 6-1

5-1-2절에서 휨을 받는 균일단면보는 원호 모양으로 휘어지며 탄성범위 내에서 중립면의 곡률(1/ρ)은 다음과 같이 표시할 수 있다.

$$\frac{1}{\rho} = \frac{M}{EI} \qquad \text{(a)}$$

그림 6-1에서 $\rho d\theta = ds$, $ds \fallingdotseq dx$ 가 되어 다음과 같이 표시된다.

$$\frac{1}{\rho} = \frac{d\theta}{ds} \qquad \text{(b)}$$

한편, 곡선 $y = f(x)$의 곡률은 기초미적분학에 의해 다음과 같이 표시된다.

$$\frac{1}{\rho} = \pm \frac{\dfrac{d^2y}{dx^2}}{\left\{1 + \left(\dfrac{dy}{dx}\right)^2\right\}^{3/2}} \qquad \text{(c)}$$

부재의 변형이 미소하다고 하면 $1 \gg \left(\dfrac{dy}{dx}\right)^2$이므로 식 (c)는

$$\frac{1}{\rho} = \pm \frac{d^2y}{dx^2} \qquad \text{(d)}$$

식 (a), (d)로부터

$$\frac{d^2y}{dx^2} = \pm\frac{M}{EI} \tag{e}$$

그림 6-1과 같이 좌표축을 잡으면 (+)의 휨모멘트에 대하여 탄성곡선은 y의 (+)방향으로 볼록한 곡선이 되고, 그 경우 곡선의 $\frac{d^2y}{dx^2}$은 (-)가 된다. 따라서 식 (e) 중의 부호로는 (-)를 취한다. 즉

$$\frac{d^2y}{dx^2} = -\frac{M}{EI} \tag{6 · 1}$$

식 (6 · 1)이 휨을 받는 부재의 탄성곡선의 미분방정식이다.

이것으로부터 처짐각 θ 및 처짐 y는 다음 식과 같이 구할 수 있다(표 6-1 보의 처짐공식 참조).

$$\theta = \frac{dy}{dx} = -\int\frac{M}{EI}dx + C_1 \tag{6 · 2a}$$

$$y = -\int\int\frac{M}{EI}dx\,dx + C_1x + C_2 \tag{6 · 2b}$$

$$EI\frac{d^3y}{dx^3} = -\frac{dM}{dx} = -V \tag{6 · 3c}$$

$$EI\frac{d^4y}{dx^4} = -\frac{d^2M}{dx^2} = -\frac{dV}{dx} = w \tag{6 · 3d}$$

여기서 C_1, C_2는 적분계수이고, 경계조건이나 변형의 연속조건에 따라 정해진다.

식 (e)에 사용된 부호규약은 다음과 같다.

1) x축이 우측방향이고, y축이 하방향일 때 양이다.
2) 회전각 θ는 x축으로부터 시계방향일 때 양이다.
3) 처짐 y는 하방향일 때 양이다.
4) 휨모멘트는 보의 상부를 압축시킬 때 양이다.
5) 곡률은 보가 아래로 오목해질 때 양이다.

그림 6-2 휨모멘트와 d^2y/dx^2의 부호

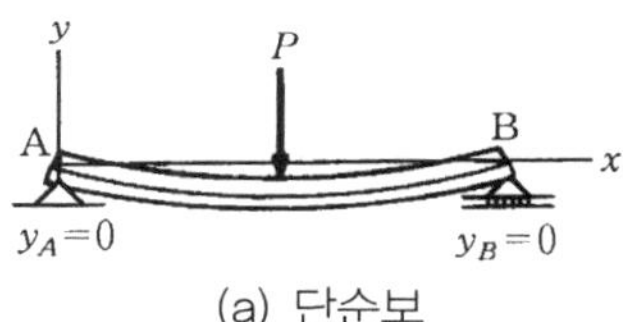

(a) 단순보

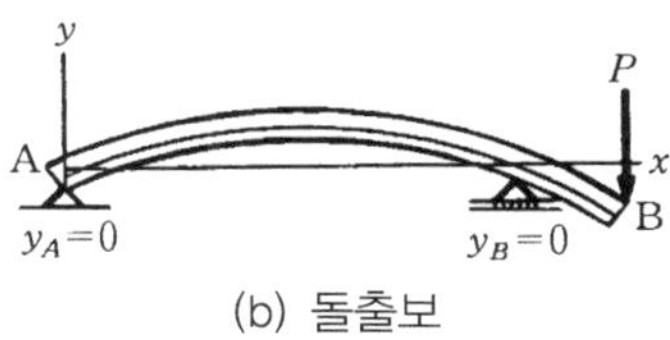

(b) 돌출보

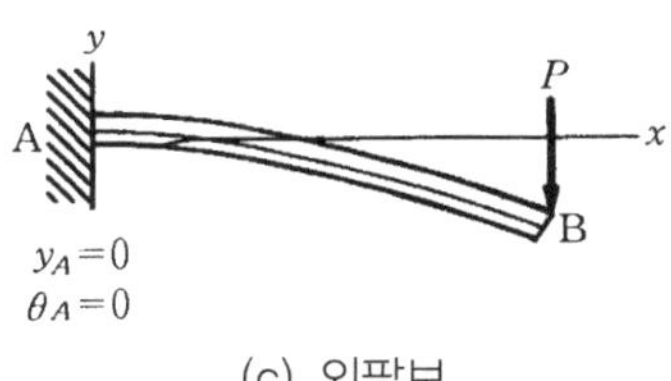

(c) 외팔보

그림 6-3 정정보에 대한 경계조건

예제 6-1

등분포하중을 받는 단순보 AB에 대한 처짐곡선 방정식을 구하라. 또 보의 중앙에서의 최대 처짐 $y_{\max}$ 와 지점에서의 회전각 θ_A와 θ_B를 구하시오.

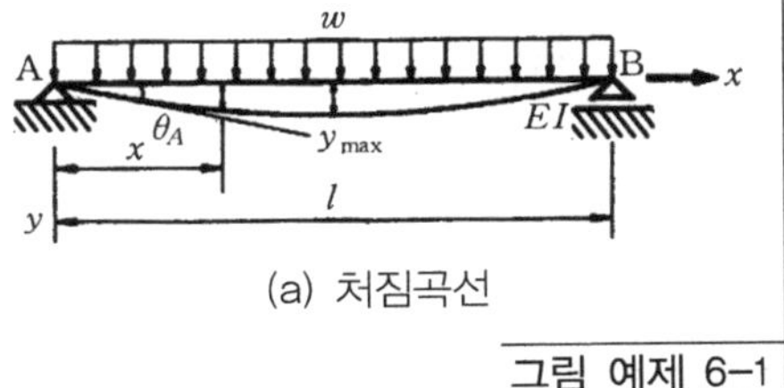

(a) 처짐곡선

그림 예제 6-1

풀 이

$$M = \frac{wl}{2}x - \frac{w}{2}x^2$$

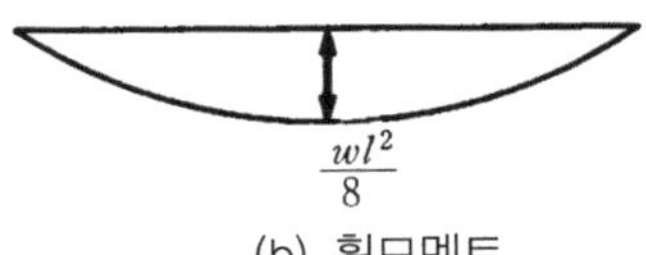

(b) 휨모멘트

식 (6 · 1)에 의해

$$EI\frac{d^2y}{dx^2} = \frac{w}{2}x^2 - \frac{wl}{2}x$$

$$EI\theta = EI\frac{dy}{dx} = \frac{w}{6}x^3 - \frac{wl}{4}x^2 + C_1$$

$$EIy = \frac{w}{24}x^4 - \frac{wl}{12}x^3 + C_1x + C_2$$

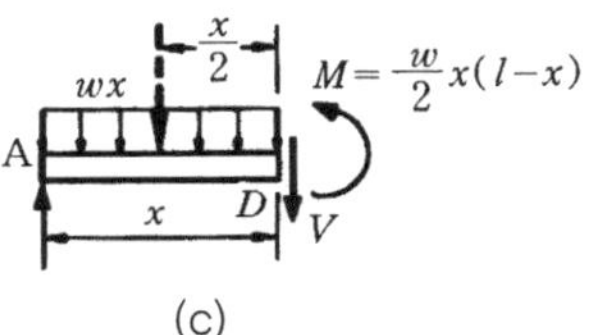

(c)

경계조건 $x = 0$, $x = l$ 에서 $y = 0$이므로

$$C_1 = \frac{wl^3}{24}, \ C_2 = 0$$

따라서

$$EI\theta = EI\frac{dy}{dx} = \frac{w}{6}x^3 - \frac{wl}{4}x^2 + \frac{wl^3}{24}$$

$$EIy = \frac{w}{24}x^4 - \frac{wl}{12}x^3 + \frac{wl^3}{24}x$$

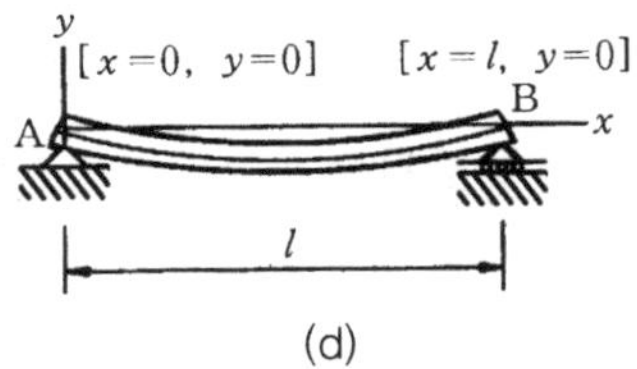

(d)

그리고

$$\theta_A = \theta_{x=0} = \frac{wl^3}{24EI}$$

$$\theta_B = \theta_{x=l} = -\frac{wl^3}{24EI}$$

$$y_{\max} = y_{x=l/2} = \frac{5wl^4}{384EI}$$

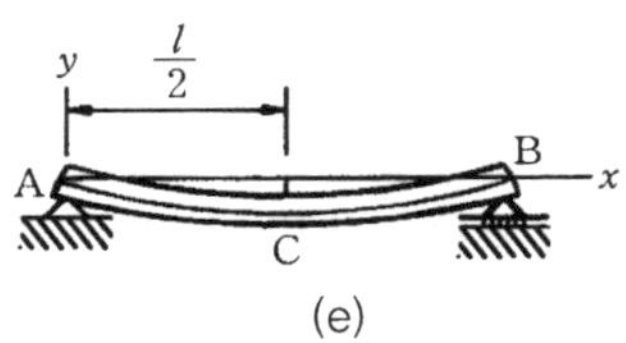

(e)

예제 6-2

집중하중을 받는 단순보 AB에 대한 처짐곡선방정식을 구하라. 또 보의 양지점의 절점각 θ_A, θ_B와 최대처짐 $y_{\max}$을 구하시오.

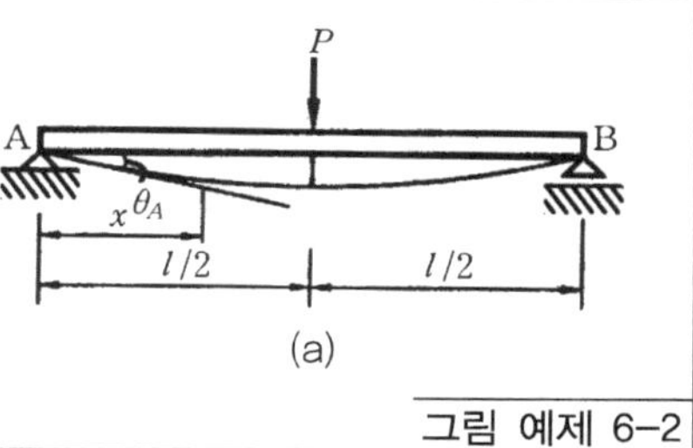

(a)

그림 예제 6-2

보의 왼쪽반부분에 대한 탄성곡선의 미분방정식은 다음과 같다.

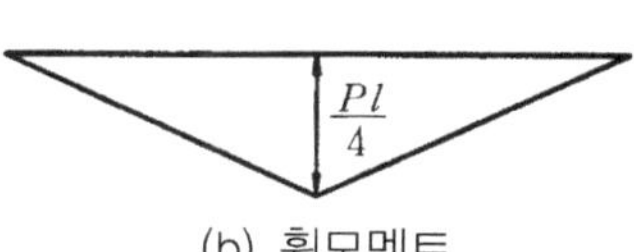

(b) 휨모멘트

$$EI\frac{d^2y}{dx^2} = -M_x = -\frac{Px}{2}$$

$$EI\frac{dy}{dx} = -\frac{Px^2}{4} + C_1$$

$$EIy = -\frac{Px^3}{12} + C_1x + C_2$$

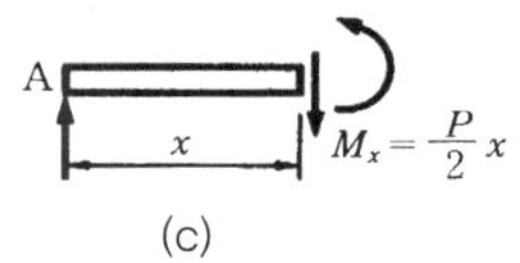

(c)

경계조건 $x = l/2$ 일 때 $\frac{dy}{dx} = 0$ (대칭하중),

$x = 0$ 일 때 $y = 0$ 이므로

$$C_1 = \frac{Pl^2}{16}, \quad C_2 = 0$$

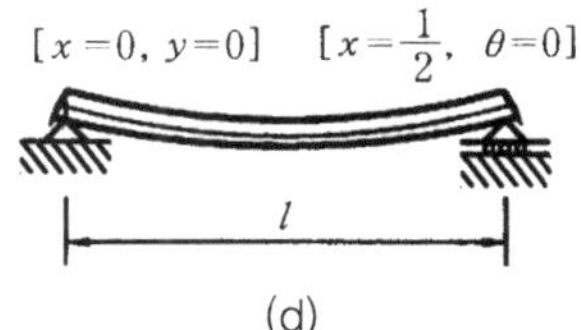

(d)

따라서

$$EI\frac{dy}{dx} = -\frac{Px^2}{4} + \frac{Pl^2}{16}$$

$$EIy = -\frac{Px^3}{12} + \frac{Pl^2}{16}x$$

그리고

$$\theta_A = \theta_{x=0} = \frac{Pl^2}{16EI}$$

$$\theta_B = -\frac{Pl^2}{16EI} \text{ (대칭하중)}$$

최대처짐 $y_{\max}$는 보의 중앙에 생기므로

$$y_{\max} = y_{x=l/2} = \frac{Pl^3}{48EI}$$

예제 6-3

그림 6-3(a)와 같은 균일단면인 외팔보 AB가 자유단 A에 하중 P를 지지하고 있다. 탄성곡선의 방정식을 결정하고 A점의 처짐과 기울기를 구하시오.

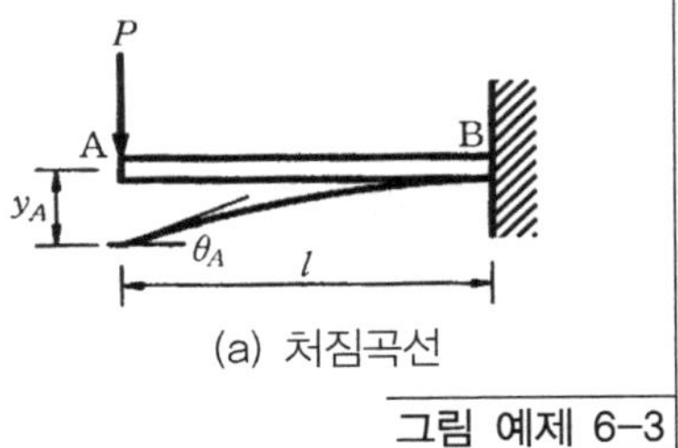

(a) 처짐곡선

그림 예제 6-3

$M = -Px$

식 (6 · 1)에 의해

$$EI\frac{d^2y}{dx^2} = Px$$

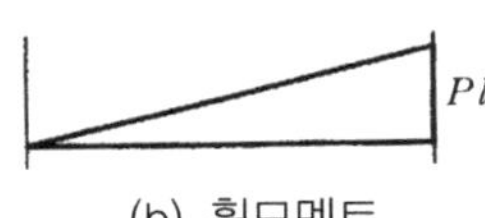

(b) 휨모멘트

$$EI\theta = EI\frac{dy}{dx} = \frac{P}{2}x^2 + C_1$$

$$EIy = \frac{P}{6}x^3 + C_1x + C_2$$

(c)

경계조건 $x = l$ 에서

$\frac{dy}{dx} = 0$, $y = 0$ 이므로

$$C_1 = -\frac{Pl^2}{2},\quad C_2 = \frac{Pl^3}{3}$$

따라서

$$EI\theta = EI\frac{dy}{dx} = \frac{P}{2}x^2 - \frac{Pl^2}{2}$$

$$EIy = \frac{P}{6}x^3 - \frac{Pl^2}{2}x + \frac{Pl^3}{3}$$

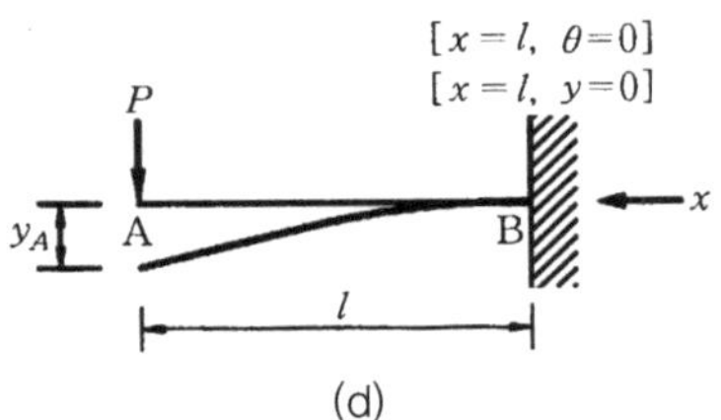

(d)

$x = 0$ 인 자유단에서의 처짐각 θ_A, 처짐 y_A는

$$\theta_A = -\frac{Pl^2}{2EI},\quad y_A = \frac{Pl^3}{3EI}$$

예제 6-4

그림과 같은 단순보의 최대 처짐각과 최대 처짐을 구하시오(단, $E = 9{,}000\,\text{MPa}$).

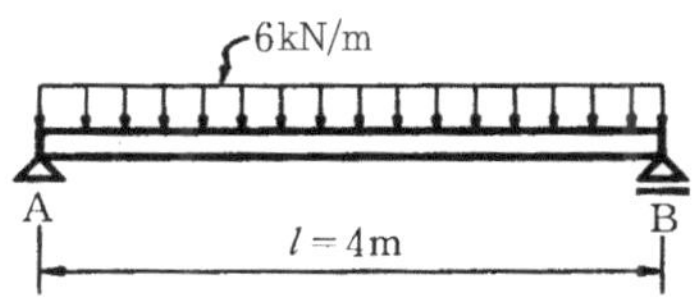

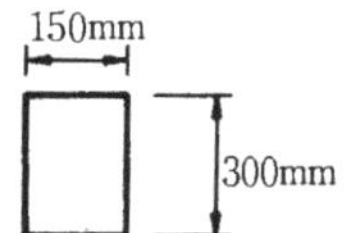

그림 예제 6-4

$$w = 6\,\text{kN/m} = \frac{6{,}000\,\text{N}}{1{,}000\text{mm}} = 6\,\text{N/mm}$$

$$I = \frac{bh^3}{12} = \frac{150 \times 300^3}{12} = 337.5 \times 10^6 \text{mm}^4$$

최대 처짐각은 양 지점에서 생기며,
그 크기는

$$\theta_A = \frac{wl^3}{24EI} = \frac{6 \times (4{,}000)^3}{24 \times 9{,}000 \times 337.5 \times 10^6}$$

$$= 0.00527\,\text{rad}$$

최대 처짐은 보중앙에서 생기며,
그 크기는

$$y_{\max} = \frac{5wl^4}{384EI} = \frac{5 \times 6 \times (4{,}000)^4}{384 \times 9{,}000 \times 337.5 \times 10^6}$$

$$= 6.58\text{mm}$$

예제 6-5

그림과 같은 보에서 C점의 처짐량을 구하시오 (다만, 보의 단면은 $200\text{mm} \times 300\text{mm}$ 이고, 영계수는 $E = 10{,}000\text{MPa}$ 이다).

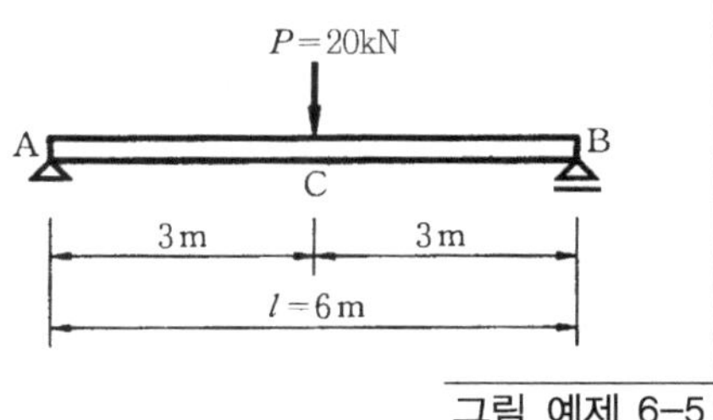

그림 예제 6-5

$$I = \frac{200 \times 300^3}{12} = 4.5 \times 10^8 \text{mm}^4$$

$$y_c = \frac{Pl^3}{48EI} = \frac{20{,}000\,\text{N} \times (6{,}000\text{mm})^3}{48 \times 10^4\,\text{MPa} \times 4.5 \times 10^8\,\text{mm}^4}$$

$$= 20\text{mm}$$

예제 6-5-1

그림과 같은 캔틸레버보의 부재를 $I-200 \times 100 \times 5.5 \times 8\,(I_x = 1.84 \times 10^7\,\text{mm}^4)$ 을 사용할 때 이 보의 최대 처짐각과 최대처짐을 구하시오(단, 보의 자중은 무시한다. $E = 2.0 \times 10^5\,\text{MPa}$).

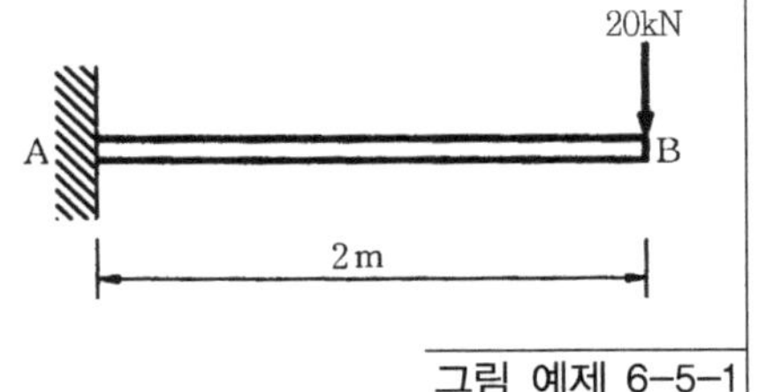

그림 예제 6-5-1

최대처짐각과 처짐은 자유단 B점에서 일어난다.

$$\theta_B = \frac{Pl^2}{2EI} = \frac{20{,}000 \times (2{,}000)^2}{2 \times 2.0 \times 10^5 \times 1.84 \times 10^7}$$

$$= 0.0109\text{rad}$$

$$y_B = \frac{Pl^3}{3EI} = \frac{20{,}000 \times (2{,}000)^3}{3 \times 2.0 \times 10^5 \times 1.84 \times 10^7}$$

$$= 14.5\text{mm}$$

연습문제

※ 처짐각 및 처짐에 대한 공식을 이용하여 다음 사항에 답하시오.
(단, $E = 200,000\,\mathrm{MPa}$, $I = 6.4 \times 10^7\,\mathrm{mm}^4$)

1. $w = 2\mathrm{kN/m}$, $l = 2\mathrm{m}$일 때 θ_A, y_A을 구하시오.

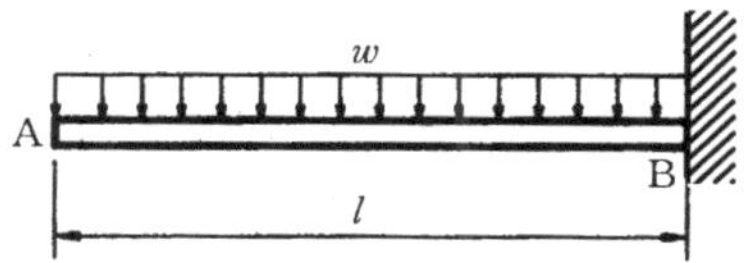

2. $P = 4\mathrm{kN}$, $l = 2\mathrm{m}$ 일 때 θ_A, y_A을 구하시오.

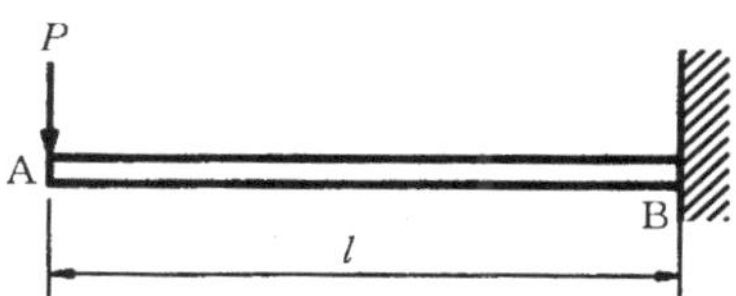

3. $w = 2\mathrm{kN/m}$, $l = 2\mathrm{m}$일 때 θ_A, y_A을 구하시오.

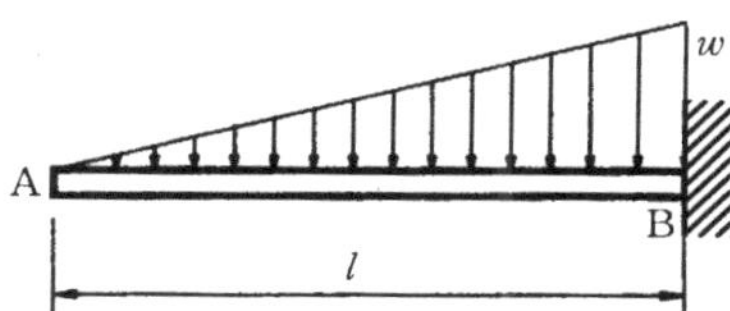

4. $w = 2\text{kN/m}$, $l = 6\text{m}$ 일 때 θ_A, y_{max}을 구하시오.

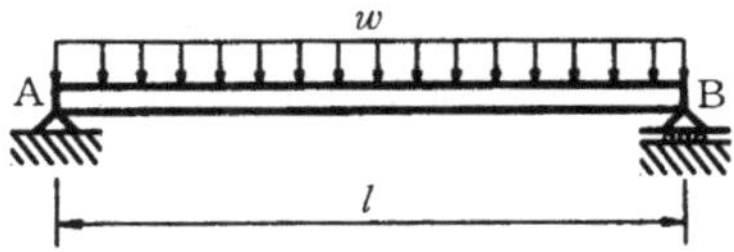

5. $P = 4\text{kN}$, $l = 6\text{m}$ 일 때 θ_A, y_{max}을 구하시오.

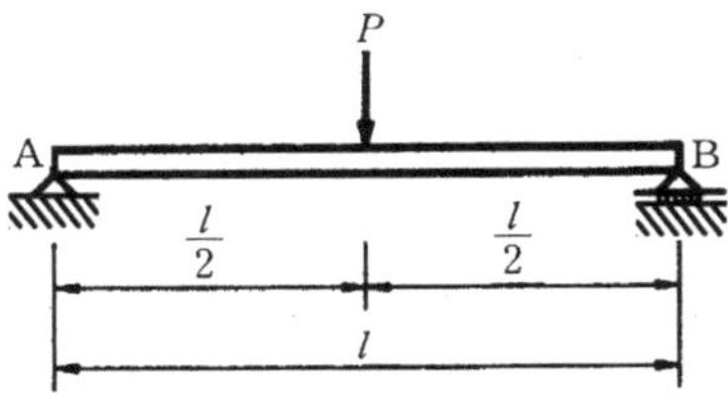

6. θ_A, y_{max} 을 구하시오.

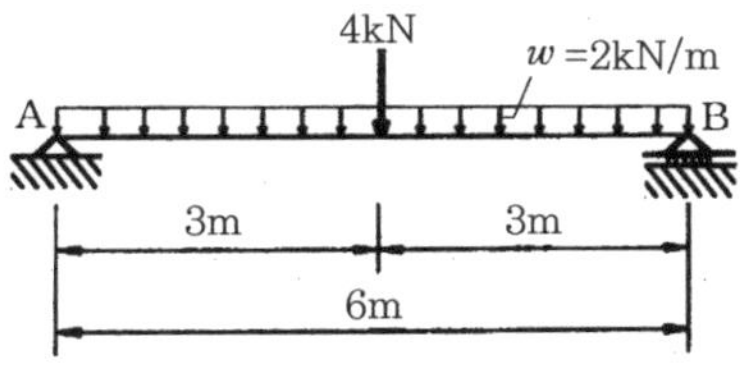

7. θ_A, y_{max} 을 구하시오.

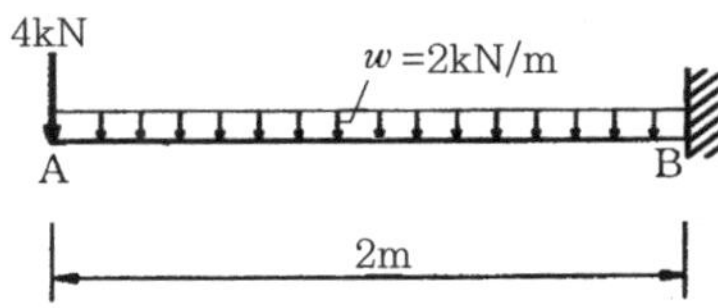

6-2 모멘트 면적법

지금까지 여러 형태의 하중을 받는 보에서의 처짐을 중적분법을 이용하여 구해보았다. 그런데 탄성곡선의 미분방정식을 이용하여 구하는 중적분법은 번잡하므로 보다 간편한 모멘트 면적법(moment area method)이 있다. 이것은 모멘트도의 면적을 이용하여 구하는 것으로서 보의 임의의 한 점에서의 처짐이나 회전각을 구하고자할 때 특히 유용하다. 이는 처짐곡선 방정식을 구하지 않고 그 값을 알 수 있기 때문이다.

앞 절의 식 (a)와 식 (b)를 결합하면

$$\frac{d\theta}{ds} = \frac{M}{EI} = \frac{d\theta}{dx}$$

$$d\theta = \frac{Mdx}{EI} \qquad \text{(a)}$$

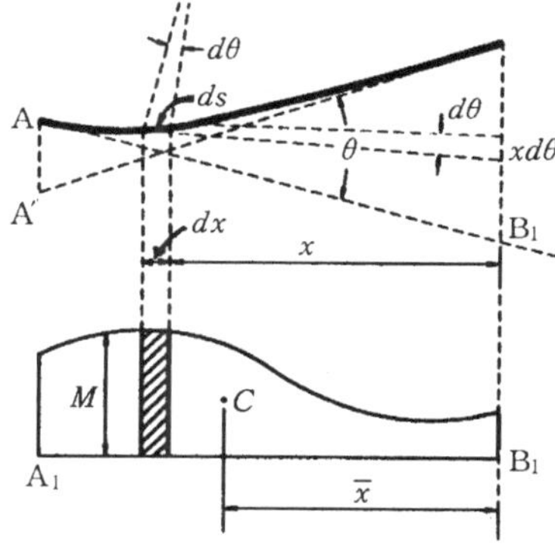

그림 6-4

그림 6-4에서 식 (a)를 A와 B 사이에서 적분하면 A와 B에서 탄성곡선에 그은 두 접선 사이의 각 θ를 얻는다.

$$\theta = \int_A^B \frac{Mdx}{EI} \qquad (6 \cdot 3)$$

이 적분은 휨모멘트도 A_1, B_2의 전면적을 EI로 나눈 값을 표시한다. 그러므로 다음과 같은 결론을 얻게 된다.

Mohr의 정리 1

탄성곡선 위의 임의의 두 점 A와 B에서 그은 두 접선 사이의 각 θ는 그 두 점 사이에 있는 휨모멘트도의 전면적을 EI로 나눈 값과 같다.

이번에는 A에서의 접선에 대한 B점의 처짐 BB'는 $xd\theta$를 적분하여 얻는다.

$$\delta = \mathrm{BB}' = \int_A^B x\,d\theta = \int_A^B \frac{Mx\,dx}{EI} \qquad (6 \cdot 4)$$

이 적분은 A와 B 사이에 있는 휨모멘트도의 전 면적의 B에 관한 1차모멘트를 EI로 나눈값을 나타낸다.

Mohr의 정리 2

A에서의 접선으로부터 이탈한 B점의 처짐량은 A와 B 사이에 있는 휨모멘트도 면적의 B에 관한, 1차모멘트를 EI로 나눈 값과 같다.

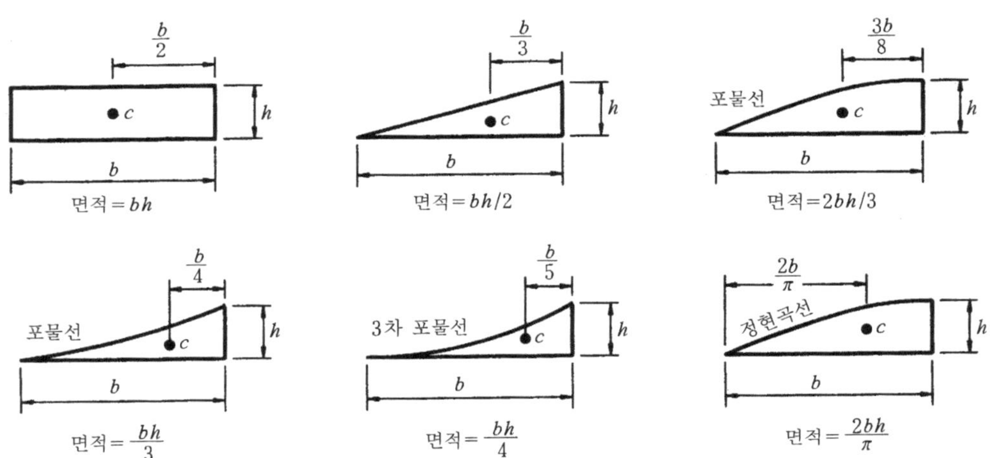

그림 6-5 여러 가지 도형의 도심과 면적

예제 6-6

그림 (a)와 같은 단순보에서 양단의 처짐각과 최대 처짐을 모멘트 면적법으로 구하시오.

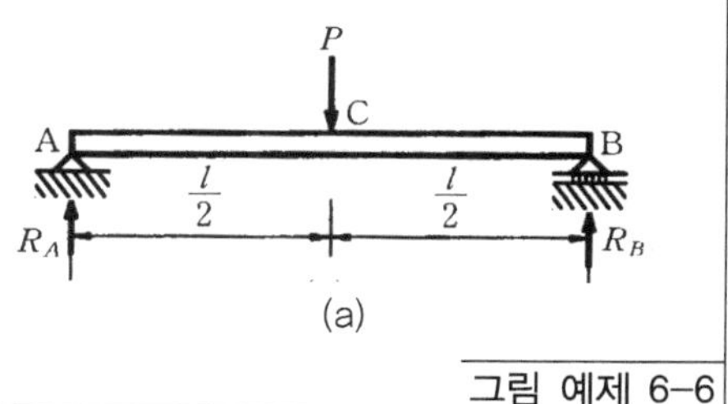

그림 예제 6-6

정리 1에 의하여 점 A와 C에서 그은 접선이 이루는 각 θ_A는 두 점간의 휨모멘트도 면적을 $1/EI$ 배한 것과 같다.

$$\theta_A = \frac{1}{2} \cdot \frac{l}{2} \cdot \frac{Pl}{4EI} = \frac{Pl^2}{16EI}$$

같은 방법으로

$$\theta_B = -\frac{Pl^2}{16EI}$$

정리 2에 의하여 최대 처짐 δ_c는 점 A와 C 사이의 M/EI 도 면적의 점 A에 대한 1차모멘트와 같다.

$$\delta_c = \frac{Pl^2}{16EI} \cdot \frac{l}{3} = \frac{Pl^3}{48EI}$$

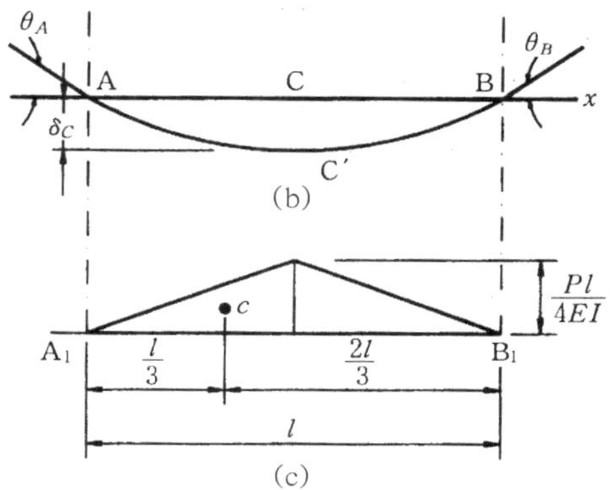

예제 6-7

그림 (a)와 같은 보에서 자유단의 처짐과 처짐각을 모멘트 면적법으로 구하시오.

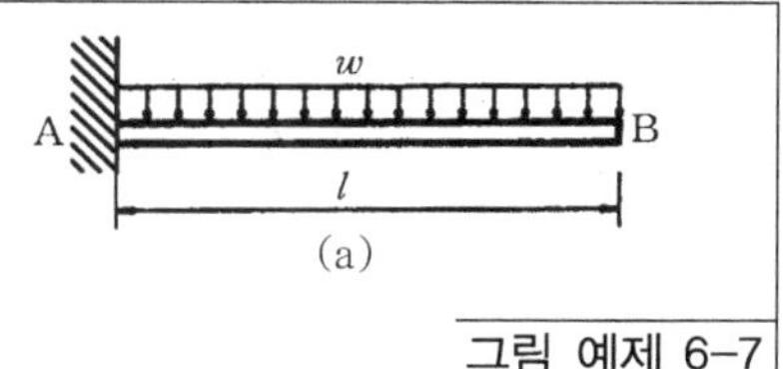

그림 예제 6-7

정리 1에 의하여

$$\theta_B = \frac{1}{3} \cdot l \cdot \frac{wl^2}{2EI} = \frac{wl^3}{6EI}$$

정리 2에 의하여 최대 처짐 δ_B는 점 A와 B 사이의 M/EI도 면적의 점 B에 대한 1차모멘트와 같다.

$$\delta_B = \frac{wl^3}{6EI} \cdot \frac{3l}{4} = \frac{wl^4}{8EI}$$

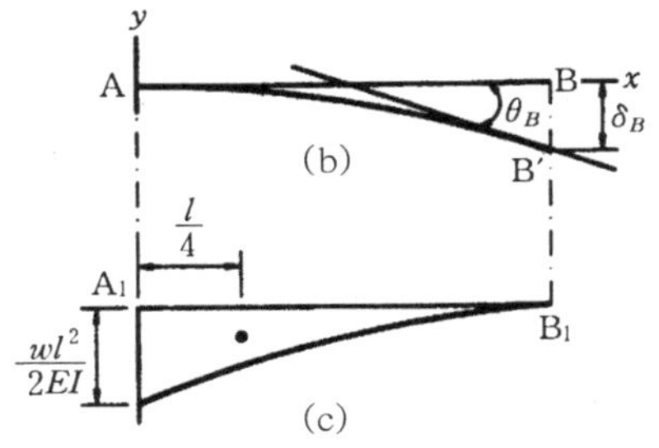

예제 6-8

그림 (a)에 보인 바와 같이, 단순보 AB가 점 D에서 집중하중 P를 받고 있다. 점 A에서의 접선이 현 AB와 이루는 각 θ_A를 구하시오. 그리고 현 AB로부터 이탈한 D점의 처짐 δ를 구하시오.

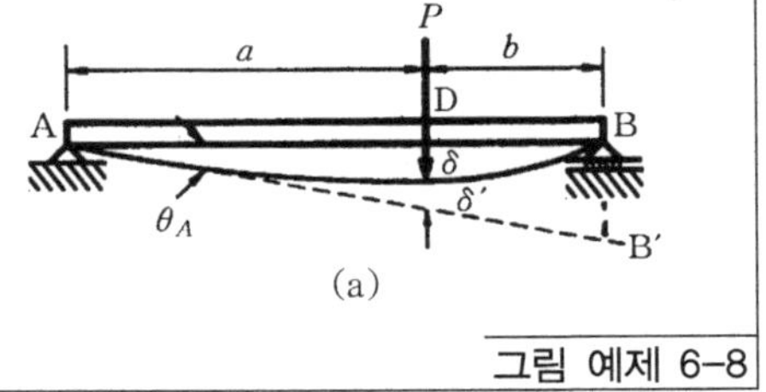

그림 예제 6-8

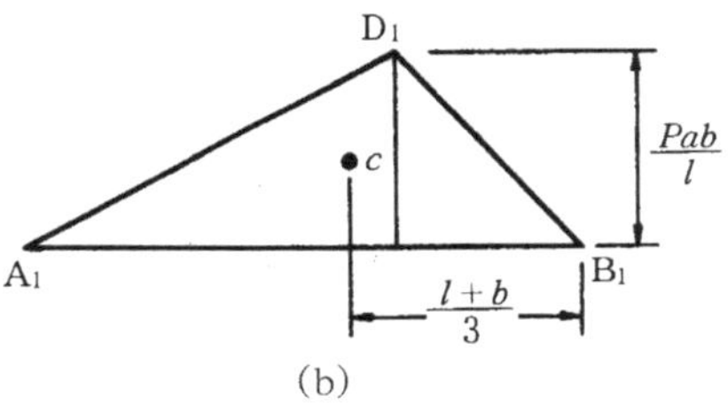

이 보에 대한 휨모멘트도는 그림 (b)에 보인 바와 같다. 이 휨모멘트도의 면적은 $Pab/2$와 같고, B점으로부터 그 도심까지의 거리는 $(l+b)/3$이다. B점에 관한 그 면적의 1차모멘트를 취하면, A점에서의 접선으로부터 이탈한 B점의 처짐 BB′를 얻는다. 즉

$$BB' = \frac{Pab}{2EI} \times \frac{(l+b)}{3}$$

그런데 그림에 의하면 $BB' = l \cdot \theta_A$이므로 다음의 결과를 얻게 된다.

$$\theta_A = \frac{Pab}{6lEI}(l+b)$$

이번에는, 현 AB로부터의 D점의 처짐 δ를 구해보자. 그림에 의하면 δ는 다음과

같이 표시된다.

$\delta = a\theta_A - \delta'$

윗 식 속의 δ'는 A에서의 접선으로부터 이탈한 D점의 처짐량이므로 그 δ'를 얻으려면, 휨모멘트도의 A_1D_1 부분에 대하여 정리 2를 적용하면 된다. 그런데 그 부분의 면적은 $Pa^2b/2l$ 이고, D_1으로부터 왼편으로 그 도심까지의 거리를 재면 $a/3$일 것이므로 δ'는 다음과 같이 된다.

$$\delta' = \frac{Pa^2b}{2lEI} \times \frac{a}{3}$$

따라서

$$\delta = \frac{Pa^2b}{6lEI}(l+b) - \frac{Pa^3b}{6lEI} = \frac{Pa^2b^2}{3lEI}$$

예제 6-9

그림 (a)에서 보인 바와 같이, 길이 l인 외팔보가 자유단에서 b거리에 집중하중 P를 받고 있다. 보의 처짐을 모멘트 면적법을 이용하여 구하시오.

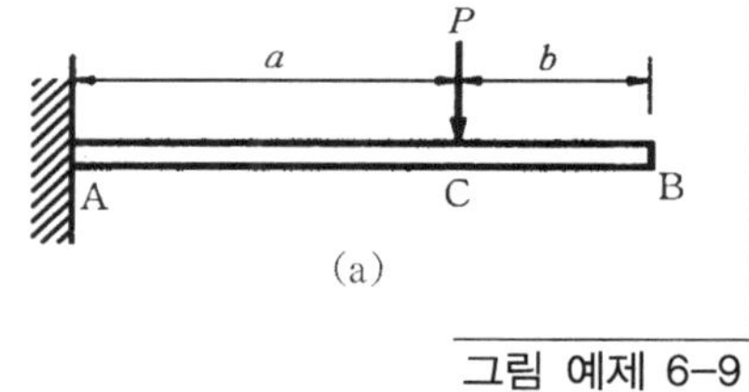

그림 예제 6-9

그림 (a)와 같은 경우는 C점에서의 기울기가 자유단에서 기울기와 일치하며 C점에서의 기울기 θ_C는 휨모멘트도의 면적을 강성계수 EI로 나누면 된다. 따라서 θ_C는

$$\theta_B = \theta_c = \frac{Pa^2}{2EI}$$

그리고 C점에서의 처짐은 단면 C에 대하여 1차모멘트를 취하면

$$\delta_c = \frac{Pa^2}{2EI} \times \frac{2a}{3} = \frac{Pa^3}{3EI}$$

보의 최대 처짐은 B점에서 일어나며 이는 단면 B에 대하여 1차모멘트를 취하면 된다.

$$\delta_{\max} = \delta_B = \frac{Pa^2}{2EI}\left(\frac{2a}{3} + b\right)$$

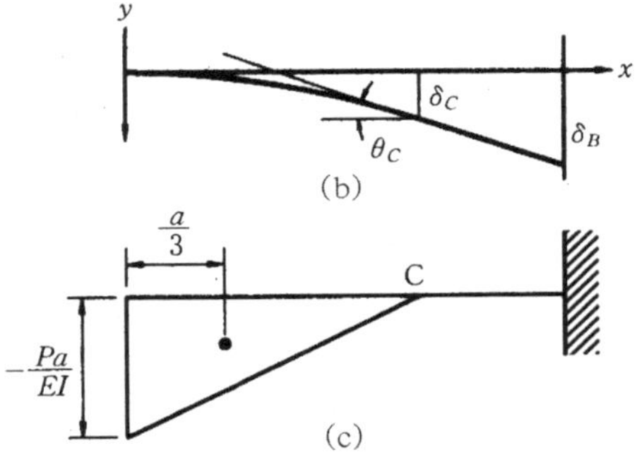

예제 6-10

그림 (a)에 나타낸 바와 같이, 고정단 B에서 우력 M_o를 받고 있는 단순보에서 A점의 처짐각과 최대 처짐을 모멘트 면적법으로 구하시오.

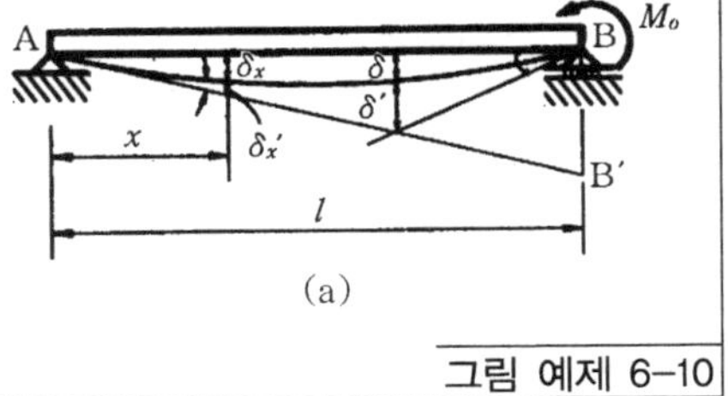

그림 예제 6-10

그림 (a), (b)에서

$$BB' = \frac{M_o l}{2EI} \cdot \frac{l}{3} = \frac{M_o l^2}{6EI}$$

이므로 A에서의 처짐각은

$$\theta_A = \frac{BB'}{l} = \frac{M_o l}{6EI} \qquad \text{(a)}$$

이 된다. 따라서 A에서 x거리에 있는 단면에서의 처짐은

$$\delta_x = \theta_A x - \delta_x' \qquad \text{(b)}$$

로 생각할 수 있다. 그런데 δ'는 A점과 x거리에 있는 점 사이의 접선이 x점 아래에서 이루는 수직거리이므로

$$\delta_x' = \frac{1}{EI} \cdot \frac{1}{2} \cdot \frac{M_o x}{l} \cdot x \cdot \frac{x}{3}$$

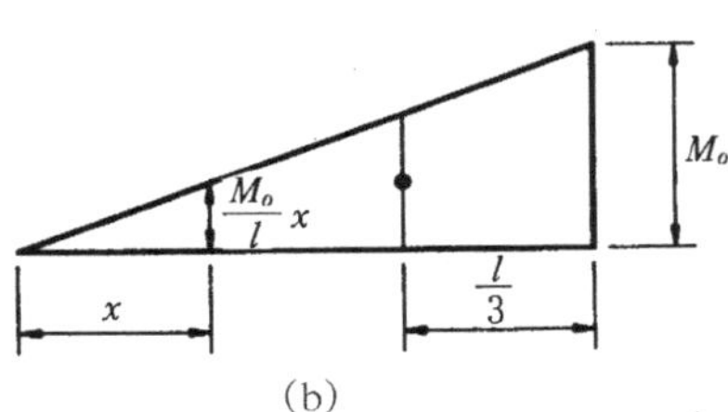

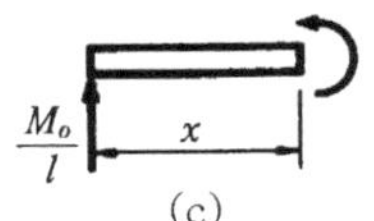

$$= \frac{M_o x^3}{6EIl} \qquad (c)$$

식 (a), (c)를 식 (b)에 대입

$$\delta_x = \frac{M_o l x}{6EI} - \frac{M_o x^3}{6EIl}$$

$$= \frac{M_o l x}{6EI}\left(1 - \frac{x^2}{l^2}\right) \qquad (d)$$

최대 처짐은 $d\delta_x / dx = 0$ 인 단면에서 일어나므로 식 (d)에서

$$\frac{d\delta_x}{dx} = \frac{Ml}{6EI}\left(1 - \frac{3x^2}{l^2}\right) = 0$$

$$1 - \frac{3x^2}{l^2} = 0$$

$$\therefore x = \frac{l}{\sqrt{3}}$$

따라서

$$\delta_{max} = \delta_{x = l/\sqrt{3}} = \frac{M_o l\left(\frac{l}{\sqrt{3}}\right)}{6EI}\left(1 - \frac{\left(\frac{l}{\sqrt{3}}\right)^2}{l^2}\right)$$

$$= \frac{M_o l^2}{9\sqrt{3}\,EI}$$

예제 6-11

그림과 같이 한 변이 60mm인 정사각형 단면의 외팔보에 집중하중 $P = 4\text{kN}$이 작용할 때 자유단의 처짐을 모멘트면적법을 이용하여 구하여라.
(단, $E = 2.0 \times 10^5\,\text{MPa}$ 이다)

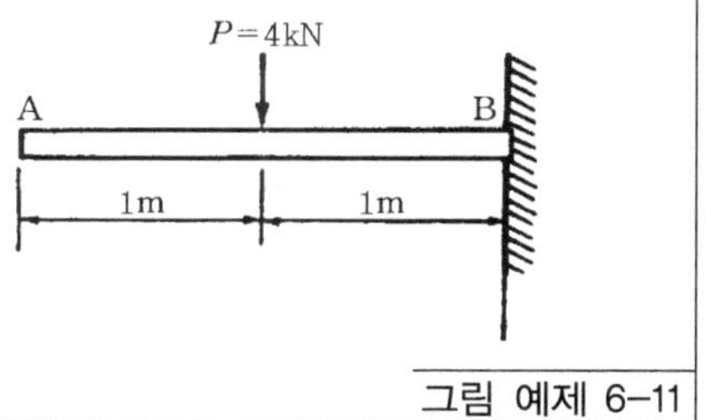

그림 예제 6-11

$$A_m = \frac{1{,}000 \times 4 \times 10^6}{2} = 2 \times 10^9\,\text{N}\cdot\text{mm}^2$$

$$\theta_A = \frac{A_m}{EI} = \frac{2 \times 10^9}{2.0 \times 10^5 \times \frac{60 \times 60^3}{12}}$$

$$= 0.0093\,\text{rad}$$

$$\delta_A = \theta_A \cdot \bar{x} = 0.0093 \times \frac{5}{3} \times 10^3 = 15.5\text{mm}$$

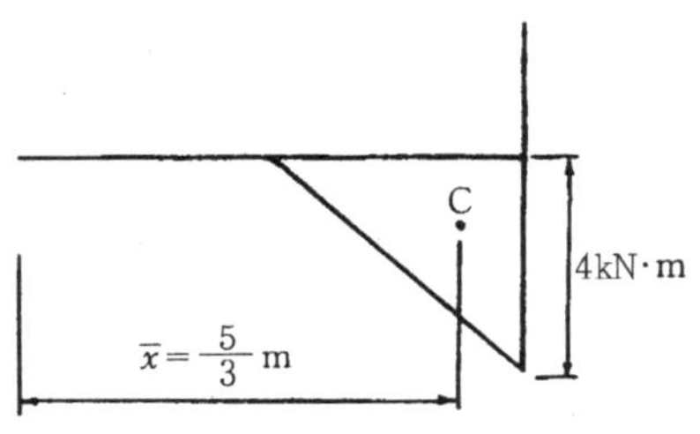

예제 6-12

그림에서 보인 것과 같이, 단면 2차모멘트가 왼쪽 반스팬에서는 I이고, 오른쪽 반스팬에서는 $2I$인 단순보 AB가 그 중앙점에 하중 P를 받을 때 모멘트 면적법을 사용하여 이 보의 양단에서 접선의 회전각 θ_A 및 θ_B와 중앙부 C점의 처짐 δ_C를 구하시오.

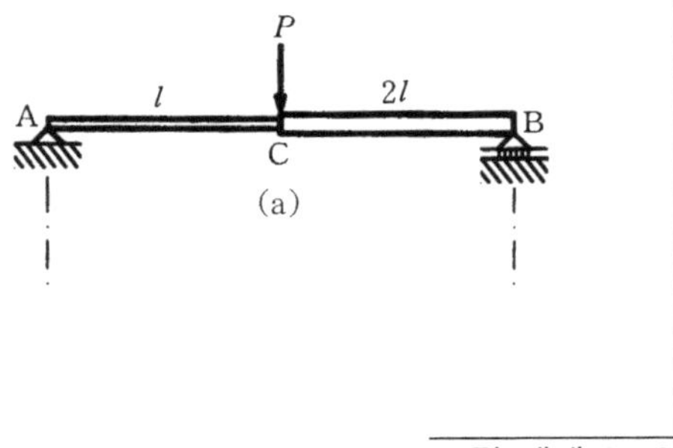

그림 예제 6-12

이 보에 대한 휨모멘트도는 그림 (b)에 보인 삼각형 abc이다.

이것을 M/EI도로 바꾸면, 이 보의 오른쪽 반스팬에 대한 종좌표를 2로 나누어 주기만 하면 된다. 다음에는 그림 (c)에 보인 것과 같은 처짐곡선을 살펴보기로 한다. 점 B에서의 접선으로부터 점 A가 이탈한 거리는, 모멘트면적법의 정리 2에 의하면 다음과 같이 계산된다.

$$AA' = \frac{1}{2} \cdot \frac{l}{2} \cdot \frac{Pl}{4EI} \cdot \frac{l}{3} + \frac{1}{2} \cdot \frac{l}{2} \cdot \frac{Pl}{8EI} \cdot \frac{2l}{3} = \frac{Pl^3}{24EI}$$

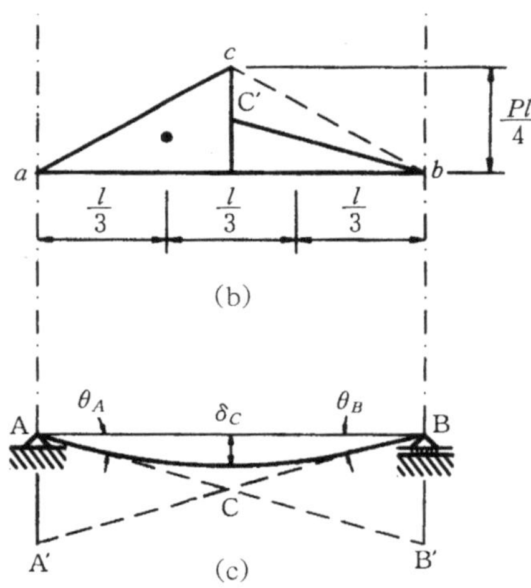

따라서 기하학적 관계로부터, θ_B가 다음과 같이 구해진다.

$$\theta_B = \frac{\mathrm{AA'}}{l} = \frac{Pl^2}{24EI}$$

마찬가지로 다음의 결과가 얻어진다.

$$\mathrm{BB'} = \frac{1}{2} \cdot \frac{l}{2} \cdot \frac{Pl}{8EI} \cdot \frac{l}{3} + \frac{1}{2} \cdot \frac{l}{2} \cdot \frac{Pl}{4EI} \cdot \frac{2l}{3} = \frac{5Pl^3}{96EI}$$

따라서

$$\theta_A = \frac{\mathrm{BB'}}{l} = \frac{5Pl^2}{96EI}$$

이 보의 중앙점 C에서의 처짐 δ_C를 계산하기 위해 모멘트면적법의 정리 2를 적용한다. 점 B에서의 접선으로부터 점 C가 이탈한 거리는

$$\delta_{C/B} = \frac{Pl}{8EI} \cdot \frac{l}{4} \cdot \frac{l}{6} = \frac{Pl^3}{192EI}$$

이므로 그림 (c)에서의 기하학적 관계로부터 δ_C가 다음과 같이 구해진다.

$$\delta_C = \frac{\mathrm{AA'}}{2} - \delta_{C/B} = \frac{Pl^3}{48EI} - \frac{Pl^3}{192EI} = \frac{Pl^3}{64EI}$$

연습문제

1. 연습문제(p.183)의 각각의 문제를 모멘트면적법으로 구하시오.

2. 캔틸레버의 자유단에 모멘트(우력) M이 작용할 때, 자유단의 처짐과 처짐각을 모멘트 면적법으로 구하시오(단, EI는 일정하다).

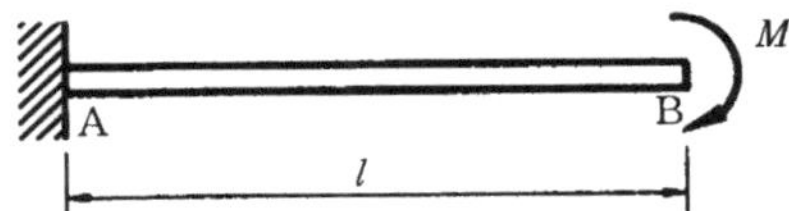

3. 그림에 보인 것과 같은 하중을 받는 외팔보의 자유단 A의 처짐 δ_A를 모멘트면적법으로 구하시오(단, 이 보의 휨강성계수 EI는 그 전길이에 걸쳐 균일하다).

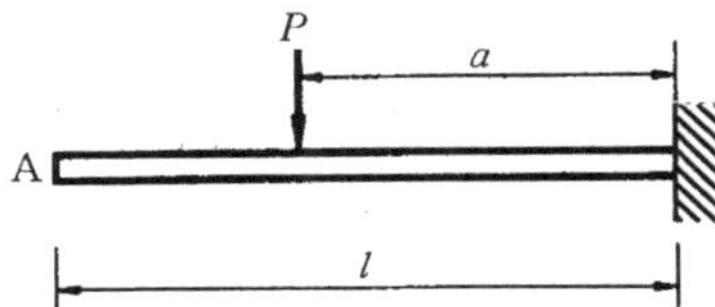

4. 보의 우측 반 길이에 등분포하중 q를 받는 일단고정보 AB가 있다. 자유단에서의 회전각 θ_B와 처짐각 δ_B를 구하시오.

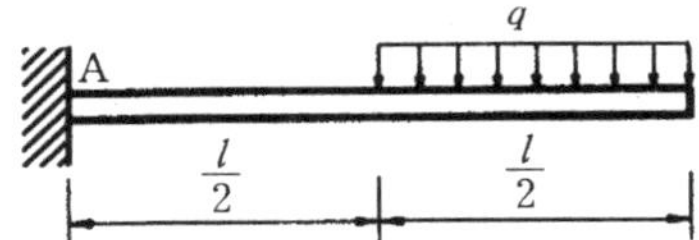

5. 그림에 보인 바와 같이, 균일한 휨강성계수 EI를 가진 단순지지보 AB가 그 삼등분점에 모멘트 M 및 $2M$의 두 집중우력을 받는다. 모멘트면적법을 사용하여 양단 A와 B에서 접선의 회전각 θ_A와 θ_B를 구하시오.

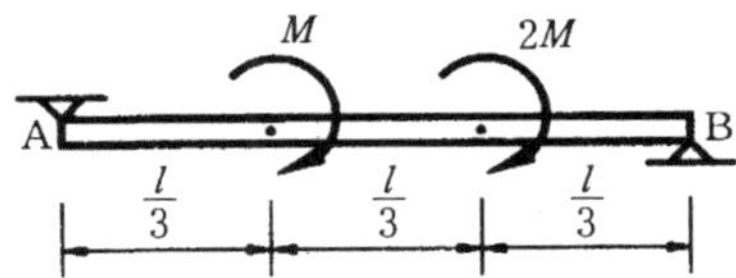

6. 아래와 같이 내민보의 자유단에 집중하중 P가 작용할 때 하중작용점에서 처짐을 구하시오.

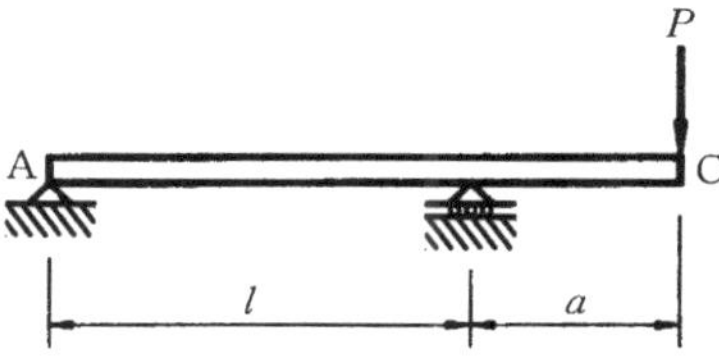

7. 그림과 같이 두 개의 다른 단면 2차모멘트 I_1과 I_2를 가진 외팔보 AB가 등분포하중 w를 받고 있다. $I_1 = I$, $I_2 = 2I$로 가정하여 하중 w로 인한 자유단 B에서의 처짐 δ_B를 구하시오.

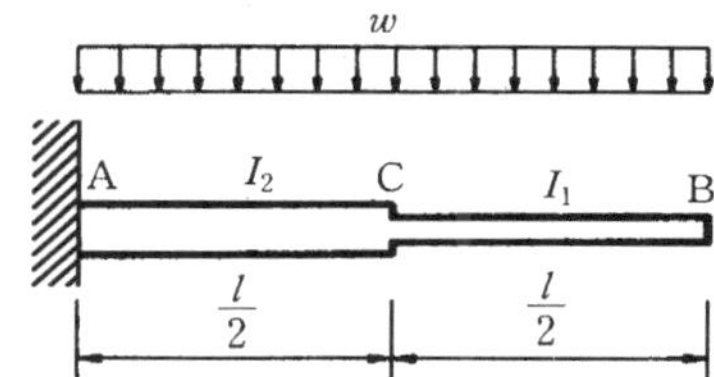

8. 그림에 보인 단순보 AB는 두 개의 다른 단면 2차모멘트 I_1과 I_2로 되어 있다. 하중 P로 인한 중앙점에서의 처짐 δ_C와 지지점 A에서의 회전각 θ_A를 구하시오.

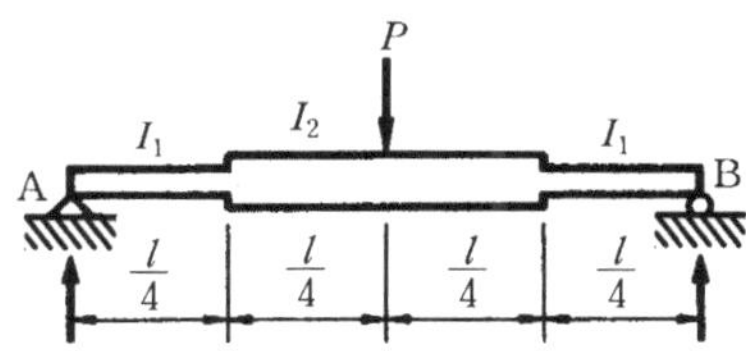

9. 그림과 같은 외팔보의 C점과 B점에 각각 $P = 20\text{kN}$의 하중이 작용한다. 이 보의 자유단 B에서의 처짐각과 처짐량을 구하시오(단, $E = 2.0 \times 10^5\,\text{MPa}$, $I = 10^9\text{mm}^4$).

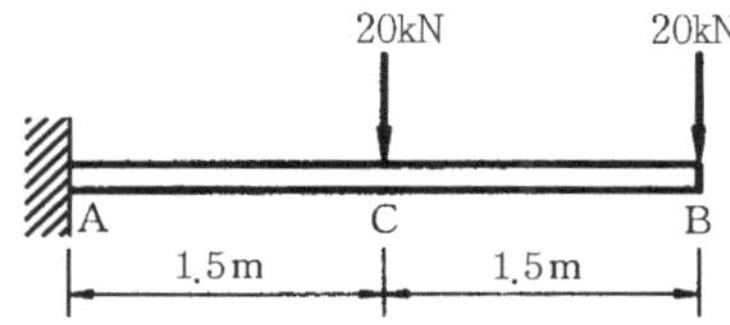

6-3 탄성하중법

탄성곡선에서 처짐각, 처짐은 휨모멘트 M과 다음과 같은 관계가 있다.

$$\theta = \frac{dy}{dx} = -\int \frac{M}{EI} dx + C_1 \qquad (6 \cdot 5a)$$

$$y = -\int \int \frac{M}{EI} dx\, dx = C_1 x + C_2 \qquad (6 \cdot 5b)$$

한편 휨모멘트 M, 전단력 V 및 하중 w와의 사이에 평행조건에서 다음 관계가 성립된다.

$$\frac{d^2 M}{dx^2} = \frac{dV}{dx} = -w$$

따라서 이것을 적분하면

$$V = -\int w\, dx + C_1 \qquad (6 \cdot 6a)$$

$$M = -\int \int w\, dx\, dx + C_1 x + C_2 \qquad (6 \cdot 6b)$$

을 얻는다.

식 (6 · 5), (6 · 6)를 대비하면 θ와 M/EI의 관계는 V와 w의 관계와 비슷하다. 더욱 y와 M/EI의 관계는 M과 w의 관계와 비슷하다.

단순보의 적분상수 C_1, C_2를 결정하기 위한 조건, 즉 $x = 0, l$ 에서 처짐 $y = 0$과 단순보의 휨모멘트 M은 양단에서 0이 되는 조건, 즉 $x = 0, l$ 에서 휨모멘트 $M=0$ 에도 대응한다.

이상의 상이성을 식 (6 · 5), (6 · 6)식에서 고려하면 하중 w 대신에 M/EI을 하중으로 간주하여 전단력 V를 구하면 처짐각이 산출되게 된다. 마찬가지로 M/EI를 하중으로 하여 휨모멘트 M을 구하면 처짐을 계산할 수 있다. 이러한 방법을 탄성하중법이라 한다.

Mohr의 정리 3

1. 단순보의 처짐각은 휨모멘트도를 하중으로 간주하였을 때 얻어지는 전단력을 EI로 나눈 것과 같다.
2. 단순보의 처짐은 휨모멘트도를 하중으로 간주하였을 때 얻어지는 휨모멘트를 EI로 나눈 것과 같다.

이상은 단순보일 때 적용시킬 수 있는 정리이다. 캔틸레버나 다른 구조형식일 때에는 적분상수를 결정하기 위한 경계조건이 (6 · 5)식과 (6 · 6)식으로는 대응할 수 없으므로 특별한 배려가 필요하다.

이와 같은 경우에는 주어진 보와 대응하는 공액보를 생각함으로써 해결할 수 있다. 결국, 공액보란 탄성하중을 재하한 가상보의 전단력과 휨모멘트가 곧 실제보의 처짐각과 처짐이 되도록 지점 조건을 조절한 보이다. 공액보에 재하한 탄성하중(M/EI도)이 정(+)이면 하향의 하중이고, 부(−)이면 상향으로 작용하는 하중으로 보아야 한다.

이상을 종합하면, 주어진 실제보의 공액보는 그 길이는 서로 같게 하고, 지점이나 연결부는 다음과 같이 바꾸면 된다.

실 제 보	공 액 보
단순지지단	단순지지단
자유단	고정단
고정단	자유단
중간지점	중간힌지
중간힌지	중간지점

그림 6-6은 실제보의 공액보를 나타내는 것이다.

공액보를 이용하여 처짐과 처짐각을 구하는 방법을 공액보의 방법이라 한다. 공액보의 방법은 정정보뿐만 아니라 부정정보의 처짐과 처짐각을 구하는 데에도 사용된다.

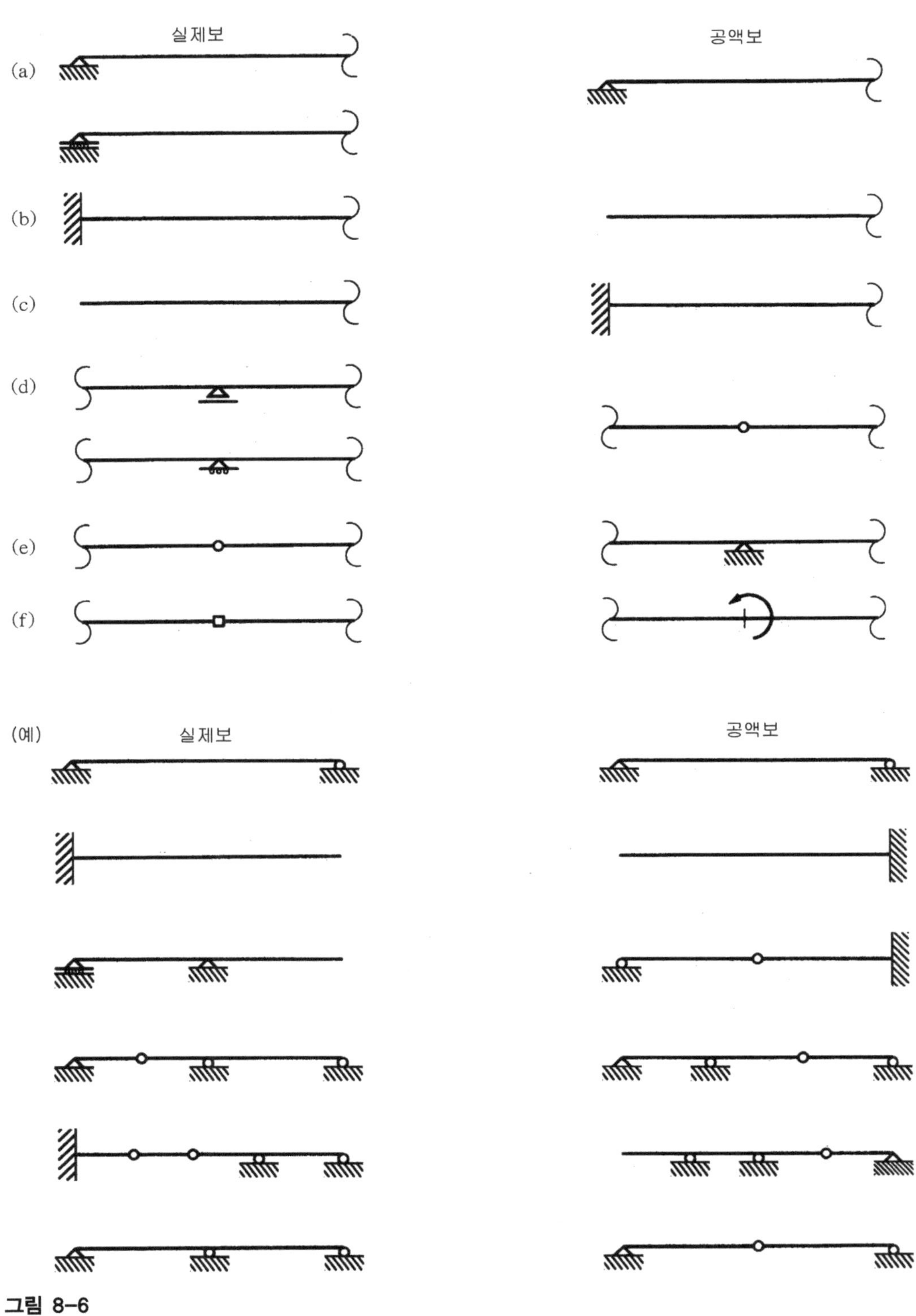

그림 8-6

예제 6-13

그림과 같은 단순보의 지점에서 처짐각과 최대 처짐을 구하시오(단, EI는 일정하다).

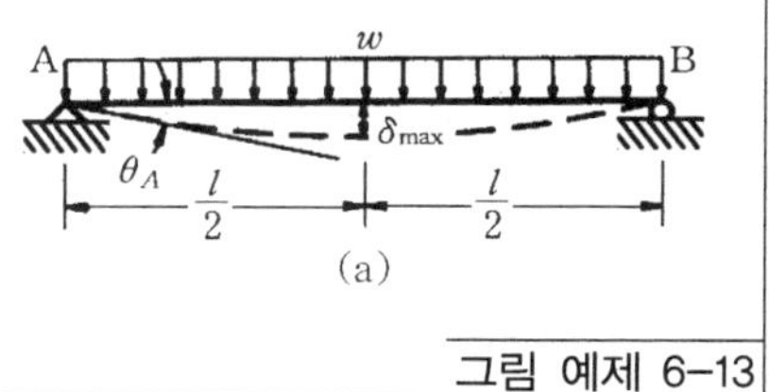

그림 예제 6-13

이 보의 M/EI 도가 그림 (b)의 가상의 보에서 지점 A'의 전단력, 즉 지점반력 R_A'가 그림 (a)의 지점 A에서의 처짐각이다.

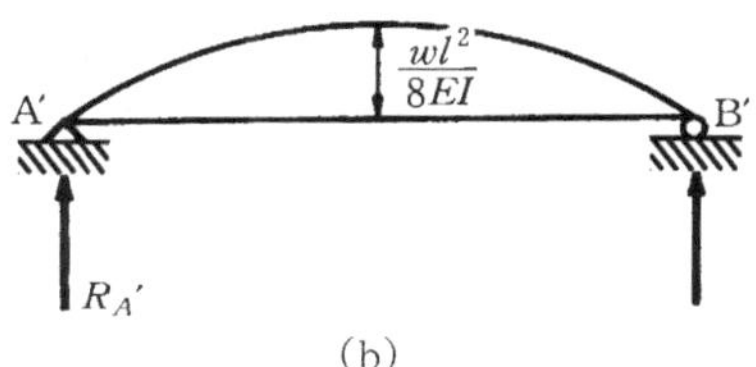

$$\theta_A = R_A' = \left(\frac{wl^2}{8EI} \times \frac{l}{2}\right) \times \frac{2}{3} = \frac{wl^3}{24EI}$$

지점 B에서의 처짐각은 반시계 방향이므로

$$\theta_B = -\frac{wl^3}{24EI}$$

최대 처짐은 지간 중앙에서 일어나며, 그 크기는 그림 (b)의 가상의 보에서 지간 중앙의 휨모멘트이다.

$$\begin{aligned}\delta_{\max} &= R_A' \times \frac{l}{2} - \left(\frac{wl^2}{8EI} \times \frac{l}{2} \times \frac{2}{3}\right) \\ &\quad \times \left(\frac{l}{2} \times \frac{3}{8}\right) \\ &= \frac{wl^3}{24EI} \times \frac{l}{2} - \frac{wl^4}{128EI} \\ &= \frac{5wl^4}{384EI}\end{aligned}$$

예제 6-14

EI가 일정한 캔틸레버에서 자유단 B에서의 처짐각 θ_B와 처짐 δ_B를 구해보자.

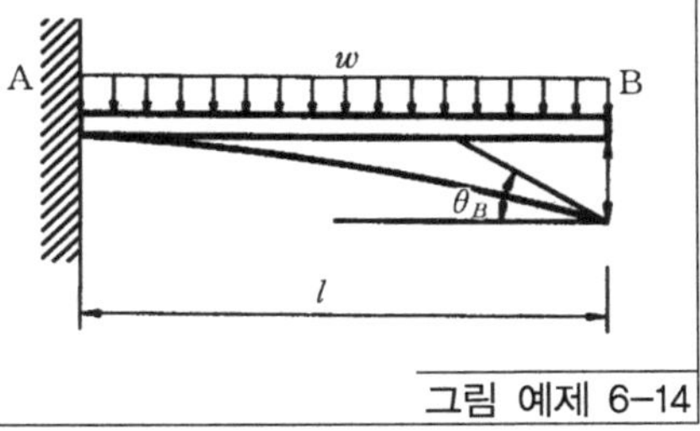

그림 예제 6-14

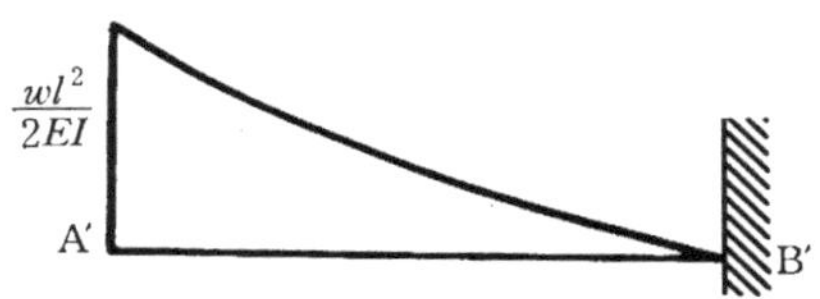

$$\theta_B = \text{공액보 } B'\text{에서의 전단력}$$
$$= \text{공액보 } B'\text{에서의 지점반력}$$
$$= \frac{wl^2}{2EI} \times l \times \frac{1}{3} = \frac{wl^3}{6EI}$$
$$\delta_B = \text{공액보 } B'\text{에서의 휨모멘트}$$
$$= \left(\frac{wl^2}{2EI} \times l \times \frac{1}{3}\right) \times \frac{3}{4} l \text{q}$$
$$= \frac{wl^4}{8EI}$$

예제 6-15

그림과 같은 단순보에서 A점의 처짐각 θ_A를 구하시오.

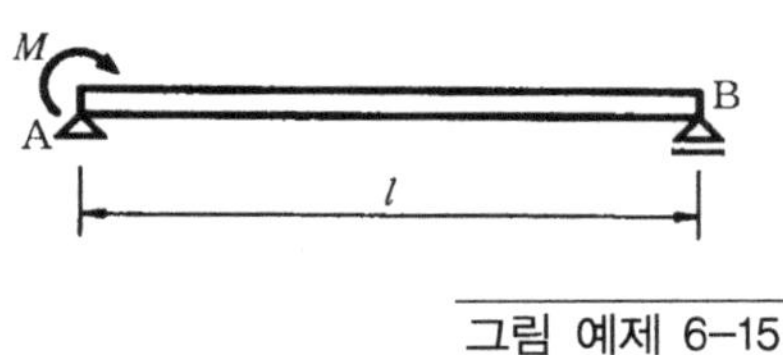

그림 예제 6-15

그림과 같은 공액보에서

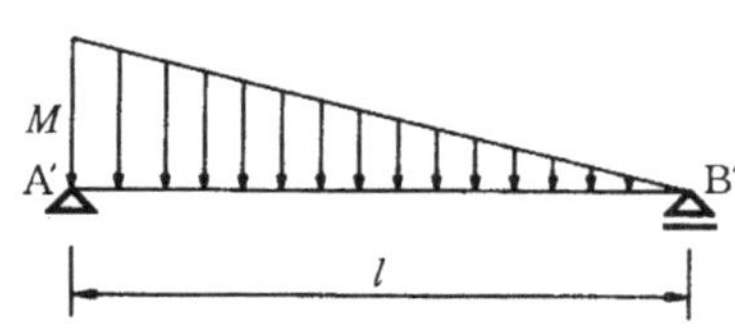

$$\theta_A = \frac{V_A'}{EI} = \frac{R_A'}{EI}$$
$$\therefore R_A' = \frac{1}{l}\left(\frac{Ml}{2} \times \frac{2}{3} l\right)$$

$$= \frac{Ml}{3}$$

$$\therefore \theta_A = \frac{Ml}{3EI}$$

예제 6-16

그림과 같은 단순보의 θ_{max}과 δ_{max}을 구하시오.

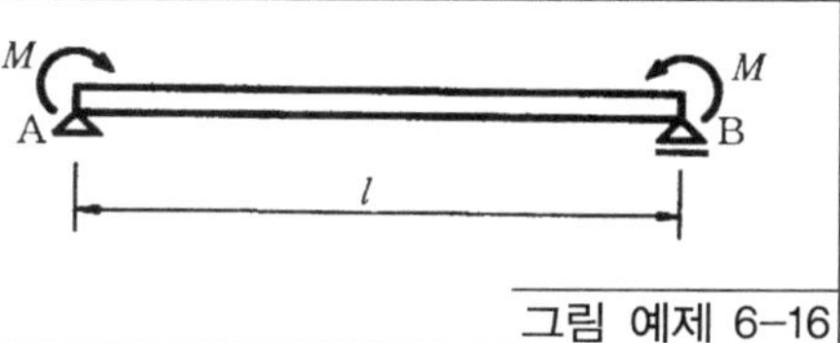

그림 예제 6-16

최대 처짐각은 그림과 같은 공액보에서 최대 전단력을 구하면

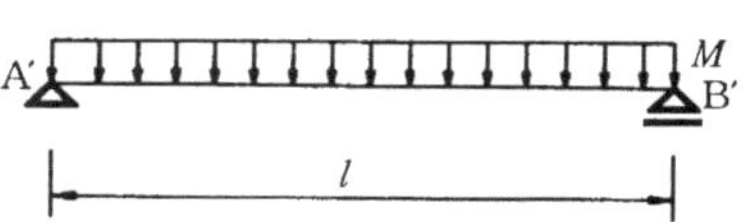

$$V'_{max} = \frac{Ml}{2} = R_A'$$

$$\therefore \theta_{max} = \frac{V'_{max}}{EI} = \theta_A = \frac{Ml}{2EI}$$

$$\delta_{max} = \frac{M'_{max}}{EI} = \frac{1}{EI} \cdot \frac{Ml^2}{8}$$

$$= \frac{Ml^2}{8EI}$$

예제 6-17

그림과 같은 폭 $b = 30\text{mm}$, 높이 $h = 50\text{mm}$의 사각형 단면을 가진 길이 $l = 0.7\text{m}$인 외팔보의 고정단에서 0.6m되는 곳에 2kN의 집중하중을 작용시킬 때 자유단의 처짐을 구하시오. (단, $E = 2.0 \times 10^5 \text{MPa}$)

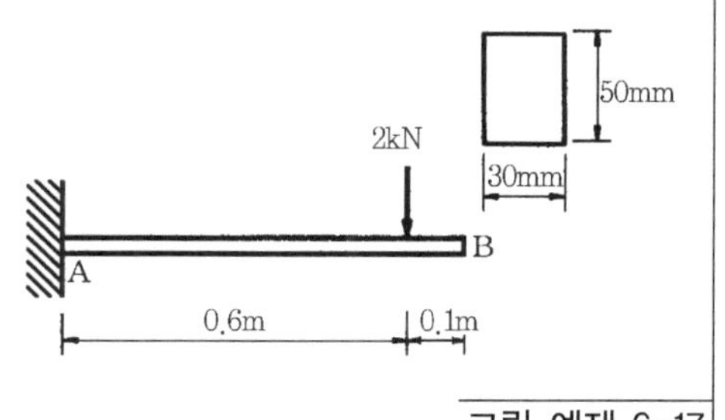

그림 예제 6-17

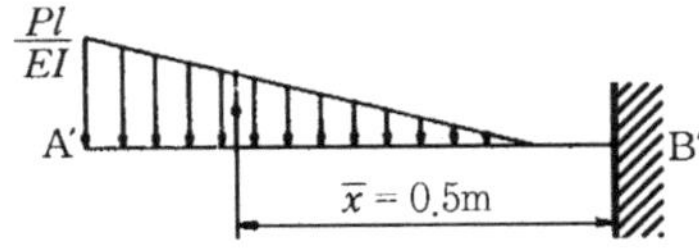

θ_B =공액보 B′ 에서의 전단력

=공액보 B′ 에서의 지점반력

$$= \frac{2{,}000 \times 600}{2.0 \times 10^5 \times \dfrac{30 \times 50^3}{12}} \times 600 \times \frac{1}{2}$$

≒ 0.0058rad

δ_B =공액보 B′ 에서의 휨모멘트

$= \theta_B \bar{x} = 0.0058 \times 500 = 2.9\text{mm}$

연습문제

1. 그림과 같은 보에서 하중점의 처짐과 지점에서의 처짐각을 탄성하중법으로 구하시오. (단, EI는 일정하다)

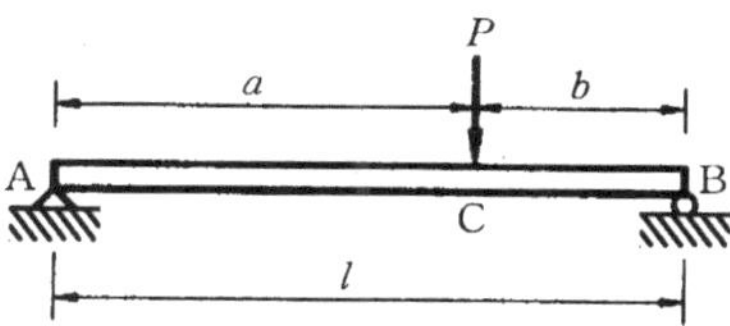

2. 그림과 같은 보에서 지점 A 및 B의 처짐각을 탄성하중법으로 구하시오. (단, EI는 일정하다)

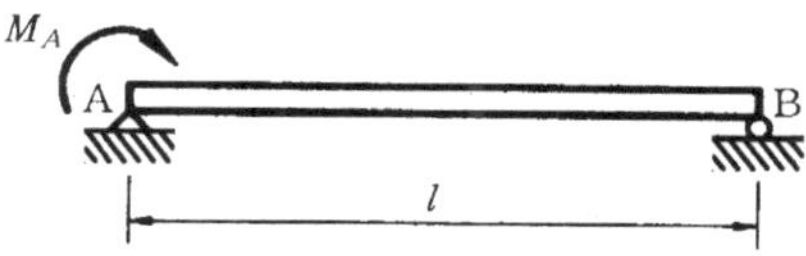

3. 그림과 같은 돌출보가 등분포하중을 받고 있다. 돌출보에서의 처짐 δ_C를 탄성하중법(공액보 사용)으로 구하시오.

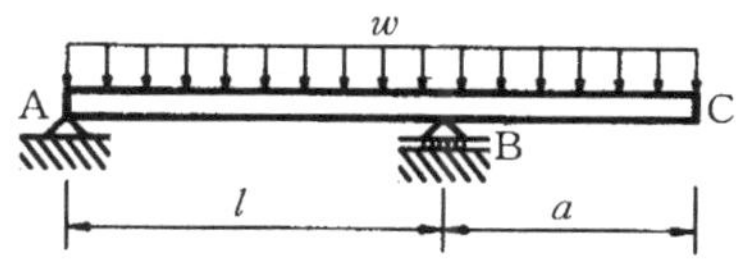

4. 외팔보 AB가 그림과 같이 두 개의 집중하중 P를 받고 있다. 자유단에서의 회전각 및 처짐을 탄성하중법(공액보 사용)으로 구하시오.

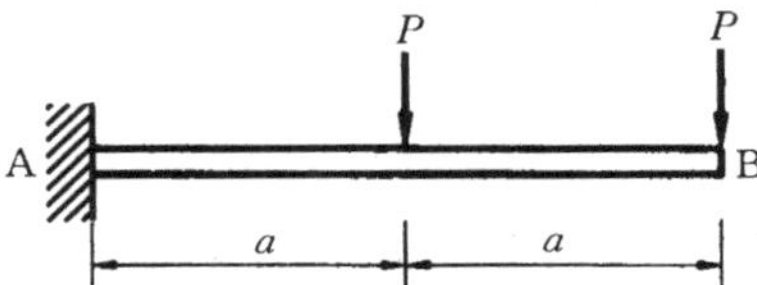

5. 그림과 같은 보에서 자유단 A에서의 처짐각 및 처짐을 탄성하중법(공액보 사용)을 이용하여 구하시오.

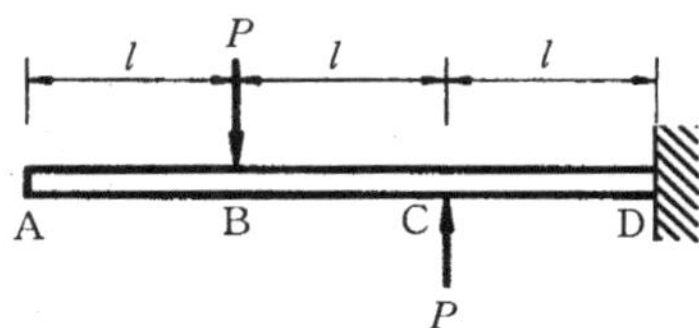

6. 길이 l 인 외팔보에서 자유단으로부터 $x = l/2$ 거리에서부터 고정단까지 단위길이당 w 의 등분포하중이 작용할 때 자유단의 처짐각 및 처짐을 탄성하중법(공액보 사용)을 이용하여 구하시오.

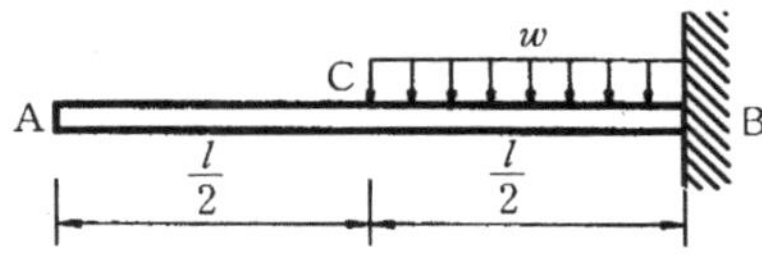

6-4 중첩법

보에 여러 개의 하중이 동시에 작용할 경우에 임의단면에서의 처짐각과 처짐량은 각 하중들이 1개씩 작용할 때 발생하는 처짐각과 처짐량을 각각 합하여 구하는 것을 중첩법(method of superposition)이라고 한다.

그림 6-7

그림 6-7에서 최대 처짐은 외팔보가 자유단에 집중하중 P를 받을 때 자유단에 일어나는 처짐 $\delta_1 = Pl^3/3EI$과, 그 외팔보가 등분포하중 w를 받을 때 자유단에 일어나는 처짐 $\delta_2 = wl^4/8EI$을 합한 값이 된다.

$$\delta = \frac{Pl^3}{3EI} + \frac{wl^4}{8EI}$$

예제 6-18

그림과 같은 단순보에 등분포하중 w와 집중하중 P가 작용할 때 중앙에서의 최대 처짐을 구하시오.

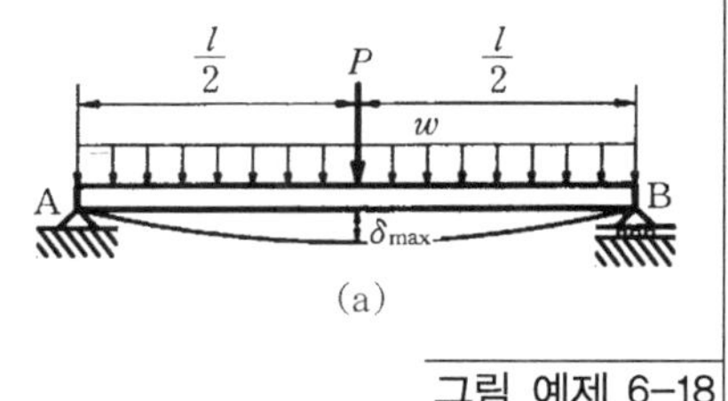

그림 예제 6-18

집중하중이 작용할 때 보 중앙에서의 처짐량은

$$\delta_1 = \frac{Pl^3}{48EI}$$

이고, 등분포하중이 작용할 때 보 중앙에서의 처짐량이

$$\delta_2 = \frac{5wl^4}{384EI}$$

이므로 이를 중첩하면 δ_{max}은 다음 값으로 주어진다.

$$\delta_{max} = \delta_1 + \delta_2 = \frac{Pl^3}{48EI} + \frac{5wl^4}{384EI}$$

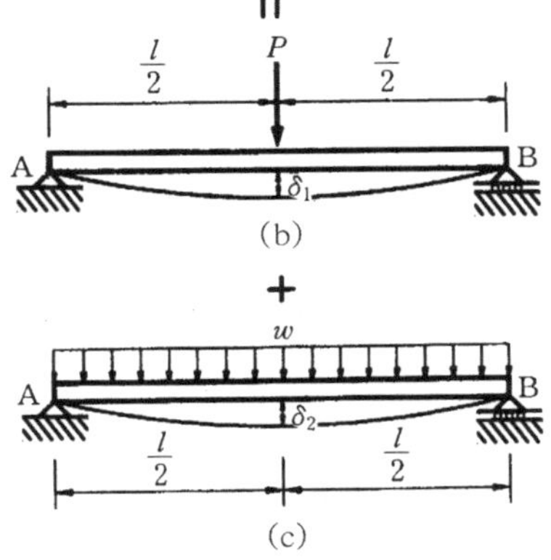

예제 6-19

그림과 같은 보의 반력을 구하시오.

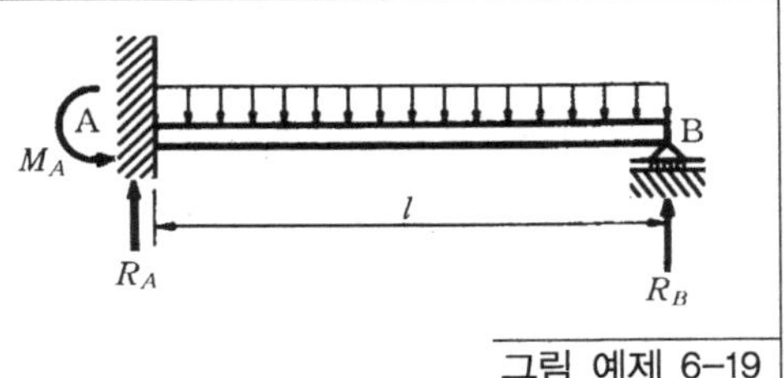

그림 예제 6-19

R_B만 작용했을 때의 처짐 δ_{B_1}과 하중 w만 작용했을 때의 δ_{B_2}는

$\delta_{B_1} + \delta_{B_2} = 0$ 이므로

$$-R_B\frac{l^3}{3EI} + \frac{wl^4}{8EI} = 0$$

$$\therefore R_B = \frac{3wl}{8}$$

$$\therefore R_A = wl - \frac{3wl}{8} = \frac{5wl}{8}$$

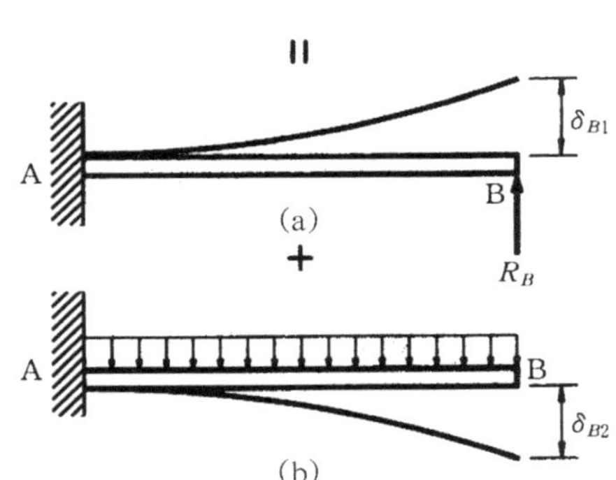

예제 6-20

다음과 같은 부정정보의 반력 R_B을 구하시오.

(a) $\delta_{B_1} = -\dfrac{R_B l^3}{3EI}$

$$\delta_{B_2} = +\frac{P\left(\frac{l}{2}\right)^3}{3EI} + \frac{P\left(\frac{l}{2}\right)^2}{2EI} \times \frac{l}{2}$$

$$= \frac{Pl^3}{24EI} + \frac{Pl^3}{16EI}$$

$$= \frac{5Pl^3}{48EI}$$

$$\therefore \delta_{B_1} + \delta_{B_2} = -\frac{R_B l^3}{3EI} + \frac{5Pl^3}{48EI} = 0$$

$$\frac{5P}{48} = \frac{R_B}{3}$$

$$\therefore R_B = \frac{5}{16}P$$

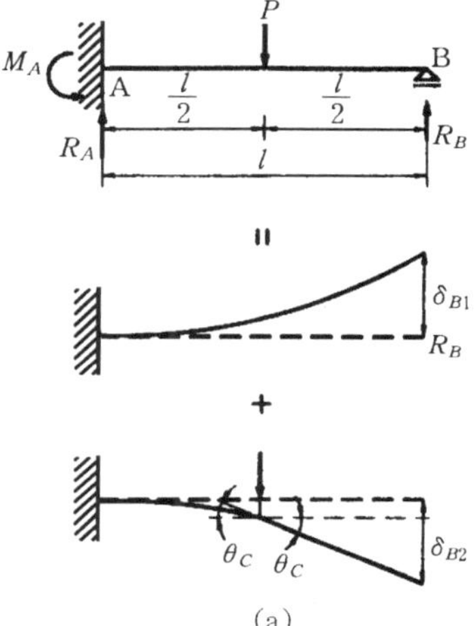

(a)

(b) $R_A = \dfrac{5P}{16} = \dfrac{5 \times 20}{16} = 6.25\text{kN}$

$$R_B = \frac{11P}{16} = \frac{11 \times 20}{16} = 13.75\text{kN}$$

$$M_B = \frac{3Pl}{16} = \frac{3 \times 20 \times 4}{16} = 15\text{kN}\cdot\text{m}$$

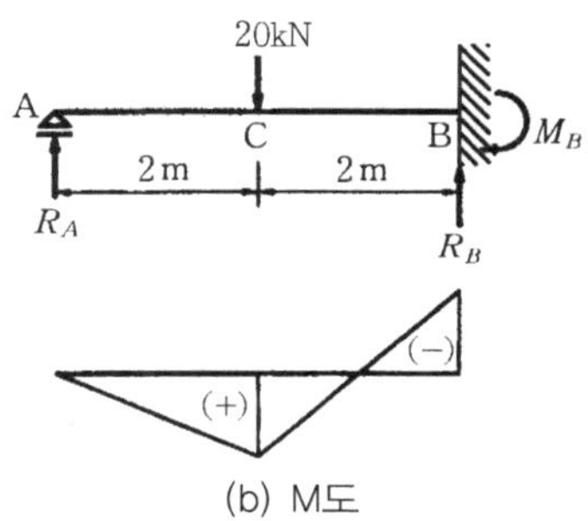

(b) M도

(c) $R_A = \dfrac{5}{8}wl = \dfrac{5}{8} \times 20 \times 10 = 125\text{kN}$

$$R_B = \frac{3}{8}wl = \frac{3}{8} \times 20 \times 10 = 75\text{kN}$$

$$M_A = -\frac{wl^2}{8} = -\frac{20 \times 10^2}{8} = -250\text{kN}\cdot\text{m}$$

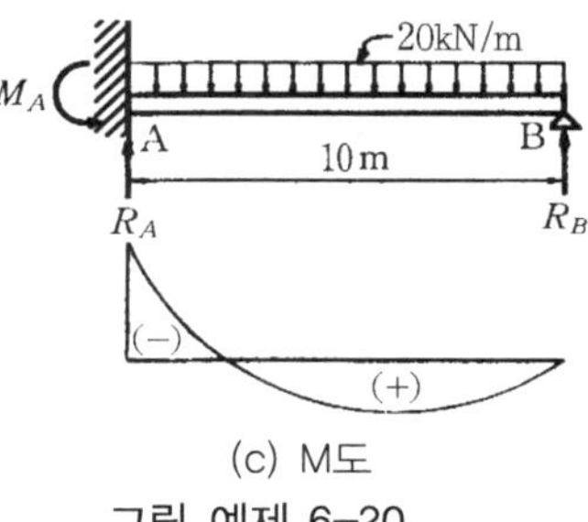

(c) M도

그림 예제 6-20

예제 6-21

단순보 AB가 양단에 우력 M_o 와 $2M_o$ 를 각각 받고 있다. 보의 양단에서 회전각 θ_A 와 θ_B 및 중앙에서의 처짐 δ를 구하여라.

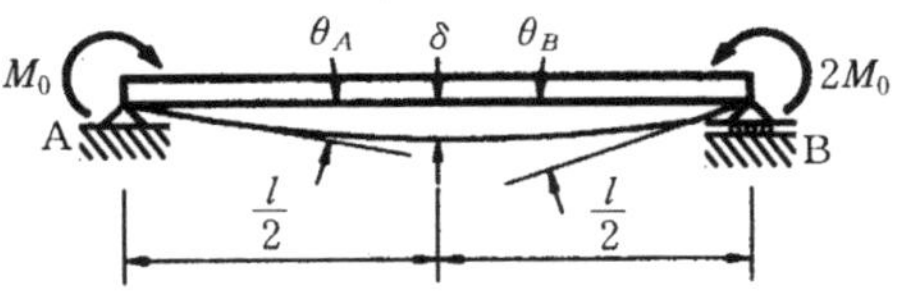

그림 예제 6-21

각각의 경우를 중첩하면 다음을 얻을 수 있다.

$$\theta_A = \frac{M_o l}{3EI} + \frac{(2M_o)l}{6EI} = \frac{2M_o l}{3EI}$$

$$\theta_B = \frac{M_o l}{6EI} + \frac{(2M_o)l}{3EI} = \frac{5M_o l}{6EI}$$

$$\delta = \frac{M_o l^2}{16EI} + \frac{(2M_o)l^2}{16EI} = \frac{3M_o l^2}{16EI}$$

예제 6-22

스팬 l 과 내민보 a를 갖는 단순히 지지된 균일 단면보가 그림 예제 6-22(a)에 보인 것과 같은 하중을 받고 있다. 내민보의 끝 점 C의 처짐 δ_C 를 구하시오.

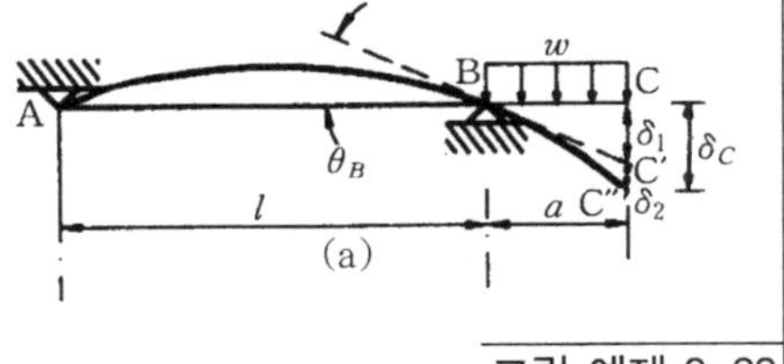

그림 예제 6-22

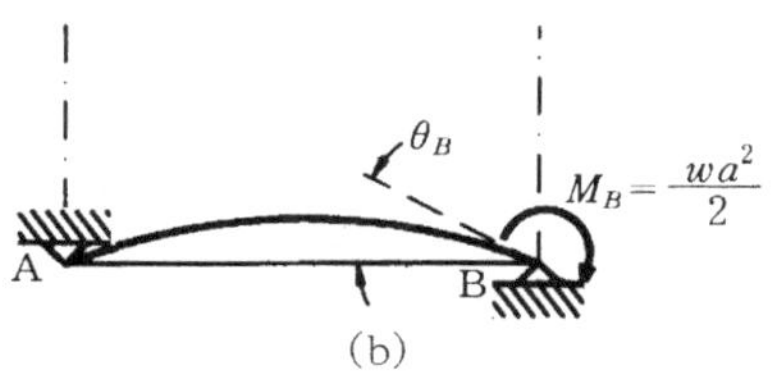

(b)

내민보에 분포하는 균일하중 때문에 이 보의 AB부분은, 그림 (b)에 보인 바와 같이 그 일단 B에 모멘트 $M_B = wa^2/2$의 우력을 받는 단순보의 상태에 놓인다. 그러므로 B점에서의 접선이 경사지게 되는데, 그 각 θ_B는 다음과 같이 주어진다.

$$\theta_B = \frac{M_B l}{3EI} = \frac{wa^2 l}{6EI}$$

우선, 이 보의 내민 부분을 절대강체로 보면, B에서 접선의 회전으로 인하여 그 부분은 그림 예제 6-22(a)에 보인 BC'의 위치에 오게 되고, 따라서 그 자유단은 C'의 위치에 오게 된다. 그러므로 그 자유단은 다음 양만큼 처질 것이다.

$$\delta_1 = a\theta_B = \frac{wa^3 l}{6EI}$$

이에 더하여 그 내민 부분에는 균일분포하중으로 인한 휨변형이 나타날 것이며, 이때 그 자유단이 B에서의 접선으로부터 처지는 거리 $C'\ C''$ 는 다음과 같다.

$$\delta_2 = \frac{wa^4}{8EI}$$

$$\therefore \delta_C = \delta_1 + \delta_2 = \frac{wa^3 l}{6EI} + \frac{wa^4}{8EI}$$

6-5 에너지법

구조물에 외력이 작용하면 그 구조물은 탄성변형을 하다가 탄성한계를 넘어서면 영구변형을 하게 된다. 에너지 보존법칙에 의하면 외력이 구조물에 대하여 하는 일, 즉 외력의 일(external work)의 전량은 외력에 의하여 구조물 내부에 생기는 응력이 하는 일, 즉 내력의 일(internal work)의 전량과 같다. 내부의 일을 변형에너지(strain energy)라고 한다. 변형에너지의 개념은 역학 분야에서 상당히 중요한 것이며 구조물이 정하중(靜荷重) 및 동하중(動荷重)을 받았을 때의 거동을 해석하는데 널리 사용된다.

6-5-1 외력의 일

물체가 낙하할 때와 같이 힘 P가 구조물에 처음부터 작용하여 그 힘의 방향 변위가 δ만큼 생겼다면 그때 힘이 하는 외력의 일 W는

W = 사각형 OABC의 면적 $= P\delta$

일반적으로 작용하는 외력은 구조물에 서서히 가해져서 충격이나 진동을 주지 않고 외력과 응력은 언제나 평형을 유지하면서 변형하게 된다. 즉 외력은 0에서 점점 증대하여 최종치 P에 도달한다면 그림 6-8로 나타낼 수 있다. 이 때에 외력의 일 W는 미소한 일 $P_x d\delta_x$의 합이 된다.

$$W = \int_0^{\delta} P_x d\delta_x$$

여기서 $P_x = \dfrac{\delta_x}{\delta} P$ 이므로

$$W = \int_0^{\delta} \frac{P\delta_x}{\delta} d\delta_x = \frac{1}{2} P\delta \qquad (6 \cdot 7)$$

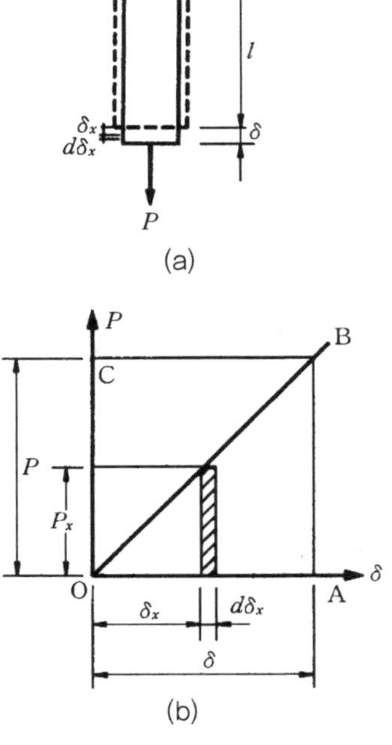

그림 6-8 하중-변형도

식 (6 · 7)은 삼각형 OAB의 면적과 같다.

그림 (a)와 같이 보에 외력이 작용하여 처짐이 생겼을 때도 마찬가지이다. 또 그림 (b)와 같이 모멘트의 외력으로 작용점에 θ만큼 회전이 생길 경우 $W=1/2M\theta$ 의 외력이 일을 한다.

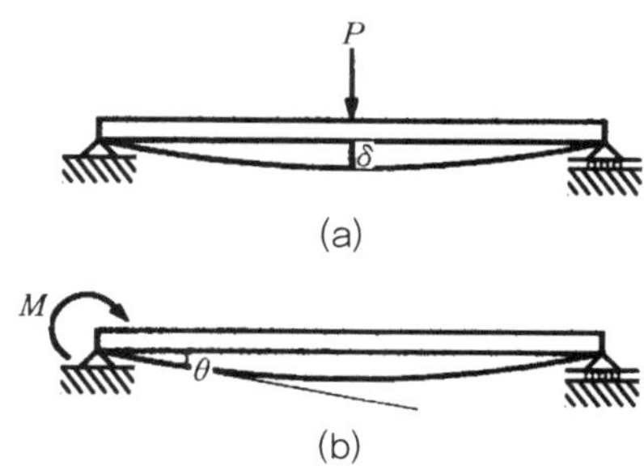

그림 6-9

6-5-2 내력의 일

(1) 축방향력에 의한 내력의 일

구조물이 외력을 받으면 변형하여 그때 가해진 외력에 의해 일을 하게 되며 그 일은 위치에너지로 구조물 내부에 저장된다. 이 위치에너지를 변형에너지라 한다.

특히, 외력에 의해 생기는 물체의 응력이 탄성한도 이내일 때 물체의 변형은 탄성변형이 되며, 이때의 외부일은 탄성변형에너지(elastic strain energy)로서 물체 내부에 저장되었다가 외력이 제거되면 이 에너지의 방출로 변형은 원형으로 되돌아간다.

그림 6-10(a)와 같이 균일단면 봉에서 탄성한도 이내일 때는 외력과 변형은 서로 비례하며 하중-변형도는 그림 6-10(b)와 같이 직선 OA가 된다. 이 경우 봉재 내에 저장되는 변형에너지 U(하중 N에 의하여 생긴 외력의 일 W와 같다)는

$$U=W=\frac{P\delta}{2} \qquad (6 \cdot 8)$$

즉 삼각형 OAB의 면적과 같다.

균일단면봉재에서 $\delta=\Delta l=Nl/EA$ 이므로 윗 식에 대입하면

$$U=\frac{N^2 l}{2EA}, \quad U=\int_0^l \frac{N^2}{2EA}dx \qquad (6 \cdot 9)$$

식 (6 · 9)의 두 번째 항은 적분식으로 표시한 것이다.

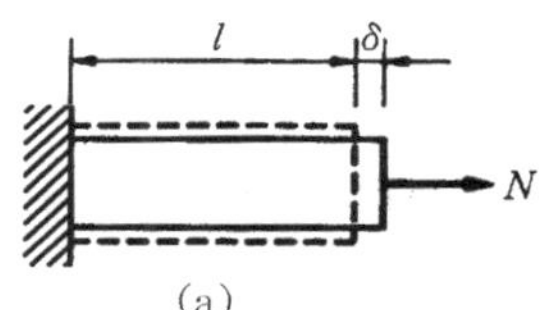

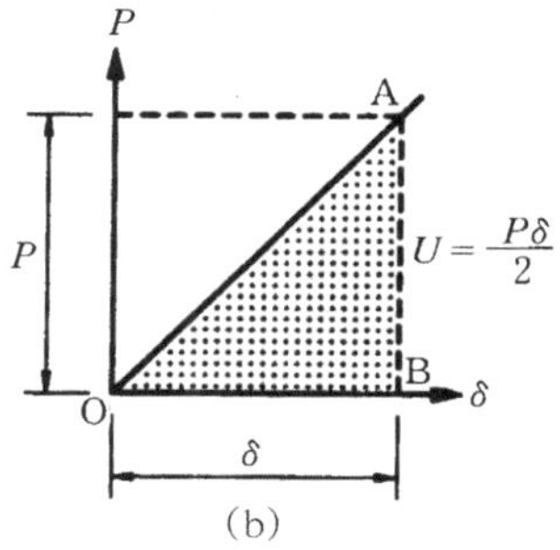

그림 6-10 선형탄성재료 봉재의 하중-변형

예제 6-23

1변이 30mm인 정사각형 단면의 철봉이 인장력 100kN를 받을 때 이 부재의 1mm^3에 저축되어 있는 변형에너지를 구하시오(단, 철봉의 영계수는 $E = 2.0 \times 10^5\text{MPa}$).

변형에너지 $W = \frac{1}{2} \cdot \frac{N^2 l}{EA}$

부피 $V = Al$라 하면

$$W = \frac{1}{2} \cdot \frac{N^2}{EA^2} \cdot Al = \frac{1}{2} \cdot \frac{N^2}{EA^2} \cdot V$$

$\therefore$ 1mm^3에 대한 변형에너지는

$$\frac{W}{V} = \frac{1}{2} \cdot \frac{N^2}{EA^2} = \frac{1}{2} \cdot \frac{(100{,}000)^2}{200{,}000 \times (30 \times 30)^2}$$

$$= 0.0309\,\text{N} \cdot \text{mm/mm}^3$$

(2) 휨모멘트에 의한 내력의 일

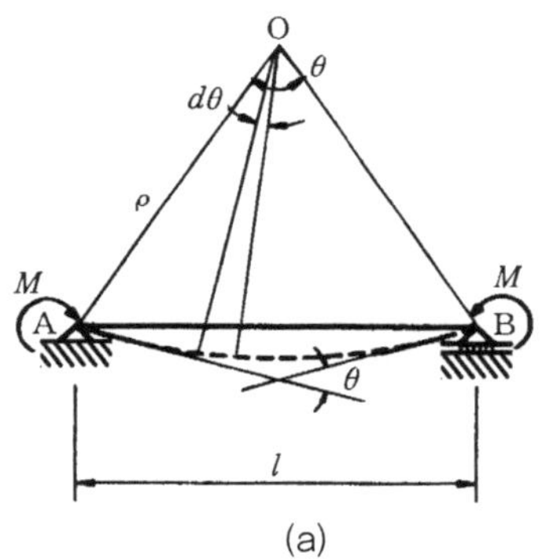

(a)

그림 6-11(a)에 나타낸 바와 같이 순수 휨상태에 있는 균일단면보의 경우를 생각하면, 이 하중상태 하에서는 휨모멘트 M은 보의 전길이에 걸쳐 균일하며 탄성곡선의 곡률은 M/EI가 된다.

따라서 중심각 θ는 모멘트 면적법에서 다음 식이 된다.

$$\theta = \frac{Ml}{EI} \qquad \text{(a)}$$

이 식은 그림 (b)에 나타낸 바와 같이 휨모멘트 M과 중심각 θ 사이에는 비례관계가 존재한다는 것을 나타낸다. 따라서 보의 양단에 작용하는 모멘트를 0에서 임의의 값까지 서서히 작용시키면 그동안에 모멘트들이 한 일은 $M\theta/2$로 나타낼 수 있다. 그리고 이것은 그 동안 보 속에 저장된 변형에너지 U와 같으므로

$$U = \frac{M\theta}{2} \tag{b}$$

식 (a)와 (b)를 조합하면 순수 휨을 받는 보에 저장된 변형에너지 식을 다음과 같은

두 가지 형태로 나타낼 수 있다.

$$U = \frac{M^2 l}{2EI},\ U = \frac{EI\theta^2}{2l} \tag{6 · 10}$$

윗 식들 중 첫 번째 식은 변형에너지를 모멘트 M의 항으로, 두 번째 식은 각 M의 항으로 표시하였다. 그림 6-12에서 휨모멘트 M이 보의 전구간에 걸쳐 변할 때(不均一휨), 식 (6 · 10)을 보의 요소에 적용하고 전구간에 걸쳐 적분하면 변형에너지를 얻을 수 있다. 모멘트 M을 받는 길이 dx의 요소를 고려해 보면, 요소의 양변 사이의 각 $d\theta$는

식 (a)의 절대치만을 고려하면 다음 식과 같이 된다.

$$d\theta = \frac{d^2y}{dx^2}dx = \frac{Mdx}{EI}$$

따라서 요소에 저장된 변형에너지 dU는 식 (6 · 9)부터 다음과 같이 된다.

$$dU = \frac{M^2dx}{2EI} \quad \text{또는} \quad dU = \frac{EI}{2}\left(\frac{d^2y}{dx^2}\right)^2 dx$$

윗 식을 적분하면 보에 저장된 전변형에너지를 다음과 같은 두 가지 식의 형태로 나타낼 수 있다.

$$U = \int \frac{M^2dx}{2EI},\ U = \int \frac{EI}{2}\left(\frac{d^2y}{dx^2}\right)^2 dx \tag{6 · 10}$$

윗 식의 적분은 보의 전구간에 걸쳐 수행된다. 첫 번째 식은 휨모멘트를 알고 있을 때 사용하고 두 번째 식은 처짐곡선방정식을 알고 있을 때 사용한다.

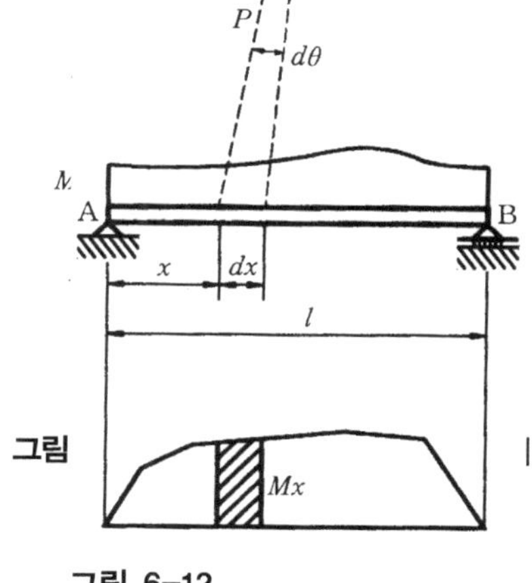

그림 6-12

예제 6-24

그림과 같은 자유단에 집중하중 P를 받는 길이 l 인 일단고정보에 저장되는 변형에너지를 구하라. 또한 자유단에서 연직처짐 δ_B를 구하시오.

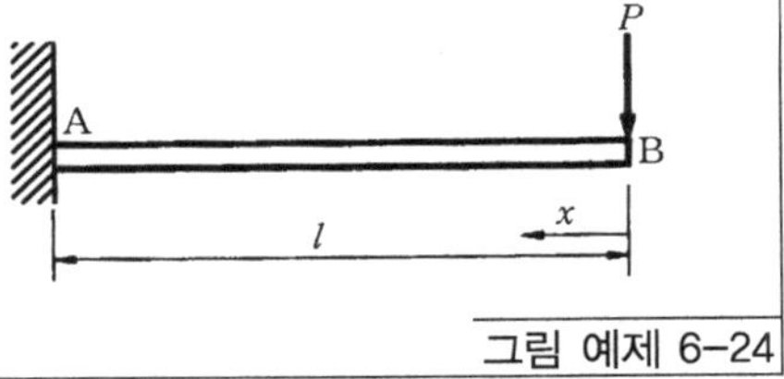

그림 예제 6-24

자유단에서 거리 x만큼 떨어진 양면에서 휨모멘트는 $M=-Px$ 이다.

이 값을 식 (6 · 10)의 M에 대입하면, 보의 변형에너지는

$$U=\int\frac{M^2dx}{2EI}=\int_0^l\frac{(-Px)^2dx}{2EI}$$

$$=\frac{P^2l^3}{6EI}$$

이 된다. 변형에너지는 언제나 양의 값을 가지며 하중은 자승의 항으로 나타냄을 주의해야 한다. 하중 P의 작용점에서의 처짐을 구하기 위해 하중이 한 일과 변형에너지를 같게 놓으면 다음과 같이 된다.

$$\frac{P\delta_B}{2}=\frac{P^2l^3}{6EI}$$

따라서

$$\delta_B=\frac{Pl^3}{3EI}$$

예제 6-25

그림과 같은 일단고정보가 자유단에 우력 M_o를 받고 있다. 보의 변형에너지 U와 자유단에서의 회전각 θ_B를 구하시오.

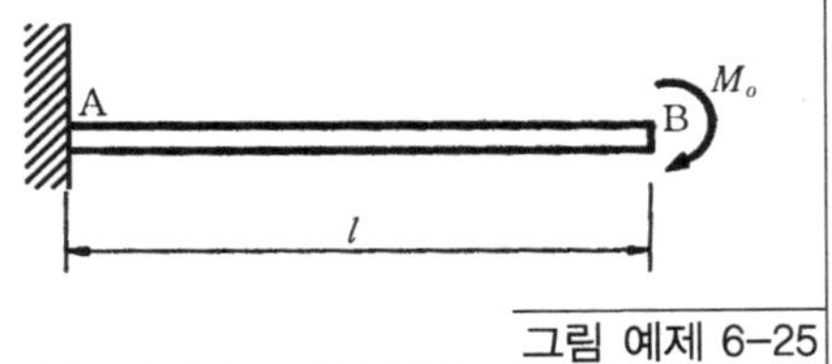

그림 예제 6-25

이 경우에는 휨모멘트가 일정하며 $-M_o$ 와 같다. 따라서 식 (6 · 10)로 부터

$$U = \int \frac{M^2 dx}{2EI} = \int_0^l \frac{(-M_o)^2 dx}{2EI}$$

$$= \frac{M_o^2 l}{2EI}$$

이 된다. 보에 하중이 작용하는 동안 우력 M_o 가 한 일은 $M_o \theta_B / 2$ 이므로

$$\frac{M_o \theta_B}{2} = \frac{M_o^2 l}{2EI}$$

따라서

$$\theta_B = \frac{M_o l}{EI}$$

회전각의 부호는 모멘트의 부호와 같으며 이 보에서는 시계방향이다.

(3) 전단력에 의한 내력의 일

지금까지 보의 처짐계산에 있어서는 휨응력으로 인한 변형만을 고려했었다. 그러나 보가 불균일한 휨작용을 받는 경우에는, 언제나 각 단면에 전단응력이 걸리게 되고, 따라서 전단변형으로 인한 처짐이 그 보의 휨변형으로 인한 처짐 위에 겹쳐진다. 전단응력은 보의 높이에 따라 다르므로 단면은 곡면이 될 것이다. 그림에서는 전단만에 의한 처짐을 보여 주므로 그 외 변형영향(휨모멘트)은 제외되었다. 그림 6-13에서 전단변형으로 인한 처짐량을 y 라고 하면, 그 탄성곡선의 기울기를 표시하는 다음 식을 얻을 수 있다.

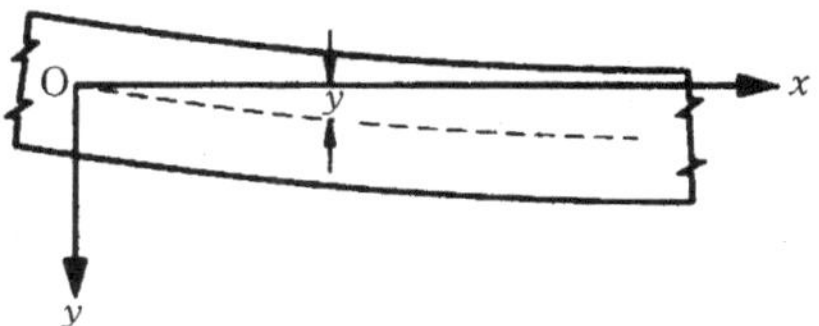

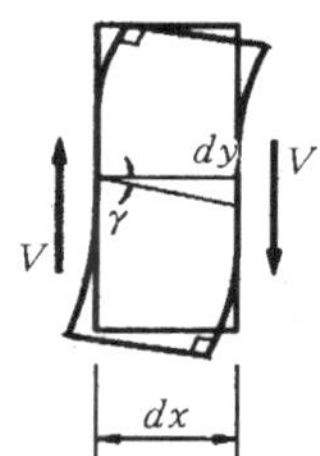

그림 6-13

$$\tan\gamma \fallingdotseq \gamma = \frac{dy}{dx} = \frac{\tau_{\max}}{G} = \frac{kV}{AG} \tag{a}$$

부재에 분포하중 w 가 작용할 경우 탄성곡선방정

식은

$$\frac{d^2y}{dx^2} = \frac{k}{GA} \cdot \frac{dV}{dx} = -\frac{k}{GA} \cdot w \qquad \text{(b)}$$

여기서 G는 전단탄성계수이며 k는 중립축 위의 최대 전단응력을 얻기 위해서 평균전단응력에 곱해야 할 계수이다. 직사각형 단면에 $k=3/2$이고, 원형 단면에 대해서는 $k=4/3$이다. 한편, $I-$단면에 있어서 그 플랜지가 연직전단응력을 거의 부담하지 않으므로 k의 값은 그 단면의 치수비에 따라 2에서 3까지의 사이에 놓이게 된다. 따라서 전단변형에너지 U는

$$U = \frac{1}{2}P\delta = k\int \frac{V^2}{2AG}dx \qquad (6 \cdot 11)$$

일반적으로 전단변형으로 인한 처짐은 휨변형으로 인한 처짐에 비해 작기 때문에 전자를 무시할 수 있는 경우가 많다. 그러나 짧고 두꺼운 보에 있어서는 전단변형으로 인한 처짐이 상당히 커지므로 그것을 무시할 수는 없다.

일반적으로 구조물이 휨모멘트, 축방향력, 전단력을 받을 때 내력의 일, 즉 전체 변형에너지는 다음과 같이 표시된다.

$$U = U_N + U_M + U_V$$

$$= \int \frac{N^2}{2AE}dx + \int \frac{M^2}{2EI}dx + k\int \frac{V^2}{2AG}dx \qquad (6 \cdot 12)$$

예제 6-26

그림 (a)에 보인 것과 같은 중앙점에 집중하중 P를 받는 단순지지보의 최대 전단처짐을 구하시오.

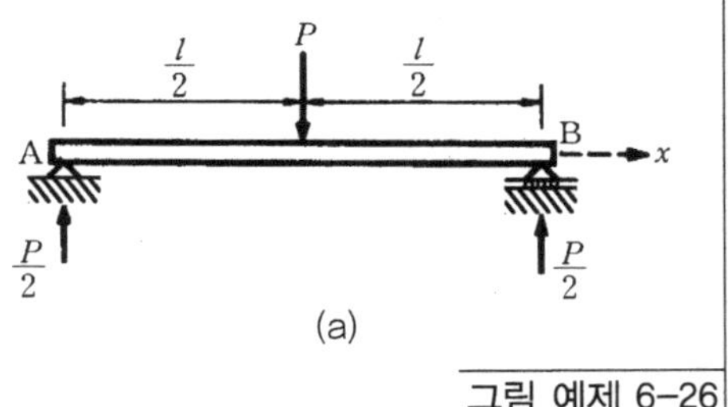

그림 예제 6-26

전단력이 $V = \pm P/2$ 로 되며, 그 값은 보의 전길이에 걸쳐 일정하지만 그 부호가 보의 중앙점에서 바뀐다. 전단력 V가 일정한 경우에는, 전단변형으로 인한 처짐곡선의 기울기도 일정하다. 그러므로 이 보의 전단변형으로 인한 처짐곡선은 그림 (c)에 보인 것과 같은 두 직선 AC와 CB로 표시됨을 알 수 있다. 이때 직선 AC의 기울기는

$$\frac{dy_1}{dx} = \frac{kV}{AG} = \frac{kP}{2AG}$$

이므로 전단변형으로 인해서 C점에 일어나는 최대 처짐은 다음과 같이 된다.

$$\delta_1 = \frac{l}{2} \cdot \frac{dy_1}{dx} = \frac{kPl}{4AG}$$

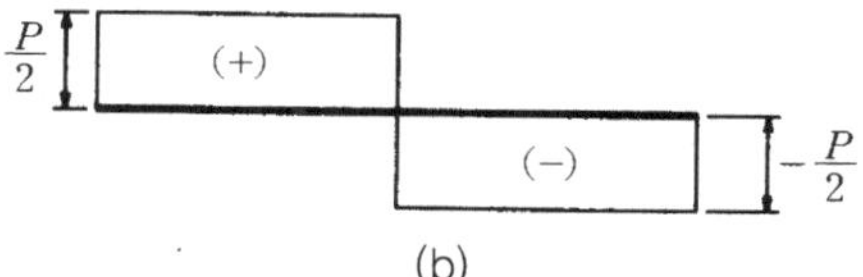

(b)

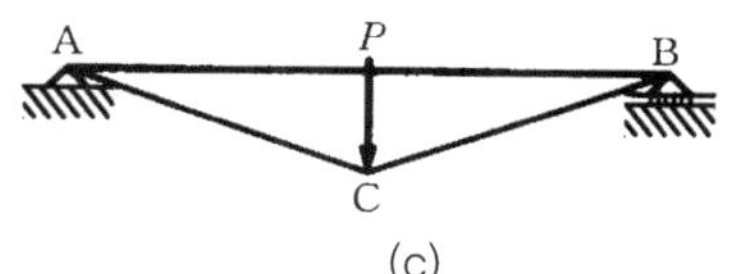

(c)

연습문제

1. 그림과 같이 단순보가 중앙점에 집중하중 P를 받고 한쪽 단 B에 우력 M_o를 받고 있다. 이 때 보에 저장된 변형에너지 U를 구하시오.

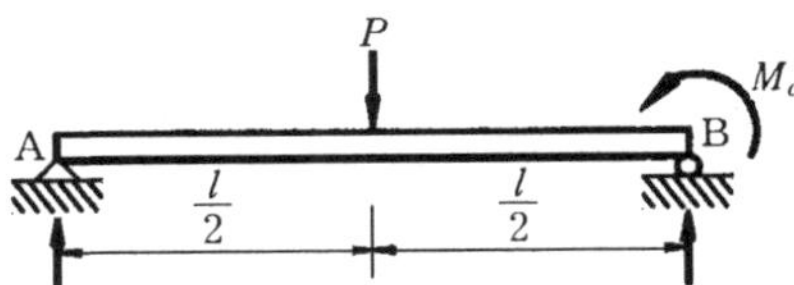

2. 자유단에 집중하중 P를 받고 있는 외팔보에 저장된 변형에너지 U를 구하고 또한 이를 이용하여 자유단의 처짐 δ를 구하시오.

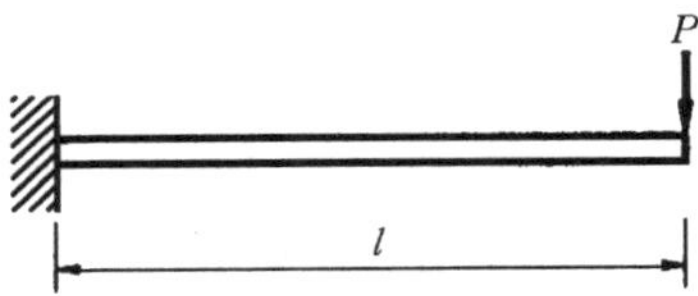

3. 그림과 같은 삼각형 분포하중, 즉 그 세기가 고정단$(x=0)$에서의 값 w_0으로부터 자유단$(x=l)$에서의 값 0(zero)까지 직선적으로 변하는 하중을 받는 경우의 처짐곡선의 방정식과 자유단에서의 처짐을 구하시오.

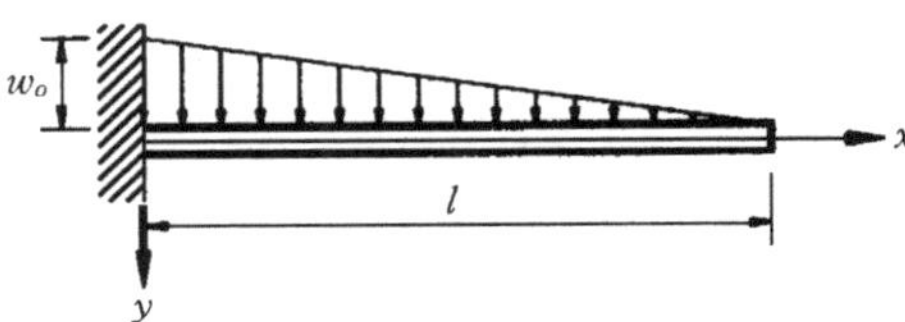

4. 그림과 같이 단순지지보가 중앙에 집중하중 P를 받고 있을 때 보의 중앙에서의 처짐을 에너지법을 이용하여 구하시오.

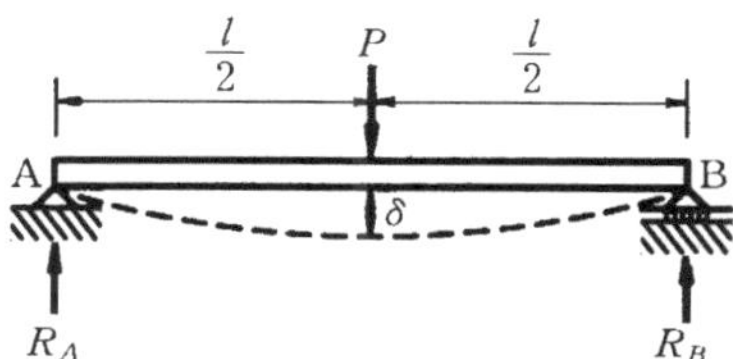

5. 그림과 같이 돌출부분이 있는 단순보가 자유단에 하중 P를 받고 있다. (a) 보에 저장된 변형에너지 U를 구하시오. (b) 이 결과로부터 하중 P를 받는 C점에서의 처짐을 구하시오.

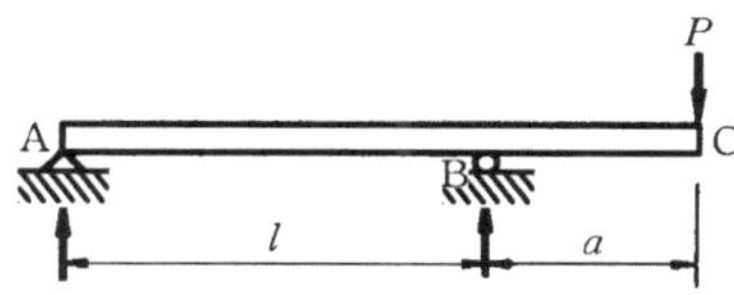

6. 그림과 같이 균일분포하중을 받는 외팔보에서 전단변형만을 고려하여 처짐곡선의 방정식을 산출하라. 또한, 이 보의 자유단의 처짐 δ_1을 구하시오(단, 보의 단면적 A, 그 재료의 전단강성계수 G 및 형상계수 k는 모두 주어져 있다고 가정한다).

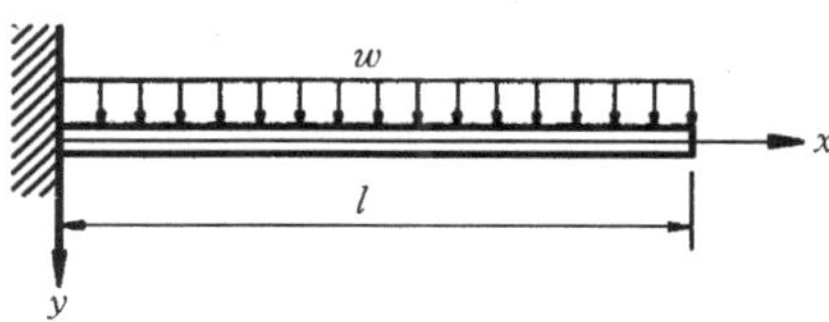

6-6 가상일법

가상일법(method of virtual work)의 원리는 1717년 존 베르누이(Johann Bernoulli)가 제안하였고, 이 원리는 구조물의 탄성변형을 구하기 위한 가장 적절한 방법이다. 이것은 어떤 하중에 의한 구조물의 변형을 구할 수 있을 뿐만 아니라 온도변화와 구조재료의 수축으로 인한 변형도 계산할 수 있다. 평형상태에 있는 강성구조체에 가상적인 외력을 주든지 또는 온도변화에 의하여 그 평형의 위치에서 미소한 변위가 생겼을 때 하는 일을 가상일이라고 하고 가상일이 0이 되는 원리를 가상일법이라고 한다.

단순보를 예로 들어본다. 그림 (a)와 같은 단순보의 i 점에 외력 P_i 가 작용하고 이것이 평형상태에 있다면 i 점은 그림과 같이 δ_i 만큼 처진다. 다음에 그림 (b)와 같이 다른 외력 P_k를 k 점에 작용시키면 i 점은 다시 δ_{ik} 만큼 처짐이 증가하고, P_i는 P_k 때문에 $P_i \cdot \delta_{ik}$ 만큼의 일을 한 것으로 된다. 그런데 $P_i \cdot \delta_{ik}$ 는 실제의 일이 아니고, P_k 때문에 간접적으로 생긴 일이다. 즉 δ_{ik} 를 가장변위라 하면 $P_i \cdot \delta_{ik}$ 는 가상일이 된다.

이 δ_{ik} 는 그림 (c)와 같이 P_i가 없는 보에 P_k만이 작용할 때 i 점의 처짐 δ_{ik} 와 같은 값이고, P_i의 일은 그림 (a) 경우의 P_i 와 그림 (c) 경우의 δ_{ik} 와의 곱, 즉 서로 무관한 상태를 조합시켰을 때 가상의 일과 그 값은 같다.

위와 같이 외력에 의한 가상일은 기존의 힘 P_i와 다른 힘에 의한 기존 가력점의 변위 δ_{ik} 와의 곱으로서 표현할 수 있다. 그래서 이 양자는 에너지보존의 법칙에 따라 같게 된다. 즉

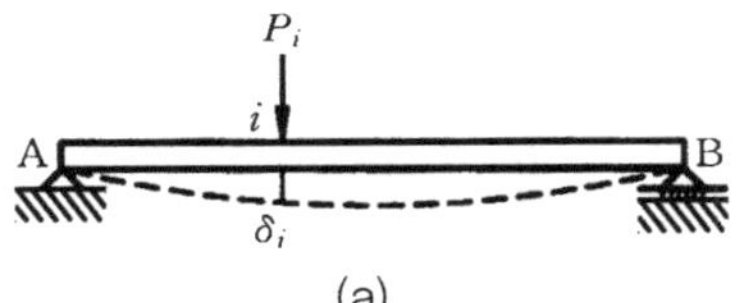

(a)

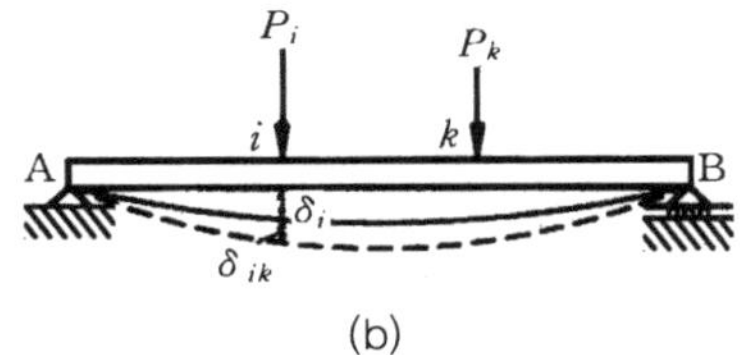

(b)

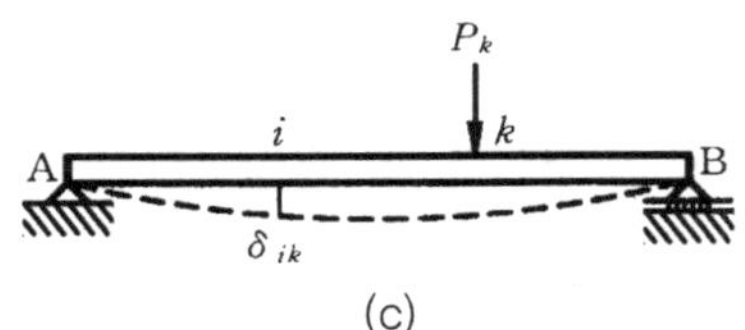

(c)

그림 6-14

외력에 의한 가상일 = 내력에 의한 가상일

따라서 가상일 식은 가상 하중으로 1이라는 단위 하중(모멘트 포함)을 택하므로 단위하중법(unit load method)이라고도 부르는데 온도변화까지 고려하여 일반적으로 표현하면 다음과 같다.

$$\bar{p}\delta = 1 \cdot \delta = \int \frac{\overline{M}M}{EI}dx + \int \frac{\overline{N}N}{EA}dx + k\int \frac{\overline{V}V}{GA}dx + \int \overline{N}\alpha t_m dx + \int \overline{M}\alpha \frac{\Delta t}{h}dx \qquad (6 \cdot 13)$$

여기서,

δ : 원하는 위치에서의 변형

k : 전단 형태 계수(form factor for shear)

N : 구조물에 작용하는 실제하중으로 인한 축방향력

M : 구조물에 작용하는 실제하중으로 인한 휨모멘트

V : 구조물에 작용하는 실제하중으로 인한 전단력

t_m : 중립축에서 온도 변화

α : 재료의 선팽창계수

Δt : 상하 단면 양끝의 온도차

h : 부재의 춤

$\overline{N}$: 처짐방향의 가상 단위하중에 의한 축방향력

$\overline{M}$: 처짐방향의 가상 단위하중에 의한 휨모멘트

$\overline{V}$: 처짐방향의 가상 단위하중에 의한 전단력

예제 6-27

그림 (a)와 같은 보의 최대 처짐과 지점에서의 처짐각을 구하시오(단, EI는 일정하다).

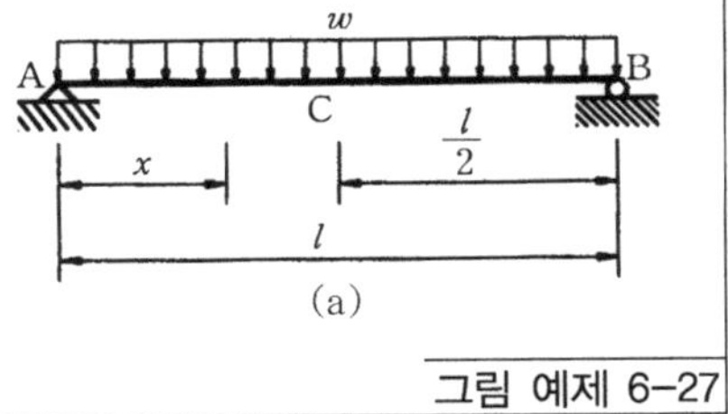

그림 예제 6-27

최대 처짐은 보의 중앙 C에서 일어난다. 그러므로 그림 (b)와 같이 단위하중(가상하중)을 C에 작용시켜야 한다. 이 때, 지점반력은 각각 1/2이므로 이 보의 임의 단면의 휨모멘트는

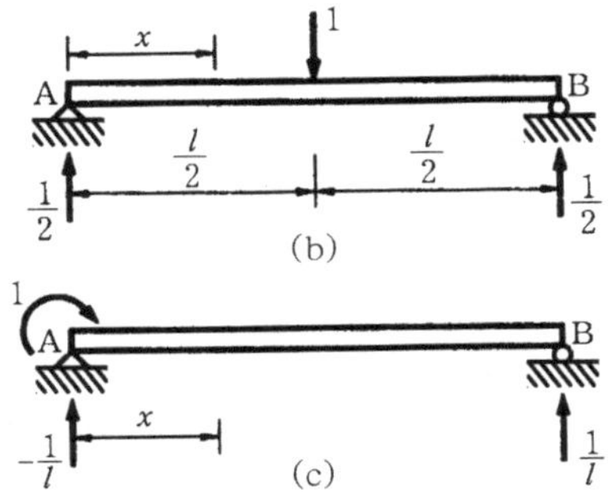

$$\overline{M} = \frac{1}{2}x$$

이고, 주어진 보의 임의 단면의 휨모멘트는

$$M = \frac{wl}{2}x - \frac{w}{2}x^2$$

이다. 따라서 이 보의 중앙점의 처짐은 식 (6 · 13)에 의하여 다음과 같다.

$$1\delta_C = 2\int_0^{\frac{l}{2}} \frac{1}{EI}\left(\frac{wl}{2}x - \frac{w}{2}x^2\right)\frac{x}{2}dx$$

$$= \frac{5wl^4}{384EI}$$

$$\therefore \delta_C = \delta_{\max} = \frac{5wl^4}{384EI}$$

계산 결과의 부호가 (+)이므로 δ_c의 방향은 단위하중의 작용방향과 일치한다는 것을 의미한다. 즉 처짐은 하향이다. 지점 A의 처짐각을 구하기 위해서는 그림 (c)와 같이 단위모멘트(가상하중)를 지점 A에 작용시켜야 한다. 이 때, 지점 A 및

B의 반력은 각각 $-1/l$(하향), $1/l$(상향)이므로 이 보의 임의 단면의 휨모멘트는 다음과 같다.

$$\overline{M} = 1 - \frac{x}{l}$$

따라서 이 보의 탄성곡선 지점 A에서의 기울기는 식 (6 · 13)에 의하여

$$1\theta_A = \int_0^l \frac{1}{EI}\left(\frac{wl}{2}x - \frac{w}{2}x^2\right) \times \left(1 - \frac{x}{l}\right)dx$$

$$= \frac{wl^3}{24EI}$$

$$\therefore\ \theta_A = \frac{wl^3}{24EI}$$

결과의 부호가 (+)이므로 θ_A의 방향은 단위모멘트의 방향과 같다. 즉 시계방향이다.

예제 6-28

그림 (a)와 같은 캔틸레버의 자유단에 일어나는 탄성곡선의 기울기와 처짐을 구하시오.
(단, $E = 200,000\,\text{MPa}$ 이고,
$I_1 = 3.6 \times 10^8\,\text{mm}^4$, $I_2 = 2.4 \times 10^8\,\text{mm}^4$ 이다)

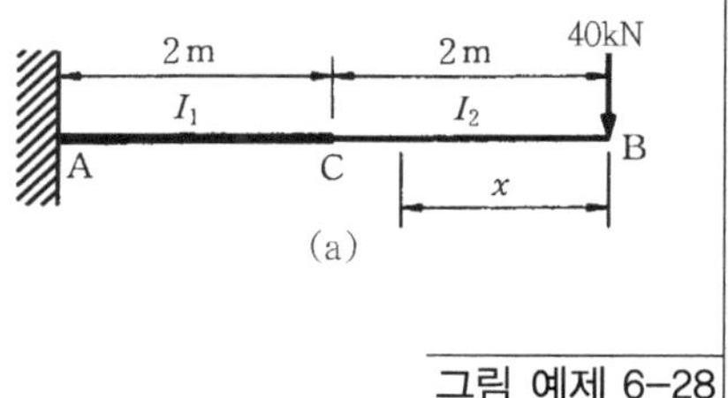

그림 예제 6-28

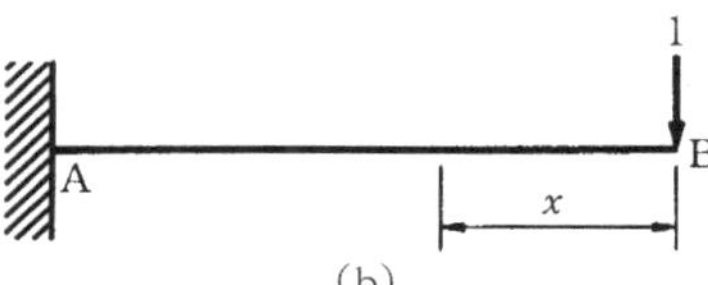

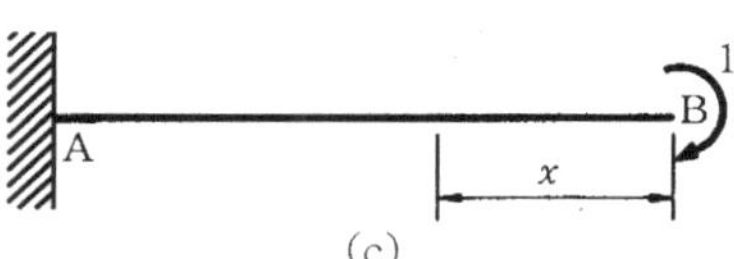

$$M = -40x$$

$$\overline{M} = -x$$

따라서 주어진 보의 자유단 처짐은

$$1\delta_B = \int \frac{M\overline{M}}{EI}dx$$

$$= \int_0^2 \left(\frac{1}{EI_2}\right)(-40x)(-x)dx$$

$$+\int_2^4\left(\frac{1}{EI_1}\right)(-40x)(-x)dx$$

$I_1 = 1.5I_2$ 이므로 풀이를 편하게 하기 위하여 양변에 EI_2를 곱하면

$$EI_2\delta_B = \int_0^2 40x^2dx + \int_2^4 \frac{1}{1.5}\times 40x^2dx$$

$$= \left[\frac{40}{3}x^3\right]_0^2 + \left[\frac{40}{1.5\times 3}x^3\right]_2^4$$

$$= 604.4\text{kN}\cdot\text{m}^3$$

$$\therefore\ \ \delta_B = \frac{604.4\times 10^3\times 10^9}{2.0\times 10^5\times 2.4\times 10^8}$$

$$\fallingdotseq 12.6\text{mm}(\downarrow)$$

자유단에 단위모멘트를 작용시킨 그림 (c)의 보에서 임의 단면의 휨모멘트는 $\overline{M} = -1$ 이므로 주어진 보의 자유단에서 처짐곡선의 기울기 θ_B는

$$1\theta_B = \int\frac{M\overline{M}}{EI}dx$$

$$= \int_0^2\left(\frac{1}{EI_2}\right)(-40x)(-1)dx$$

$$+\int_2^4\left(\frac{1}{EI_1}\right)(-40x)(-1)dx$$

$$EI_2\theta_B = \int_0^2 40x\,dx \int_2^4\frac{1}{1.5}\times 40x\,dx$$

$$= \left[20x^2\right]_0^2 + \left[\frac{20}{1.5}x^2\right]_2^4$$

$$= 240\text{kN}\cdot\text{m}^2$$

$$\therefore\ \ \theta_B = \frac{240\times 10^3\times 10^6}{2.0\times 10^5\times 2.4\times 10^8}$$

$$\fallingdotseq 0.005\text{rad}\ (\curvearrowright)$$

예제 6-29

그림과 같은 정정라멘에서 A점에 일어나는 수직 변위 δ_y, 수평변위 δ_x 및 처짐각 θ_A를 가상의 일법으로 구하시오(단, 부재의 EI는 일정하다).

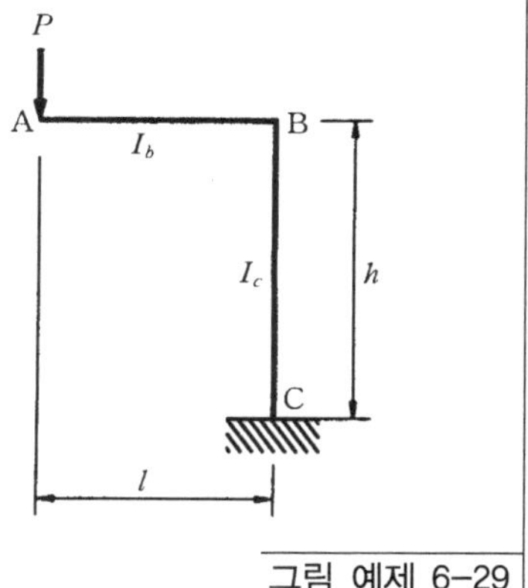

그림 예제 6-29

가상단위하중을 그림 (a), (b), (c), (d)와 같이 작용시킨다.

① δ_y를 구하기 위하여 그림 (a), (b)로부터 휨모멘트를 구하면(그림 (b)에서 단위하중 1을 하향으로 가정한다)

(A~B)재 : $M_x = -Px,\ \overline{M} = -x$

(B~C)재 : $M_x = -Pl,\ \overline{M} = -l$

따라서 식 (6 · 13)에 의하여 처짐은 다음과 같다.

$$\delta_y = \int \frac{M\overline{M}}{EI} ds$$

$$= \int_A^B \frac{M\overline{M}}{EI_b} dx + \int_B^C \frac{M\overline{M}}{EI_c} dy$$

$$= \frac{1}{EI_b} \int_0^l (-Px)(-x)\,dx$$

$$+ \frac{1}{EI_c} \int_0^h (-Pl)(-l)\,dy$$

$$= \frac{P}{EI_b}\left[\frac{x^3}{3}\right]_0^l + \frac{Pl^2}{EI_c}[y]_0^h$$

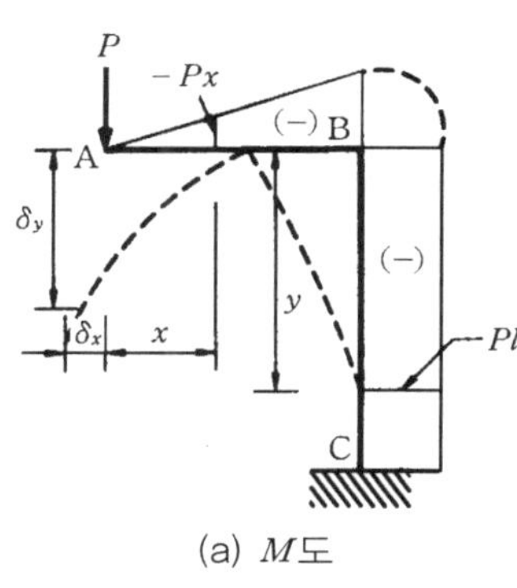

(a) M도

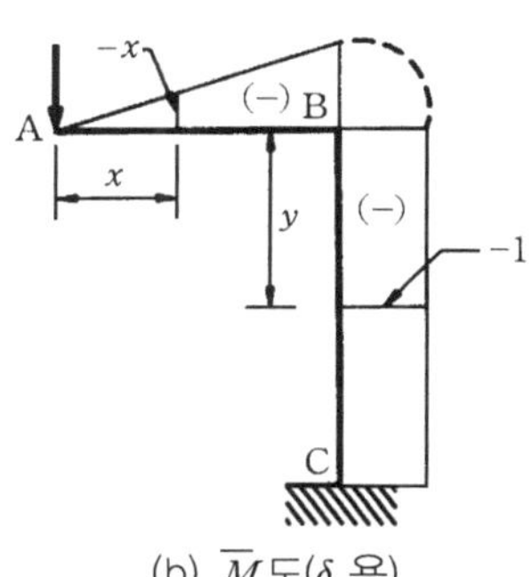

(b) $\overline{M}$도(δ_y용)

$$= \frac{Pl^3}{3EI_b} + \frac{Pl^2h}{EI_c}$$ (가정과 일치하므로 하향)

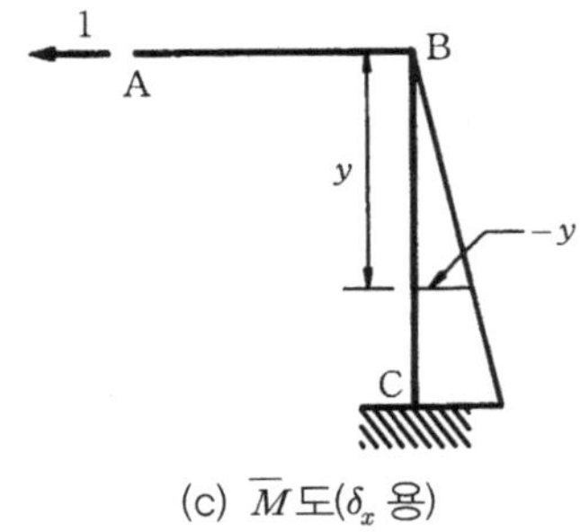

(c) $\overline{M}$도(δ_x 용)

② δ_x를 구하기 위하여 그림 (a), (c)로부터 휨모멘트를 구하면(그림 (c)에서 단위하중 1을 좌향으로 가정한다)

(A~B)재 : $M_x = -Px$, $\overline{M}=0$

(B~C)재 : $M_x = -Pl$, $\overline{M} = -y$

따라서 식 (6 · 13)에 의하여 처짐 δ_x는

$$\delta_x = \int \frac{M\overline{M}}{EI} ds$$

$$= \int_A^B \frac{M\overline{M}}{EI_b} dx + \int_B^C \frac{M\overline{M}}{EI_c} dy$$

(A~B)재의 $\overline{M}=0$ 이므로 우변의 제1항은 0이 되므로

$$\delta_x = \int_0^h \frac{M\overline{M}}{EI_c} dy$$

$$= \frac{1}{EI_c} \int_0^h (-Pl)(-y)\, dy$$

$$= \frac{Pl}{EI_c} \left[\frac{y^2}{2} \right]_0^h$$

$$= \frac{Plh^2}{2EI_c}$$ (가정과 일치하므로 좌향)

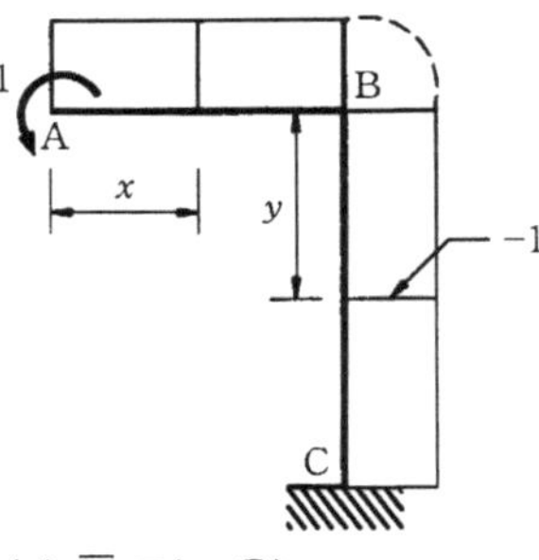

(d) $\overline{M}$도(θ_A 용)

③ θ_A를 구하기 위하여 그림 (a), (d)로부터 휨모멘트를 구하면(그림 (d)에서 단위모멘트 1을 왼쪽방향으로 가정한다)

(A~B)재 : $M_x = -Px$, $\overline{M} = -1$

(B~C)재 : $M_x = -Pl$, $\overline{M} = -1$

따라서 식 (6 · 13)에 의하여 처짐각 θ_A는

$$\delta_x = \int \frac{M\overline{M}}{EI} ds$$

$$= \int_A^B \frac{M\overline{M}}{EI_b} dx + \int_B^C \frac{M\overline{M}}{EI_c} dy$$

$$= \frac{1}{EI_b} \int_0^l (-Px)(-1)\,dx$$

$$+ \frac{1}{EI_c} \int_0^h (-Pl)(-l)\,dy$$

$$= \frac{P}{EI_b}\left[\frac{x^2}{2}\right]_0^l + \frac{Pl}{EI_c}[y]_0^h$$

$$= \frac{Pl^2}{2EI_b} + \frac{Plh}{EI_c}$$ (가정과 일치하므로 왼쪽으로 회전)

예제 6-30

그림과 같은 트러스의 중앙부 C점의 수직변위와 B점의 수평변위를 구하라(다만, 부재의 탄성계수 $E = 8{,}000\text{MPa}$ 이고 AD, BD 부재의 단면적은 $5{,}000\text{mm}^2$, 기타 부재의 단면적은 $4{,}000\text{mm}^2$ 이다).

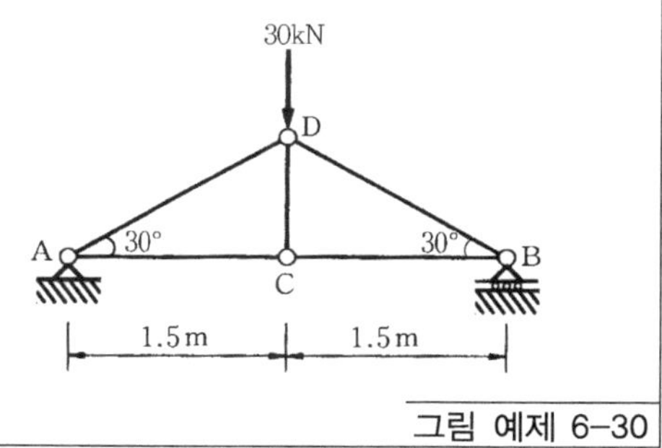

그림 예제 6-30

① C점의 수직변위

주어진 하중에 의한 각 부재의 응력 N과 C점에 $\overline{P} = 1$인 단위의 힘을 수직방향으로 가했을 때 각 부재의 응력 $\overline{N}$과 각 부재의 길이 l을 구하면 아래 표와 같으며 C점의 처짐 δ_C는 식 (6·13)에 의하여 다음과 같다.

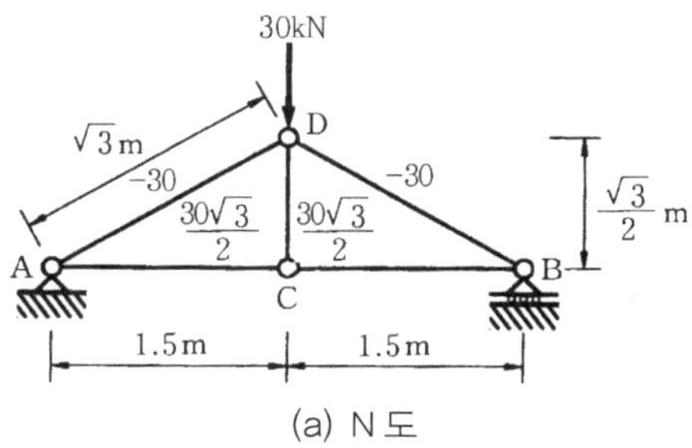

(a) N 도

$$\delta_C = \Sigma \frac{N\overline{N}l}{EA}$$
$$= 2 \times \left(\frac{30\sqrt{3}}{40{,}000} + \frac{33.75}{32{,}000} \right) \times 10^3$$
$$= 4.7\text{mm}$$

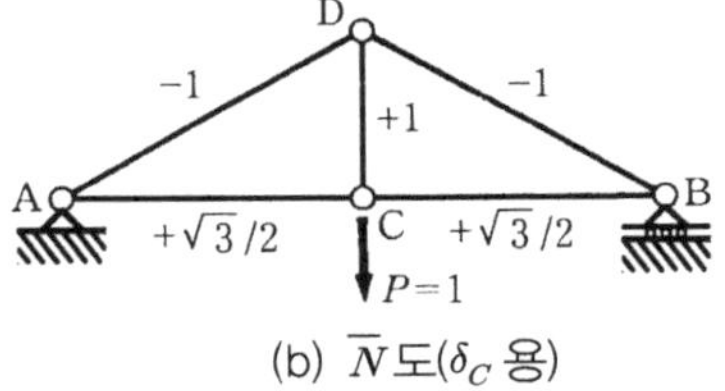

(b) $\overline{N}$도(δ_C 용)

부재명	N (kN)	$\overline{N}$	l (m)	$N\overline{N}l$ (kN · m)	A (mm²)	EA (kN)	$\frac{N\overline{N}l}{EA}$(m)
AD, BD	−30	−1	$\sqrt{3}$	$30\sqrt{3}$	5,000	40,000	$\frac{30\sqrt{3}}{40{,}000}$
AC, BC	$\frac{30\sqrt{3}}{2}$	$\frac{\sqrt{3}}{2}$	1.5	33.75	4,000	32,000	$\frac{33.75}{32{,}000}$
CD	0	1	$\frac{\sqrt{3}}{2}$	0	4,000	32,000	0

② B점의 수평변위

B점에 $\overline{P}=1$ 인 수평력을 가할 때의 응력 $\overline{N}$이라고 하면, AC, BC의 양 부재의 응력은 +1이며, 다른 부재는 응력이 생기지 아니하므로 B점의 수평변위 δ_B는

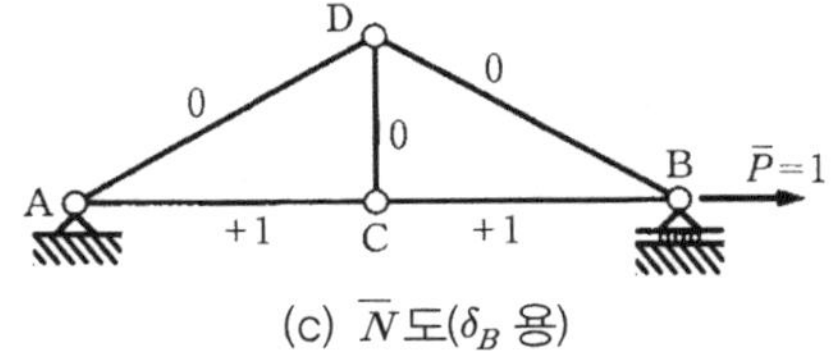

(c) $\overline{N}$도(δ_B 용)

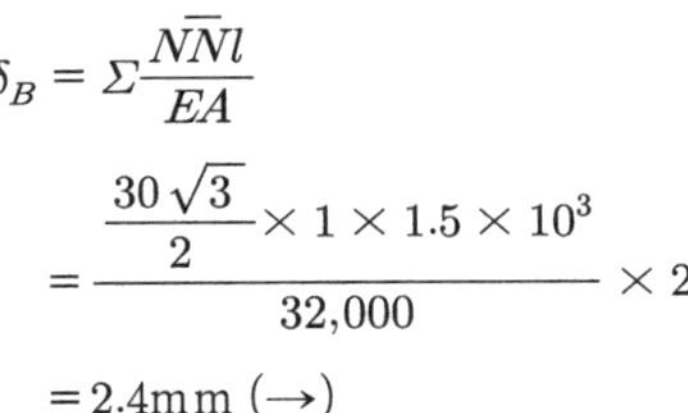

$$\delta_B = \Sigma \frac{N\overline{N}l}{EA}$$
$$= \frac{\frac{30\sqrt{3}}{2} \times 1 \times 1.5 \times 10^3}{32{,}000} \times 2$$
$$= 2.4\text{mm} \ (\rightarrow)$$

예제 6-31

그림 (a)와 같이 길이 1.5m인 캔틸레버보가 단면 상단 표면에는 25℃, 하단 표면에는 300℃의 온도 변화를 받을 때, 이 보의 점 A의 처짐각을 구하시오(단, 보의 선팽창계수는 $\alpha=0.000012/℃$ 이고, 춤은 300mm 이다).

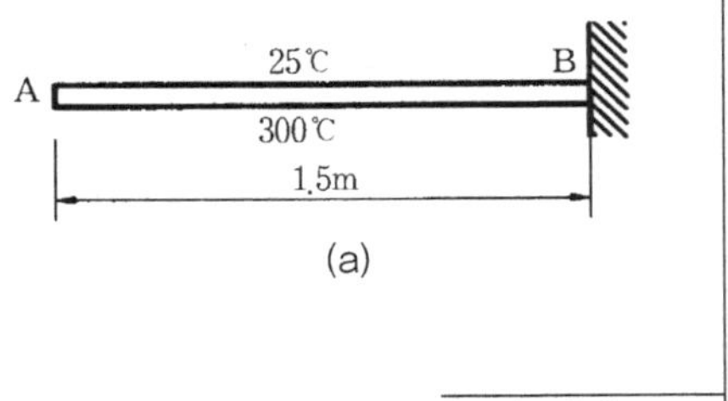

(a)

그림 예제 6-31

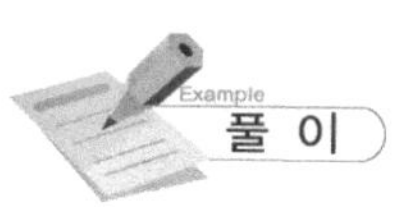

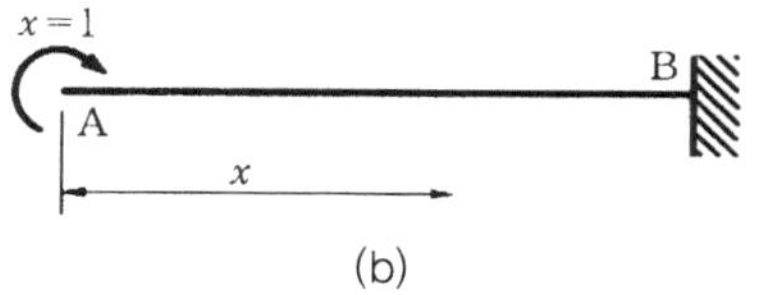

(b)

부재단면의 상하단 온도평균은

$t_m = (25+300)\ /2 = 162.5℃$ 이고,

이로 인한 늘어남 Δs 는

$$\Delta s = \alpha \cdot t_m \cdot l$$
$$= 0.000012 \times 162.5 \times 1{,}500$$
$$= 2.9\text{mm}$$

이고, θ_A 와는 관계가 없다. 그러나 상하단 표면 온도차에 의해 보는 휘게 되고 점 A에는 처짐각이 생기게 된다.

상하단면 양끝의 온도차는

$\Delta t = 300 - 25 = 275$ 이므로 식 (6 · 13)의 마지막 항에서 처짐각 θ_A 는

$$\theta_A = \int_0^l \frac{\overline{M}\alpha\Delta t}{h}dx$$
$$= \int_0^{1{,}500} \frac{1 \times 0.000012 \times 275}{300}dx$$
$$= \frac{0.000012 \times 275 \times 1{,}500}{300}$$
$$= 0.0165\text{rad}\ (\curvearrowright)$$

연습문제

※ 가상일의 원리를 이용하여 다음 사항에 답하시오.

1. 그림과 같은 중앙집중하중 P가 작용하는 단순보에서 중앙점의 처짐을 구하시오(EI는 일정).

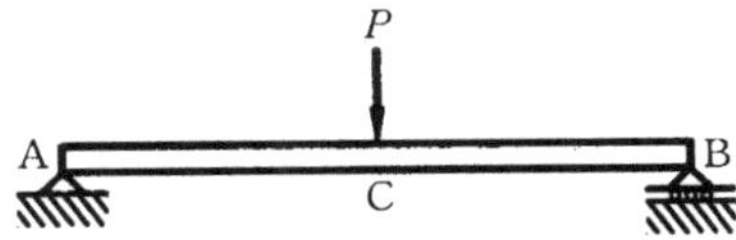

2. 그림과 같은 단순보의 휨모멘트에 의한 C점의 처짐을 구하시오(EI는 일정).

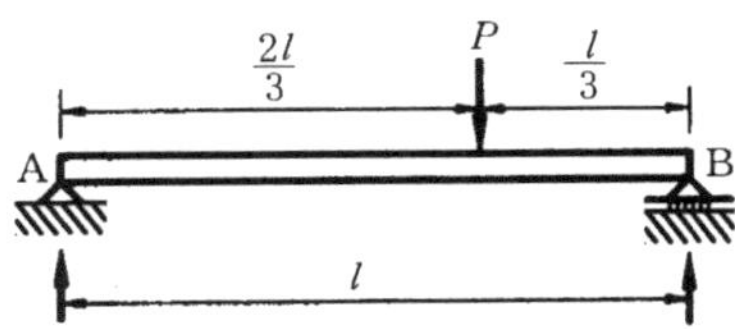

3. 그림과 같은 단순보의 C점의 처짐 δ_C를 구하시오.

(단, $E = 2.0 \times 10^5 \text{MPa}$, $I = 2.7 \times 10^8 \text{ mm}^4$으로 한다)

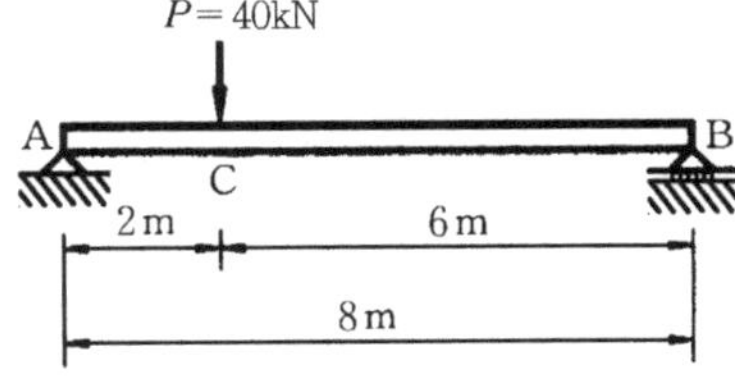

4. 그림과 같이 등분포하중이 작용하는 단순보의 중앙점 처짐을 구하시오(EI는 일정).

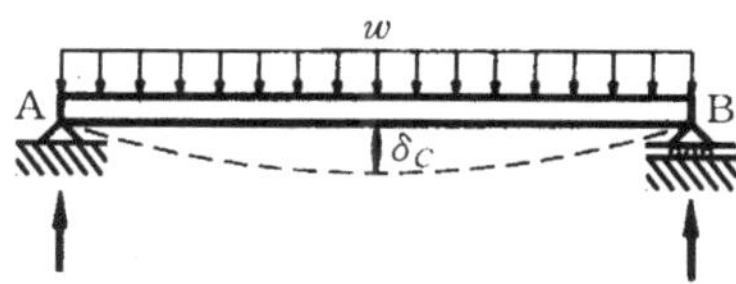

5. 그림과 같이 일정한 단면의 단순보 A단에 모멘트 M_{AB}가 작용하는 경우 A단의 회전각을 구하시오(EI는 일정).

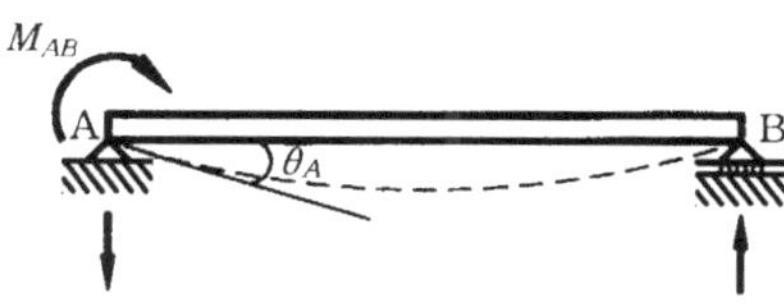

6. 그림과 같은 캔틸레버보의 A점에 작용하는 집중하중 P에 의해서 생기는 A점의 처짐 및 처짐각을 구하시오(단, E는 보재의 탄성계수, I는 단면 2차 모멘트이다).

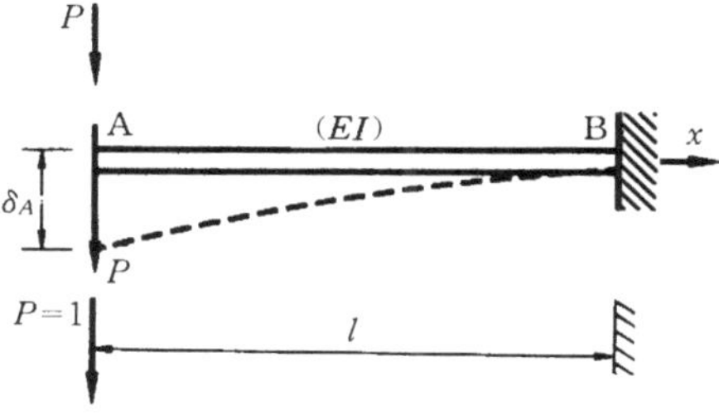

7. 그림과 같은 캔틸레버보의 A점의 처짐 δ_A을 구하시오(단, EI는 일정한 것으로 한다).

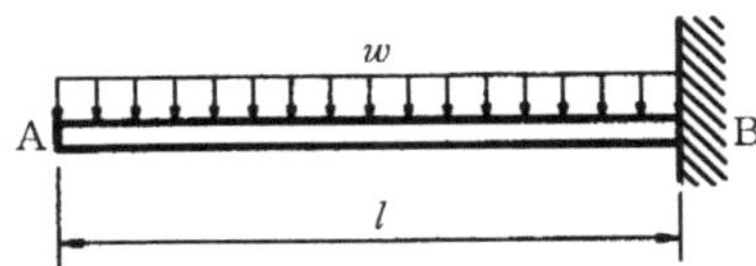

8. 그림과 같은 인장력 N을 받는 재의 변위 δ를 구하시오.

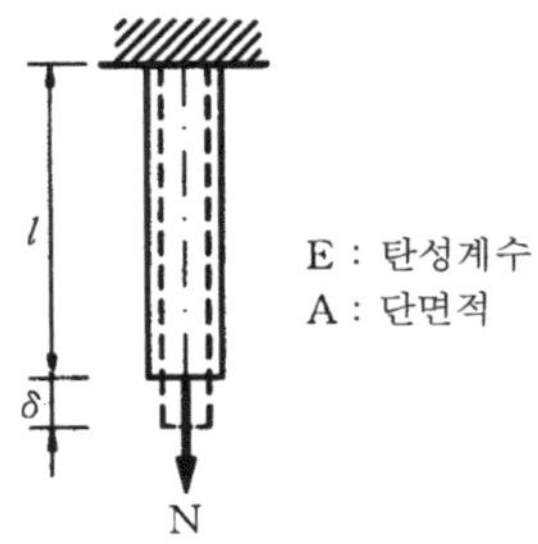

9. 그림과 같은 정정 라멘에서 지정된 변형량을 구하시오(단, $EI=$ 일정).

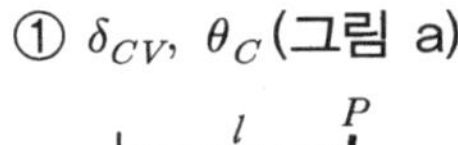

② δ_{EV}, θ_D (그림 b)

③ δ_{CH}, θ_C (그림 c)

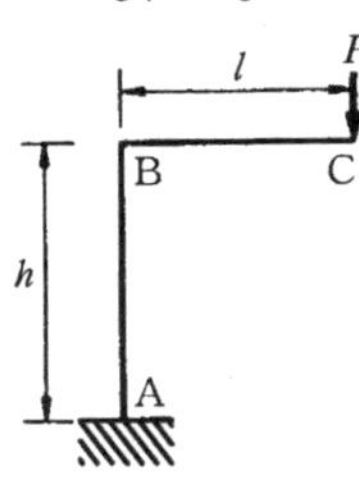

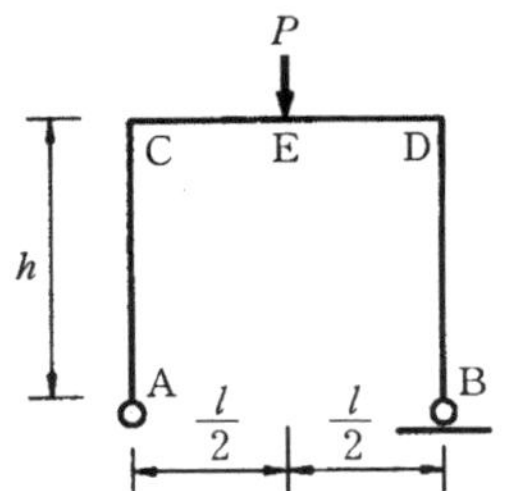

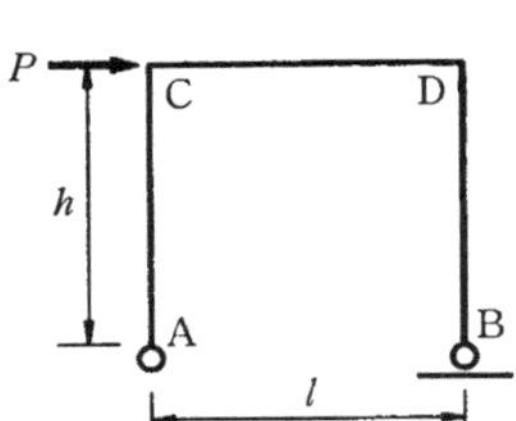

10. 그림과 같은 정정트러스에서 지정된 변형량을 구하시오.

① δ_{CV} (그림 a) ② δ_{CH} (그림 b) ③ δ_{CV} (그림 c)

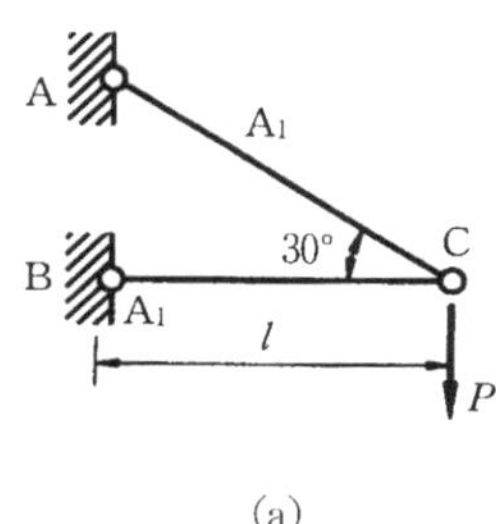

(a)

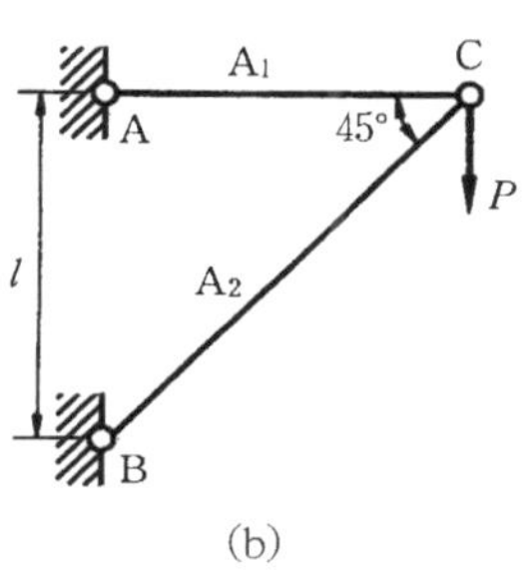

(b)

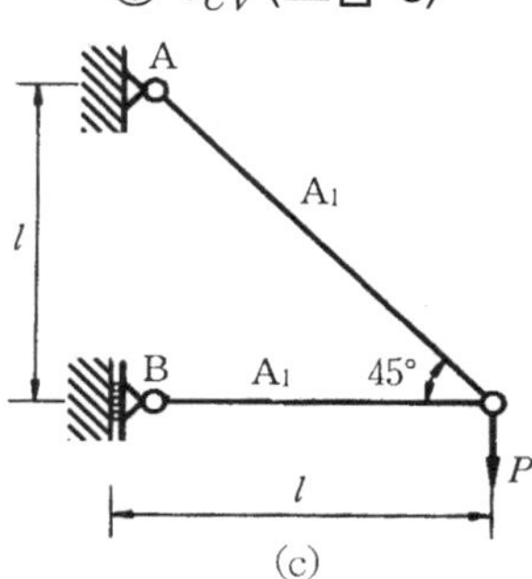

(c)

11. 그림과 같은 정정트러스 C점의 연직변위 δ_C와 B점의 수평변위 δ_B를 구하시오(단, CD, CF부재의 단면적은 600mm^2, 기타 부재의 단면적은 $1{,}000\text{mm}^2$, 모든 부재의 영계수는 $E = 200{,}000\text{MPa}$이다).

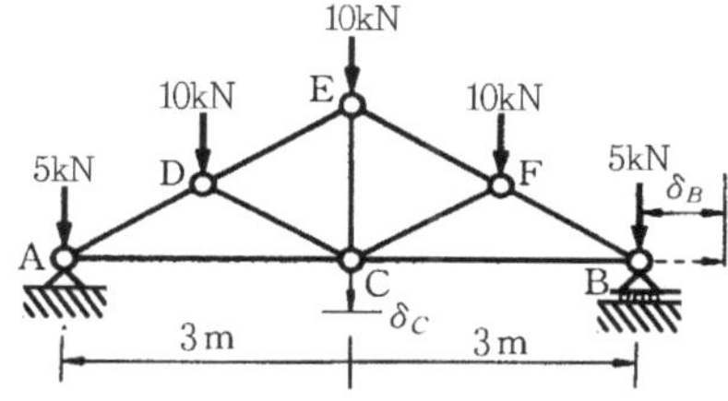

12. 그림과 같은 정정 라멘에서 50℃의 일정온도 상승을 받을 때, δ_{CV}를 구하시오. (단, $\alpha = 1.2 \times 10^{-5}/℃$)

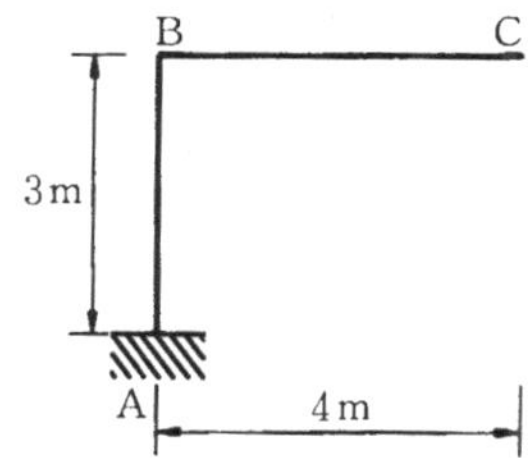

6-7 카스틸리아노(Castigliano)의 정리

외력을 받아 평형상태에 있는 구조물의 온도가 일정하고 지반의 침하가 없으며 그 거동이 훅의 법칙에 따르면 다음의 관계가 성립한다.

Castigliano의 정리

중첩법이 적용되는 탄성계에서 구조물의 변형에너지를 임의의 외력(또는 모멘트)으로 편미분한 값은 그 작용점의 그 힘방향의 변위(처짐 또는 처짐각)와 같다.

이것을 식으로 나타내면 다음과 같다.

$$\delta = \frac{\partial U}{\partial P_n} = \frac{1}{EI}\int N\frac{\partial N}{\partial P_n}ds + \frac{1}{EI}\int M\frac{\partial M}{\partial P_n}ds + \frac{k}{GA}\int V\frac{\partial V}{\partial P_n}ds \qquad (6 \cdot 14)$$

$$\theta = \frac{\partial U}{\partial M_n} = \frac{1}{EI}\int N\frac{\partial N}{\partial M_n}ds + \frac{1}{EI}\int M\frac{\partial M}{\partial M_n}ds + \frac{k}{GA}\int V\frac{\partial V}{\partial M_n}ds \qquad (6 \cdot 14)$$

여기서,

P_n, M_n = 임의 점에 작용하는 외력 및 모멘트

$U = \int \frac{N^2}{2EA}ds + \int \frac{M^2}{2EI}ds + k\int \frac{V^2}{2GA}ds$

: 전체 변형에너지

카스틸리아노의 제1정리는 구조물에 작용하는 하중에 대응하는 변위를 구하는 데만 사용될 수 있으며 하중이 작용하지 않는 어떤 점의 변위를 구하고자 할 때는 구하고자 하는 변위에 대응하는 가상적인 하중을 구조물에 작용시켜야 한다. 이와 같이 하면 카스틸리아노의 제1정리를 사용하여 계산을 그대로 계속할 수 있으며 변위의 결과적인 표현은 실제하중과 가상적인 하중의 항으로 표시될 것이다. 최종식에서 가상적인 하중을 0으로 놓음으로써 실제하중으로 인한 변위가 얻어진다.

예제 6-33

그림 (a)와 같은 캔틸레버의 자유단의 처짐과 처짐각을 구하시오(단, EI는 일정하다).

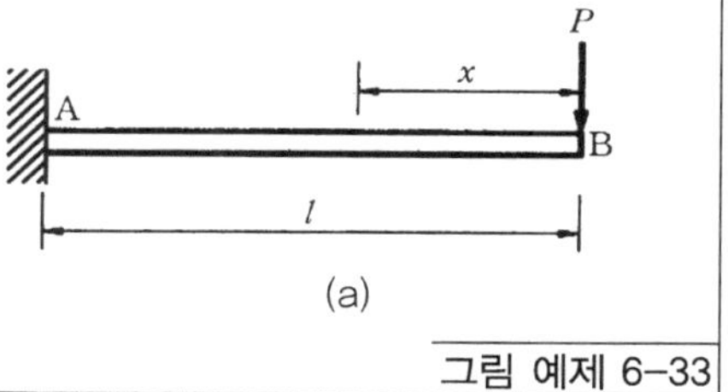

(a)

그림 예제 6-33

그림 (a)의 임의 단면의 휨모멘트는

$$M = -Px \quad \therefore \frac{\partial M}{\partial P} = -x$$

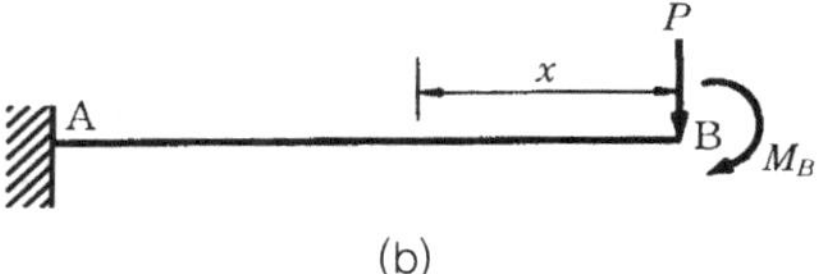

(b)

자유단 B의 처짐 δ_B는 식 (6 · 14)에 의하여

$$\delta_B = \frac{\partial U}{\partial P_n} = \int_0^l \frac{M}{EI} \cdot \frac{\partial M}{\partial P} dx$$

$$= \int_0^l \left(\frac{-Px}{EI} \right) (-x) dx$$

$$= \frac{Pl^3}{3EI} \text{(하향)}$$

자유단의 처짐각 θ_B를 구하기 위해서는 그림 (b)와 같이 가상의 모멘트 M_B를 B에 작용시킨다. 이 보의 임의 단면의 휨모멘트는

$$M = -Px - M_B \quad \therefore \frac{\partial M}{\partial M_B} = -1$$

따라서 θ_B는 식 (6 · 15)에 의하여 다음과 같이 된다.

$$\theta_B = \frac{\partial U}{\partial M_n} = \int_0^l \frac{M}{EI} \cdot \frac{\partial M}{\partial M_B} dx$$

$$= \frac{1}{EI} \int_0^l (-Px - M_B)(-1) dx$$

$$= \frac{Pl^2}{2EI} \quad (\because M_B = 0)$$

연습문제

※ 카스틸리아노 정리 1을 사용하여 다음 사항에 답하시오.

1. 그림과 같이 균일한 휨강성계수 EI를 가진 단순지지보가 그 전스팬에 걸쳐 w의 균일 분포하중을 받는다. 이 보의 휨변형에너지만을 고려하고, 그 보의 중앙점의 연직처짐 δ 및 A점의 처짐각 θ_A를 구하시오(힌트 : 보의 중앙점에 가상하중 $Q=0$을 작용시킨 그 보의 일단에 가상우력 $M=0$을 작용시킨다).

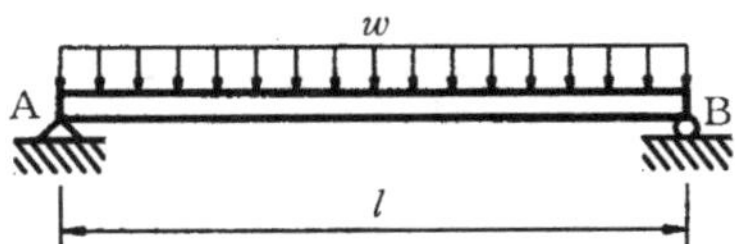

2. 그림과 같은 길이 l의 단순보에 중앙에서 집중하중이 작용할 때 보의 중앙에서 처짐을 구하시오.

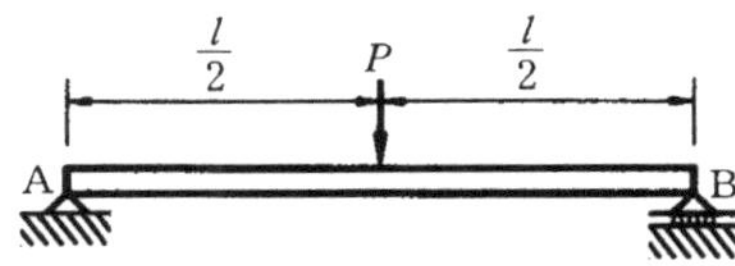

3. 그림과 같은 단면을 갖고 있는 캔틸레버보 A, B가 그 자유단 B에 집중하중 P를 받을 때 B점의 변위 δ_B를 구하시오.

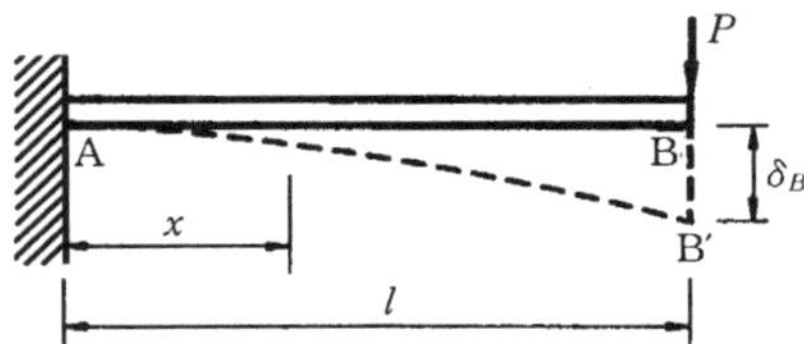

4. 그림과 같은 지지와 하중을 받는 길이 l 인 외팔보의 자유단의 연직 처짐 δ 를 구하시오.

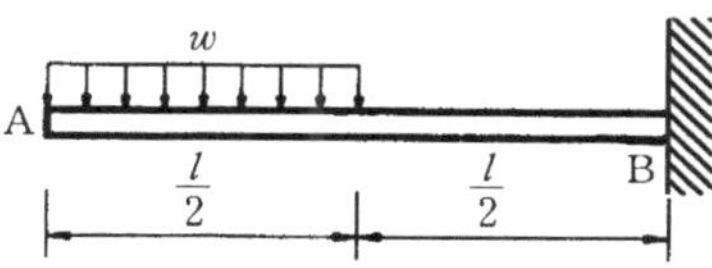

5. 그림과 같은 길이 l 의 외팔보의 자유단에 집중하중과 휨모멘트가 작용하고 있다. 자유단에서의 처짐을 구하시오.

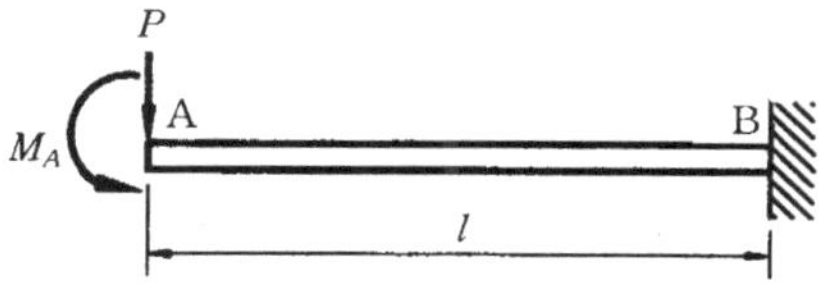

6. 그림과 같은 자유단에 집중하중을 받는 내다지보에서 C점의 처짐을 구하시오.

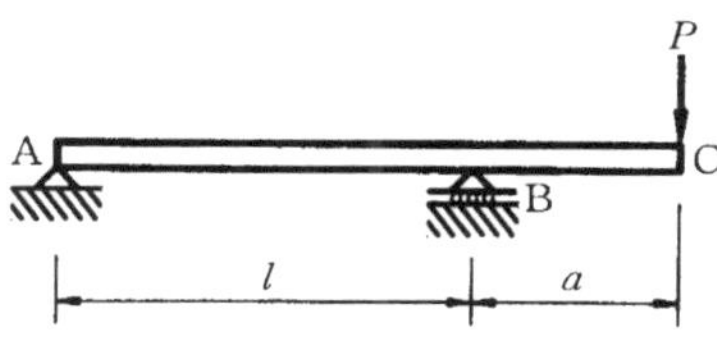

7. 그림과 같은 구조물에서 A점의 수직처짐을 구하시오.

①

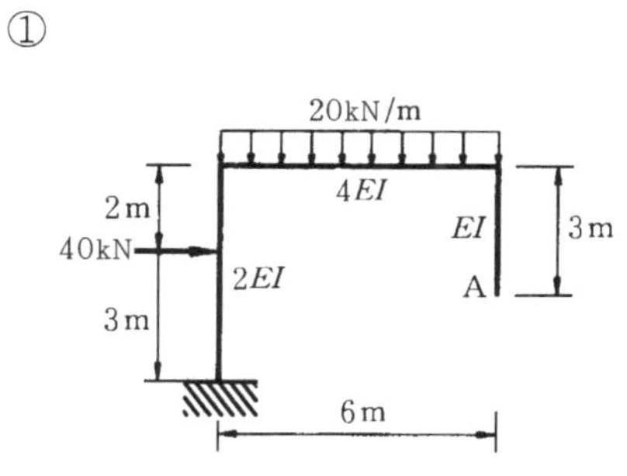

②

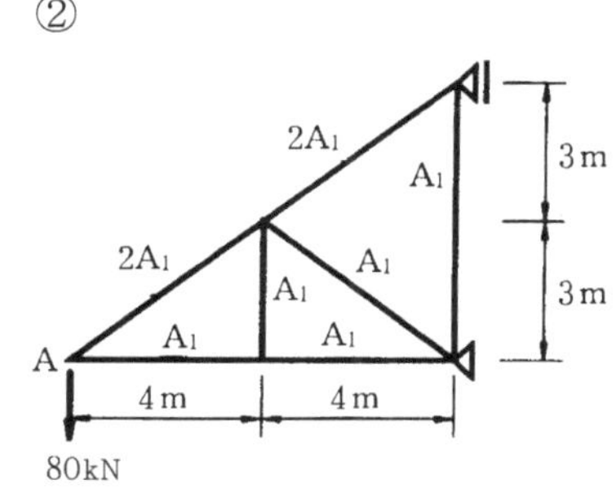

보의 처짐공식

보의 형식	자유단에서의 경사각	임의 단면 x 에서의 처짐 (양의 y –축은 하향임)	최대 처짐량
1. 외팔보–자유단에 집중하중 P			
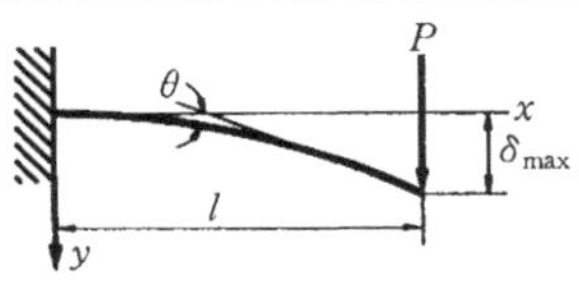	$\theta = \dfrac{Pl^2}{2EI}$	$y = \dfrac{Px^2}{6EI}(3l - x)$	$\delta_{max} = \dfrac{Pl^3}{3EI}$
2. 외팔보 – 임의 점에 집중하중 P			
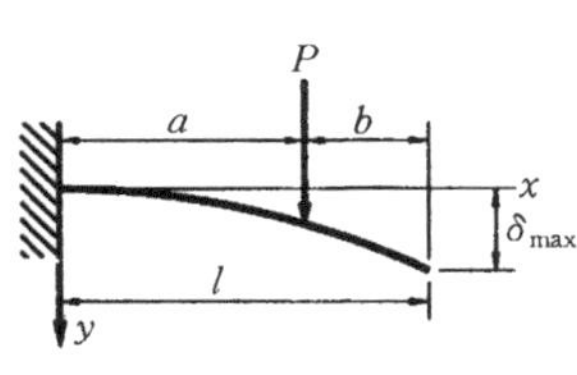	$\theta = \dfrac{Pa^2}{2EI}$	구간 $0 < x < a$에서 $y = \dfrac{Px^2}{6EI}(3a - x)$ 구간 $a < x < l$ 에서 $y = \dfrac{Pa^2}{6EI}(3x - a)$	$\delta_{max} = \dfrac{Pa^2}{6EI}(3l - a)$
3. 외팔보 – 균일분포하중 w			
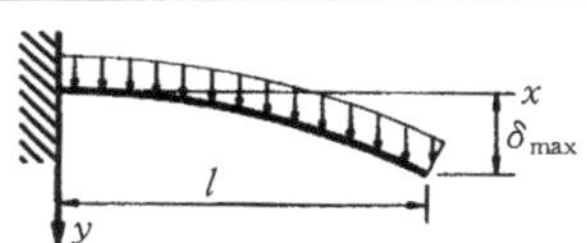	$\theta = \dfrac{wl^3}{6EI}$	$y = \dfrac{wx^2}{24EI}(x^2 + 6l^2 - 4lx)$	$\delta_{max} = \dfrac{wl^4}{8EI}$
4. 외팔보 – 균일변화하중 : 최대 세기 w			
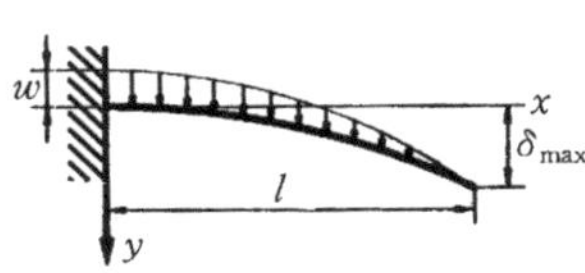	$\theta = \dfrac{wl^3}{24EI}$	$y = \dfrac{wx^2}{120lEI}(10l^3 + 10l^2x + 5lx^2 - x^3)$	$\delta_{max} = \dfrac{wl^4}{30EI}$
5. 외팔보 – 자유단의 우력 M			
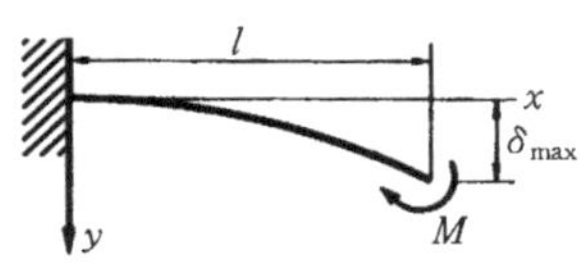	$\theta = \dfrac{Ml}{EI}$	$y = \dfrac{Mx^2}{2EI}$	$\delta_{max} = \dfrac{Ml^2}{2EI}$
6. 양단자유지지보 – 중앙점에 집중하중 P			
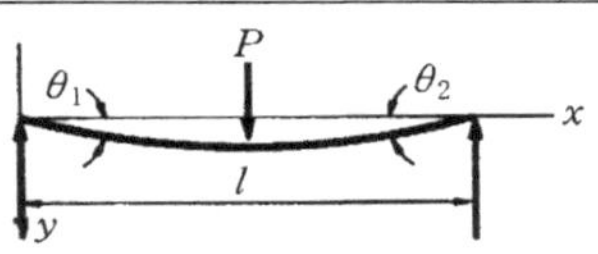	$\theta_1 = \theta_2 = \dfrac{Pl^2}{16EI}$	구간에서 $0 < x < l/2$ 에서 $y = \dfrac{Px}{12EI}\left(\dfrac{3l^2}{4} - x^4\right)$	$\delta_{max} = \dfrac{Pl^3}{48EI}$

보의 형식	자유단에서의 경사각	임의 단면 x 에서의 처짐 (양의 y – 축은 하향임)	최대 처짐량
7. 양단자유지지보 – 임의 점에 집중하중 P			
	좌단 θ_1 $= \frac{Pb(l^2-b^2)}{6lEI}$ 우단 θ_2 $= \frac{Pab(2l-b)}{6lEI}$	구간 $0 < x < a$에서 $y = \frac{Pbx}{6lEI}(l^2-x^2-b^2)$ 구간 $a < x < l$ 에서 $y = \frac{Pb}{6lEI}\left[\frac{l}{b}(x-a)^3+(l^2-b^2)x-x^3\right]$	$x = \sqrt{\frac{l^2-b^2}{3}}$ 에서 $\delta_{\max} = \frac{Pb(l^2-b^2)^{3/2}}{9\sqrt{3}\,lEI}$ $a > b$이면 중앙점에서 $\delta = \frac{Pb}{48EI}(3l^2-4b^2)$
8. 양단자유지지보 – 균일분포하중 : 세기 w			
	$\theta_1 = \theta_2$ $= \frac{wl^3}{24EI}$	$y = \frac{wx}{24EI}(l^3-2lx^3+x^3)$	$\delta_{\max} = \frac{5wl^4}{384EI}$
9. 양단자유지지보 – 우단의 우력 M			
	$\theta_1 = \frac{Ml}{6EI}$ $\theta_2 = \frac{Ml}{3EI}$	$y = \frac{Mlx}{6EI}\left(1-\frac{x^3}{l^2}\right)$	$x = l/\sqrt{3}$에서 $\delta_{\max} = \frac{Ml^2}{9\sqrt{3}\,EI}$ 중앙점에서 $\delta = \frac{Ml^2}{16EI}$
10. 양단자유지지보 – 균일변화하중 : 최대 세기 w			
	$\theta_1 = \frac{7wl^3}{360EI}$ $\theta_2 = \frac{wl^3}{45EI}$	$y = \frac{wx}{360lEI}(7l^4-10l^2x^2+3x^4)$	$x = 0.519l$에서 $\delta_{\max} = 0.00652\frac{wl^4}{EI}$ 중앙점에서 $\delta = 0.00651\frac{wl^4}{EI}$

7 Chapter

부정정 구조물

7-1 부정정 구조물의 정의

부정정 구조물(라멘)은 힘의 평형조건식 $\Sigma X=0$, $\Sigma Y=0$, $\Sigma M=0$ 만으로는 반력을 구할 수 없기 때문에 부재의 변형 등을 고려하여 구조물을 해석해야 한다.

부정정 구조물의 해법은 응력법과 변형법으로 크게 나눌 수 있으며, 변형법은 부정정 힘을 변형으로 나타낸 후 평형조건을 이용하여 미지 변형량을 구하고 재단모멘트와 부재변형과의 관계에 의하여 간접적으로 부정정 힘을 구하는 방법으로 처짐각법(slope deflection method), 고정모멘트법(moment distribution method) 등이 여기에 속한다.

따라서 본 장에서는 처짐각법과 고정법에 대하여 논한다.

7-2 처짐각법

7-2-1 해법상의 가정

① 부정정 라멘의 절점은 강절점으로 한다.

② 라멘부재가 변형한 후에도 부재의 길이변화는 없는 것으로 한다.

③ 휨모멘트에 의한 변형만을 고려한다.

7-2-2 재단모멘트의 공식

(1) 양단 강절점의 경우

양단 강절점의 경우 부재의 재단모멘트 M_{AB}, M_{BA}를 구하는 기본식은 다음과 같다.

$$M_{AB} = 2EK(2\theta_A + \theta_B - 3R) - C_{AB}$$

$$M_{BA} = 2EK(2\theta_B + \theta_A - 3R) + C_{BA} \qquad (7 \cdot 1)$$

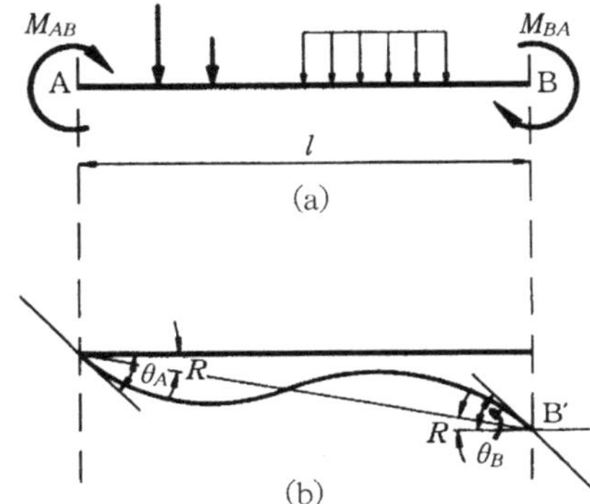

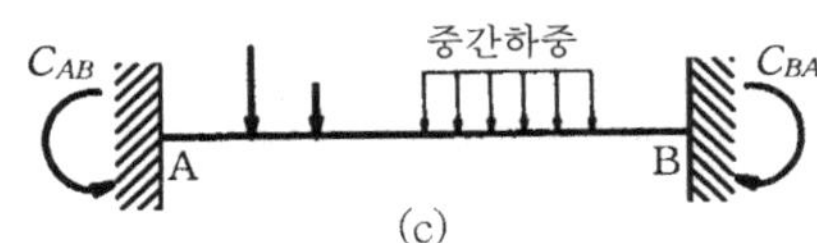

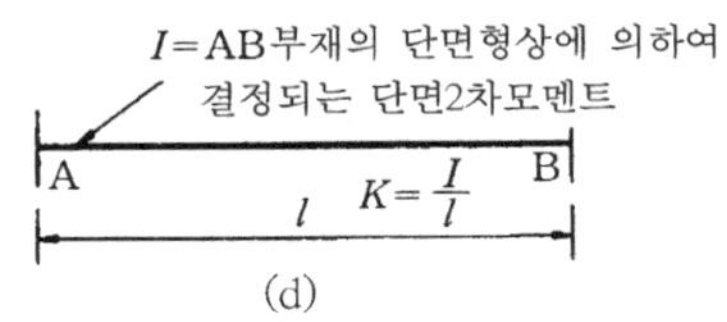

그림 7-1

식 (7 · 1)은 그림 7-1(a)와 같이 양단 강절점을 갖는 부재에 생기는 재단모멘트 M_{AB}, M_{BA}를 구하는 식이다. 이와 같이 구한 재단모멘트를 이용하여 라멘부재의 반력을 구하고 응력도를 그릴 수 있다.

여기서,

θ_A, θ_B : A, B절점의 절점회전각 또는 절점각

R : AB부재의 부재회전각

K : AB부재의 강도($K = I/l$)

더욱이 윗 식을 이용하여 부정정 구조물을 풀 때

$$\varphi_A = 2EK_o\theta_A$$

$$\varphi_B = 2EK_o\theta_B \qquad (7 \cdot 2)$$

$$\psi = 2EK_o(-3R)$$

로 놓아 θ_A, θ_B, R의 함수로 표시하면, 다음과 같은 편리한 실용식을 얻는다.

여기서 $K = kK_o$ 로 하는 데, K_o 는 표준강도이고, k 는 이 표준치에 대한 AB부재의 강비(stiffness ratio)를 표시하고 있다.

즉, $M_{AB} = k(2\varphi_A + \varphi_B + \psi) - C_{AB}$ (7 · 3)

$M_{BA} = k(2\varphi_B + \varphi_A + \psi) + C_{BA}$

로 식 (7 · 3)이 되고 실제 부정정 구조물(라멘)의 계산에 사용된다.

(2) 일단 강절점 타단 회전절점인 경우

그림 7-2(a)와 같이 일단 강절점 타단 회전절점인 경우 재단모멘트의 공식은 B점이 회전단이므로 $M_{BA} = 0$ 이 된다. 또한 이 때 A점의 재단모멘트 M_{AB} 는

$$M_{AB} = k\left(\frac{3}{2}\varphi_A + \frac{1}{2}\psi\right) - H_{AB} \qquad (7 \cdot 4)$$

$$M_{BA} = 0$$

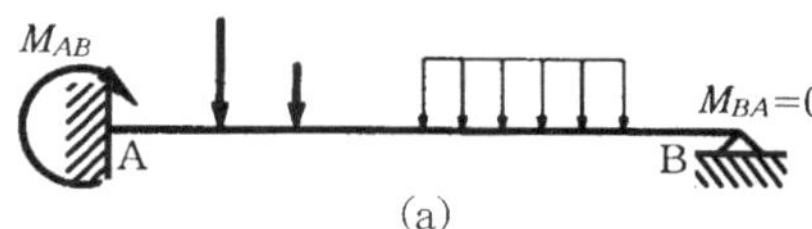

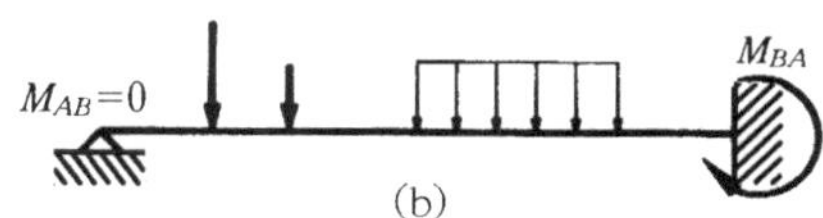

그림 7-2

또한 역으로 그림 7-2(b)와 같이 A점을 회전단, B점을 강절점으로 하면 이때의 재단모멘트 공식은 A점이 회전단이므로, $M_{AB} = 0$ 이 되고, B점의 재단모멘트 M_{BA} 는 다음과 같이 된다.

$$M_{BA} = k\left(\frac{3}{2}\varphi_B + \frac{1}{2}\psi\right) + H_{BA} \qquad (7 \cdot 5)$$

$$M_{AB} = 0$$

여기서, $H_{AB} = C_{AB} + \frac{1}{2}C_{BA}$

$H_{BA} = C_{BA} + \frac{1}{2}C_{AB}$

7-2-3 절점방정식

그림 7-3(a)는 4개의 부재가 연결된 라멘의 어느 절점 O점에 외력모멘트 M이 작용하고 있는 상태를 나타낸 것이다.

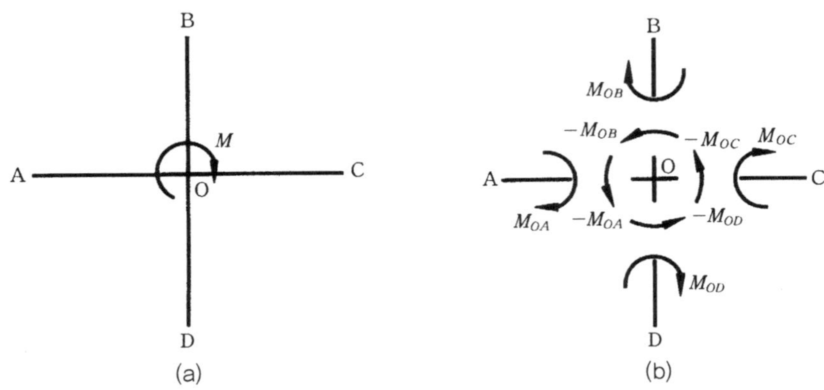

그림 7-3

또한 그림 7-3(b)는, O점에서 각각의 부재에 발생하는 재단모멘트의 상태를 나타낸 것이다. 외력모멘트와 각 부재에 생기는 재단모멘트와의 관계식은 다음과 같이 된다.

O점에 외력모멘트 M이 작용할 때

$$M_{OA} + M_{OB} + M_{OC} + M_{OD} = M \qquad (7 \cdot 6)$$

O점에 외력모멘트가 작용하지 않을 때

$$M_{OA} + M_{OB} + M_{OC} + M_{OD} = 0 \qquad (7 \cdot 7)$$

7-2-4 층방정식

절점이 이동하지 않을 때의 부정정 구조물의 해법은 절점각만이 미지수로 나타나므로 절점방정식으로 미지수를 해결할 수 있지만 절점이 이동하는 경우(수평하중이 작용하는 경우)는 기둥부재에 부재각이 발생하게 되므로 미지수가 추가된다. 그러나 기둥의 부재각은 각 층마다 공통이므로 층수에 해당하는 만큼의 미지수가 추가된다. 따라서 층수에 해당하는 수만큼 층방정식을 합하여 해석해야 한다. 그림 7-4(a)와 같이 라멘의 2층 주두 부분을 Ⅱ-Ⅱ선으로, 1층 주두부분을 Ⅰ-Ⅰ선으로 절단하여 수평방향에 대한 힘의 평형을 생각하여 보자.

어느 층의 주두 전단력의 합과 그 층의 위에 있는 수평외력의 합과의 사이는

$$\Sigma V_{주} = \Sigma P \qquad (7 \cdot 8)$$

이 성립된다. 즉 그림 7-4(b), (c)와 같이 $V_{\mathrm{II}}' + V_{\mathrm{II}}'' + V_{\mathrm{II}}''' = P_2$, $V_{\mathrm{I}}' + V_{\mathrm{I}}'' + V_{\mathrm{I}}''' = P_1 + P_2$ 가 성립된다. 또한 어느 층의 모든 기둥의 주두와 주각에 생기는 재단모멘트의 합 $\Sigma(M_{상} + M_{하})$, 그 층의 주두전단력의 합인 층전단력 $V = \Sigma V_{주}$ 및 그 층의 높이 h 사이에는

$$\Sigma(M_{상} + M_{하}) = -Vh \qquad (7 \cdot 9)$$

식이 성립된다.

식 (7 · 9)는 각 층마다 세울 수 있으며 이러한 방정식을 층방정식이라고 한다.

식 (7 · 9)를 실용적으로 사용하기 위해 변형을 해 보면

$$V = \frac{-\Sigma(M_{상} + M_{하})}{h} \qquad (7 \cdot 10)$$

또한 각 기둥의 전단력($V_{주}$)과 모멘트($M_{상}$, $M_{하}$)의 사이에는 그림 (d)의 평형조건으로부터

$$M_{상} + M_{하} + V_{주} \cdot h = 0$$

$$\therefore V_{주} = -\frac{M_{상} + M_{하}}{h} \qquad (7 \cdot 11)$$

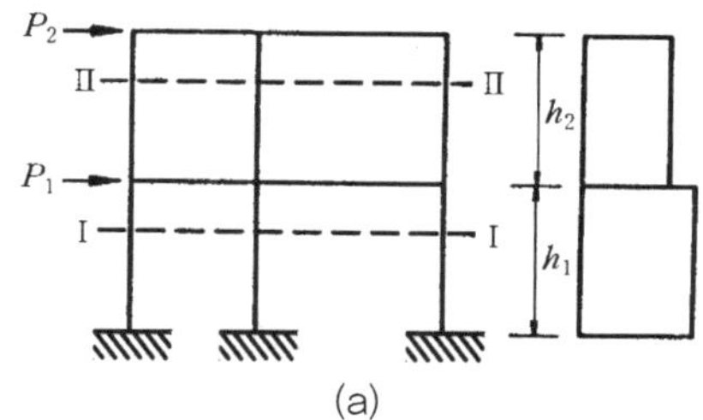

(a)

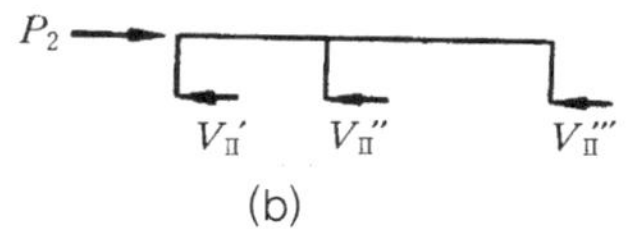

(b)

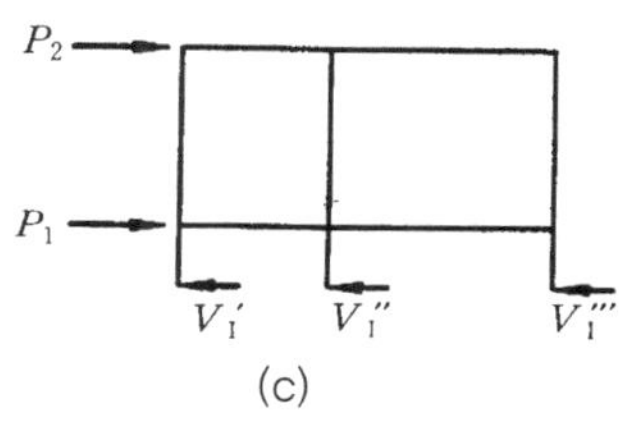

(c)

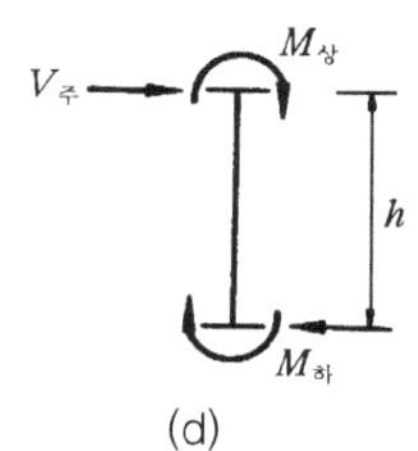

(d)

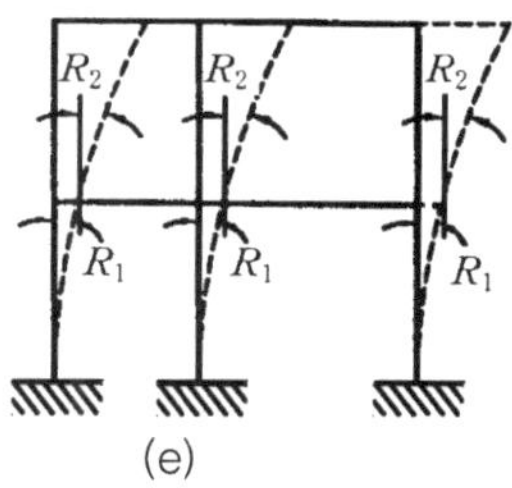

(e)

그림 7-4

그림 7-4(e)는 그림 7-4(a)에서와 같은 하중을 받고 있는 라멘의 변형 상태를 나타낸 것이다. 이러한 경우 보는 부재각이 발생하지 않지만 기둥에는 부재각이 발생하게 된다. 또한 이 경우 기둥의 부재각은 그 층에 있는 기둥에서 모두 같게 발생하기 때문에 층수 만큼의 부재각이 미지수로 나타나게 되므로 이러한 미지수는 층방정식을 세워서 해결하게 된다.

7-2-5 처짐각법에 의한 부정정 라멘의 해법 순서

이상에서는 처짐각법을 이용하여 부정정 라멘을 해석하기 위해 필요한 공식 및 이에 필요한 해설을 하였다. 이제 이러한 공식을 이용하여 처짐각법에 의한 부정정 라멘을 해석하기 위한 순서를 열거하면 다음과 같다.

① 라멘의 각 부재에 대하여 처짐각법의 기본식을 이용하여 재단모멘트를 표시한다.

② 라멘의 각 절점에서 절점방정식을 작성한다. 만약 라멘의 기둥에 부재각이 발생하는 경우에는 라멘 각 층마다 층방정식을 작성한다.

③ ②에서 작성한 절점방정식과 층방정식을 풀어서 φ 및 ψ값을 구한다.

④ ③에서 구한 φ 및 ψ값을 상기 ①에 나타낸 처짐각법의 기본식에 의하여 나타낸 재단모멘트의 각 항에 대입하여 재단모멘트의 값을 구한다.

⑤ 상기 ④항에서 구한 재단모멘트 값으로부터 라멘의 휨모멘트도, 전단력도, 축방향력도를 구한다.

예제 7-1

그림 (a)와 같은 라멘을 처짐각법으로 해석하시오.

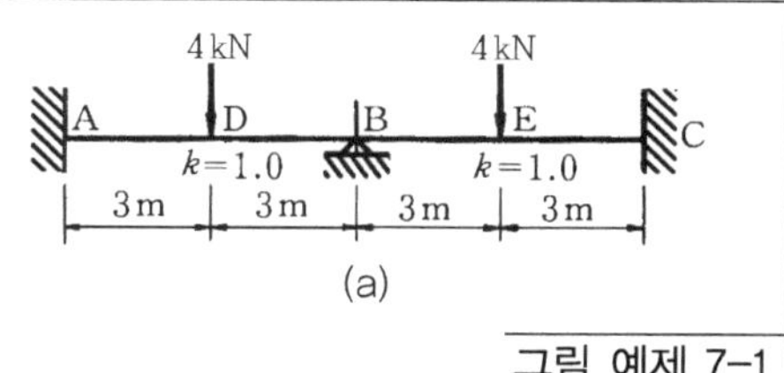

(a)

그림 예제 7-1

① 각 부재에 대하여 재단모멘트를 처짐각법의 기본식에 따라 나타내면

㉠ AB 부재

$$C_{AB} = C_{BA} = \frac{Pl}{8} = \frac{4 \times 6}{8} = 3\text{kN} \cdot \text{m}$$

$$M_{AB} = k(\varphi_B) - C_{AB}$$
$$= 1 \times (\varphi_B) - 3$$

$$M_{BA} = k(2\varphi_B) + C_{BA}$$
$$= 1 \times (2\varphi_B) + 3$$

㉡ BC 부재

$$C_{BC} = C_{CB} = \frac{Pl}{8} = \frac{4 \times 6}{8}$$
$$= 3\text{kN} \cdot \text{m}$$

$$M_{BC} = k(2\varphi_B) - C_{BC}$$
$$= 1 \times (2\varphi_B) - 3$$

$$M_{CB} = k(\varphi_B) + C_{CB}$$
$$= 1 \times (\varphi_B) + 3$$

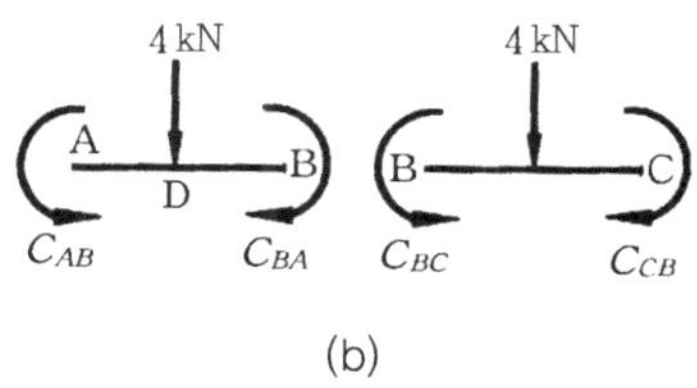

(b)

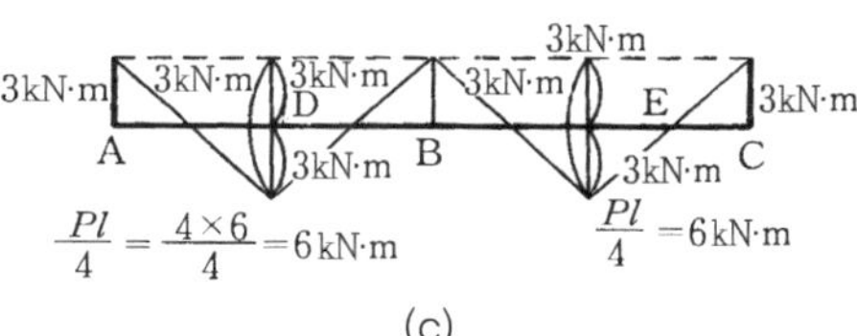

(c)

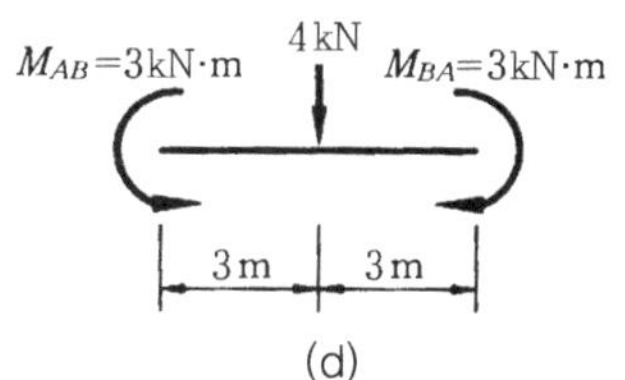

(d)

② 그림 예제 7-1(a)의 B점에서 절점방정식은

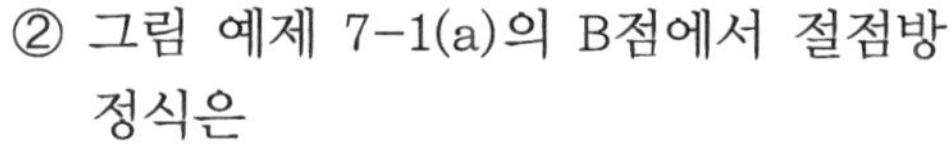

$$M_{BA} + M_{BC} = 0$$

$$2\varphi_B + 3 + 2\varphi_B - 3 = 0$$

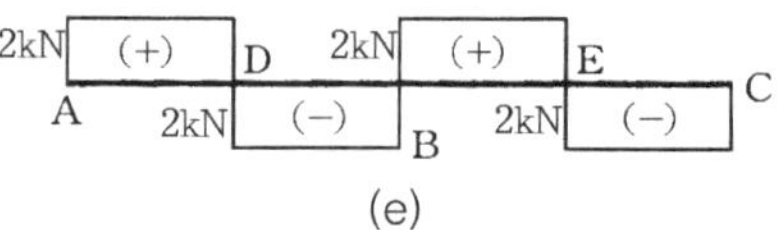

(e)

③ 상기 ②항의 절점방정식을 풀어서 φ_B 를 구하면

$$\varphi_B = 0$$

④ 상기 ③항의 $\varphi_B = 0$값을 ①항의 재단모멘트식에 대입하면

$M_{AB} = 0 - 3 = -3\text{kN}\cdot\text{m}$

$M_{BA} = (2 \times 0) + 3 = 3\text{kN}\cdot\text{m}$

$M_{BC} = (2 \times 0) - 3 = -3\text{kN}\cdot\text{m}$

$M_{CB} = 0 + 3 = 3\text{kN}\cdot\text{m}$

⑤ ④항에서 구한 재단모멘트 값을 이용하여 휨모멘트도, 전단력도를 구한 것이 각각 그림 예제 7-1(c), (e)이다.

예제 7-2

그림 (a)와 같은 부정정 구조물을 처짐각법으로 구하시오.

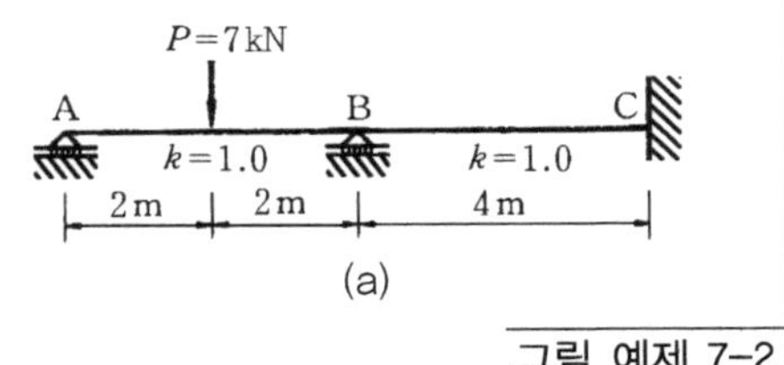

(a)

그림 예제 7-2

① 재단모멘트를 처짐각법의 기본식에 따라 나타내면

$$H_{BA} = \frac{3Pl}{16} = \frac{3}{16} \times 7 \times 4 = 5.25\text{kN}\cdot\text{m}$$

$$M_{AB} = 0$$

$$M_{BA} = \frac{3}{2}\varphi_B + 5.25$$

$$M_{BC} = 2\varphi_B$$

$$M_{CB} = \varphi_B$$

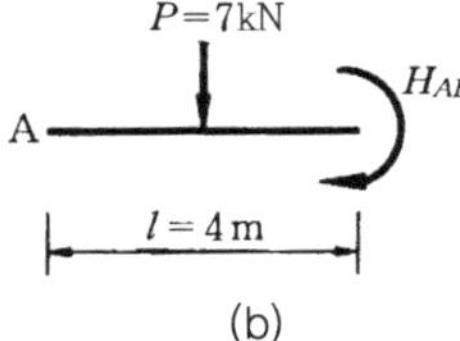

(b)

$M_{AB}=0$ $M_{BC}=3\text{kN}\cdot\text{m}$

A B B C

$M_{BA}=3\text{kN}\cdot\text{m}$ $M_{CB}=1.5\text{kN}\cdot\text{m}$

(c)

② B점에서 절점방정식을 작성하면

$M_{BA} + M_{BC} = 0$

$\frac{3}{2}\varphi_B + 5.25 + 2\varphi_B = 0$

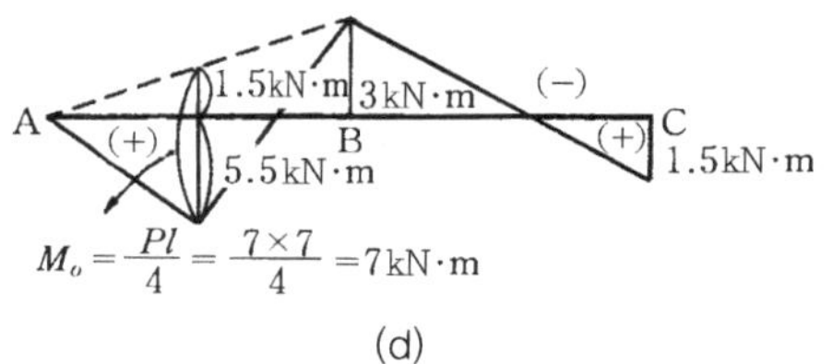

(d)

③ ②의 절점방정식에서 φ_B를 구하면

$\varphi_B = -1.5\,\text{kN·m}$

④ ③항에서 구한 φ_B를 ①항의 재단모멘트식에 대입하면

$M_{BA} = \frac{3}{2} \times (-1.5) + 5.25 = 3\,\text{kN·m}$

$M_{BC} = 2 \times (-1.5) = -3\,\text{kN·m}$

$M_{CB} = -1.5\,\text{kN·m}$ 가 된다.

그림 (c)는 재단모멘트의 상태를 나타낸 것이고 휨모멘트도를 그리면 그림 (d)와 같이 된다.

예제 7-3

그림 (a)와 같은 부정정보를 처짐각법으로 구하시오.

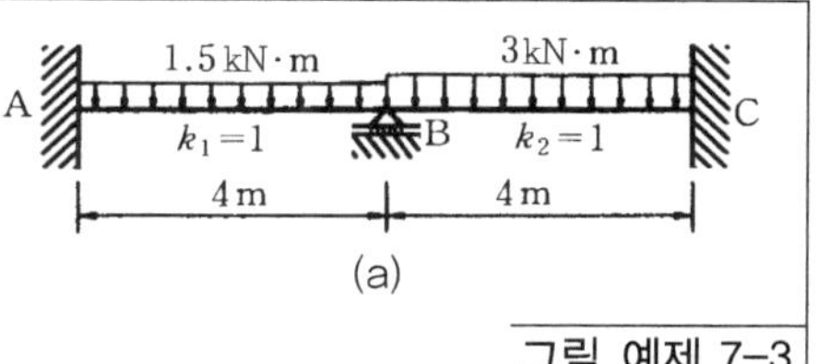

(a)

그림 예제 7-3

① 재단모멘트를 처짐각법의 기본식에 따라 나타내면

$C_{AB} = C_{BA} = \frac{wl^2}{12} = \frac{1.5 \times 4^2}{12}$

$= 2.0\,\text{kN·m}$

$C_{BC} = C_{CB} = \frac{wl^2}{12} = \frac{3 \times 4^2}{12}$

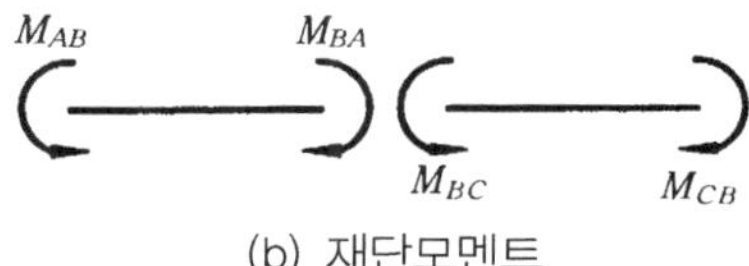

(b) 재단모멘트

$= 4.0\,\text{kN}\cdot\text{m}$

$M_{AB} = \varphi_B - 2$

$M_{BA} = 2\varphi_B + 2$

$M_{BC} = 2\varphi_B - 4$

$M_{CB} = \varphi_B + 4$

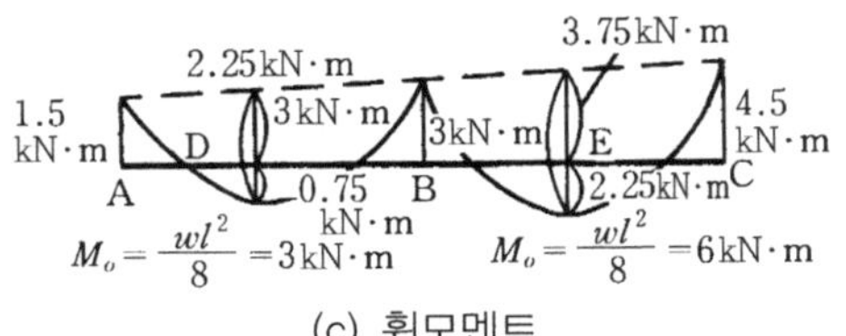

(c) 휨모멘트

② B점에서 절점방정식을 작성하여 미지항을 풀면

$M_{BA} + M_{BC} = 0$ 에서

$2\varphi_B + 2 + 2\varphi_B - 4 = 0$

$\therefore 4\varphi_B + 2 - 4 = 0$

$\varphi_B = \frac{2}{4} = 0.5\,\text{kN}\cdot\text{m}$

③ φ_B에 값을 ①항의 각 재단모멘트식에 대입하여 재단모멘트 값을 구하면

$M_{AB} = 0.5 + (-2) = -1.5\,\text{kN}\cdot\text{m}$

$M_{BA} = (2 \times 0.5) + 2 = 3\,\text{kN}\cdot\text{m}$

$M_{BC} = (2 \times 0.5) + (-4) = -3\,\text{kN}\cdot\text{m}$

$M_{CB} = 0.5 + 4 = 4.5\,\text{kN}\cdot\text{m}$

④ 휨모멘트도를 구하면 그림 (c)와 같이 된다(단, 그림 (c)에서 각 부재의 D.E점의 휨모멘트 값은 다음과 같이 구한다).

$$M_D = M_O - \frac{-M_{AB} + M_{BA}}{2}$$

$$= \frac{1.5 \times 4 \times 4}{8} - \frac{1.5 + 3}{2}$$

$$= 0.75\,\text{kN}\cdot\text{m}$$

$$M_E = M_O - \frac{-M_{BC} + M_{CB}}{2}$$

$$= \frac{3 \times 4 \times 4}{8} - \frac{3 + 4.5}{2}$$

$$= 2.25\,\text{kN}\cdot\text{m}$$

예제 7-4

그림 (a)와 같은 부정정보 라멘을 처짐각법으로 구하시오.

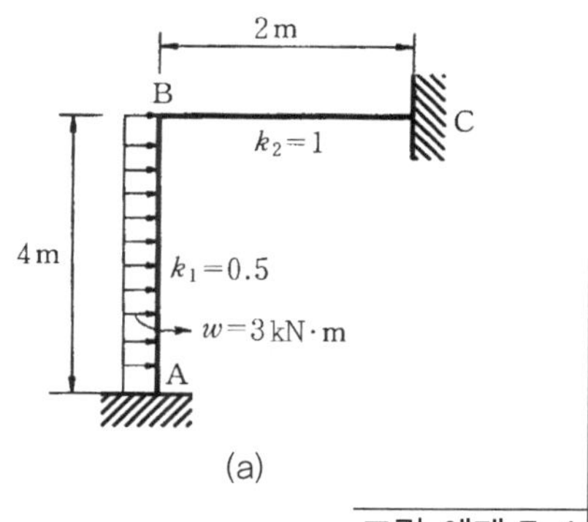

(a)

그림 예제 7-4

① 재단모멘트를 처짐각법의 기본식에 따라 나타내면

$$C_{AB}=C_{BA}=\frac{wl^2}{12}=\frac{3\times 4^2}{12}$$

$$=4\,\text{kN}\cdot\text{m}$$

$$M_{AB}=+0.5\varphi_B-4$$

$$M_{BA}=\varphi_B+4$$

$$M_{BC}=2\varphi_B$$

$$M_{CB}=\varphi_B$$

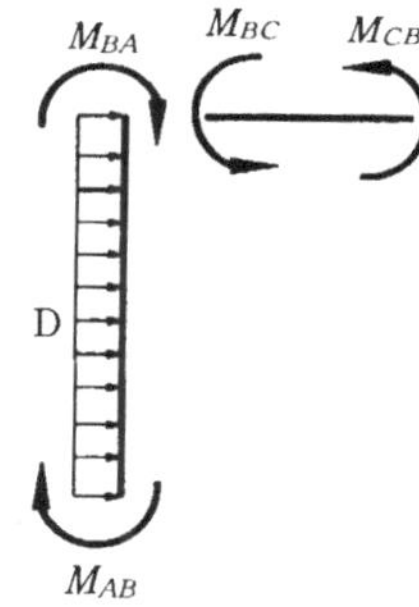

(b) 재단모멘트 상태

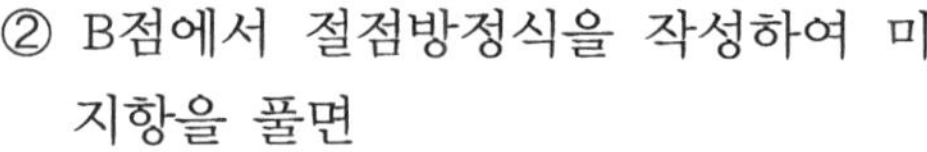

② B점에서 절점방정식을 작성하여 미지항을 풀면

$M_{BA}+M_{BC}=0$ 에서

$$\varphi_B+4+2\varphi_B=0$$

$$3\varphi_B+4=0$$

$$\therefore \varphi_B=-\frac{4}{3}=-1.33\,\text{kN}\cdot\text{m}$$

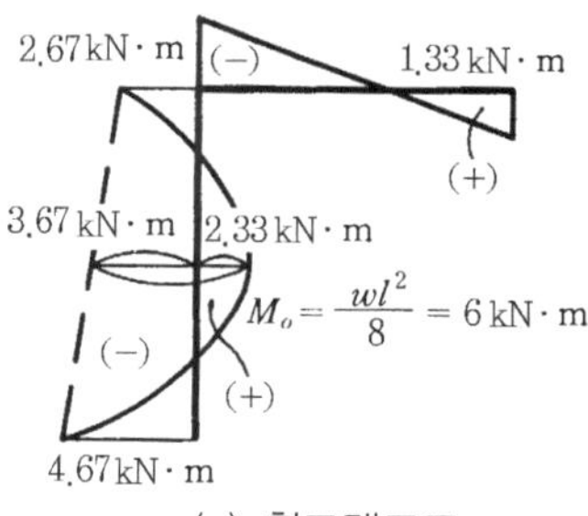

(c) 휨모멘트도

③ ②항에서 구한 φ_B의 값을 ①항의 각 재단모멘트식에 대입하여 재단모멘트의 값을 구하면

$$M_{AB} = 0.5\varphi_B - 4 = 0.5 \times (-1.33) - 4$$
$$= -4.67\,\text{kN}\cdot\text{m}$$
$$M_{BA} = \varphi_B + 4 = -1.33 + 4$$
$$= +2.67\,\text{kN}\cdot\text{m}$$
$$M_{BC} = 2\varphi_B = 2 \times (-1.33)$$
$$= -2.67\,\text{kN}\cdot\text{m}$$
$$M_{CB} = \varphi_B = -1.33\,\text{kN}\cdot\text{m}$$

④ ③항의 재단모멘트 값을 이용하여 휨모멘트도를 구하여 휨모멘트도를 그리면 그림 (c)와 같이 된다(여기서 A, B 부재 중앙 D점의 휨모멘트는 다음과 같이 구한다).

$$M_D = M_O - \frac{-M_{AB} + M_{BA}}{2}$$
$$= \frac{3 \times 4 \times 4}{8} - \frac{4.67 + 2.67}{2}$$
$$= 6 - 3.67$$
$$= 2.33\,\text{kN}\cdot\text{m}$$

예제 7-5

그림 (a)와 같은 부정정구조물을 처짐각법으로 구하시오.

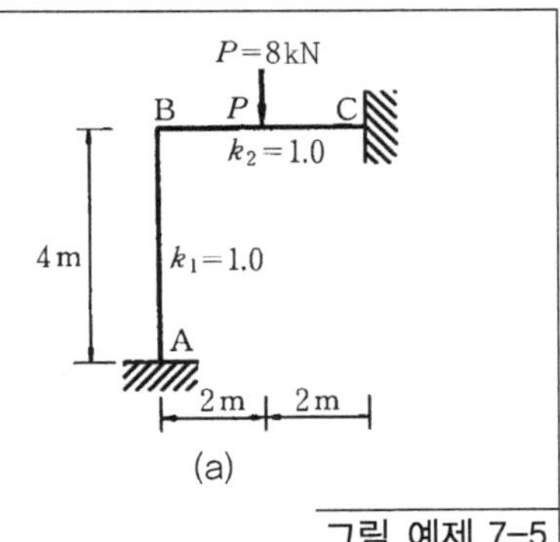

그림 예제 7-5

① 재단모멘트를 처짐각법의 기본식에 따라 나타내면

$C_{AB} = C_{BA} = 0$

$C_{BC} = C_{CB} = \frac{Pl}{8} = \frac{8 \times 4}{8} = 4\,\text{kN}$

$M_{AB} = \varphi_B$

$M_{BA} = 2\varphi_B$

$M_{BC} = 2\varphi_B - 4$

$M_{CB} = \varphi_B + 4$

② B점에서 절점방정식을 작성하여 미지항을 풀면

$M_{BA} + M_{BC} = 0$ 에서

$2\varphi_B + 2\varphi_B - 4 = 0$

$4\varphi_B - 4 = 0$

$\therefore\ \varphi_B = \frac{4}{4} = 1\,\text{kN}\cdot\text{m}$

③ ②항에서 구한 φ_B의 값을 ①항의 각 재단모멘트식에 대입하여 재단모멘트의 값을 구하면

$M_{AB} = 1\,\text{kN}\cdot\text{m}$

$M_{BA} = (2 \times 1) = 2\,\text{kN}\cdot\text{m}$

$M_{BC} = (2 \times 1) + (-4) = -2\,\text{kN}\cdot\text{m}$

$M_{CB} = 1 + 4 = 5\,\text{kN}\cdot\text{m}$

④ ③항의 재단모멘트 값을 이용하여 휨모멘트도를 구하여 휨모멘트도를 그리면 그림 예제 7-6(c)와 같이 된다. 여기서 B, C 부재 중앙 D점의 휨모멘트는 다음과 같이 구한다.

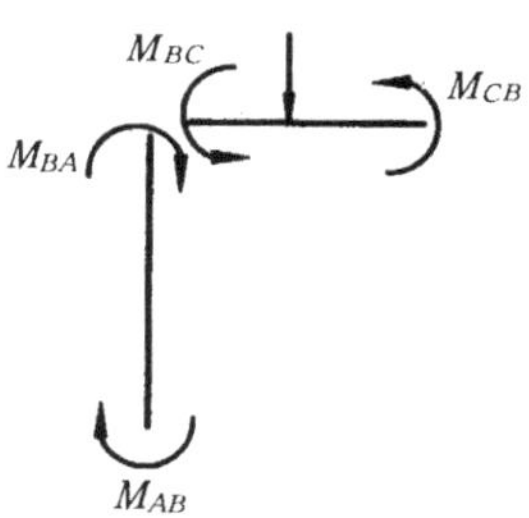

(b) 재단모멘트

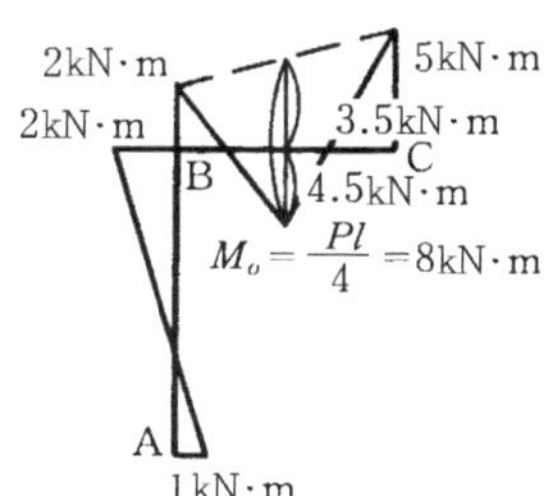

(c) 휨모멘트도

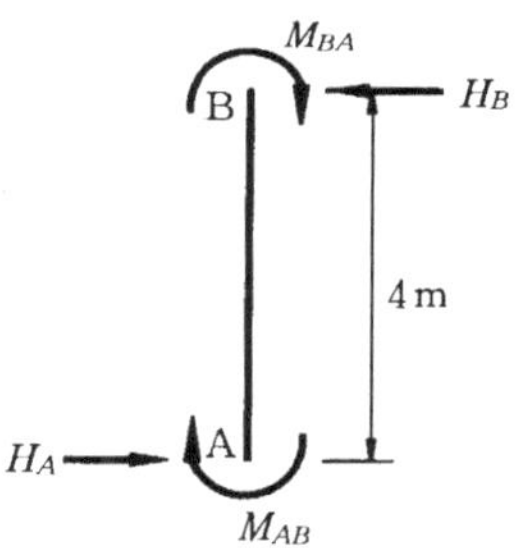

(d) AB부재의 반력상태

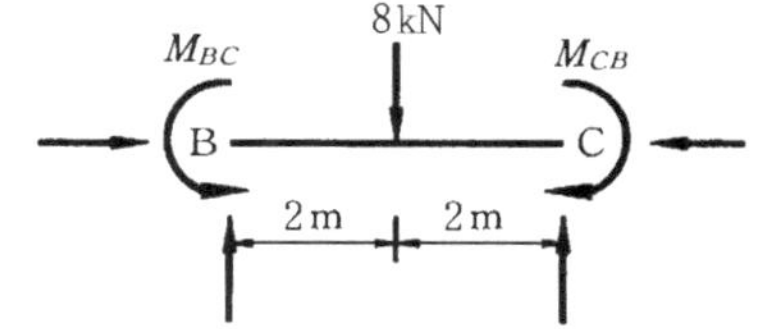

(e) BC부재의 반력상태

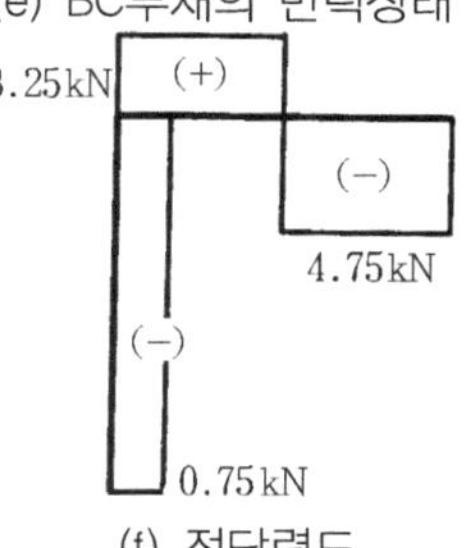

(f) 전단력도

$$M_D = M_O - \frac{-M_{BC} + M_{CB}}{2}$$

$$= \frac{8 \times 4}{4} - \frac{2+5}{2}$$

$$= 4.5\,\text{kN}\cdot\text{m}$$

⑤ 수평, 수직반력을 구하여 전단력과 축방향력을 구한다.

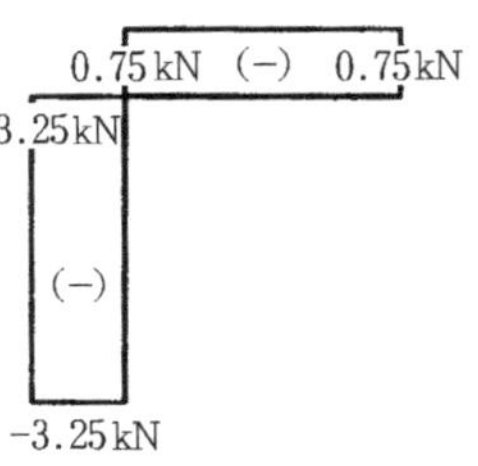

(g) 축방향력도

예제 7-6

그림 (a)와 같은 부정정구조물을 처짐각법으로 구하시오.

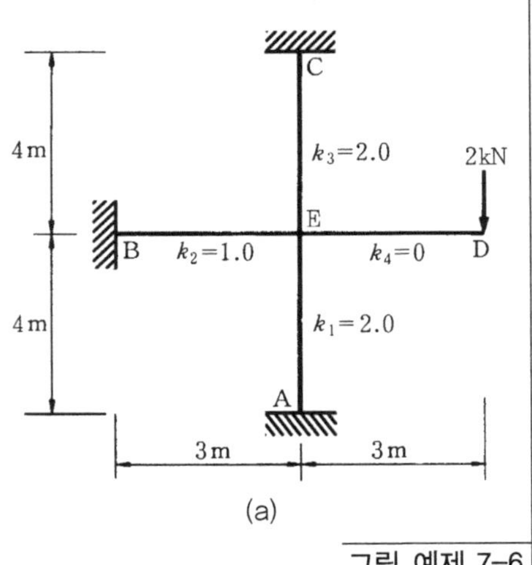

(a)

그림 예제 7-6

① 재단모멘트를 처짐각법의 기본식에 따라 나타내면

$M_{AE} = 2\varphi_E$

$M_{EA} = 4\varphi_E$

$M_{BE} = \varphi_E$

$M_{EB} = 2\varphi_E$

$M_{CE} = 2\varphi_E$

$M_{EC} = 4\varphi_E$

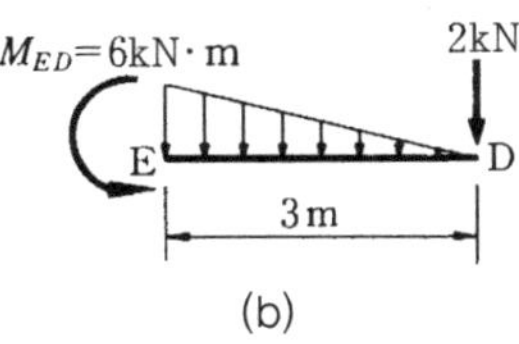

(b)

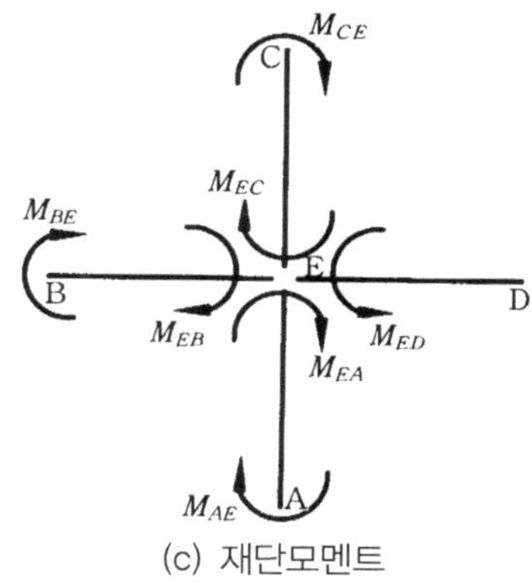

(c) 재단모멘트

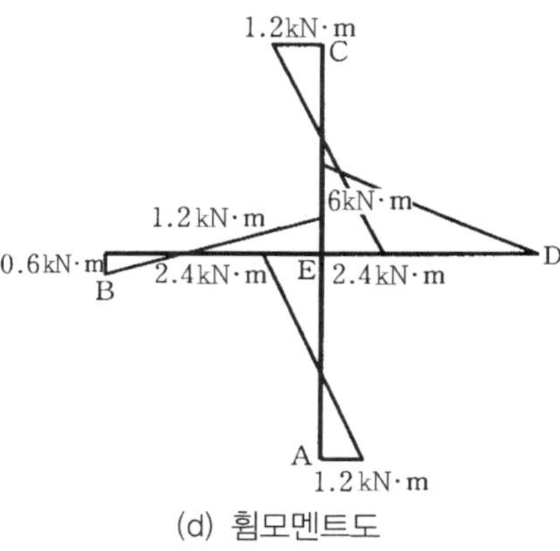

(d) 휨모멘트도

② E점에서 절점방정식을 작성하여 미지항을 풀면

$M_{EA}+M_{EB}+M_{EC}+M_{ED}=0$ 에서

$4\varphi_E+2\varphi_E+4\varphi_E-6=0$

$10\varphi_E=6$

$\therefore\ \varphi_E=\dfrac{6}{10}=0.6\,\text{kN}\cdot\text{m}$

③ ②항에서 구한 φ_E의 값을 ①항의 각 재단모멘트식에 대입하여 재단모멘트의 값을 구하면

$M_{AE}=2\varphi_E=2\times0.6$

$\quad=1.2\,\text{kN}\cdot\text{m}$

$M_{EA}=4\varphi_E=4\times0.6$

$\quad=2.4\,\text{kN}\cdot\text{m}$

$M_{BE}=\varphi_E=0.6\,\text{kN}\cdot\text{m}$

$M_{EB}=2\varphi_E=2\times0.6$

$\quad=1.2\,\text{kN}\cdot\text{m}$

$M_{CE}=2\varphi_E=2\times0.6$

$\quad=1.2\,\text{kN}\cdot\text{m}$

$M_{EC}=4\varphi_E=4\times0.6$

$\quad=2.4\,\text{kN}\cdot\text{m}$

이다. 또한 ED 부재는 그림 (b)와 같이

$M_{ED}=-2\times3=-6\,\text{kN}\cdot\text{m}$

$M_{DE}=0$

④ ③항의 재단모멘트 값을 이용하여 휨모멘트도를 그리면 그림 (d)와 같이 된다.

예제 7-7

그림 (a)와 같은 부정정 구조물을 처짐각법으로 구하시오.

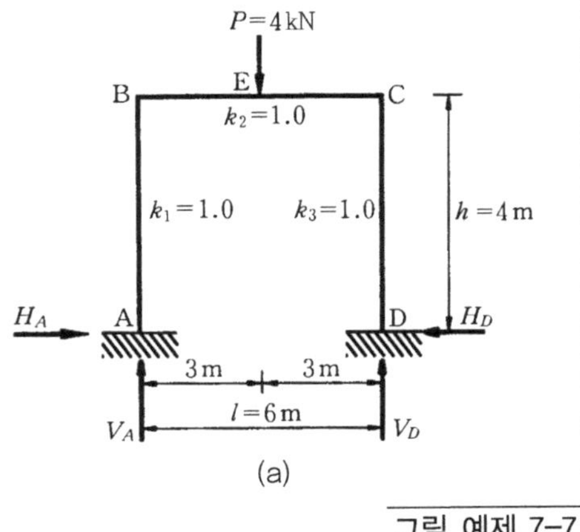

그림 예제 7-7

① 재단모멘트를 처짐각법의 기본식에 따라 나타내면

$C_{AB} = C_{BA} = 0$

$C_{BC} = C_{CB} = \dfrac{Pl}{8} = \dfrac{4 \times 6}{8} = 3\,\mathrm{kN \cdot m}$

$\varphi_B = -\varphi_C$ (좌우대칭)

$M_{AB} = \varphi_B$

$M_{BA} = 2\varphi_B$

$M_{BC} = 2\varphi_B + \varphi_C - 3$

$\quad = \varphi_B - 3$ 이다.

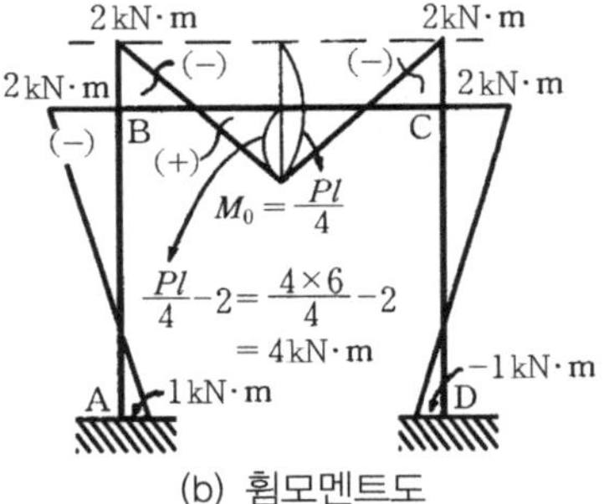

(b) 휨모멘트도

② B점에서 절점방정식을 작성하여 미지항을 풀면

$M_{BA} + M_{BC} = 0$ 에서

윗 값을 대입하여

$2\varphi_B + \varphi_B - 3 = 0$

$3\varphi_B - 3 = 0$

$\therefore \varphi_B = 1\,\mathrm{kN \cdot m}$

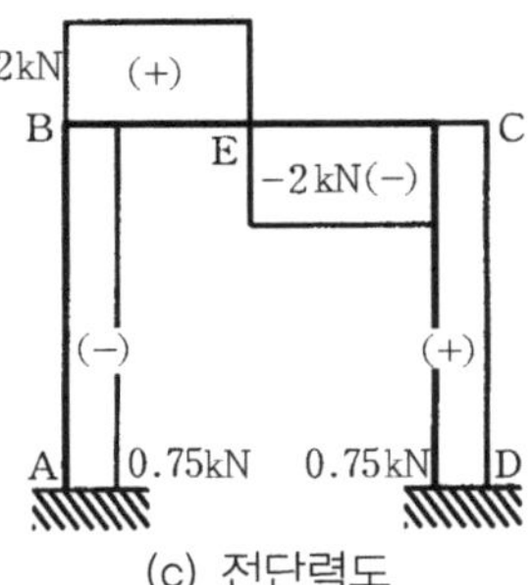

(c) 전단력도

③ ②항에서 구한 φ_B의 값을 ①항의 각 재단모멘트식에 대입하여 재단모멘트의 값을 구하면

$M_{AB} = 1\,\text{kN}\cdot\text{m}$

$M_{BA} = (2 \times 1)$

$\quad = 2\,\text{kN}\cdot\text{m}$

$M_{BC} = 1 + (-3)$

$\quad = -2\,\text{kN}\cdot\text{m}$

좌우대칭이기 때문에

$M_{CB} = -M_{BC} = +2\,\text{kN}\cdot\text{m}$

$M_{CD} = -M_{BA} = -2\,\text{kN}\cdot\text{m}$

$M_{DC} = -M_{BA} = -1\,\text{kN}\cdot\text{m}$

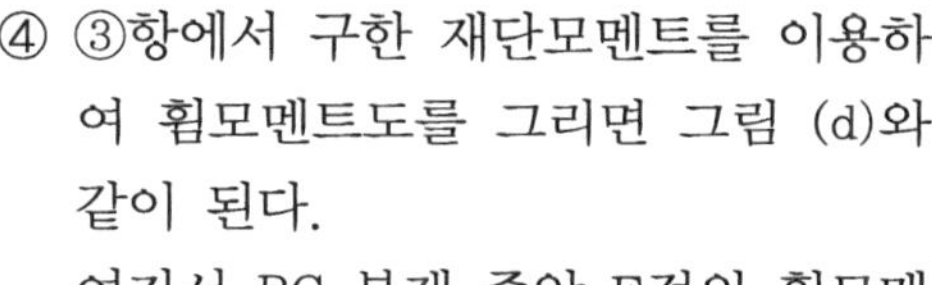

④ ③항에서 구한 재단모멘트를 이용하여 휨모멘트도를 그리면 그림 (d)와 같이 된다.

여기서 BC 부재 중앙 E점의 휨모멘트 M_E는

$M_E = \dfrac{Pl}{4} - 2$

$\quad = \dfrac{4 \times 6}{4} - 2$ 이다.

$\quad = 4\,\text{kN}\cdot\text{m}$

또한 수직, 수평반력을 구하여 전단력도, 축방향력도를 그리면 각각 그림 (c), (d)와 같이 된다.

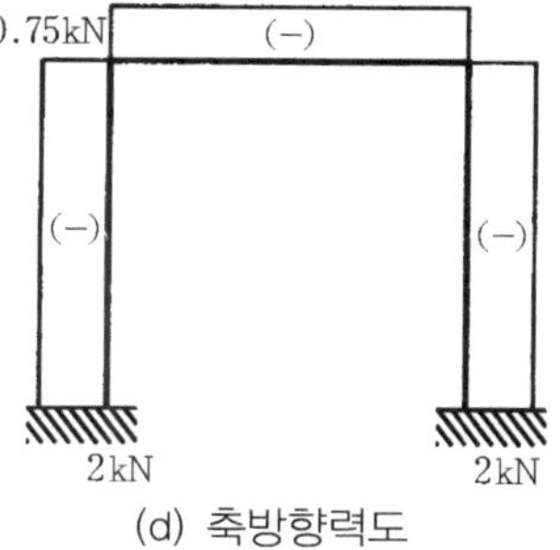

(d) 축방향력도

예제 7-8

그림 (a)와 같은 부정정 구조물을 처짐각법으로 구하시오.

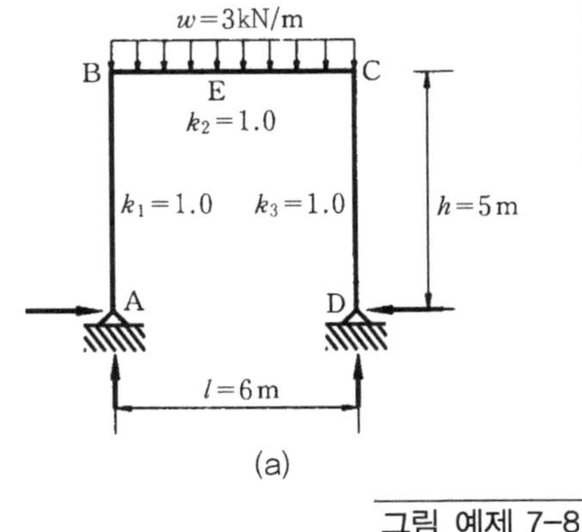

(a)

그림 예제 7-8

① 재단모멘트를 처짐각법의 기본식에 따라 나타내면

$$C_{BC}=C_{CB}=\frac{wl^2}{12}$$

$$=\frac{3\times 6^2}{12}$$

$$=9\,\mathrm{kN\cdot m}$$

$\varphi_B=-\varphi_C$ (좌우대칭)

$M_{AB}=0$

$M_{BA}=\frac{3}{2}\varphi_B$

$M_{BC}=2\varphi_B-\varphi_c-9$

$=\varphi_B-9$ 이다.

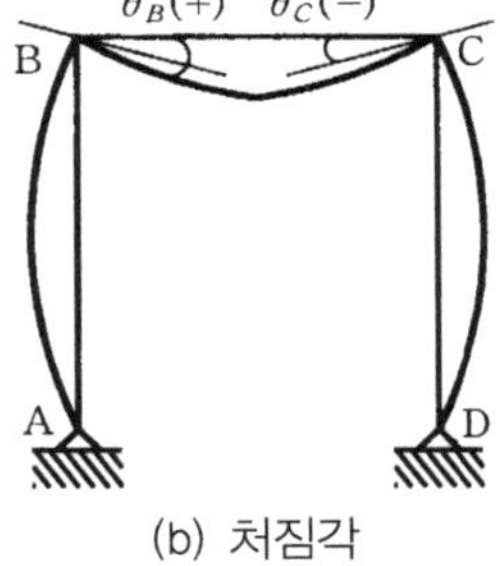

(b) 처짐각

② B점에서 절점방정식을 작성하여 미지항을 풀면

$M_{BA}+M_{BC}=0$ 에서

윗 값을 대입하여

$$\frac{3}{2}\varphi_B+\varphi_B-9=0$$

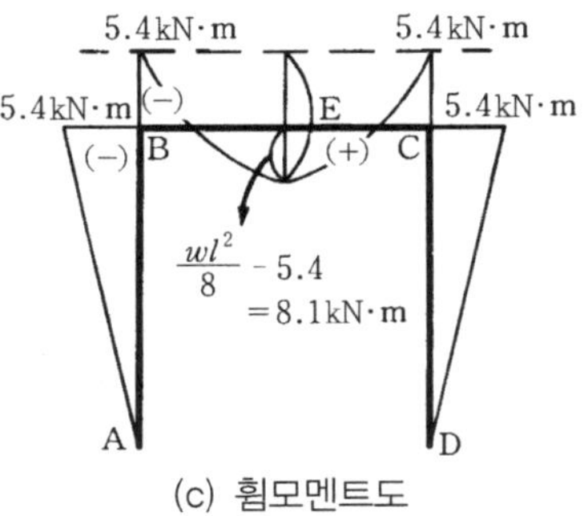

(c) 휨모멘트도

$$\frac{5}{2}\varphi_B - 9 = 0$$

$$\therefore \varphi_B = \frac{2\times 9}{5} = 3.6\,\mathrm{kN\cdot m}$$

③ ②항에서 구한 $\varphi_B = 3.6\,\mathrm{kN\cdot m}$ 를 ①항의 각 재단모멘트식에 대입하여 재단모멘트의 값을 구하면

$M_{AB} = 0$

$M_{BA} = \frac{3}{2}\times 3.6$

$= 5.4\,\mathrm{kN\cdot m}$

$M_{BC} = 3.6 + (-9)$

$= -5.4\,\mathrm{kN\cdot m}$

④ ③항에서 구한 재단모멘트를 이용하여 휨모멘트도를 그리면 그림 (c)와 같이 된다.

여기서 BC 부재 중앙 E점의 휨모멘트 M_E는

$M_E = M_O - 5.4$

$= \frac{3\times 6\times 6}{8} - 5.4$

$= 8.1\,\mathrm{kN\cdot m}$

이다. 또한 수직, 수평반력을 구하여 전단력도, 축방향력도를 그리면 각각 그림 (d), (e)와 같이 된다.

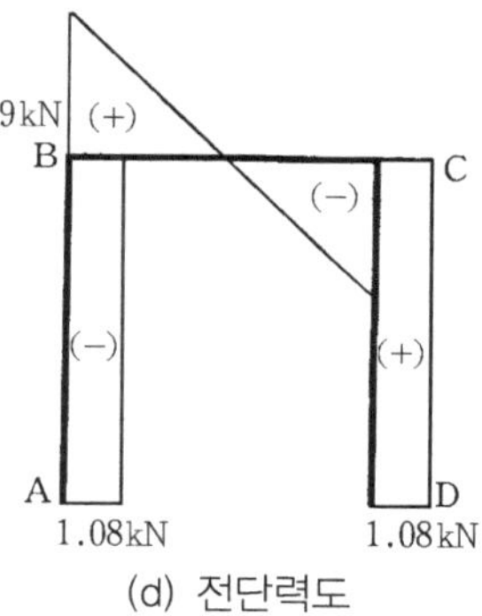

(d) 전단력도

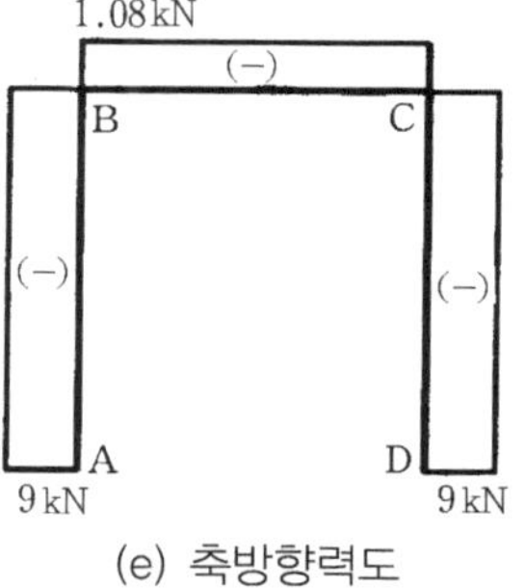

(e) 축방향력도

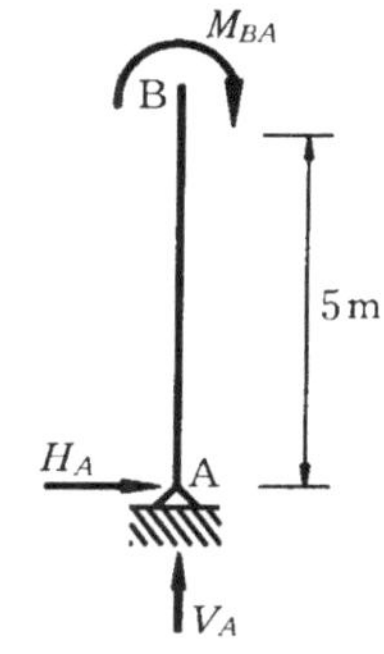

(f) AB부재의 평형

예제 7-9

그림 (a)와 같은 부정정 구조물을 처짐각법으로 구하시오.

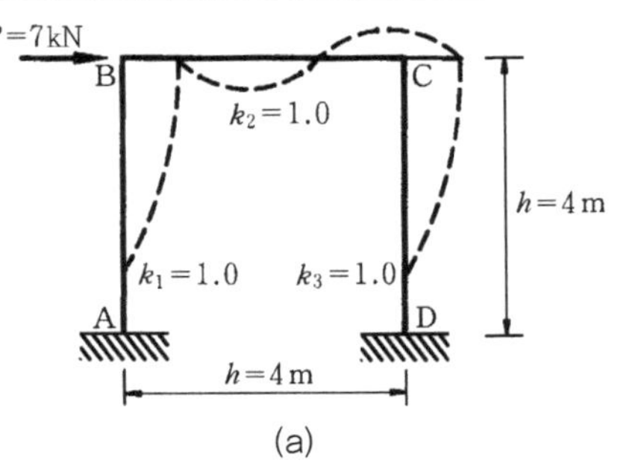

(a)

그림 예제 7-9

① 재단모멘트를 처짐각법의 기본식에 따라 나타내면

$\varphi_B = \varphi_C$ (역대칭)

$M_{AB} = \varphi_B + \psi$

$M_{BA} = 2\varphi_B + \psi$

$M_{BC} = 3\varphi_B$

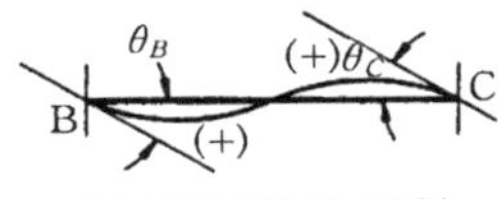

(b) BC부재의 변형

② B점에서의 절점방정식과 1층에서의 층방정식을 작성하여 미지수인 φ_B와 ψ의 값을 구하면

절점방정식

$$M_{BA} + M_{BC} = 0$$

층방정식

$$M_{AB} + M_{BA} = -\frac{1}{2}Ph$$

$$\varphi_B = 2\text{kN}\cdot\text{m}$$

$$\psi = -10\text{kN}\cdot\text{m}$$

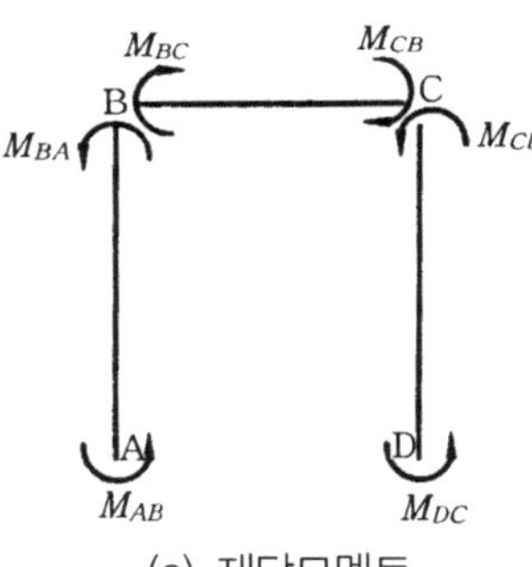

(c) 재단모멘트

③ ②항에서 구한 φ_B와 ψ의 값을 ①항의 각 재단모멘트식에 대입하여 재단모멘트의 값을 구하면

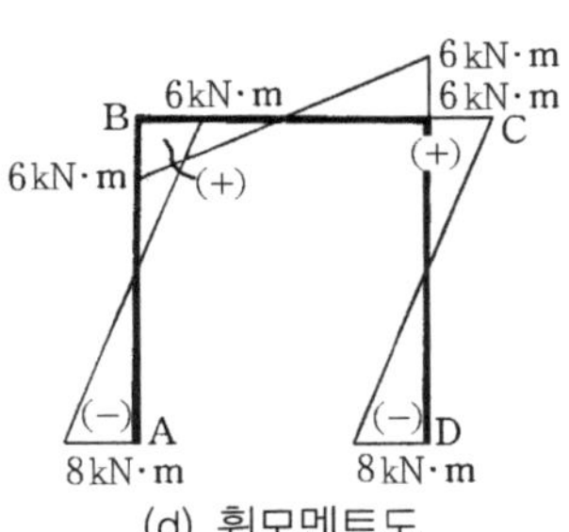

(d) 휨모멘트도

$$M_{AB} = 2 + (-10)$$
$$= -8\,\text{kN}\cdot\text{m}$$
$$M_{BA} = (2 \times 2) + (-10)$$
$$= -6\,\text{kN}\cdot\text{m}$$
$$M_{BC} = (3 \times 2)$$
$$= 6\,\text{kN}\cdot\text{m}$$

④ ③항에서 구한 재단모멘트를 이용하여 휨모멘트도를 그리면 그림 (d)와 같이 된다.

7-3 고정모멘트법

고정모멘트법은 1930년 하디 크로스(Hardy Cross)가 제안한 것으로 크로스(Cross)법 또는 모멘트분배법이라고도 한다. 고정모멘트법은 연속보나 부정정 라멘에 생기는 휨모멘트를 점근적으로 구성하는 방법으로 반복횟수를 많이 하면 할수록 정확한 값을 얻을 수 있으며 그 해법이 쉽고 라멘도상에서 휨모멘트값을 직접 구할 수 있기 때문에 많이 이용되고 있다.

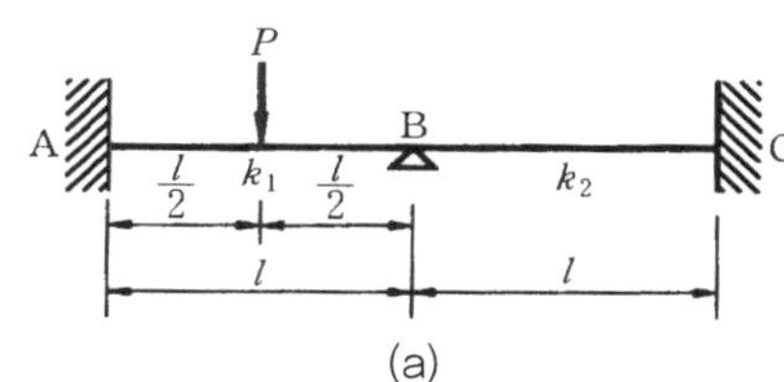

(a)

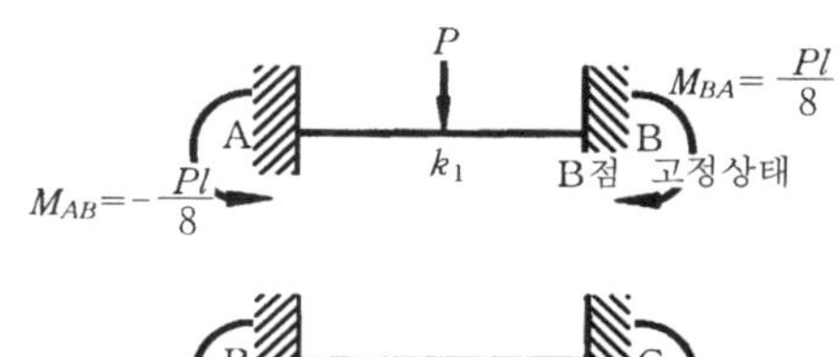

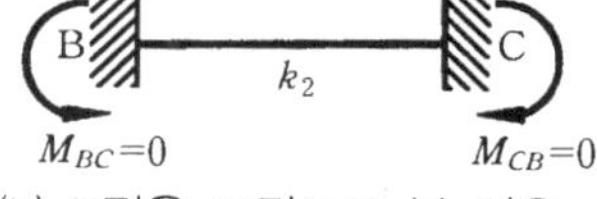

(b) B점을 고정으로 본 경우

7-3-1 해법의 원리

그림 7-5(a)와 같은 경우 부정정 구조물의 휨모멘트는 아래와 같은 순서에 따라 구할 수 있다.

① 그림 (c)와 같이 절점각이 생기는 절점(B점)을 일시적으로 고정하기 위하여 일시적인 외력(고정모멘트, 그림 C)을 가하여 각 부재에 생기는 재단모멘트를 구한다.

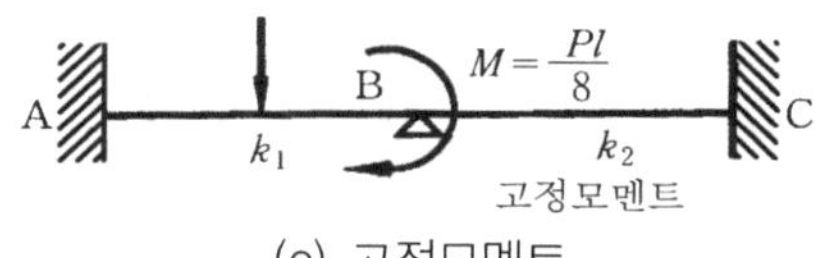

(c) 고정모멘트

② 모든 부재에 작용하는 외력을 제거하고 고정 모멘트와 크기가 같고 부호가 반대인 모멘트 (해방모멘트, 그림 e)를 그 절점에 가하여 각 부재에 생기는 재단모멘트를 구한다.

③ 이제 ①항에서 구한 부재의 재단모멘트와 ② 항에서 구한 재단모멘트를 합하여 최종 재단 모멘트를 구한다.

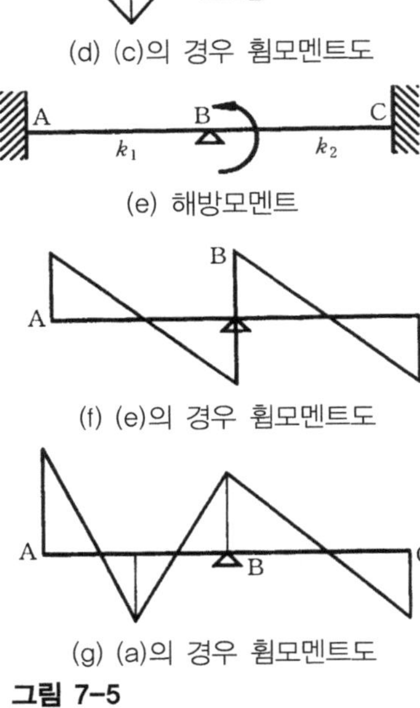

(g) (a)의 경우 휨모멘트도

그림 7-5

7-3-2 분할모멘트와 도달모멘트

(1) 분할모멘트

그림 7-6(a)의 O점에 모멘트 M이 작용할 때 O점에 모여 있는 각 부재에 생기는 재단모멘트 M_{OA}, M_{OB}, M_{OC}, M_{OD}는 다음과 같이 나타난다.

$$M_{OA} = \frac{k_1}{k_1 + k_2 + k_3 + k_4} \times M$$

$$= \frac{k_1}{\Sigma k} \times M = m_{OA} \times M$$

$$M_{OB} = \frac{k_2}{k_1 + k_2 + k_3 + k_4} \times M$$

$$= \frac{k_2}{\Sigma k} \times M = m_{OB} \times M$$

$$M_{OC} = \frac{k_3}{k_1 + k_2 + k_3 + k_4} \times M$$

$$= \frac{k_3}{\Sigma k} \times M = m_{OC} \times M$$

$$M_{OD} = \frac{k_4}{k_1 + k_2 + k_3 + k_4} \times M$$

$$= \frac{k_4}{\Sigma k} \times M = m_{OD} \times M$$

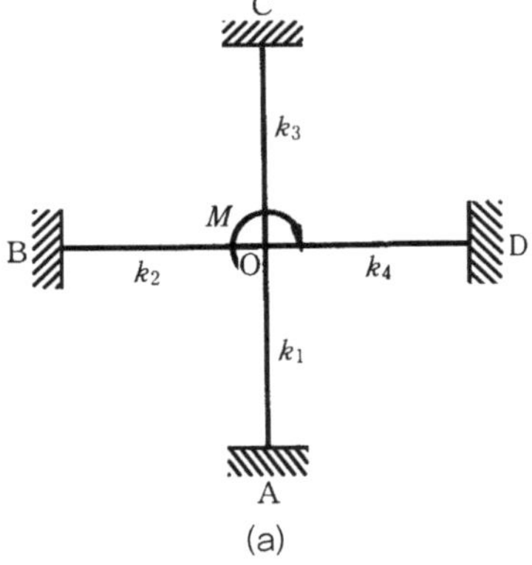

(a)

여기서, Σk는 O점에 모여 있는 부재 강비의 합이며, M_{OA}, M_{OB}, M_{OC}, M_{OD}를 분할모멘트라 하고, m_{OA}, m_{OB}, m_{OC}, m_{OD}를 분할계수라 한다.

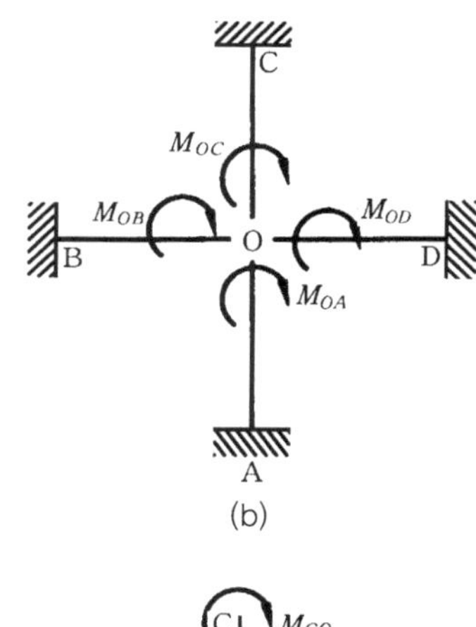

(b)

(2) 도달모멘트

그림 (a)의 O점에 모멘트 M가 작용할 때 절점 O점의 타단 A, B, C, D점에 생기는 재단모멘트 M_{AO}, M_{BO}, M_{CO}, M_{DO}는 다음과 같이 나타난다.

$$M_{AO} = \frac{k_1}{2(k_1+k_2+k_3+k_4)} \times M = \frac{k_1}{2\Sigma k} \times M = m_{AO} \times M$$

$$M_{BO} = \frac{k_2}{2(k_1+k_2+k_3+k_4)} \times M = \frac{k_2}{2\Sigma k} \times M = m_{BO} \times M$$

$$M_{CO} = \frac{k_3}{2(k_1+k_2+k_3+k_4)} \times M = \frac{k_3}{2\Sigma k} \times M = m_{CO} \times M$$

$$M_{DO} = \frac{k_4}{2(k_1+k_2+k_3+k_4)} \times M = \frac{k_4}{2\Sigma k} \times M = m_{DO} \times M$$

여기서, M_{AO}, M_{BO}, M_{CO}, M_{DO}를 도달모멘트라 하고, m_{AO}, m_{BO}, m_{CO}, m_{DO}를 도달계수라 한다.

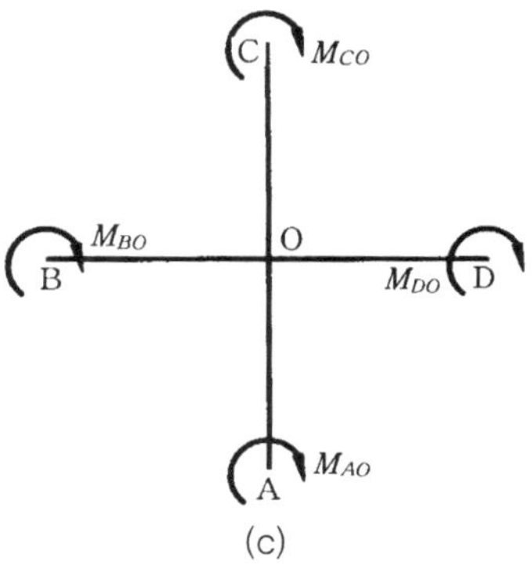

(c)

그림 7-6

예제 7-10

그림 (a)와 같은 라멘의 휨모멘트도를 구하시오.

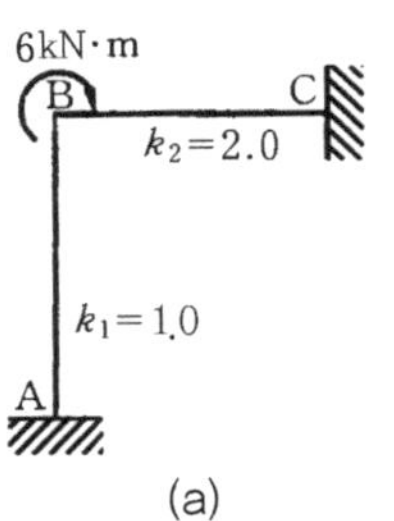

(a)

그림 예제 7-10

① 분할모멘트를 구하면

$$M_{BA}=\frac{1.0}{1.0+2.0}\times 6$$
$$=2\,\mathrm{kN\cdot m}$$
$$M_{BC}=\frac{2.0}{1.0+2.0}\times 6$$
$$=4\,\mathrm{kN\cdot m}$$

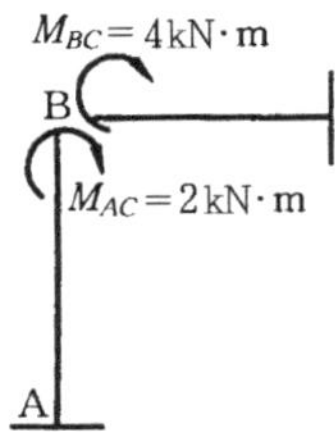

(b) 휨모멘트도

② 도달모멘트를 구하면

$$M_{AB}=\frac{1}{2}\times\frac{1.0}{1.0+2.0}\times 6$$
$$=1\,\mathrm{kN\cdot m}$$
$$M_{CB}=\frac{1}{2}\times\frac{2.0}{1.0+2.0}\times 6$$
$$=2\,\mathrm{kN\cdot m}$$

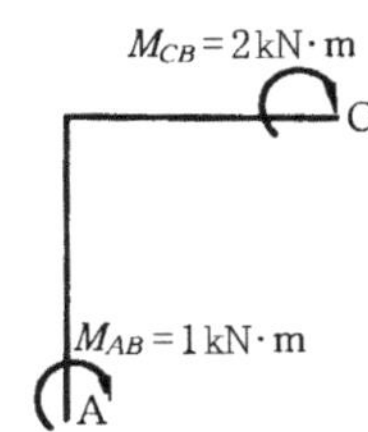

(c) 도달모멘트

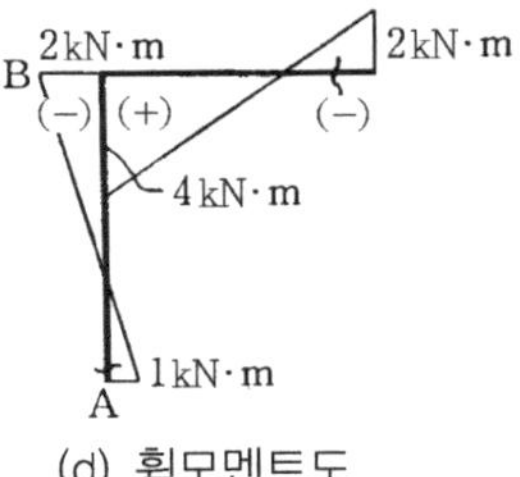

(d) 휨모멘트도

예제 7-11

그림 (a)와 같은 라멘의 휨모멘트도를 구하시오.

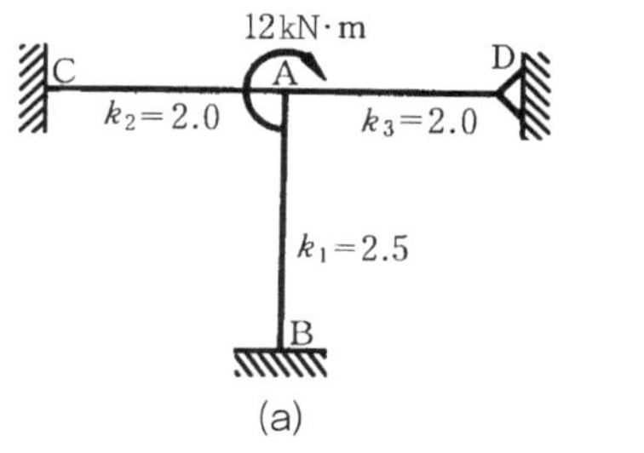

(a)

그림 예제 7-11

① 분할모멘트를 구하면

$$M_{AB} = \frac{2.5}{2.5 + 2.0 + \frac{3}{4} \times 2.0} \times 12$$

$$= 5.0\,\text{kN}\cdot\text{m}$$

$$M_{AC} = \frac{2.0}{2.5 + 2.0 + \frac{3}{4} \times 2.0} \times 12$$

$$= 4.0\,\text{kN}\cdot\text{m}$$

$$M_{AD} = \frac{\frac{3}{4} \times 2.0}{2.5 + 2.0 + \frac{3}{4} \times 2.0} \times 12$$

$$= 3.0\,\text{kN}\cdot\text{m}$$

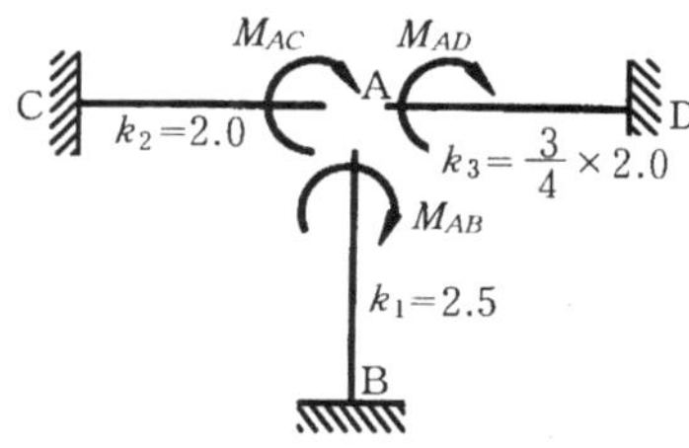

(b) 등가강비 및 분할모멘트

② 도달모멘트를 구하면

$$M_{BA} = \frac{1}{2} \times \frac{2.5}{2.5 + 2.0 + \frac{3}{4} \times 2.0} \times 12$$

$$= 2.5\,\text{kN}\cdot\text{m}$$

$$M_{CA} = \frac{1}{2} \times \frac{2.0}{2.5 + 2.0 + \frac{3}{4} \times 2.0} \times 12$$

$$= 2.0\,\text{kN}\cdot\text{m}$$

$$M_{DA} = 0$$

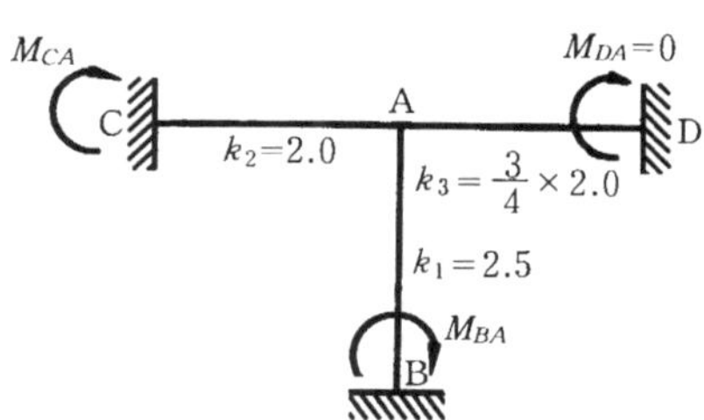

(c) 등가강비 및 도달모멘트

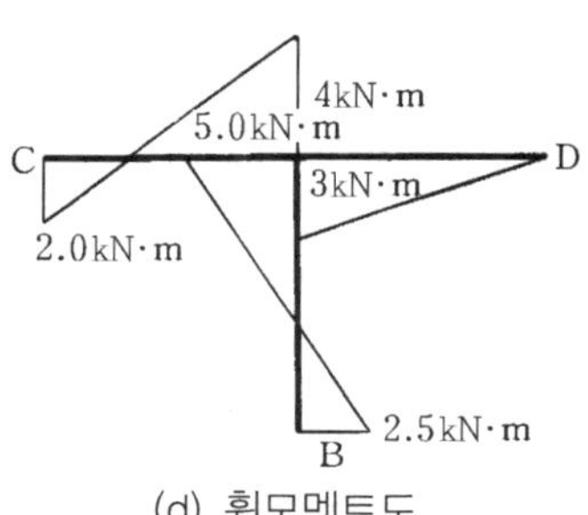

(d) 휨모멘트도

예제 7-12

그림 (a)와 같은 부정정 보의 휨모멘트도를 구하시오.

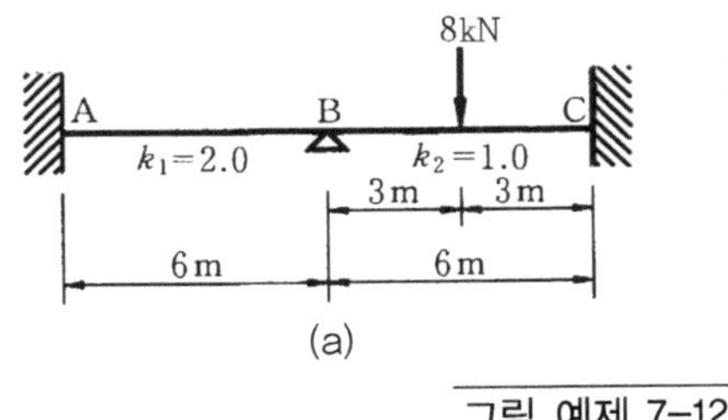

(a)

그림 예제 7-12

① 각 절점을 모두 고정절점으로 가정하여 각 부재에 대한 재단모멘트를 구하면

$M_{AB}=M_{BA}=0$

$M_{BC}=-C_{BC}=-6\text{kN}\cdot\text{m}$

$M_{CB}=C_{CB}=6\text{kN}\cdot\text{m}$

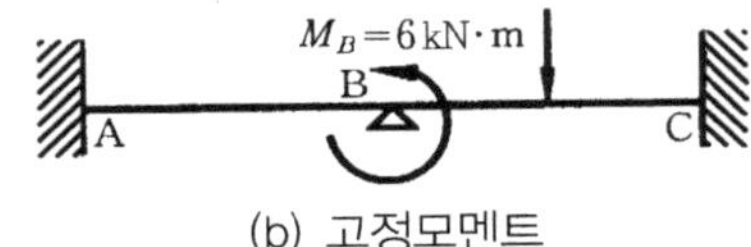

(b) 고정모멘트

② 절점각이 생기는 절점(B점)을 ①항과 같은 상태로 고정시키기 위하여 필요한 고정모멘트를 구한다.

B점의 고정모멘트

$M_B=C_{BA}-C_{BC}$

$=0-6=-6\text{kN}\cdot\text{m}$

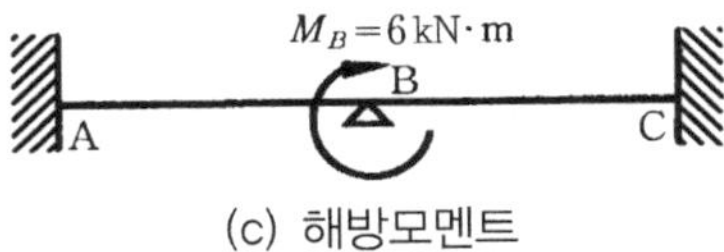

(c) 해방모멘트

③ ②항의 고정모멘트와 크기가 같고 부호가 반대인 해방모멘트에 대한 분할모멘트와 도달모멘트를 구한다.

㉠ 분할모멘트

$M_{BA}=\dfrac{2}{3}\times 6=4\text{kN}\cdot\text{m}$

$M_{BC}=\dfrac{1}{3}\times 6=2\text{kN}\cdot\text{m}$

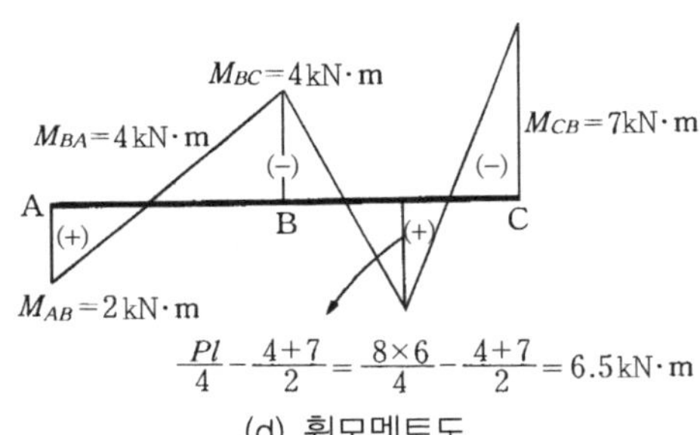

(d) 휨모멘트도

㉡ 도달모멘트

$$M_{AB} = \frac{1}{2} \times \frac{2}{3} \times 6 = 2\,\text{kN} \cdot \text{m}$$

$$M_{CB} = \frac{1}{2} \times \frac{1}{3} \times 6 = 1\,\text{kN} \cdot \text{m}$$

④ ①항에서 구한 재단모멘트와 ③항에서 구한 분할모멘트와 도달모멘트를 각각 합하여 최종 재단모멘트로 한다.

$M_{AB} = 0 + 2 = 2\,\text{kN} \cdot \text{m}$

$M_{BA} = 0 + 4 = 4\,\text{kN} \cdot \text{m}$

$M_{BC} = -6 + 2 = -4\,\text{kN} \cdot \text{m}$

$M_{CB} = 6 + 1 = 7\,\text{kN} \cdot \text{m}$

예제 7-13

그림 (a)와 같은 라멘의 휨모멘트도를 구하시오.

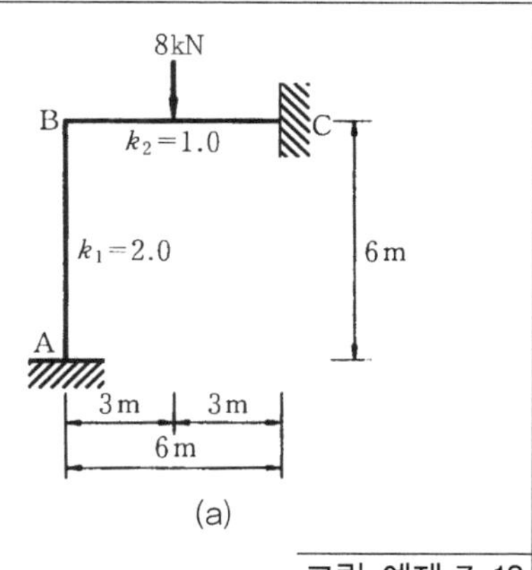

(a)

그림 예제 7-13

[예제 7-12]와 같이 재단모멘트를 구한다.

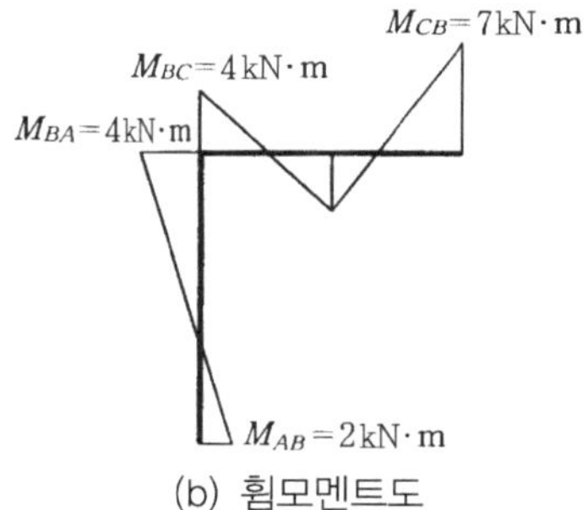

(b) 휨모멘트도

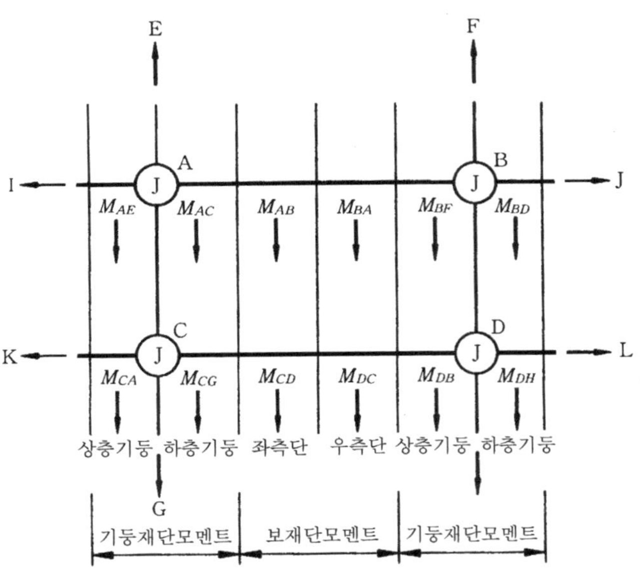

윗 그림과 같이 재단모멘트를 구하기 위한 칸을 할당하여 도상계산을 하면 다음과 같다.

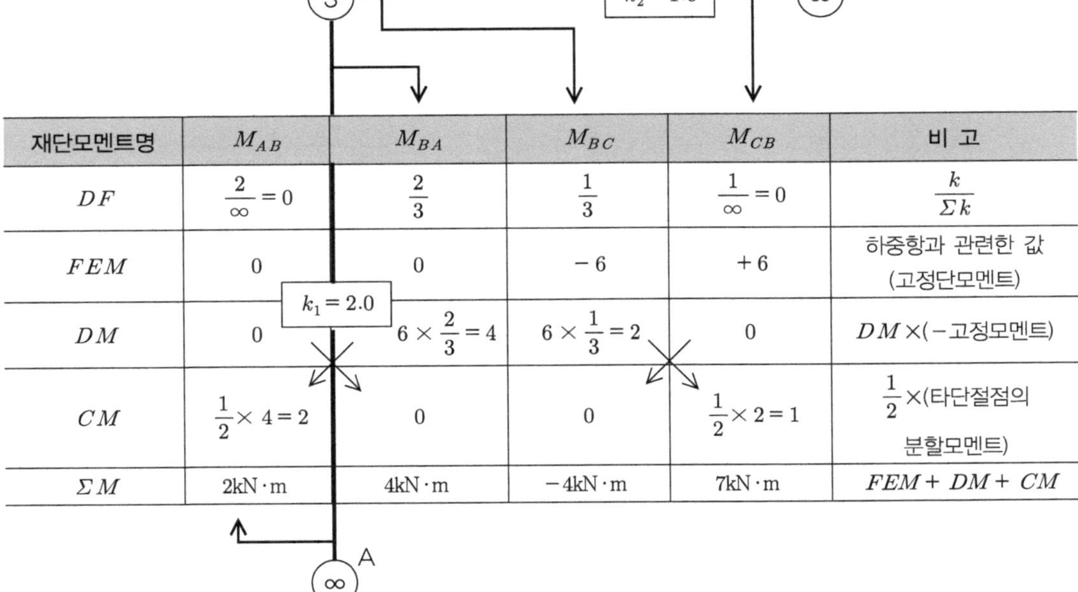

재단모멘트명	M_{AB}	M_{BA}	M_{BC}	M_{CB}	비 고
DF	$\frac{2}{\infty} = 0$	$\frac{2}{3}$	$\frac{1}{3}$	$\frac{1}{\infty} = 0$	$\frac{k}{\Sigma k}$
FEM	0	0	−6	+6	하중항과 관련한 값 (고정단모멘트)
DM	0	$6 \times \frac{2}{3} = 4$	$6 \times \frac{1}{3} = 2$	0	$DM \times$(−고정모멘트)
CM	$\frac{1}{2} \times 4 = 2$	0	0	$\frac{1}{2} \times 2 = 1$	$\frac{1}{2} \times$(타단절점의 분할모멘트)
ΣM	2kN·m	4kN·m	−4kN·m	7kN·m	$FEM + DM + CM$

예제 7-14

그림 (a)와 같은 라멘의 휨모멘트도를 구하시오.

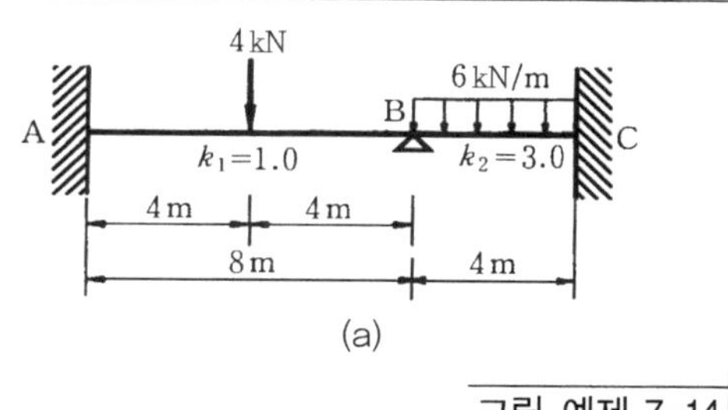

(a)

그림 예제 7-14

고정모멘트법에 의한 도상계산을 하면 다음과 같다.

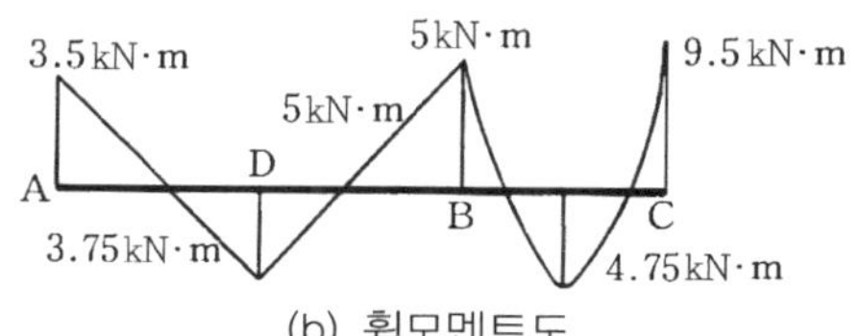

(b) 휨모멘트도

A (∞) — $k_1=1$ — B (4) -4kN·m (고정모멘트) — $k_2=3$ — C (∞)

재단모멘트명	M_{AB}	M_{BA}	M_{BC}	M_{CB}	비 고
DF	0	$\frac{1}{4}=0.25$	$\frac{3}{4}=0.75$	0	$\frac{k}{\Sigma k}$
FEM	-4	$+4$	-8	$+8$	고정단모멘트
DM	0	$+1$	$+3$	0	$DF\times$(해방모멘트)
CM	$+0.5$	0	0	$+1.5$	$\frac{1}{2}\times$(타단절점의 분할모멘트)
ΣM	-3.5kN·m	5kN·m	-5kN·m	9.5kN·m	$FEM+DM+CM$

예제 7-15

그림 (a)와 같은 부정정 보의 휨모멘트도를 구하시오.

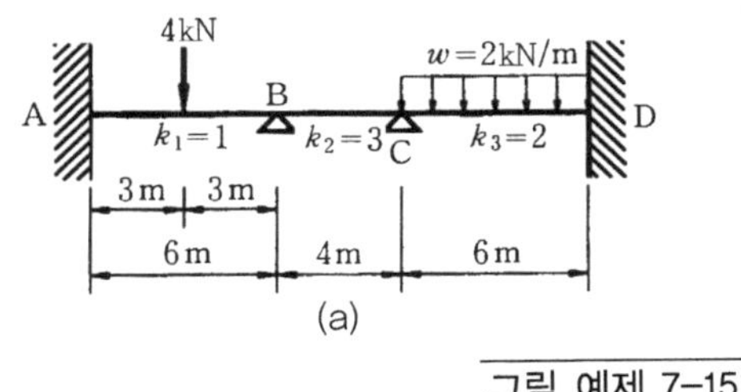

(a)

그림 예제 7-15

풀 이

고정모멘트법에 의한 도상계산을 하면 다음과 같다.

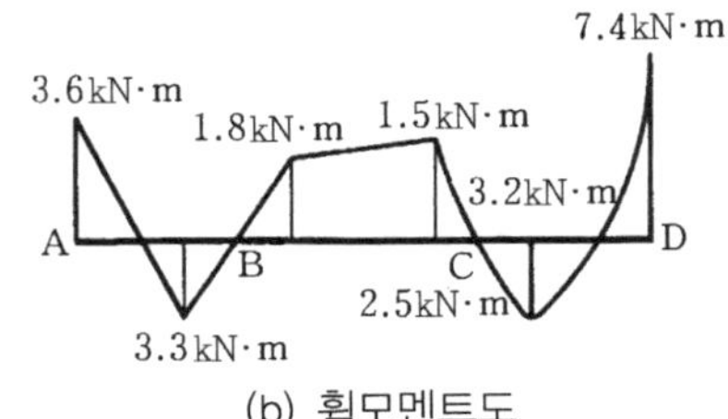

(b) 휨모멘트도

추가고정모멘트 / 고정모멘트

	A		B		C		D
추가고정모멘트				+1.8		−1.125	
고정모멘트				+3		−6	
	∞	k_1 = 1	4	k_2 = 3	5	k_3 = 2	∞

재단모멘트명	M_{AB}	M_{BA}	M_{BC}	M_{CB}	M_{CD}	M_{DC}
DF	0	0.25	0.75	0.6	0.4	0
FEM	− 3	+ 3	0	0	− 6	+ 6
$DM1$	0	− 0.75	− 2.25	+ 3.6	+ 2.4	0
$CM1$	− 0.375	0	+ 1.8	− 1.125	0	+ 1.2
$DM2$	0	− 0.45	− 1.35	+ 0.675	+ 0.45	0
$CM2$	− 0.225	0	+ 0.337	−0.675	0	+ 0.225
$DM3$	↓	↓	↓	↓	↓	↓
$CM3$						
DM	−3.6kN · m	+1.8kN · m	−1.5kN · m	+2.5kN · m	−3.2kN · m	+7.4kN · m

↙↘ 는 ($\frac{1}{2}$×분할모멘트)를 하여 도달모멘트를 구하는 경로

예제 7-16

그림 (a)와 같은 부정정 보의 휨모멘트도를 구하시오.

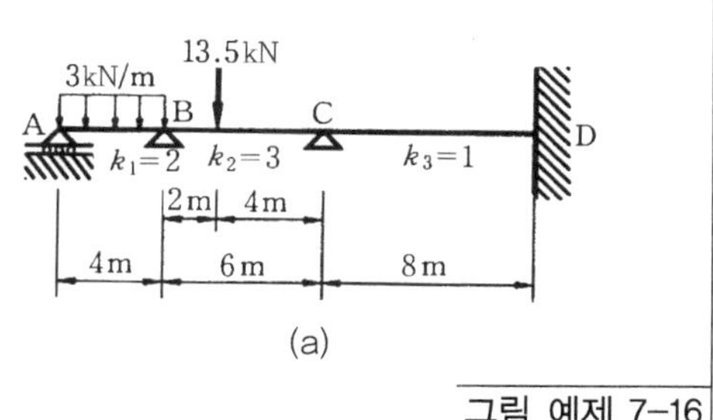

(a)

그림 예제 7-16

풀 이

고정모멘트법에 의한 도상계산을 하면 다음과 같다.

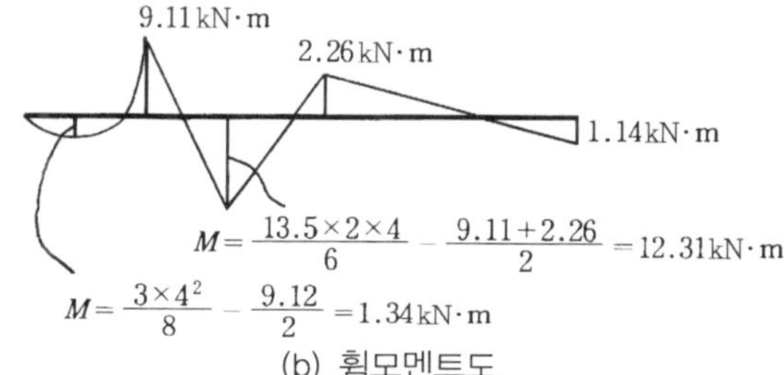

(b) 휨모멘트도

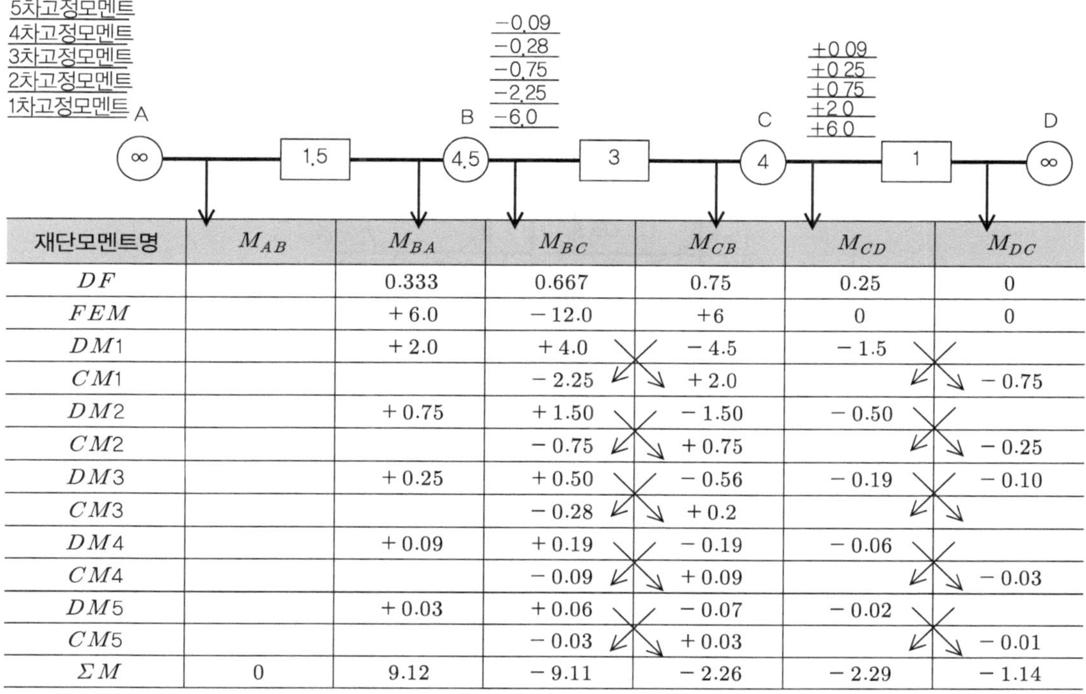

재단모멘트명	M_{AB}	M_{BA}	M_{BC}	M_{CB}	M_{CD}	M_{DC}
DF		0.333	0.667	0.75	0.25	0
FEM		+6.0	−12.0	+6	0	0
$DM1$		+2.0	+4.0	−4.5	−1.5	
$CM1$			−2.25	+2.0		−0.75
$DM2$		+0.75	+1.50	−1.50	−0.50	
$CM2$			−0.75	+0.75		−0.25
$DM3$		+0.25	+0.50	−0.56	−0.19	−0.10
$CM3$			−0.28	+0.2		
$DM4$		+0.09	+0.19	−0.19	−0.06	
$CM4$			−0.09	+0.09		−0.03
$DM5$		+0.03	+0.06	−0.07	−0.02	
$CM5$			−0.03	+0.03		−0.01
ΣM	0	9.12	−9.11	−2.26	−2.29	−1.14

예제 7-17

그림 (a)와 같은 라멘의 휨모멘트도를 구하시오.

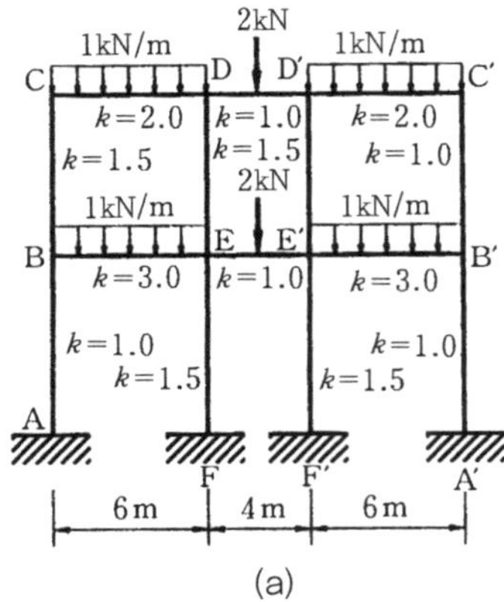

(a)

그림 예제 7-17

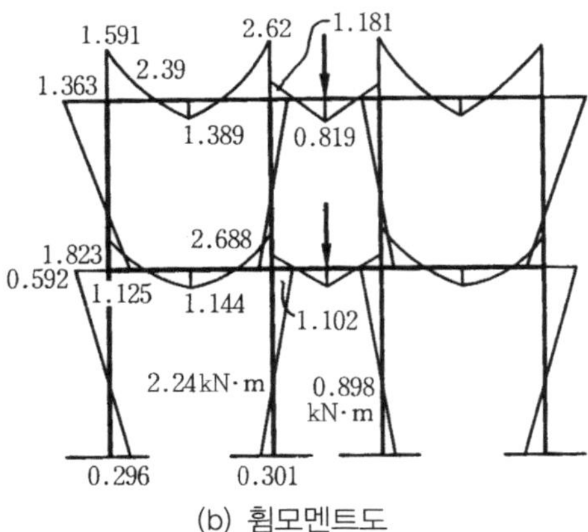

(b) 휨모멘트도

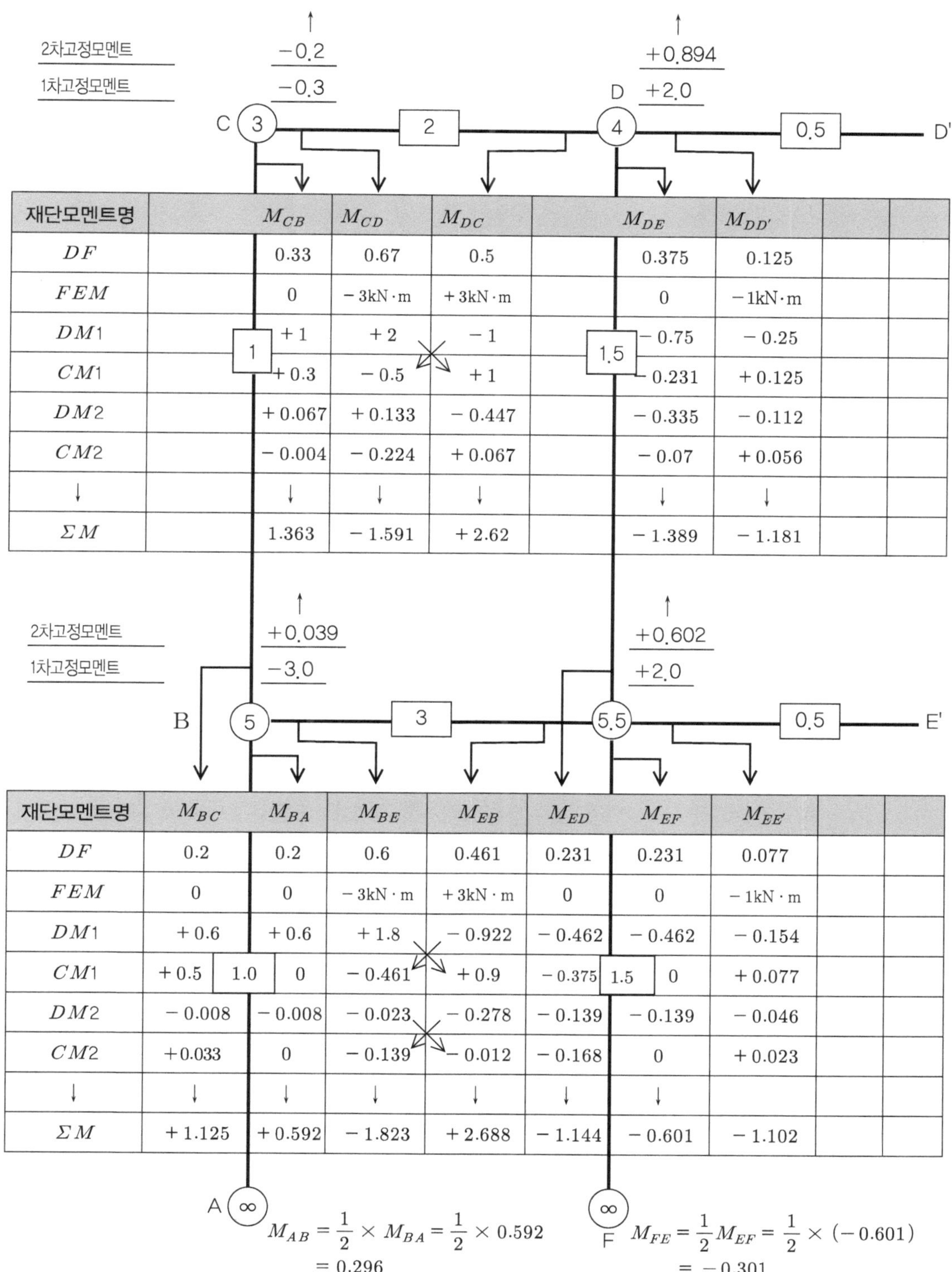

재단모멘트명		M_{CB}	M_{CD}	M_{DC}		M_{DE}	$M_{DD'}$		
DF		0.33	0.67	0.5		0.375	0.125		
FEM		0	− 3kN·m	+ 3kN·m		0	−1kN·m		
$DM1$		+ 1	+ 2	− 1		− 0.75	− 0.25		
$CM1$		+ 0.3	− 0.5	+ 1		− 0.231	+ 0.125		
$DM2$		+ 0.067	+ 0.133	− 0.447		− 0.335	− 0.112		
$CM2$		− 0.004	− 0.224	+ 0.067		− 0.07	+ 0.056		
↓		↓	↓	↓		↓	↓		
ΣM		1.363	− 1.591	+ 2.62		− 1.389	− 1.181		

재단모멘트명	M_{BC}	M_{BA}	M_{BE}	M_{EB}	M_{ED}	M_{EF}	$M_{EE'}$		
DF	0.2	0.2	0.6	0.461	0.231	0.231	0.077		
FEM	0	0	− 3kN · m	+ 3kN · m	0	0	− 1kN · m		
$DM1$	+ 0.6	+ 0.6	+ 1.8	− 0.922	− 0.462	− 0.462	− 0.154		
$CM1$	+ 0.5	0	− 0.461	+ 0.9	− 0.375	0	+ 0.077		
$DM2$	− 0.008	− 0.008	− 0.023	− 0.278	− 0.139	− 0.139	− 0.046		
$CM2$	+0.033	0	− 0.139	− 0.012	− 0.168	0	+ 0.023		
↓	↓	↓	↓	↓	↓	↓			
ΣM	+ 1.125	+ 0.592	− 1.823	+ 2.688	− 1.144	− 0.601	− 1.102		

$M_{AB} = \frac{1}{2} \times M_{BA} = \frac{1}{2} \times 0.592 = 0.296$

$M_{FE} = \frac{1}{2} M_{EF} = \frac{1}{2} \times (-0.601) = -0.301$

8 Chapter

컴퓨터 구조해석법

8-1 서 론

구조체에 하중이 가해졌을 때 발생하는 변형과 응력을 구하는 것을 구조해석이라 하며, 이 구조해석 기법은 크게 두 가지로 나눌 수 있다. 먼저의 방법은 앞 장에서 설명하는 연속체(continuum) 모델을 사용하는 해석적인 방법(analytical method)이며, 다른 방법은 분할(discrete)모델을 사용하는 수치해석 방법(numerical method)이 그것이다.

구조해석 { 해석적인 방법(analytical method)
수치적인 방법(numerical method)

해석적인 방법은 변형-하중관계를 나타내는 구성방정식(characteristic equation)의 해를 구하는 방법으로서 정해(exact solution)를 구할 수 있으나 구조체의 형태 경계조건, 하중 등이 간단한 경우에만 적용 가능하다. 등분포하중을 받는 단순보의 경우를 예를 들어 설명하면, 그림 8-1에서 보여지듯이 휨모멘트, 전단력 및 보에 작용하는 하중 w 사이의 관계식은 미분방정식의 해로 표현 가능하며 앞의 6장에서 설명한 바로는 아래와 같다.

$$\frac{dM}{dx} = V \qquad (8 \cdot 1a)$$

$$\frac{dV}{dx} = w \qquad (8 \cdot 1b)$$

$$\frac{d^2M}{dx^2} = \frac{dV}{dx} = w \qquad (8 \cdot 1c)$$

식 (8 · 1)에서 전단력은 휨모멘트의 기울기를 나타내고 하중항은 전단력의 기울기를 나타냄을 보여준다. 따라서 하중항은 전 구간에 걸쳐서 상수값 w를 가지므로 전단력의 기울기는 일정하다.

A점의 전단력 값이 $V=0$이므로 휨응력도의 기울기는 0이며 모멘트 값은 최대가 된다. 또 B점의 경우 전단력 값은 $V=\frac{wl}{2}$이 되고 이때 휨응력도의 기울기는 최대가 된다.

상기의 사항들은 미분방정식에 의한 해석적인 방법임을 보여주어 정해(exact solution)를 구할 수 있다. 그러나 그림 8-2와 같이 개구부가 있거나 균열이 발생한 부재의 경우에는 각각 A점에서 불연속점이 발생하므로 해석적인 방법으로는 접근이 어려워진다.

이 경우 수치해석 방법이 유효하다.

수치해석 방법은 변형-하중과 계수 지배 미분방정식을 행렬방정식(matrix equation)으로 치환하여 연속적인 해가 아닌 절점에서의 해를 수치적으로 구하는 방법이다.

이때의 해는 정해가 아닌 근사해이지만 적절한 수준의 미지수(절점수)를 설정한다면 납득할 만한 정확도를 얻을 수 있다. 이 경우의 불연속점을 포함하는 복잡한 구조물의 근사해를 구할 수 있다.

수치해석적 방법에는 유한요소법(finite element method), 경계요소법(boundary element method),

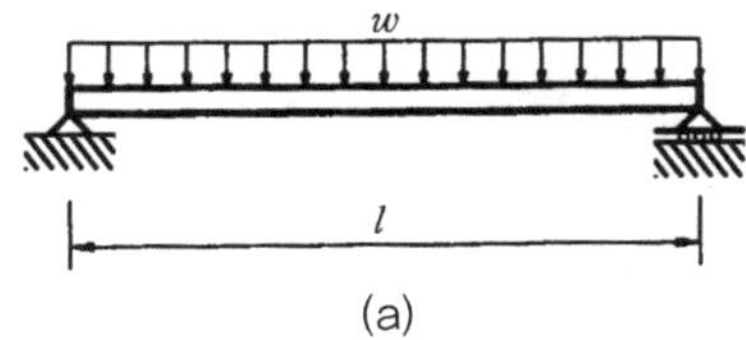

(a)

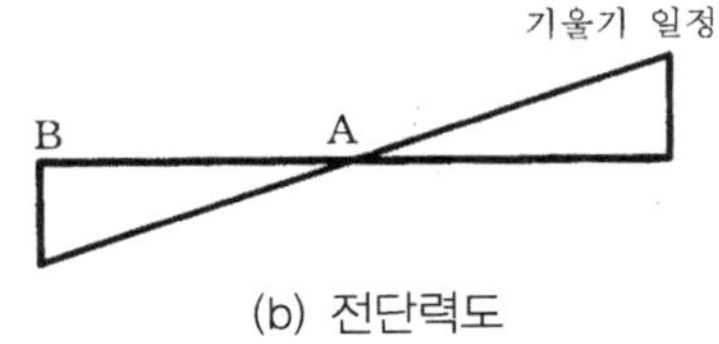

(b) 전단력도

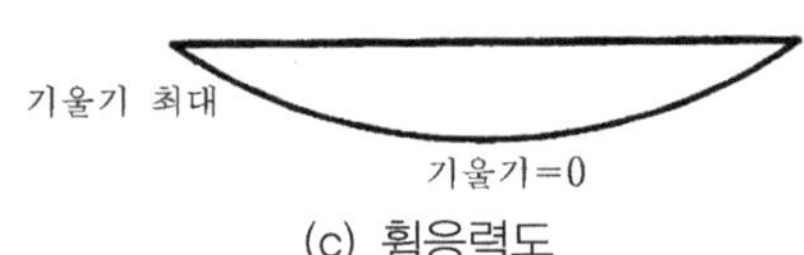

(c) 휨응력도

그림 8-1 부재의 응력도

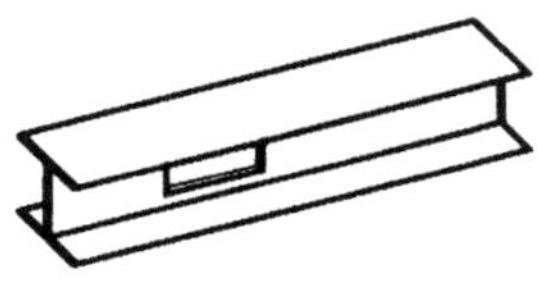
(a) 개구부가 있는 철골

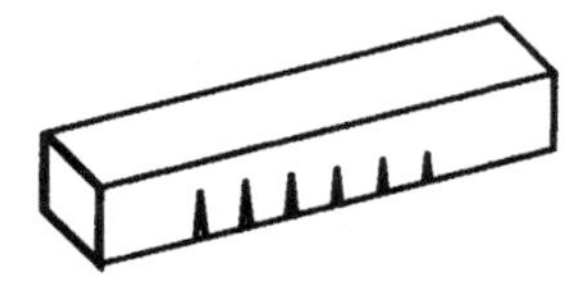
(b) 균열이 발생한 콘크리트보

그림 8-2 불연속점을 가지는 구조물

유한차분법(finite difference method) 등이 있으며 8장에서는 강성매트릭스법에 한하여 설명하였다.

8-2 강성매트릭스법

힘과 변위의 방정식의 형태를 보기 위해 탄성스프링의 형태를 보자.

탄성스프링에 하중 F가 작용하였을 때 변위를 u라 하면 다음과 같은 관계식이 성립한다.

$$F = K \cdot u \qquad (8 \cdot 2)$$

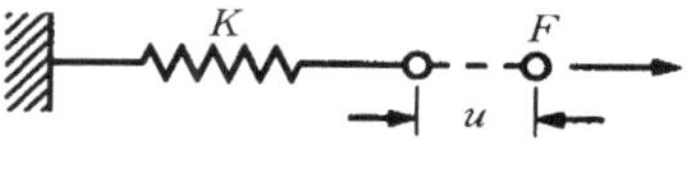

그림 8-3

이때 K를 스프링의 강성(stiffness)이라 하며, 식 (8 · 4)를 변환하면

$$u = \left[\frac{1}{K}\right] \cdot F$$
$$= f \cdot F \qquad (8 \cdot 3)$$

이때 식 (8 · 6)의 f 를 스프링의 연성(flexibility)이라 하며 강성과 연성은 다음과 같은 관계식을 가진다.

$$K = \frac{1}{f} \qquad (8 \cdot 4)$$

강성이란 단위변위를 일으키는데 필요한 힘이며, 단위는 N/mm, kN/m으로 표현된다.

이것은 그림 8-4와 같은 축방향력을 받는 기둥, 트러스부재와 그림 8-5와 같이 휨모멘트를 받는 보부재 등에서도 적용 가능하다.

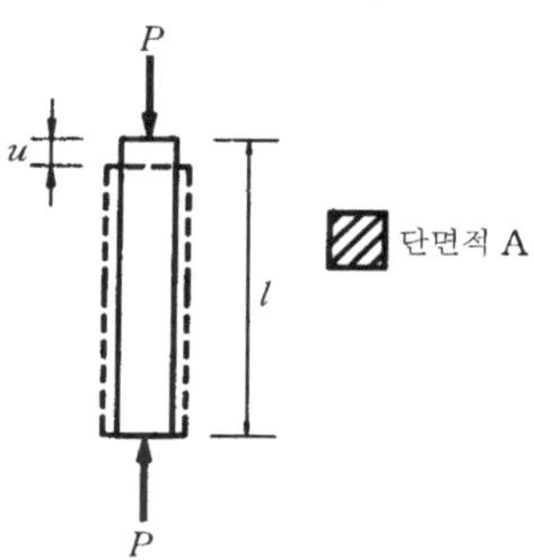

그림 8-4 축방향 힘을 받는 부재

압축응력도 $\sigma_c = \dfrac{P}{A}$ ································· (a)

변형도 $\varepsilon = \dfrac{u}{l}$ ·· (b)

영계수 E ··· (c)

응력-변형도 관계식은 $\sigma_c = E \cdot \varepsilon_c$ 이므로 식 (a)~

(c)를 조합하면

$$\frac{P}{A} = E \cdot \frac{u}{l}$$

$$P = \frac{EA}{l} \cdot u \qquad (8 \cdot 5)$$

식 (8 · 5)는 탄성스프링구조물의 강성매트릭스 $F = K \cdot u$의 식과 유사한 형태를 가지며, 여기서 $\frac{EA}{l}$를 축강성(axial stiffness)이라 한다.

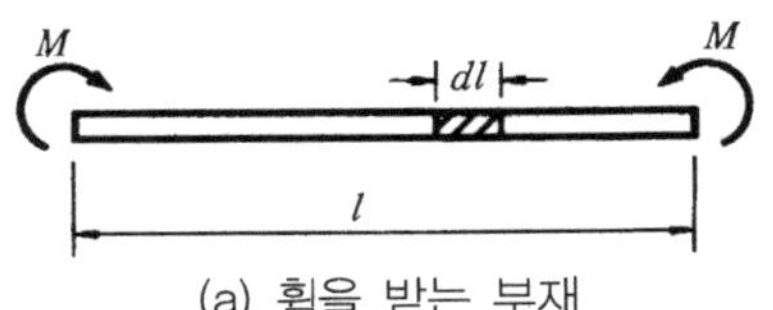

(a) 휨을 받는 부재

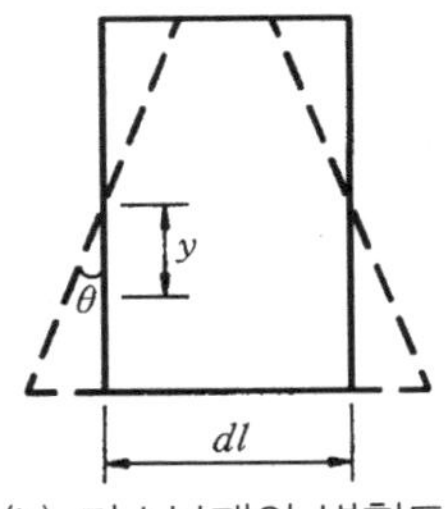

(b) 미소부재의 변형도

그림 8-5

그림 8-5(a)에서 보여지듯이 부재에 휨응력이 작용하였을 때 변형은 그림 (b)와 같다.

휨응력도는 $\sigma_b = \frac{M}{I} \cdot y = \frac{M}{Z}$ 로 표현되고

Z : 단면계수
I : 단면 2차모멘트

미소부재의 변형도는 $\varepsilon = \frac{y \cdot \theta}{dl}$ 로 표현되므로 부재 전체에서의 변형도는 $\frac{y \cdot \theta}{l}$이고, 응력-변형도 관계식 $\sigma_b = E \cdot \frac{y\theta}{l}$ 에 적용시키면

$$\frac{M}{I} \cdot y = E \cdot \frac{y\theta}{l}$$

$$M = \frac{EI}{l} \cdot \theta \qquad (8 \cdot 6)$$

이 되며, 여기서 $\frac{EI}{l}$를 휨강성(flexural stiffness)이라 한다.

탄성스프링 문제에서 부재의 조합에 대하여 설명하여 보자.

그림 8-6(a)에서와 같이 절점 1, 2를 가지면서 절점 각각에서 힘 F와 변위 u를 가질 때 탄성스프링은 단부에서 경계조건을 가지는 그림 (b), (c)로 나눌 수 있으며 전개식은 (8 · 7a)와 같으며 그림 (b)의 경우 마찬가지로 식 (8 · 7b)을 얻을 수 있다.

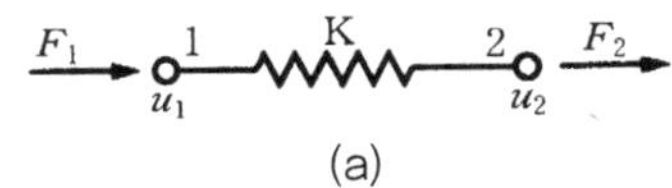

(a)

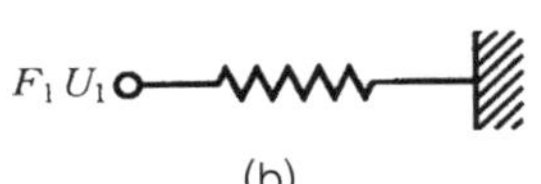

(b)

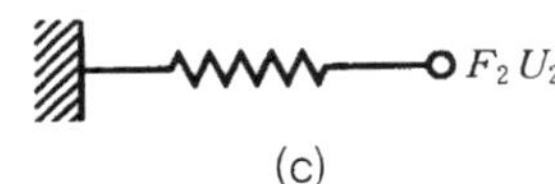

(c)

그림 8-6 탄성스프링의 조합

a) $u_1 = u_1 \quad u_2 = 0$

$$F_1 = K \cdot u_1$$

$$\Sigma F_x = 0 \quad F_x = F_1 + F_2 = 0$$

$$F_2 = -K \cdot u_1 \tag{8 · 7a}$$

b) $u_1 = 0 \quad u_2 = u_2$

$$F_2 = K \cdot u_2 \quad F_1 = -K \cdot u_2 \tag{8 · 7b}$$

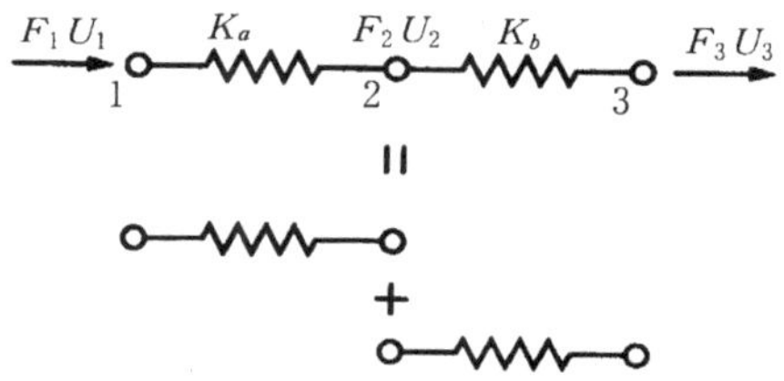

F₁ U₁ — Kₐ — F₂ U₂ — K_b — F₃ U₃

그림 8-7 스프링의 연결

식 (8 · 7b)을 매트릭스 형태로 표현하면 식 (8 · 8a)가 되며 이것을 식 (8 · 8b), (8 · 8c)으로도 표현 가능하다.

$$\begin{Bmatrix} F_1 \\ F_2 \end{Bmatrix} = \begin{bmatrix} K & -K \\ -K & K \end{bmatrix} \begin{Bmatrix} u_1 \\ u_2 \end{Bmatrix} \tag{8 · 8a}$$

$$\begin{aligned} F_1 &= K(u_1 - u_2) \\ F_2 &= K(u_2 - u_1) \end{aligned} \tag{8 · 8b}$$

$$F = K \cdot u \tag{8 · 8c}$$

그림 8-7에서 보여지듯이 스프링강성 K_a, K_b를 가지는 두 개의 스프링을 연결하여 보자. 절점 1, 2, 3에서의 힘과 변위의 관계식은 (8 · 9a)와 같이 매트릭스의 조합형태로 표현되며, 이때 K를 전체 강성매트릭스라 하며 K_a, K_b를 부재 강성매트릭스라 한다.

$$\begin{Bmatrix} F_1 \\ F_2 \end{Bmatrix} = \begin{bmatrix} K_a & -K_a \\ -K_a & K_a \end{bmatrix} \begin{Bmatrix} u_1 \\ u_2 \end{Bmatrix}$$

$$\begin{Bmatrix} F_2 \\ F_3 \end{Bmatrix} = \begin{bmatrix} K_b & -K_b \\ -K_b & K_b \end{bmatrix} \begin{Bmatrix} u_2 \\ u_3 \end{Bmatrix}$$

$$\begin{Bmatrix} F_1 \\ F_2 \\ F_3 \end{Bmatrix} = \begin{bmatrix} K_a & -K_a & 0 \\ -K_a & K_a + K_b & -K_b \\ 0 & -K_b & K_b \end{bmatrix} \begin{Bmatrix} u_1 \\ u_2 \\ u_3 \end{Bmatrix} \tag{8 · 9a}$$

$$F = K \cdot u \tag{8 · 9b}$$

그러나 식 (8 · 9a)에서 매트릭스 $[K]$의 역 $[K]^{-1}$은 존재하지 않는다. 그 이유는 아래와 같다.

1) 매트릭스 K는 대칭(symmetric)행렬이다.
2) 매트릭스 K는 해가 없으므로(singular) 그 역은 존재하지 않는다.

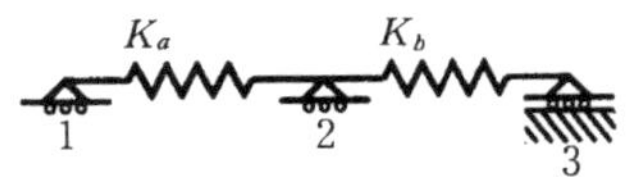

그림 8-8 스프링의 경계조건

따라서 식 (8 · 9a)로는 의미 있는(nontrivial)해를 구하기 어렵다. 그 해를 구하기 위해 경계조건을 도입하여 강성행렬을 축소, 변형시키게 되면 강성행렬은 해를 구할 수 있다. 식 (8 · 10)은 그 과정을 설명한 것이다. 그림 8-8에서 절점 3에 경계조건 $u_3 = 0$을 도입하면 식 (8 · 9a)는 식 (8 · 10)과 같이 두 개의 매트릭스 행렬로 나눌 수 있다. 2개의 식은 행렬식(determinant) 값이 0이 아니므로 역매트릭스가 존재하며 계산이 가능하다.

$$\begin{Bmatrix} F_1 \\ F_2 \end{Bmatrix} = \begin{bmatrix} K_a & -K_a \\ -K_a & K_a + K_b \end{bmatrix} \begin{Bmatrix} u_1 \\ u_2 \end{Bmatrix} \qquad (8 \cdot 10a)$$

$$\begin{Bmatrix} u_1 \\ u_2 \end{Bmatrix} = \frac{1}{K_a K_b} \begin{bmatrix} K_a + K_b & K_a \\ K_a & K_a \end{bmatrix} \begin{Bmatrix} F_1 \\ F_2 \end{Bmatrix} \qquad (8 \cdot 10b)$$

또한 절점 3에서의 반력은 식 (8 · 11a)로 표현되며 이것은 힘의 평형방정식 (8 · 11b)를 만족시킨다.

$$\{F_3\} = [0 - K_b] \begin{Bmatrix} u_1 \\ u_2 \end{Bmatrix}$$

$$\{F_3\} = [0 - K_b] \left(\frac{1}{K_a K_b} \right) \begin{bmatrix} K_a + K_b & K_a \\ K_a & K_a \end{bmatrix} \begin{Bmatrix} F_1 \\ F_2 \end{Bmatrix} \qquad (8 \cdot 11a)$$

$$F_3 = -F_1 - F_2 \qquad (8 \cdot 11b)$$

예제 8-1

그림과 같은 구조물에서

$F_2 = -10\text{kN}$ $K_a = 25\text{kN/mm}$

$F_3 = 20\text{kN}$ $K_b = 5\text{kN/mm}$

$F_4 = 30\text{kN}$ $K_c = 15\text{kN/mm}$ 일 때,

전체 강성매트릭스를 구하고, 부재의 반력과 절점변위 u_2, u_3, u_4 를 구하시오.

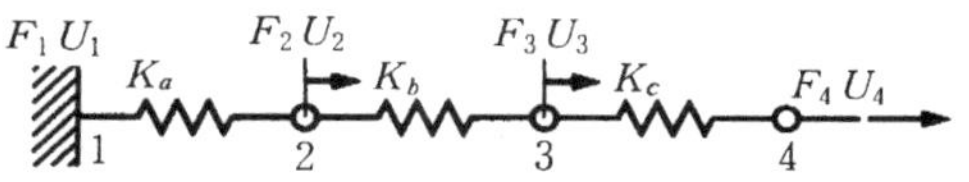

그림 예제 8-1

$$\begin{Bmatrix} F_1 \\ -10 \\ 20 \\ 30 \end{Bmatrix} = \begin{bmatrix} 25 & -0 & 0 & 0 \\ -25 & 25+5 & -50 & 0 \\ 0 & -5 & 5+15 & -15 \\ 0 & 0 & -15 & 15 \end{bmatrix} \begin{Bmatrix} u_1 \\ u_2 \\ u_3 \\ u_4 \end{Bmatrix}$$

$u_1 = 0$ 이므로

$$\begin{Bmatrix} u_2 \\ u_3 \\ u_4 \end{Bmatrix} = \begin{bmatrix} 30 & -50 & \\ -5 & 20 & -15 \\ 0 & -15 & 15 \end{bmatrix}^{-1} \begin{Bmatrix} -10 \\ 20 \\ 30 \end{Bmatrix}$$

$$= \frac{1}{1,875} \begin{bmatrix} 20\times15-15\times15 & -(-5\times15) & (5\times15) \\ -(-5\times15) & 20\times15 & -(-30\times15) \\ 5\times15 & -(-30\times15) & 30\times20-5\times15 \end{bmatrix} \begin{Bmatrix} -10 \\ 20 \\ 30 \end{Bmatrix}$$

$$= \frac{1}{1,875} \begin{bmatrix} 75 & 75 & 75 \\ 75 & 450 & 450 \\ 75 & 450 & 575 \end{bmatrix} \begin{Bmatrix} -10 \\ 20 \\ 30 \end{Bmatrix}$$

$$= \frac{1}{1,875} \begin{bmatrix} 3,000 \\ 21,750 \\ 25,500 \end{bmatrix} \begin{Bmatrix} -0.6 \\ 11.6 \\ 13.6 \end{Bmatrix}$$

$$F_1 = [-25 \quad 0 \quad 0] \begin{Bmatrix} 16 \\ 11.6 \\ 13.6 \end{Bmatrix} = -40(\text{반대방향으로 } 40\text{kN})$$

8-3 평면트러스(plane truss)의 강성행렬

평면트러스의 강성행렬을 구하기 위해 그림 8-9 (a)와 같은 정정트러스 부재를 생각해 보자. 탄성스프링 부재의 경우에는 8-4(2)에서 설명되었듯이 전체좌표계와 국지좌표계가 일치하지만 트러스부재에서 ①, ⑤ 등의 부재는 국지좌표계가 전체좌표계와 일치하지 않으므로 8-4(3)에서 설명하는 변환매트릭스를 사용해야 할 필요가 있다.

먼저 ①요소에 그림 8-10과 같이 나타내고 축강성을 가지는 힘과 변위의 관계식으로 표현하면

$$\begin{Bmatrix} F_1 \\ F_2 \end{Bmatrix} = \frac{EA}{l} \begin{bmatrix} 1 & -1 \\ -1 & 1 \end{bmatrix} \begin{Bmatrix} u_1 \\ u_2 \end{Bmatrix} \qquad (8 \cdot 12)$$

매트릭스 연산을 위하여 식 (8 · 12)에 그림 8-9 (b)의 요소 ①을 변환시키면 그림 8-9(c), 식 (8 · 13)으로 표현할 수 있다.

$$\begin{Bmatrix} F\overline{x_1} \\ F\overline{x_1} \\ F\overline{x_2} \\ F\overline{x_2} \end{Bmatrix} = \frac{EA}{l} \begin{bmatrix} 1 & 0 & -1 & 0 \\ 0 & 0 & 0 & 0 \\ -1 & 0 & 1 & 0 \\ 0 & 0 & 0 & 0 \end{bmatrix} \begin{Bmatrix} \overline{u_1} \\ \overline{v_1} \\ \overline{u_2} \\ \overline{v_2} \end{Bmatrix} (8 \cdot 13)$$

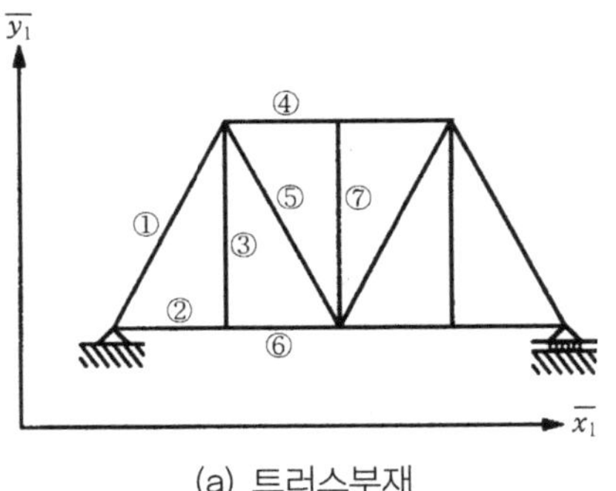

(a) 트러스부재

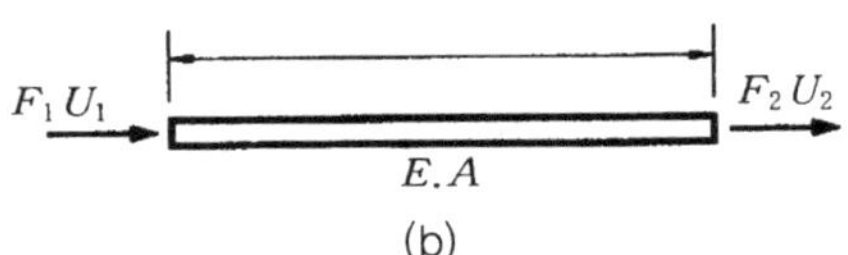

(b)

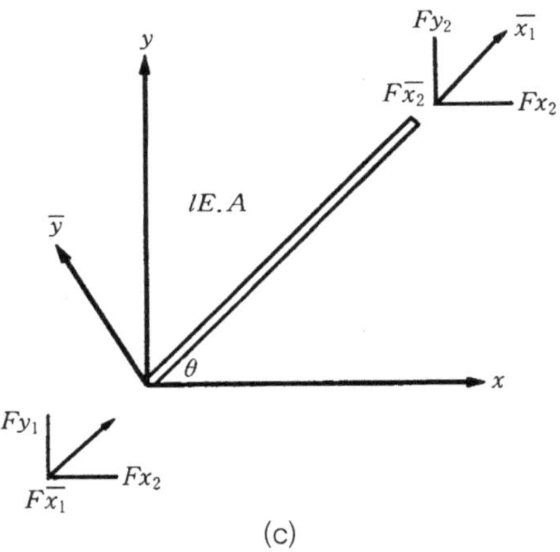

(c)

그림 8-9

예제 8-2

그림과 같은 트러스의 전체 강성매트릭스를 구하시오.

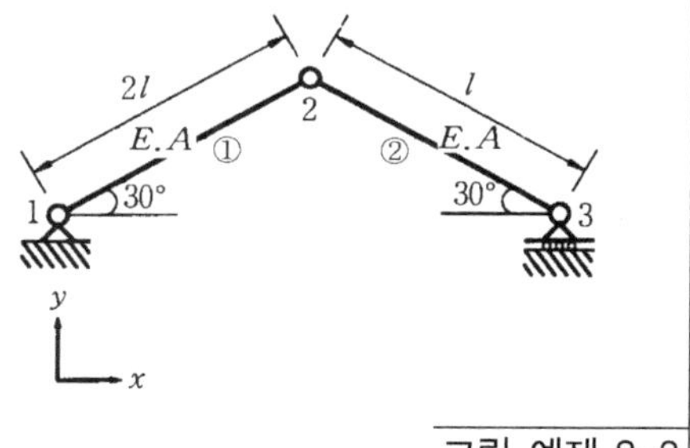

그림 예제 8-2

$$\overline{K}^{①} = \frac{EA}{2l}\begin{bmatrix} 1 & 0 & -1 & 0 \\ 0 & 0 & 0 & 0 \\ -1 & 0 & 1 & 0 \\ 0 & 0 & 0 & 0 \end{bmatrix}$$

$$\overline{K}^{②} = \frac{EA}{l}\begin{bmatrix} 1 & 0 & -1 & 0 \\ 0 & 0 & 0 & 0 \\ -1 & 0 & 1 & 0 \\ 0 & 0 & 0 & 0 \end{bmatrix}$$

$$T = \begin{bmatrix} \cos 30^\circ & \sin 30^\circ & 0 & 0 \\ -\sin 30^\circ & \cos 30^\circ & 0 & 0 \\ 0 & 0 & \cos 30^\circ & \sin 30^\circ \\ 0 & 0 & \sin 30^\circ & \cos 30^\circ \end{bmatrix}$$

$$\overline{K}^{①} = \frac{EA}{2l}\begin{bmatrix} \lambda^2 & \lambda\mu & -\lambda^2 & -\lambda\mu \\ \lambda\mu & \mu^2 & -\lambda\mu & -\mu^2 \\ -\lambda^2 & -\lambda\mu & \lambda^2 & \lambda\mu \\ -\lambda\mu & -\mu^2 & \lambda\mu & \mu^2 \end{bmatrix}$$

$$\overline{K}^{②} = \frac{EA}{l}\begin{bmatrix} \lambda^2 & \lambda\mu & -\lambda^2 & -\lambda\mu \\ \lambda\mu & \mu^2 & -\lambda\mu & -\mu^2 \\ -\lambda^2 & -\lambda\mu & \lambda^2 & \lambda\mu \\ -\lambda\mu & -\mu^2 & \lambda\mu & \mu^2 \end{bmatrix}$$

여기서

$\lambda = \cos 30^\circ = 0.866$, $\mu = \sin 30^\circ = 0.5$

$\lambda = \cos(-30^\circ) = -0.866$, $\mu = \sin(-30^\circ) = -0.5$

$$\overline{K}^{①} = \frac{2EA}{2l}\begin{bmatrix} 0.750 & 0.433 & -0.750 & -0.433 \\ 0.433 & 0.25 & -0.433 & -0.25 \\ -0.750 & -0.433 & 0.750 & 0.433 \\ -0.433 & -0.25 & 0.433 & 0.25 \end{bmatrix}$$

$$\overline{K}^{②} = \frac{EA}{l}\begin{bmatrix} 0.750 & -0.433 & -0.750 & 0.433 \\ -0.433 & 0.25 & 0.433 & -0.25 \\ -0.750 & 0.433 & 0.750 & -0.433 \\ 0.433 & -0.25 & -0.433 & 0.25 \end{bmatrix}$$

$$K = \frac{EA}{l}\begin{bmatrix} 1.5 & -0.866 & -1.5 & 0.866 & 0 & 0 \\ 0.866 & 0.5 & -0.866 & -0.5 & 0 & 0 \\ -1.5 & -0.866 & 1.5+0.75 & 0.866-0.433 & -0.75 & 0.433 \\ -0.866 & -0.5 & 0.866-0.433 & 0.5-0.25 & 0.433 & -0.25 \\ 0 & 0 & -0.75 & 0.433 & 0.75 & -0.433 \\ 0 & 0 & 0.433 & -0.25 & -0.433 & 0.25 \end{bmatrix}$$

8-4 컴퓨터 구조해석

(1) 부재형태(element shape)

수치해석 방법에서 사용되는 부재는 크게 3가지로 나눌 수 있다.

node 1 절점 1   node 2 절점 2   node 3 절점 3

그림 8-10

① 1차원부재(1-dimensional element)

· 1, 2 : 외부절점(external node)

· 3 : 내부절점(internal node)

② 2차원부재(2-dimensional element)

· 1, 2, 3 : 1차 외부절점(primary external node)

· 4, 5, 6 : 2차 외부절점(secondary external node)

· 7 : 내부절점(internal node)

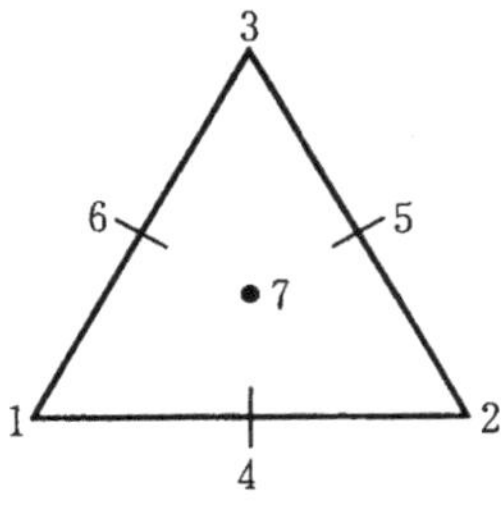

그림 8-11

③ 3차원부재(3-dimensional element)

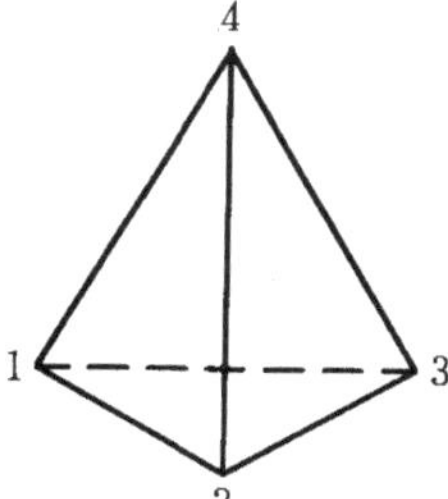

(a) 사면체 요소
(tetrahedron)

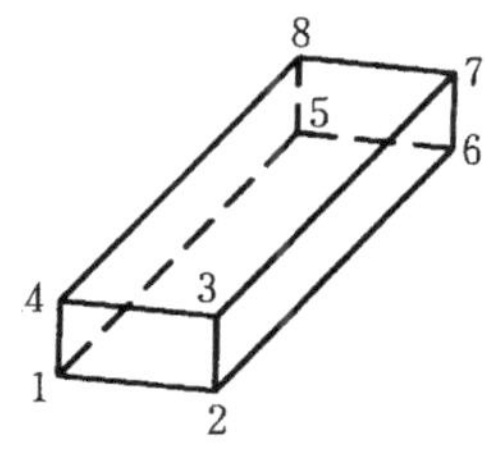

(b) 육면체 요소
(rectangular prism)

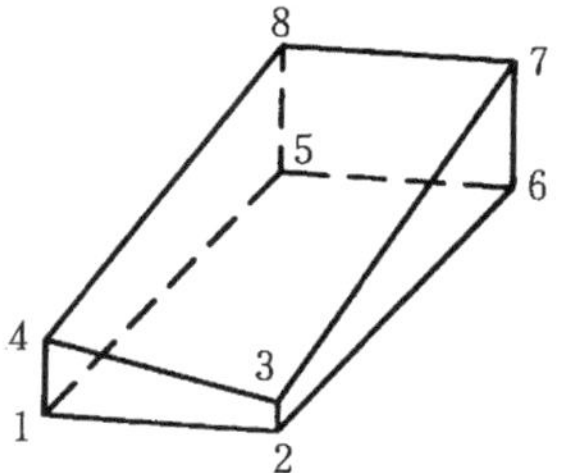

(c) 육면체 요소
(arbitrary hexahedron)

(2) 좌표계(coordinate system)

구조물에서의 좌표계는 그림 8-13으로 표현하며, 각각 x, y, z축의 힘과 변위는 다음과 같이 표현할 수 있다.

힘 $\begin{cases} F_x,\ F_y,\ F_z \\ M_x,\ M_u,\ M_z \end{cases}$

변위 $\begin{cases} \text{병진 } u,\ v,\ w \\ \text{순환 } \theta_x,\ \theta_y,\ \theta_z \end{cases}$

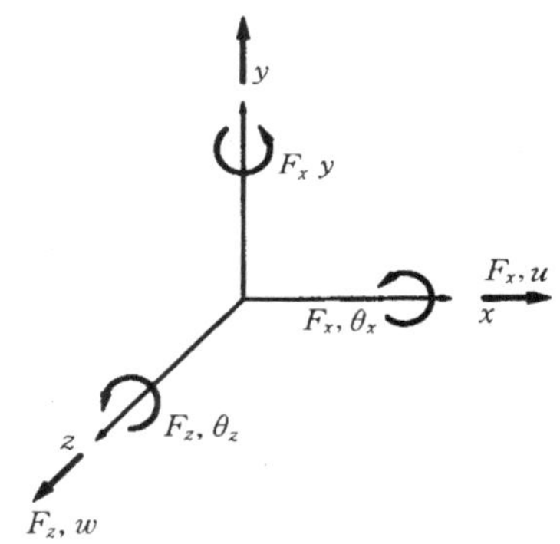

그림 8-13

힘과 변위를 매트릭스형태로 표현하면 다음과 같다.

$$\{K\} = [F_x,\ F_y,\ F_z,\ M_x,\ M_y,\ M_z] \qquad (8 \cdot 14a)$$

$$\{\triangle\} = [u,\ v,\ w,\ \theta_x,\ \theta_y,\ \theta_z] \qquad (8 \cdot 14b)$$

$$\{\triangle\} = [\triangle_1,\ \triangle_2,\cdots,\ \triangle_i,\ \triangle_n] \qquad (8 \cdot 14c)$$

$\triangle_i$: i 절점에서의 자유도(degree of freedom)

※자유도(degree of freedom : d. o. f) : unknown joint displacement(kinematic indeterminancy)

또한 좌표계는 전체부재의 정치상태를 표현한 그림 8-13과 같은 전체좌표계와 그림 8-14에서 ①, ②, ③ 부재 요소(element)에만 적용되는 국지좌표계로 정의된다. 국지좌표계의 축방향설정은 요소의

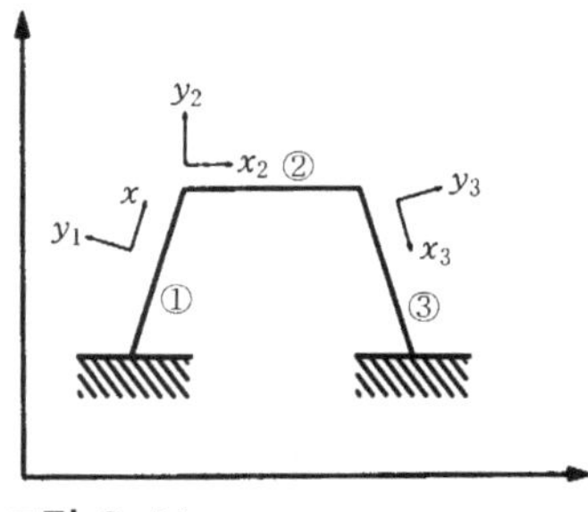

그림 8-14

주된 방향과 일치되게 하는 것이 편리하다.

· 전체좌표계(global coordinates)−전체부재
· 국지좌표계(local coordinates)−요소
· X, Y : 전체좌표계
· x_i, y_i : 국지좌표계

전체좌표계와 국지좌표계는 변환매트릭스를 사용하여 연결할 수 있다.

(3) 좌표축의 변환(axis transformation)

그림 8−15에서 점 A는 x, y 좌표계에서는(x_0, y_0)의 좌표를 가지지만 $\bar{x}$, $\bar{y}$ 에서는 $\bar{x}_0$, $\bar{y}_0$ 의 좌표를 가진다.

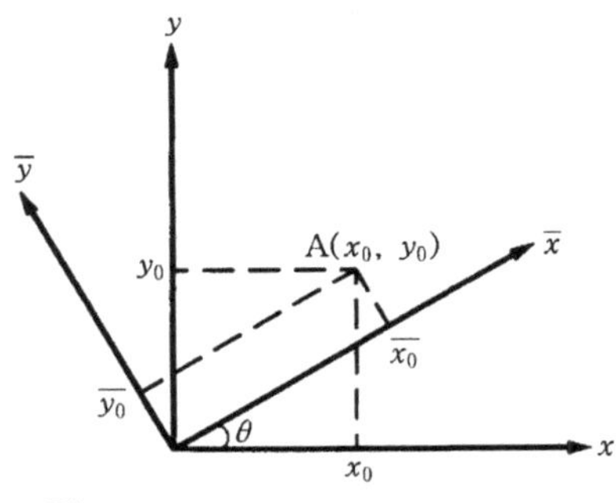

그림 8−15

따라서 불변수 A에 대한 두 개의 좌표축에 대한 관계식을 정립할 필요가 있다.

$$\bar{x}_0 = x_0\cos\theta + y_0\sin\theta$$

$$\bar{y}_0 = x_0\cos\theta - x_0\sin\theta$$

$$\begin{Bmatrix} \bar{x}_0 \\ \bar{y}_0 \end{Bmatrix} = \begin{bmatrix} \cos\theta & \sin\theta \\ -\sin\theta & \cos\theta \end{bmatrix} \begin{Bmatrix} x_0 \\ y_0 \end{Bmatrix} \qquad (8 \cdot 15)$$

여기서 식 (8 · 15)를 $\{\bar{X}\} = [R]\{x\}$ 로 표현할 때 $[R]$은 변환전 축 x, y 와 변환 후의 축 $\bar{x}$, $\bar{y}$ 사이각의 여현이며 방향 여현행렬(direction cosine matrix)이라 부른다.

$$\begin{Bmatrix} F\bar{x}_1 \\ F\bar{x}_1 \\ F\bar{x}_2 \\ F\bar{x}_2 \end{Bmatrix} = \begin{bmatrix} \cos\theta & \sin\theta & 0 & 0 \\ -\sin\theta & \cos\theta & 0 & 0 \\ 0 & 0 & \cos\theta & \sin\theta \\ 0 & 0 & -\sin\theta & \cos\theta \end{bmatrix} \begin{Bmatrix} F\bar{x}_1 \\ F\bar{x}_1 \\ F\bar{x}_2 \\ F\bar{x}_2 \end{Bmatrix} \qquad (8 \cdot 16)$$

식 (8 · 16)을 간략히 하면 식 (8 · 17)이 되며 여기서 T를 변환매트릭스(transformation matrix)라 한다.

$$\{\bar{u}\} = [T]\{u\} \qquad (8 \cdot 17)$$

아래와 같은 유도과정을 거쳐 식 (8 · 18a)을 구하고 식 (8 · 18b)로 표현된다.

$$\bar{F} = \bar{K}\bar{u} \qquad ⓐ$$

$$T\bar{F} = T\bar{K}\bar{u} \qquad ⓑ$$

$$F = Ku \qquad ⓒ$$

$$F = T^{-1}\bar{K}Tu \qquad ⓓ$$

$T^{-1} = T^T$ 이므로

$$\{F\} = [T]^T[K][T]\{u\} \qquad (8 \cdot 18a)$$

$$\begin{Bmatrix} F\bar{x}_1 \\ F\bar{x}_1 \\ F\bar{x}_2 \\ F\bar{x}_2 \end{Bmatrix} = \begin{bmatrix} \cos\theta & -\sin\theta & 0 & 0 \\ \sin\theta & \cos\theta & 0 & 0 \\ 0 & 0 & \cos\theta & -\sin\theta \\ 0 & 0 & \sin\theta & \cos\theta \end{bmatrix} = \frac{EA}{l}\begin{bmatrix} 1 & 0 & -1 & 0 \\ 0 & 0 & 0 & 0 \\ -1 & 0 & 1 & 0 \\ 0 & 0 & 0 & 0 \end{bmatrix}$$

$$\times \begin{bmatrix} \cos\theta & \sin\theta & 0 & 0 \\ -\sin\theta & \cos\theta & 0 & 0 \\ 0 & 0 & \cos\theta & \sin\theta \\ 0 & 0 & -\sin\theta & \cos\theta \end{bmatrix}\begin{Bmatrix} u_1 \\ v_1 \\ u_2 \\ v_2 \end{Bmatrix} \ (8 \cdot 18b)$$

전체 좌표계에의 강성매트릭스 $[K]$와 국부좌표계에서의 강성매트릭스 $[\bar{K}]$의 관계는

식 (8 · 19)로 표현된다.

$$[K] = [T]^T[\bar{K}][T] \qquad (8 \cdot 19a)$$

$$\frac{EA}{l}\begin{bmatrix} \lambda^2 & \lambda u & -\lambda^2 & -\lambda u \\ \lambda u & u^2 & -\lambda u & -u^2 \\ -\lambda^2 & -\lambda u & \lambda^2 & \lambda u \\ -\lambda u & -u^2 & \lambda u & u^2 \end{bmatrix} \qquad (8 \cdot 19b)$$

$\lambda = \cos\theta,\ u = \sin\theta$

식 (8 · 19b)에서 좌표축이 일치할 때, $(\theta = 0)$일 때 전체좌표계와 국부좌표계에서의 강성매트릭스는 일치함을 보인다.

$$[K]=\frac{EA}{l}\begin{bmatrix} 1 & 0 & -1 & 0 \\ 0 & 0 & 0 & 0 \\ -1 & 0 & 1 & 0 \\ 0 & 0 & 0 & 0 \end{bmatrix} \qquad (8 \cdot 20)$$

(4) 부재 이상화(element idealization)

그림 8-16과 같은 개구부를 가지는 판요소의 경우 면내력이 작용할 때 개구부 주위에 응력집중이 생기며 응력의 크기를 그림 8-17(a)와 같다고 했을 때

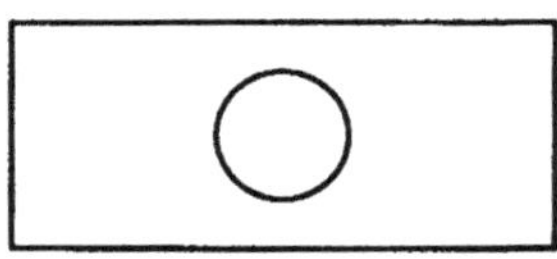
그림 8-16

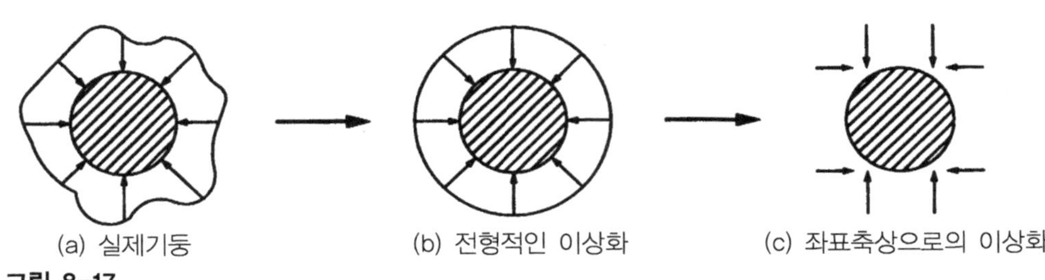
(a) 실제기둥 (b) 전형적인 이상화 (c) 좌표축상으로의 이상화
그림 8-17

구조계산상의 편의를 주기 위해 그림 (b), (c)로 이상화시킬 수 있다.

또한 이러한 이상화 작업은 다음과 같은 경우에 적용시킬 수 있다.

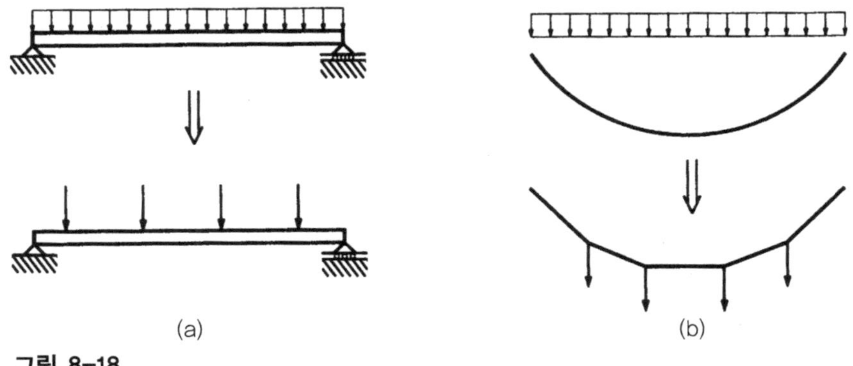
(a) (b)
그림 8-18

연습문제

1. 그림에서 스프링의 강성매트릭스를 계산하라. K가 전체 강성매트릭스로부터 변위 0에 대응하는 행과 열을 떨어뜨림으로써 간단히 구하여라.

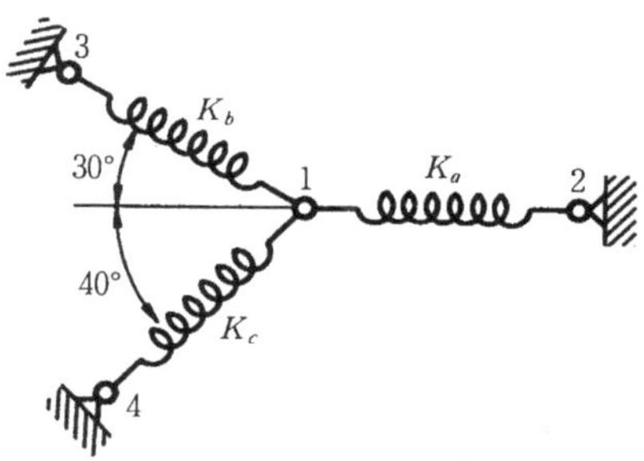

2. ① 그림에서 절점 2, 3, 4, 5는 지지되어 있다. 절점 1에서 변위와 힘 사이의 관계식을 (a) $\bar{x}$, $\bar{y}$ 축계의 성분에 대해, (b) x, y 축계의 성분에 대해 구하여라.

② 문제 ①에서 하중이 X_1(x축과 평행)과 변위 v_1(y축과 평행)이 주어진다고 한다. $K_a = K_b - K_1$, $K_c - K_d - K_2$, $\theta - 45°$ 일 때 스프링력을 구하여라.

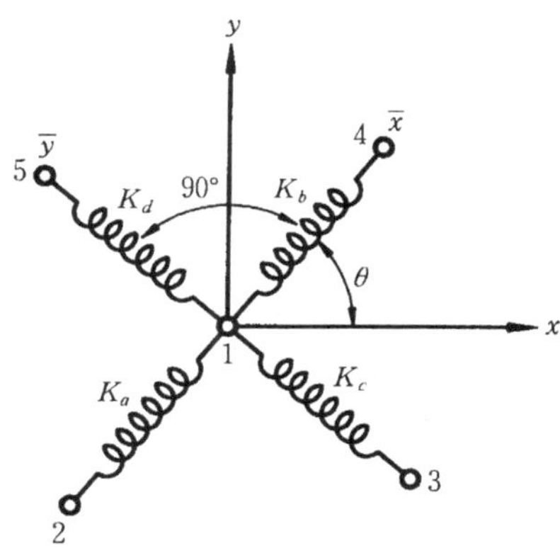

3. 그림과 같은 스프링계에서 x, y 축에 관한 구조전체의 강성매트릭스를 구하여라.

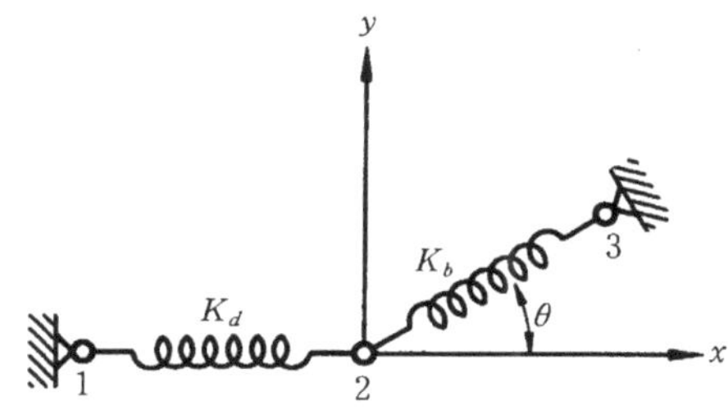

4. 그림과 같은 임의 방향의 트러스부재에 u와 v인 절점변위를 부가함에 의해 강성매트릭스식을 유도하여라.

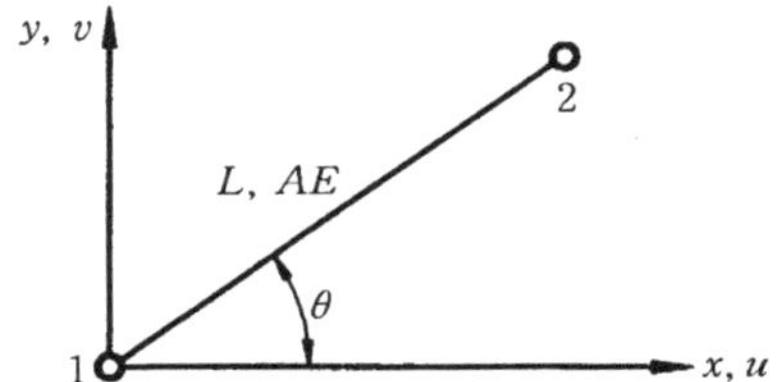

5. 그림에서 절점 1의 변위와 부재력을 구하여라. 각 부재의 AE는 공통이다.

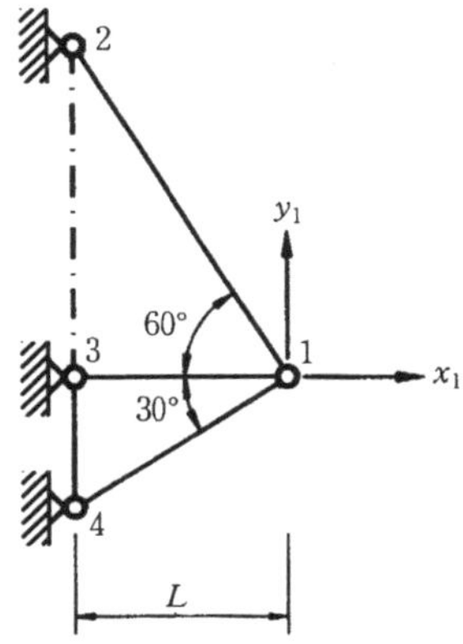

6. 그림에서 절점변위와 부재력을 구하여라. AE는 모든 부재에 공통이다.

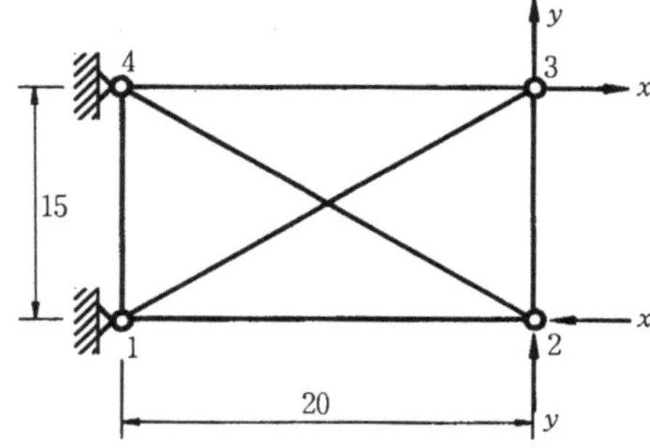

부 록

1. 단위 환산표

(a) 길이

m	in	ft	yd	치	척	간
1.0	39.3701	3.28084	1.09361	33.0	3.3	0.55
0.02540	1.0	0.08333	0.02778	0.8382	0.08382	0.01397
0.30480	12.0	1.0	0.3333	10.0584	1.00584	0.16764
0.91440	36.0	3.0	1.0	30.1752	3.01752	0.50292
0.03030	1.19303	0.09942	0.03314	1.0	0.1	0.01667
0.30303	11.9303	0.99419	0.33140	10.0	1.0	0.16667
1.81818	71.5820	5.96516	1.98839	60.0	6.0	1.0

(b) 면적

m^2	in^2	ft^2	yd^2	평방치	입방치	평
1.0	1550.0	10.7639	1.19599	1089.0	10.89	0.3025
0.000645	1.0	0.00694	0.000772	0.70258	0.00703	0.000195
0.09290	144.0	1.0	0.11111	101.171	1.01171	0.02810
0.83613	1296.0	9.0	1.0	910.543	9.10543	0.25293
0.000918	1.42333	0.00988	0.00110	1.0	0.01	0.000278
0.09183	142.333	0.98842	0.10983	100.0	1.0	0.02778
3.30579	5123.98	35.5832	3.95369	3600.0	36.0	1.0

(c) 체적

m^3	l	ft^3	yd^3	갈 론	입방척	되
1.0	1000.0	35.3147	1.30795	219.98	35.937	554.35
0.001	1.0	0.035315	0.001308	0.21998	0.03594	0.55435
0.02832	28.3168	1.0	0.03704	6.22902	1.01762	15.6975
0.76455	764.55	27.0	1.0	168.183	27.4758	423.833
0.004546	4.54596	0.16054	0.005946	1.0	0.16337	2.52006
0.02783	27.8265	0.98268	0.03640	6.12114	1.0	15.4257
0.001804	1.80391	0.06370	0.002359	0.396814	0.06482	1.0

(d) 힘

N	gf	kgf	tonf	ounce	lb
1.0	101.97	0.10197	0.000102	3.596886	0.22481
0.009807	1.0	0.001	0.000001	0.03527	0.00220
9.80665	10^3	1.0	0.001	35.2734	2.20459
9806.65	10^6	10^3	1.0	35273.4	2204.59
0.278018	28.34592	0.02835	0.000028	1.0	0.0625
4.44822	453.59	0.45360	0.00045	16.0	1.0

(e) 단위 길이당 힘

N/m	kgf/m	tonf/m	lb/in	lb/ft	lb/yd
1.0	0.10197	0.000102	0.0057101	0.068522	0.205565
9.80665	1.0	0.001	0.0560	0.67195	2.0159
9806.65	10^3	1.0	55.996	671.95	2015.9
175.127	17.858	0.01786	1.0	12.0	36.0
14.5943	1.4882	0.001488	0.08333	1.0	3.0
4.86469	0.49606	0.000496	0.02778	0.3333	1.0

(f) 단위 면적당 힘

N/㎡(Pa)	kgf/㎠	tonf/㎡	lb/in²(psi)	lb/ft²(psf)
1.0	0.0000102	0.000102	0.000145	0.020885
98066.5	1.0	10.0	14.2230	2048.1
9806.65	0.1	1.0	1.42230	204.81
6894.86	0.070308	0.70308	1.0	144.0
47.8803	0.000488	0.00488	0.006944	1.0

(g) 단위 체적당 힘

N/㎥	gf/cm³	kgf/㎥	tonf/㎥	lb/in³	lb/ft³
1.0	0.000102	0.10197	0.000102	3684.23	6366349
9806.65	1.0	1000.0	1.0	0.03613	62.427
9.80665	0.001	1.0	0.001	0.000036	0.06243
9806.65	1.0	1000.0	1.0	0.03613	62.427
2.714×10^{-4}	27.68	27680.0	27.680	1.0	1728.0
1.500×10^{-7}	0.016019	16.0187	0.01602	0.000579	1.0

(h) 모멘트

N · m	kgf · cm	kgf · m	tonf · m	lb · in	lb · ft³
1.0	0.1972	0.10197	0.0001020	8.850627	0.737552
0.098067	1.0	0.01	0.00001	0.86795	0.072329
9.80665	100.0	1.0	0.001	86.795	7.2329
9806.65	10^5	10^3	1.0	86795	7232.9
0.112987	1.15214	0.011521	0.0000115	1.0	0.08333
1.35584	13.8257	0.13826	0.000138	12.0	1.0

2. 그리스(희랍) 문자

문 자		발 음	문 자		발 음
A	α	Alpha	N	ν	Nu
B	β	Beta	Ξ	ξ	Xi
Γ	γ	Gamma	O	o	Omicron
Δ	δ	Delta	Π	π	Pi
E	ϵ	Epsilon	P	ρ	Rho
Z	ζ	zeta	Σ	σ	Sigma
H	η	Eta	T	τ	Tau
Θ	θ	Theta	Υ	υ	Upsilon
I	ι	Lota	Φ	ϕ	Phi
K	κ	Kappa	X	χ	Chi
Λ	λ	Lambda	Ψ	ψ	Psi
M	μ	Mu	Ω	ω	Omega

3. 단면의 계수표

	단면의 형	단면적 A(㎠)	도심의 위치 C(cm)	주단면 2차모멘트 I(cm⁴)	단면계수 Z(cm³)	단면2차반경 i (cm)
1	b, c, G, h	bh	$\frac{h}{2}$	$\frac{bh^3}{12}$	$\frac{bh^2}{6}$	$\frac{h}{\sqrt{12}}=0.289h$

(계속)

	단면의 형	단면적 A(㎠)	도심의 위치 C (cm)	주단면 2차모멘트 I(cm^4)	단면계수 Z(cm^3)	단면2차반경 i (cm)
2	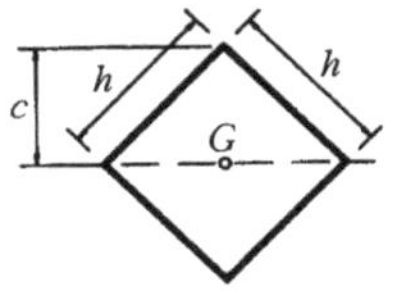	h^2	$\frac{h}{\sqrt{2}}=0.707h$	$\frac{h^4}{12}$	$\frac{h^3}{6\sqrt{2}}=0.118h^3$	$\frac{h}{\sqrt{12}}=0.289h$
3	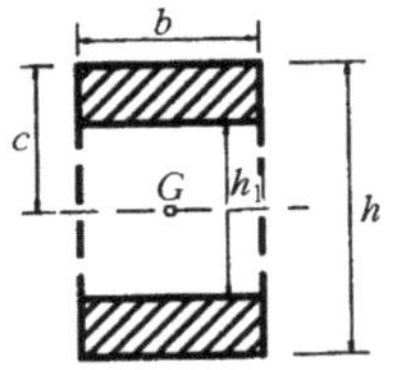	$b(h-h_1)$	$\frac{h}{2}$	$\frac{b(h^3-h_1^3)}{12}$	$\frac{b(h^3-h_1^3)}{6h}$	$\sqrt{\frac{h^3-h_1^3}{12(h-h_1)}}$
4	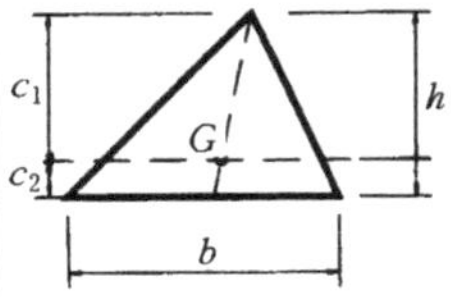	$\frac{bh}{2}$	$C_1=\frac{2h}{3}$ $C_2=\frac{h}{3}$	$\frac{bh^3}{36}$	$Z_1=\frac{bh^2}{24}$ $Z_2=\frac{bh^2}{12}$	$\frac{h}{\sqrt{18}}=0.236h$
5	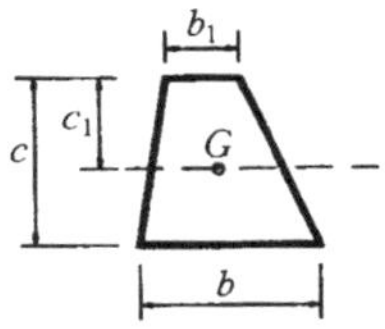	$\frac{(b+b_1)h}{2}$	$C_1=$ $\frac{(2b+b_1)h}{3(b+b_1)}$	$\frac{(b^2+4bb_1+b_1^2)h^3}{36(b+b_1)}$	$Z_1=$ $\frac{(b^2+4bb_{1+b_1^2})h^2}{12(2b+b_{1)}}$	$\frac{h\sqrt{2(b^2+4bb_1+b_1^2)}}{(6b+b_{1)}}$
6	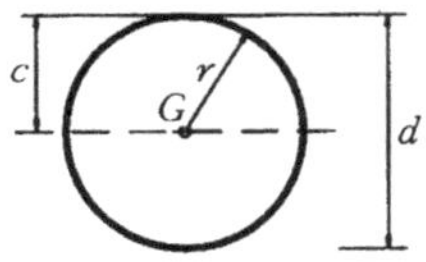	$\pi\gamma^2$ $=3.14\gamma^2$ $\frac{\pi d^2}{4}$ $=0.785d^2$	$\frac{d}{2}$	$\frac{\pi\gamma^4}{4}=0.785\gamma^4$ $\frac{\pi d^4}{64}=0.0491d^4$	$\frac{\pi\gamma^3}{4}=0.785\gamma^3$ $\frac{\pi d^3}{32}=0.0982d^3$	$\frac{\gamma}{2}=\frac{d}{4}$
7	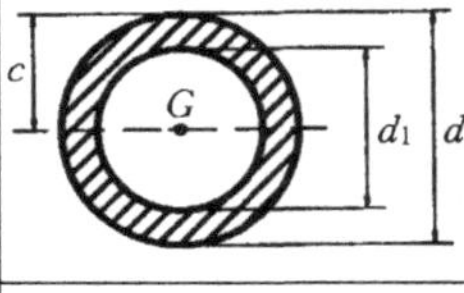	$\frac{\pi(d^2-d_1^2)}{4}$ $=0.785(d^2-d_1^2)$	$\gamma=\frac{d}{2}$	$\frac{\pi(d^4-d_1^4)}{64}$ $=0.0491(d^4-d_1^4)$	$\frac{\pi(d^4-d_1^4)}{32d}$ $=0.0982\frac{(d^4-d_1^4)}{d}$	$\sqrt{d^2+d_1^2}$
8	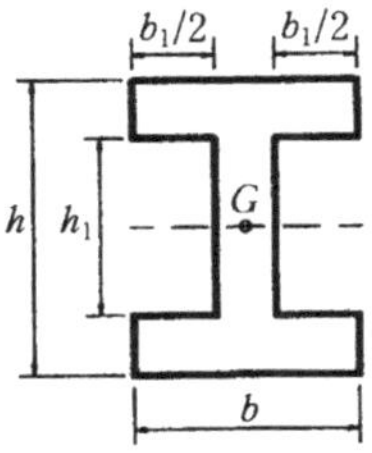	$bh-b_1h_1$	$\frac{h}{2}$	$\frac{bh^3-b_1h_1^3}{12}$	$\frac{bh^3-b_1h_1^3}{6h}$	$\sqrt{\frac{bh^3-b_1h_1^3}{12A}}$

4. 하중항

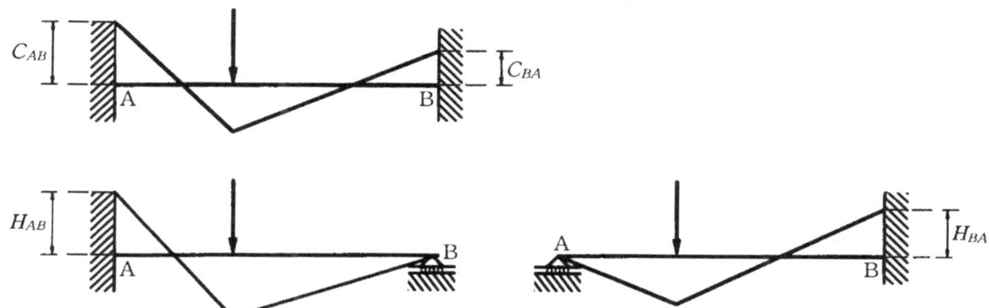

(1) 일반

	하중상태	C	H
1		$C_{AB} = C_{BA} = 0$	$H_{AB} = H_{BA} = 0$
2	P, a, b	$C_{AB} = -\dfrac{Pab^2}{l^2}$ $C_{BA} = +\dfrac{Pa^2b}{l^2}$	$H_{AB} = -\dfrac{Pab^2}{2l^2}(l+b)$ $H_{BA} = +\dfrac{Pab}{2l^2}(l+a)$
3	P_1, P_2, P_3, a_1, b_1, a_2, b_2, a_3, b_3	$C_{AB} = -\dfrac{1}{l^2}\Sigma Pab^2$ $C_{BA} = +\dfrac{1}{l^2}\Sigma Pa^2b$	$H_{AB} = -\dfrac{1}{2l^2}\Sigma Pab(l+b)$ $H_{BA} = +\dfrac{1}{2l^2}\Sigma Pab(l+a)$
4	y, x	$C_{AB} = -\dfrac{1}{l^2}\int yx(l-x)^2dx$ $C_{BA} = +\dfrac{1}{l^2}\int yx^2(l-x)\,dx$	$H_{AB} = -\dfrac{1}{2l^2}\int yx(l-x)$ $\times(2l-x)dx$ $H_{BA} = -\dfrac{1}{2l^2}\int yx(l^2-x^2)dx$
5	d, c, w, a, b	$C_{AB} = -\dfrac{w}{12l^2}\{d^3(4l-3d)$ $-b^3(4l-3b)\}$ $C_{BA} = +\dfrac{w}{12l^2}\{a^3(4l-3a)$ $-a^3(4l-3c)\}$	$H_{AB} = -\dfrac{w}{8l^2}(d^2-b^2)$ $\times(2l^2-b^2-d^2)$ $H_{BA} = -\dfrac{w}{8l^2}(a^2-c^2)$ $\times(2l^2-a^2-c^2)$

(계속)

	하중상태	C	H
6	w, a	$C_{AB} = -\dfrac{Wa}{12l^2}(3a^2 - 8al + 6l^2)$ $C_{BA} = +\dfrac{Wa^2}{12l^2}(4l - 3a)$	$H_{AB} = -\dfrac{Wa}{8l^2}(2l - a)^2$ $H_{BA} = +\dfrac{Wa}{8l^2}(2l^2 - a^2)$
7	ml, u, a, b	$C_{AB} = -\dfrac{l^2}{60}(5u + 3ml)$ $C_{BA} = +\dfrac{l^2}{60}(5u + 2ml)$	$H_{AB} = -\dfrac{l^2}{120}(15u + 8ml)$ $H_{BA} = +\dfrac{l^2}{120}(15u + 7ml)$
8	w	$C_{AB} = -\dfrac{Wl}{10}$ $C_{BA} = +\dfrac{Wl}{15}$	$H_{AB} = -\dfrac{2}{15}Wl$ $H_{BA} = +\dfrac{7}{60}Wl$
9	w, a	$C_{AB} = -\dfrac{Wa}{30l^2}(3a^2 - 10al + 10l^2)$ $C_{BA} = +\dfrac{Wa^2}{30l^2}(5l - 3a)$	$H_{AB} = -\dfrac{Wa}{60l^2}(3a^2 - 15al + 20l^2)$ $H_{BA} = +\dfrac{7}{60}Wl$
10	M, a, b	$C_{AB} = -\dfrac{Mb}{l^2}(3a - l)$ $C_{BA} = +\dfrac{Ma}{l^2}(3b - l)$	$H_{AB} = +\dfrac{M}{2l^2}\{3ab + (a - 2b)l\}$ $H_{BA} = +\dfrac{M}{2l^2}\{3ab + (b - 2a)l\}$

(2) 대칭하중

$$C_{AB} = -C,\ \ C_{BA} = C,\ \ H_{AB} = H = \frac{3}{2}C$$

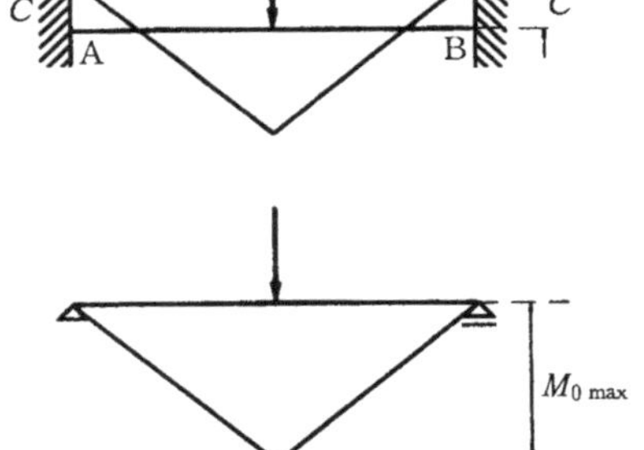

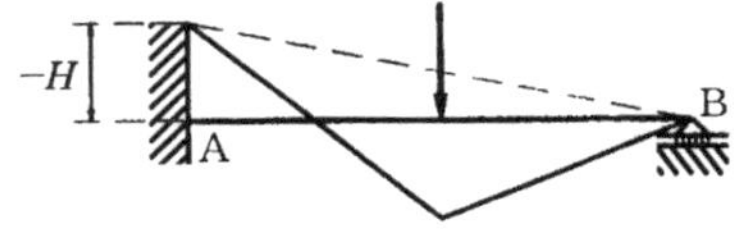

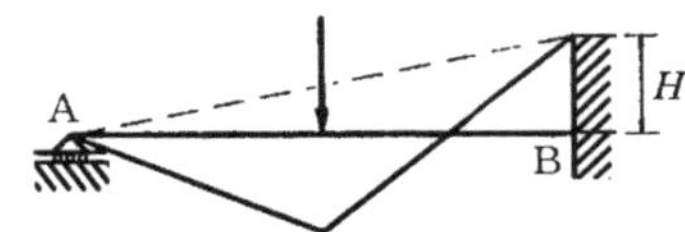

	하중상태와 M_0 도	C	H	$M_{0\,max}$
1	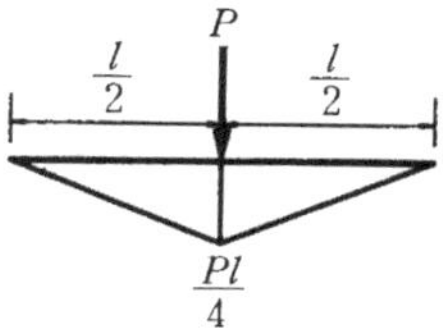 P, $\frac{l}{2}$, $\frac{l}{2}$, $\frac{Pl}{4}$	$\frac{1}{8}Pl$	$\frac{3}{16}Pl$	$2C$
2	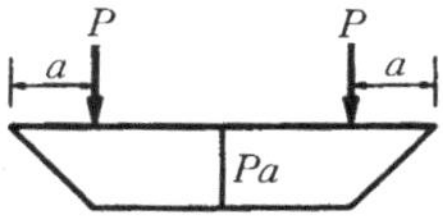 P, P, a, a, Pa	$\frac{Pa}{l}(l-a)$	$\frac{3Pa}{2l}(l-a)$	$\frac{l}{(l-a)}\cdot C$
3	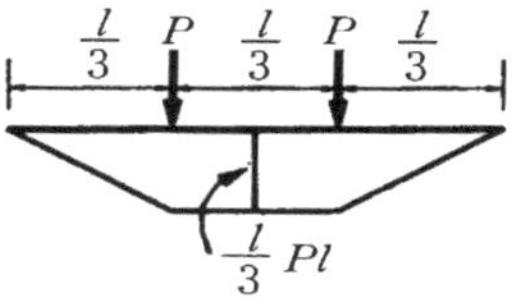 $\frac{l}{3}$, P, $\frac{l}{3}$, P, $\frac{l}{3}$, $\frac{l}{3}Pl$	$\frac{2}{9}Pl$	$\frac{1}{3}Pl$	$\frac{2}{3}C$
4	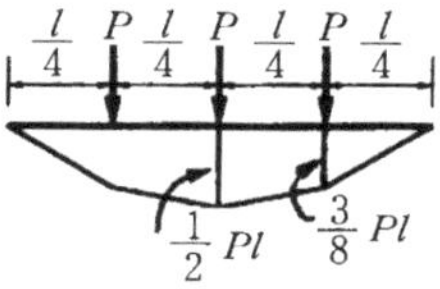 $\frac{l}{4}$, P, $\frac{l}{4}$, P, $\frac{l}{4}$, P, $\frac{l}{4}$, $\frac{1}{2}Pl$, $\frac{3}{8}Pl$	$\frac{5}{16}Pl$	$\frac{15}{32}Pl$	$\frac{8}{5}C$
5	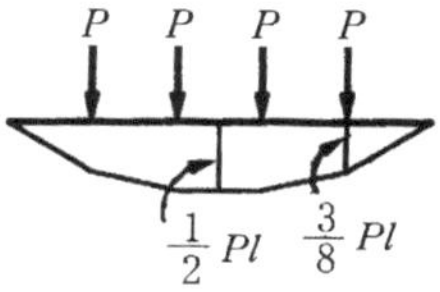 P, P, P, P, $\frac{1}{2}Pl$, $\frac{3}{8}Pl$	$\frac{2}{5}Pl$	$\frac{3}{5}Pl$	$\frac{3}{2}\cdot C$
6	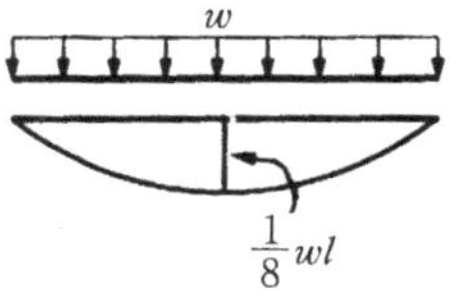 w, $\frac{1}{8}wl$	$\frac{1}{12}Wl$	$\frac{1}{8}Wl$	$\frac{3}{2}\cdot C$
7	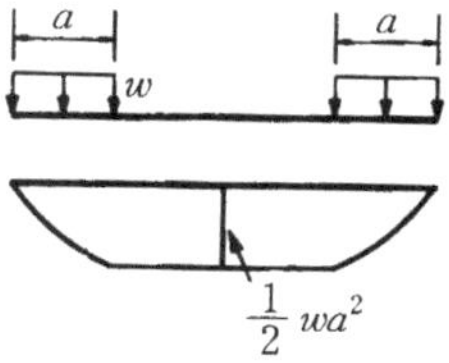 a, a, w, $\frac{1}{2}wa^2$	$\frac{wa^2}{6l}(3l-2a)$	$\frac{wa^2}{4l}(3l-2a)$	$\frac{3l}{3l-2a}\cdot C$
8	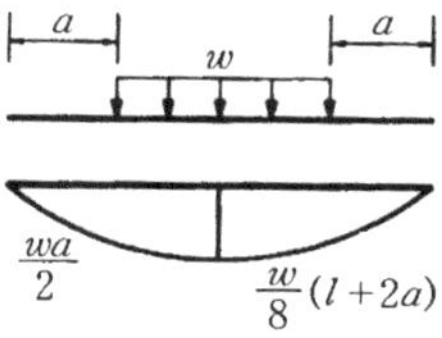 a, a, w, $\frac{wa}{2}$, $\frac{w}{8}(l+2a)$	$\frac{W}{12l}(l^2+2al-2a^2)$	$\frac{W}{8l}(l^2+2al-2a^2)$	$\frac{3l(l+2a)}{2(l^2+2al-2a^2)}\cdot C$

(계속)

	하중상태와 M_0 도	C	H	$M_{0\max}$
9	a, w, a; $\frac{w}{24}(3l^2+4a^2)$	$\frac{W}{12l}(l^3+2a^2l-a^3)$	$\frac{w}{8l}(l^3+2a^2l-a^3)$	$\frac{l(3l^2-4a^2)}{2(l^3+2a^2l-a^3)}\cdot C$
10	w; $\frac{l}{2}$, $\frac{l}{2}$; $\frac{1}{2}wl^2$	$\frac{5}{96}wl^2$	$\frac{5}{64}wl^2$	$\frac{8}{5}\cdot C$
11	$\frac{l}{2}$, $\frac{l}{2}$; $\frac{1}{24}wl^2$	$\frac{1}{32}wl^2$	$\frac{3}{64}wl^2$	$\frac{4}{3}\cdot C$
12	w; $\frac{l}{4}$, $\frac{l}{4}$, $\frac{l}{4}$, $\frac{l}{4}$; $\frac{5}{6}M_o$, M_o	$\frac{17}{384}wl^2$	$\frac{17}{256}wl^2$	$\frac{1}{16}wl^2=\frac{24}{17}\cdot C$
13	w; $l/6$, $l/6$, $l/6$, $l/6$, $l/6$, $l/6$; $\frac{4}{7}M_o$, M_o, $\frac{6}{7}M$	$\frac{37}{864}wl^2$	$\frac{37}{576}wl^2$	$\frac{7}{108}wl^2=\frac{56}{37}\cdot C$
14	w; $l/6$ $l/6$ $l/6$ $l/6$ $l/6$ $l/6$ $l/6$ $l/6$ $l/6$; $\frac{11}{24}M_o$, $\frac{3}{4}M_o$, M_o, $\frac{23}{24}M_o$	$\frac{65}{1{,}536}wl^2$	$\frac{65}{1{,}024}wl^2$	$\frac{1}{16}wl^2=\frac{96}{65}\cdot C$
15	M, M; a, c, a; M	$\frac{M\cdot c}{l}$	$\frac{3M\cdot c}{2l}$	$M=\frac{l}{c}\cdot C$

(3) 역대칭 하중

$$C_{AB} = C_{BA} = C\ ,\ \ H_{AB} = H_{BA} = H = \frac{1}{2}C$$

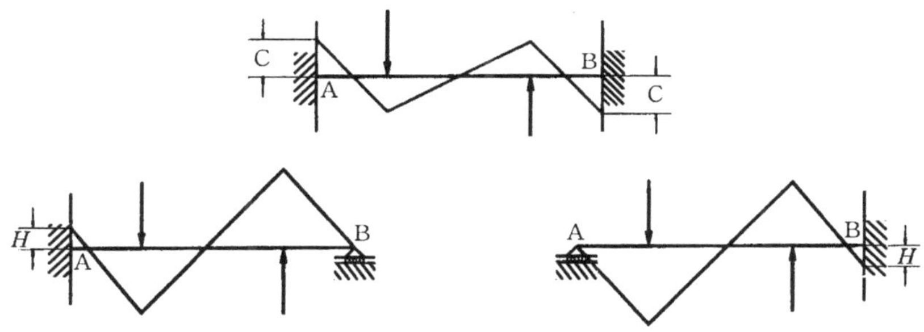

	하중상태와 M_0 도	C	H
1	a, P, c, a, P; $\frac{Pa(l-2a)}{l} = \frac{Pac}{l}$	$-\frac{Pac(l-a)}{l^2}$	$-\frac{Pac(l-a)}{2l^2}$
2	l, w, w; $\frac{1}{32}wl^2$	$-\frac{1}{32}wl^2$	$-\frac{1}{64}wl^2$
3	M, $\frac{l}{2}$, $\frac{l}{2}$, M, M	$\frac{M}{4}$	$\frac{M}{8}$
4	a, b, M, M, b, a, M, M, M, M	$\frac{M}{l^2}(6ab - l^2)$	$\frac{M}{2l^2}(6ab - l^2)$

SI단위 **건축구조역학**

2011년 2월 25일 개정판 1쇄 인쇄
2026년 3월 10일 개정판 11쇄 발행

저 자 김낙원 · 이광열 · 이석하 · 이수권 · 정동균 · 황민영
발 행 처 기문당
주 소 서울시 성동구 무학봉 28길 4-1
전 화 02) 2295-6171~2
팩 스 02) 6971-8188
홈 페 이 지 www.kimoondang.com
I S B N 978-89-6225-321-4 93540